Praxiswissen Unternehmensbewertung

Praxiswissen Unternehmensbewertung

Kurzbeiträge zu aktuellen Bewertungsthemen

Marc Castedello / Stefan Schöniger / Andreas Tschöpel

2., vollständig aktualisierte und erweiterte Auflage

Das Thema Nachhaltigkeit liegt uns am Herzen:

2., vollständig aktualisierte und erweiterte Auflage

Die IDW Verlag GmbH ist ein Unternehmen des Instituts der Wirtschaftsprüfer in Deutschland e.V (IDW).

Satz: Reemers Publishing Services GmbH, Krefeld
Druck und Bindung: C.H.Beck, Nördlingen
KN 11928/0/0

ISBN 978-3-8021-2515-7

Bibliografische Information der Deutschen Bibliothek
Die Deutsche Bibliothek verzeichnet diese Publikation in der Deutschen Nationalbibliografie; detaillierte bibliografische Daten sind im Internet über http://www.d-nb.de abrufbar.

Coverfoto: www.istock.com/naumax

www.idw-verlag.de

Vorwort zur 2. Auflage

Seit der ersten Auflage dieses Buches sind unsere KPMG Valuation News weiterhin regelmäßig erschienen und haben den Bestand aufbereiteter Fragestellungen aus der praktischen Unternehmensbewertung weiter vergrößert. Gleichzeitig gab es basierend auf den bereits vorliegenden Beiträgen weitere fachliche Diskussionen aus der praktischen Anwendung oder es haben sich fachliche Neuerungen ergeben. All dies hat uns schließlich dazu bewogen, zeitnah eine 2. Auflage herauszugeben, um die Aktualität und den praktischen Nutzen des Nachschlagewerks hoch zu halten. Dabei haben wir nicht nur die Themenfelder um den bedeutsamen Bereich der rechnungslegungsbezogenen Bewertung erweitert, sondern sämtliche Beiträge überarbeitet und aktualisiert sowie teilweise auch ganz durch neue Beiträge ersetzt. Damit ist der Umfang insgesamt auf nunmehr 72 Beiträge gewachsen, die sämtliche aus unserer Sicht praktischen Felder der Unternehmensbewertung abdecken und aktuelle Themen von den Auswirkungen von COVID-19 auf die Unternehmensbewertung, Auswirkungen des IFRS 16, Bewertung von Kartellschäden und den Einfluss von Blockchain-Finanzierungen auf die Unternehmensbewertung bis hin zu klassischen Themen wie dem Werthaltigkeitstest nach IDW RS HFA 10 für Beteiligungen oder der Währungsumrechnung in der Unternehmensbewertung umfassen. Wir hoffen, dass wir ein äußerst spannendes wie hilfreiches Potpourri für jeden, der sich mit Unternehmensbewertung in der Praxis auseinandersetzt, zusammengestellt haben und wünschen weiterhin viel Vergnügen beim Lesen!

München, Hamburg und Berlin im Oktober 2020

Prof. Dr. Marc Castedello, Stefan Schöniger und Dr. Andreas Tschöpel

Herzlichen Dank

Die folgenden Beiträge sind von Praktikern für Praktiker erstellt worden. Zahlreiche Kolleginnen und Kollegen der KPMG AG Wirtschaftsprüfungsgesellschaft haben uns bei der Erstellung der Neuauflage dieses Nachschlagewerks unterstützt.

Unser besonderer Dank hierfür gilt:

Ken Arminger
Iris Berndt
Ingo Bertram
Patrick Decke
Dr. Christoph Engel
Marc Fago
Karen Ferdinand
Thomas Fischer
Sabine Höfer
Julia Jauk
Dr. Ashkan Kalantary
Michael Killisch
Patrick Klingshirn
Dr. Gunner Langer
Dominik Lehmann
Gunther Liermann
Chau Nguyen
Christina Angela Peuker
Torben Rau
Ingo Schleis
Dr. Martin H. Schmidt
Andreas Seitz
Dr. Tobias Stork genannt Wersborg
Shervin Tehrani
Olaf Thein
Dr. Dorit Weikert
Ralf Weimer
Walfred Weldishofer

Vorwort zur 1. Auflage

Lehrbücher zur Unternehmensbewertung gibt es mittlerweile viele. Sie vermitteln alle die betriebswirtschaftlichen Grundlagen beginnend mit einfachen hin zu den komplexeren Bewertungskalkülen. Sie alle haben jedoch den Nachteil für den Praktiker, dass sie oftmals bei der für ihn wichtigen Umsetzung der Kalküle in die Welt der realen Daten und Problemstellungen halt machen (müssen). Zudem muss der Leser mehr oder weniger das gesamte Werk durcharbeiten, um ein ganz speziellen Anwendungsfall verstehen zu wollen. Diese Lücke soll das vorliegende Buch schließen. Es verschafft einen komprimierten Überblick über die ganze Bandbreite aktueller Anwendungsfälle der Unternehmensbewertung – von den gesellschaftsrechtlichen, steuerlichen und transaktionalen Anlässen, über die Besonderheiten der Unternehmensbewertung in einzelnen Branchen, die Betrachtung von verschiedenen Bewertungsobjekten bis hin zu „Klassikern" wie der praktischen Ableitung von Kapitalkosten. Dabei kann jeder Beitrag unabhängig vom anderen gelesen werden, so dass sich der Leser jeweils auf die für ihn relevanten Inhalte konzentrieren kann.

Entstanden sind die Beiträge aus der praktischen Tätigkeit des Bereichs Valuation der KPMG AG Wirtschaftsprüfungsgesellschaft. Dies erfolgte zunächst mit der internen Zielsetzung, die Erfahrungen aus der Vielzahl der Projekte im Sinne einer systematischen Facharbeit allen Projektteams zur Verfügung zu stellen. Daraus entwickelte sich dann im Jahr 2011 die Idee, dieses Wissen auch fachlich Interessierten außerhalb der KPMG zugänglich zu machen: Die KPMG Valuation News waren geboren. Dieser Newsletter erscheint dreimal im Jahr und richtet sich an Bewerter, Wirtschaftsprüfer, Steuerberater und Rechtsanwälte sowie an Unternehmensvertreter aus den Bereichen Rechnungswesen, Controlling, M&A, Strategie, Steuern und Recht. Nach 20 Ausgaben des Newsletters mit über 65 Beiträgen haben wir uns entschieden, die Valuation News als Buch der fachlich interessierten Öffentlichkeit zur Verfügung zu stellen. Dazu wurden sämtliche bisher erschienenen Beiträge überarbeitet, aktualisiert und erweitert sowie thematisch neu zusammengestellt. Einige Beiträge zum selben oder ähnlichen Thema wurden zusammengefasst, auch um aktuellen Entwicklungen und Änderungen der gesetzlichen Vorschriften sowie der Rechtsprechung Rechnung zu tragen. Herausgekommen sind 50 prägnante Kurz-Beiträge über die gesamte Bandbreite aktueller Bewertungsfragstellungen. Ein ideales Nachschlagewerk für den Praktiker, der eine schnelle Antwort auf eine ganz spezifische Anwendungsfrage sucht oder sich schnell einen Überblick über ein Anwendungsgebiet verschaffen möchte. Wir wünschen viel Spaß beim Nachschlagen.

München und Hamburg im November 2017

Dr. Marc Castedello und Stefan Schöniger

Herzlichen Dank

Die folgenden Beiträge sind von Praktikern für Praktiker erstellt worden. Zahlreiche Kolleginnen und Kollegen der KPMG AG Wirtschaftsprüfungsgesellschaft haben uns bei der Erstellung dieses Nachschlagewerks unterstützt.

Unser besonderer Dank hierfür gilt:

Saheda Amini
Ingo Bertram
Jan Alexander Bertram
Aline Louise Dodd
Dr. Vera-Carina Elter
Andreas Emmert
Dr. Christoph Engel
Anika Engling
Marc Fago
Karen Ferdinand
Thomas Fischer
Michael Killisch
Christian Klingbeil
Thomas Kupke
Dr. Gunner Langer
Dominik Lehmann
Gunther Liermann
Moritz Micus
Annegret Nissen
Stephan Pastusiak
Christian Moritz Pawelke
Christina Angela Peuker
Torben Rau
Florian Rieser
Michael Salcher
Dr. Jakob Schröder
Olaf Thein
Dr. Andreas Tschöpel
Dr. Dorit Weikert
Ralf Weimer
Walfred Weldishofer

Inhaltsverzeichnis

Kapitel B
Unternehmensbewertungen im Rahmen von Transaktionen und anderen Entscheidungsanlässen/wertorientierte Steuerung ... 71

Kapitel C
Unternehmensbewertung für steuerliche Anlässe ... 143

Kapitel A

UNTERNEHMENSBEWERTUNG BEI (GESELLSCHAFTS-)RECHTLICHEN ANLÄSSEN

1 Ausgleichszahlung bei Abschluss eines Beherrschungs- und Gewinnabführungsvertrags – Alternativen bei der Bestimmung des Verrentungszinssatzes

Bei Abschluss eines Beherrschungs- und Gewinnabführungsvertrags ist für die Bestimmung der Ausgleichszahlung die Höhe des Verrentungszinssatzes von wesentlicher Bedeutung. Dessen Höhe ist wiederum von der konkreten Ausgestaltung des Unternehmensvertrags abhängig. Je nach Gestaltung des Unternehmensvertrags können deshalb höhere oder niedrigere Ausgleichszahlungen resultieren.

Bei Abschluss eines Beherrschungs- und Gewinnabführungsvertrags nach §§ 291 ff. AktG ist den außenstehenden Aktionären gemäß § 304 AktG ein angemessener Ausgleich für die zukünftig entfallende Dividendenzahlung und gemäß § 305 AktG eine angemessene Abfindung anzubieten. Ausgleich und Abfindung sind von den Vertragsparteien festzulegen und Gegenstand der Angemessenheitsprüfung durch einen gerichtlich bestellten Prüfer gemäß §§ 293 b ff. AktG. Der Ausgleich gemäß § 304 AktG ist in der Regel eine konstante, jährlich wiederkehrende Geldleistung und beträgt mindestens den Betrag „der nach der bisherigen Ertragslage der Gesellschaft und ihren künftigen Ertragsaussichten [...] voraussichtlich als durchschnittlicher Gewinnanteil auf die einzelne Aktie verteilt werden könnte“. Ist der andere Vertragsteil eine AG oder KGaA, so kann als Ausgleichszahlung auch die Zahlung des Betrags zugesichert werden, der unter Herstellung eines angemessenen Umrechnungsverhältnisses auf Aktien der anderen Gesellschaft jeweils als Gewinnanteil entfällt. Die Angemessenheit der Umrechnung bestimmt sich nach dem Verhältnis, in dem bei einer Verschmelzung auf eine Aktie der Gesellschaft Aktien der anderen Gesellschaft zu gewähren wären.

In der Bewertungspraxis und der Rechts- und Bewertungsliteratur ist bei dem üblichen Fall einer jährlich konstanten Ausgleichszahlung die Verrentung des Unternehmenswerts (abgeleitet auf Basis eines Ertragswerts zuzüglich/abzüglich Sonderwerten) zur Ableitung der Ausgleichszahlung grundsätzlich verbreitet und anerkannt.

Aufgrund der in der Regel auf unbeschränkte Zeit geschlossenen Beherrschungs- und Gewinnabführungsverträge berechnet sich die Ausgleichszahlung aus der Multiplikation des Unternehmenswerts mit dem maßgeblichen Verrentungszinssatz. Auch für ihn gilt das Äquivalenzprinzip der Unternehmensbewertung; das heißt, der gewählte Zinssatz muss Risiko, Fristigkeit und Besteuerungsfolgen der Ausgleichszahlung widerspiegeln. Während die Berücksichtigung der Fristigkeit aufgrund der in der Regel unbeschränkten Laufzeit des Unternehmensvertrags sowie der Besteuerung gemäß dem bestehenden Steuerregime eher unproblematisch ist, ist die Frage der zutreffenden Bestimmung des mit der Ausgleichszahlung verbundenen Risikos komplexerer Natur.

Während der Laufzeit des Vertrags ist die Höhe der vertraglich fixierten Ausgleichszahlung weitgehend sicher. Es besteht lediglich das Bonitätsrisiko des Mehrheitsaktionärs als Schuldner der Ausgleichszahlung. Nach Ablauf der Mindestvertragslaufzeit kann sich allerdings das Risiko ergeben, nur noch an einem im Wert verminderten Unternehmen beteiligt zu sein, da der Mehrheitsaktionär im Rahmen der Beherrschung grundsätzlich durch Realisierung und Abführung von stillen Reserven das Unternehmen in seiner Ertragskraft mindern und den Unternehmensvertrag anschließend beenden kann. Die mit der Ausgleichszahlung verbundene Vermögensposition der außenstehenden Aktionäre ist somit weder risikolos (eine Verrentung mit dem risikolosen Basiszinssatz scheidet damit aus) noch mit dem Risiko der direkten Beteiligung am Unternehmen (mit unsicheren Dividendenzahlungen und Wertsteigerungen) zu vergleichen (eine Verrentung mit dem vollen Kapitalisierungszinssatz ist daher ebenfalls nicht sachgerecht). Da im Vorhinein nicht bekannt ist, ob und wann es gegebenenfalls zu einer Wertminderung oder Beendigung des Unternehmensvertrags kommt, lässt sich das im Verrentungszinssatz zu berücksichtigende Risiko nicht ohne Weiteres analytisch exakt bestimmen. Hierfür wäre die Kenntnis der Höhe der stillen Reserven bei Abschluss des Beherrschungs- und Gewinnabführungsvertrags sowie der stillen Reserven bei Beendigung desselben und des Zeitpunkts der Beendigung des Unternehmensvertrags notwendig. Während über ersteres im Rahmen der Unternehmensbewertung zur Ermittlung einer angemessenen Abfindung noch Kenntnis erlangt wird, sind für die anderen beiden Informationen (wahrscheinlichkeitsgewichtete) Annahmen von Nöten, die zumeist nicht willkürfrei bestimmt werden können. Hier steht die Bewertungspraxis noch vor der Aufgabe belastbare Wege zur Schätzung dieser zu entwickeln.

Angesichts dessen ist es in der Praxis verbreitet (und von der herrschenden Rechtsprechung akzeptiert), den Verrentungszinssatz zur Bestimmung der Ausgleichszahlung vereinfachend aus dem Mittelwert des der Unternehmensbewertung zugrundeliegenden vollen Kapitalisierungszinssatzes und dem risikolosen Basiszinssatz abzuleiten.

Durch eine Vertragsgestaltung, die bestimmte Risiken für die außenstehenden Aktionäre ausschließt, lässt sich der Verrentungszinssatz analytisch exakter bestimmen. So kann den Minderheiten vertraglich das Recht eingeräumt werden, im Falle der Beendigung des Vertrags ihre Anteile zu dem bei Abschluss des Vertrags angebotenen (unter Umständen in einem Spruchverfahren erhöhten) Abfindungsbetrag an den Mehrheitsaktionär veräußern zu können. Hierdurch entfällt für die Minderheiten das Risiko, gegebenenfalls nach Beendigung des Vertrags an einem im Wert geminderten Unternehmen beteiligt zu sein. Die Ausgleichszahlung muss ein solches Risiko folglich nicht mehr kompensieren. Die Ausgleichszahlungen sind dann in ihrer Risikostruktur vergleichbar zu einer Unternehmensanleihe mit unbeschränkter Laufzeit – die Aktionäre erhalten eine feste jährliche Zahlung und am Ende der Laufzeit (mindestens) das eingesetzte Kapital in Höhe der seinerzeitigen Barabfindung zurück. Analog zu einer Unternehmensanleihe tragen die Minderheiten somit lediglich das Bonitätsrisiko des Mehrheitsaktionärs als Schuldner der Ausgleichszahlung. Der Verrentungszinssatz setzt sich in diesem Fall aus dem risikolosen Basiszinssatz und einem Risikozuschlag, der das Bonitätsrisiko reflektiert, zusammen. Das Bonitätsrisiko lässt sich aus dem Renditeunterschied möglichst langlaufender Anleihen des Gläubigers oder vergleichbarer Unternehmen in der Währung der Ausgleichszahlung zu laufzeit- und währungsgleichen risikolosen Staatsanleihen (sogenannter credit spread) bestimmen.

Im Ergebnis resultiert bei dieser Vorgehensweise in der Regel ein geringerer Verrentungszinssatz als bei Verwendung des Mittelwerts aus vollem Kapitalisierungszinssatz und Basiszinssatz, was zu einer geringeren Ausgleichszahlung führt. Damit einher geht jedoch auch ein reduziertes (und vor allem kalkulierbares) Risiko für die außenstehenden Aktionäre. Für den Mehrheitsaktionär ist die geringere jährliche Ausgleichszahlung mit der Verpflichtung zum Erwerb der Anteile zur festgelegten Abfindung bei Beendigung des Vertrags verbunden. Der Mehrheitsaktionär sollte daher in Abhängigkeit von seinen strategischen Zielen auf dieser Basis eine Interessenabwägung vornehmen und gegebenenfalls eine entsprechende Klausel zum Aufleben des Abfindungsangebots bei Beendigung des Vertrags im Unternehmensvertrag berücksichtigen.

2 Festlegung einer angemessenen Barabfindung – Ermittlung des „richtigen“ Börsenkurses

Der Börsenkurs einer AG stellt bei der Bemessung einer Barabfindung im Rahmen aktien- oder umwandlungsrechtlicher Strukturmaßnahmen nach höchstrichterlicher Rechtsprechung regelmäßig die Untergrenze dar. In den Beschlüssen des BVerfG und des BGH sind hinsichtlich der konkreten Ermittlung Regelungen zum relevanten Zeitraum und zu der Frage nach stichtags- oder umsatzgewichteten Durchschnittskursen enthalten. Darüber hinaus hat der BGH deutlich gemacht, dass eine Hochrechnung des Börsenkurses erfolgen muss, wenn zwischen der Bekanntmachung der Strukturmaßnahme und dem Tag der Hauptversammlung ein längerer Zeitraum liegt. Weitere Vorgaben erfolgen aber nicht. In der Bewertungspraxis wird regelmäßig, sofern vorhanden, auf von der BaFin ermittelte Mindestpreise nach § 5 WpÜG-AV zurückgegriffen. In der Praxis stellen sich daher insbesondere Fragen, ob diese Mindestpreise anhand öffentlich zugänglicher Daten nachgerechnet werden können, wie vorgegangen werden soll, wenn keine Mindestpreise vorliegen sowie wann und wie konkret eine Hochrechnung des Börsenkurses zu erfolgen hat.

Das BVerfG hat mehrfach entschieden, dass die Bemessung einer Barabfindung im Rahmen aktien- oder umwandlungsrechtlicher Strukturmaßnahmen (zum Beispiel beim Abschluss von Beherrschungs- und Gewinnabführungsverträgen oder beim Ausschluss von Minderheitsaktionären, dem sogenannten Squeeze-out) nicht ohne Berücksichtigung des Börsenkurses erfolgen darf, sofern der Börsenkurs den Verkehrswert der Aktie widerspiegelt. Nach den Entscheidungen des BVerfG darf die von Art. 14 GG geforderte „volle“ Entschädigung jedenfalls nicht unter dem Verkehrswert liegen und dieser kann bei börsennotierten Unternehmen nicht ohne Rücksicht auf den Börsenkurs festgelegt werden.

Der BGH hat mit seinem Beschluss vom 19.07.2010 die Rechtsprechung des BVerfG konkretisiert. So ist der einer angemessenen Abfindung zugrunde zu legende Börsenkurs grundsätzlich als gewichteter Durchschnittskurs einer dreimonatigen Referenzperiode vor der Bekanntmachung der Maßnahme zu ermitteln. Damit orientiert sich der BGH an der für Übernahme- und Pflichtangebote geltenden, zwischenzeitlich erlassenen Angebotsverordnung zum WpÜG. Ein Abweichen von dieser Berechnungslogik ist nur dann zulässig, wenn aufgrund von Marktenge oder anderen Verzerrungen der Durchschnittsbörsenkurs nicht den Verkehrswert widerspiegelt. Die Frage, wann Marktenge vorliegt, ist dabei jedoch bisher nicht höchstrichterlich entschieden und wird daher sowohl in der Literatur als auch in der oberlandesgerichtlichen Rechtsprechung oftmals einzelfallbezogen und teilweise widersprüchlich beantwortet.

In der Bewertungspraxis wird zur Bestimmung des relevanten Börsenkurses regelmäßig auf den von der BaFin nach Vorgabe des § 5 WpÜG-AV abgeleiteten Mindestpreis referenziert. Dieser wird von der BaFin sieben Tage nach dem Stichtag veröffentlicht, um sicherzustellen, dass Verwerfungen in der Preisbildung von Börsen, Datenlieferanten und anderen meldepflichtigen Unternehmen bereinigt werden können. Die Aussagekraft des Börsenkurses ist nach den Kriterien der WpÜG-AV eingeschränkt, sofern kumulativ während der drei Monate vor Bekanntgabe an weniger als einem Drittel der Börsentage Börsenkurse festgestellt wurden und mehrere nacheinander festgestellte Börsenkurse um mehr als fünf Prozent voneinander abgewichen sind. Kurse, die diese Kriterien erfüllen, werden von der BaFin in ihrer Veröffentlichung als ungültig markiert und sind gemäß WpÜG-AV nicht mehr maßgeblich für die Bestimmung des Mindestpreises.

Die Ableitung des Mindestpreises erfolgt jedoch nur für Unternehmen, die im regulierten Markt an einer deutschen Börse gehandelt werden. Somit existiert kein Mindestpreis für Aktien im unregulierten Markt (zum Beispiel der Entry-Standard) und im Freiverkehr. Sofern Aktien eines Unternehmens sowohl im regulierten Markt als auch im Freiverkehr gehandelt werden, werden die Transaktionen im Freiverkehr in der Berechnung des Mindestpreises durch die BaFin nicht berücksichtigt. Daher besteht in Abhängigkeit vom Bewertungsobjekt häufig die Notwendigkeit, auf Basis von öffentlich verfügbaren Börsenkursen selbst einen umsatzgewichteten Durchschnittskurs zu berechnen.

Hierzu kann beispielsweise auf die von Finanzdienstleistern täglich zur Verfügung gestellten umsatzgewichteten Durchschnittskurse abgestellt werden. Diese Durchschnittskurse werden aus den tatsächlich am jeweiligen Markt und Tag gehandelten Stückzahlen und dem gezahlten Preis pro Transaktion errechnet. Der Dreimonatsdurchschnittskurs lässt sich dann bestimmen, indem die Summe der täglichen Umsatzvolumina (Umsatzgewichteter Durchschnittskurs multipliziert mit dem Handelsvolumen des jeweiligen Tages) für die Referenzperiode durch die Summe des Handelsvolumens für denselben Zeitraum geteilt wird. Ist das Ziel eine Nachrechnung des von der BaFin ermittelten Mindestpreises, können bei Abruf der Durchschnittskurse der einzelnen Börsen gezielt die Börsen ausgeschlossen werden, an denen die Aktie im Freiverkehr geführt wird. Alternativ lassen sich auch die einzelnen Tickdaten der Börsen gegen Entgelt bestellen. Beide Vorgehensweisen kommen in der Regel zu vergleichbaren Ergebnissen.

Erfahrungsgemäß verbleiben zwischen den von der BaFin nach § 5 WpÜG-AV ermittelten Kursen und den auf Grundlage vorgenannter Datensätze ermittelten Durchschnittskursen auch bei gleichen Börsenplätzen regelmäßig Abweichungen nach oben oder nach unten. Dies liegt unter anderem in der Datenbasis begründet: entsprechend den Vorgaben der WpÜG-AV ermittelt die BaFin den Durchschnittskurs anhand der nach § 9 WpHG gemeldeten Geschäfte. Diese sind nicht zwangsläufig deckungsgleich mit den an den Börsen gemeldeten Geschäften, da Börsen beispielsweise außerbörsliche Transaktionen nicht erfassen, diese jedoch von meldepflichtigen Teilnehmern an die BaFin gemeldet werden. Ferner werden die gemeldeten Daten vor Übermittlung an die BaFin um Börsenkurse beziehungsweise Transaktionen, die doppelt erfasst wurden, die dieselbe Gegenpartei haben oder um Transaktionen, die nachträglich revidiert wurden, bereinigt, sodass in der Datenbasis der BaFin keine Verwerfungen enthalten sind. Auskunftsgemäß werden diese bereinigten Daten nur der BaFin zur Verfügung gestellt beziehungsweise bereinigen die Datendienstleister nach unseren Erkenntnissen ihre Datenbanken nicht nachträglich um diese Informationen.

Abschließend lässt sich hierzu daher feststellen, dass es grundsätzlich zwar möglich ist, auf Basis der Datensätze von Finanzdienstleistern einen zum Mindestpreis nach § 5 der WpÜG-AV vergleichbaren Kurs zu berechnen. Die Ermittlung auf Grundlage von Datensätzen der nicht an vorgegebene Methoden gebundenen privaten Dienstleister hat jedoch eine deutlich geringere Legitimation und Rechtssicherheit als die von einer zur Unabhängigkeit verpflichteten Bundesbehörde ermittelten Mindestpreise. Es wäre zudem schwer begründbar, für Mindestpreise nach dem WpÜG einerseits und dem AktG andererseits unterschiedliche Methoden anzuwenden.

Der so ermittelte Börsenkurs ist nach den Vorgaben des BGH entsprechend der allgemeinen oder branchentypischen Wertentwicklung unter Berücksichtigung der seitherigen Kursentwicklung hochzurechnen, soweit zwischen der Bekanntmachung der Maßnahme als grundsätzlich relevantem Stichtag für die Durchschnittskursbildung und dem Tag der Hauptversammlung ein längerer Zeitraum verstreicht und die Entwicklung der Börsenkurse eine Anpassung geboten erscheinen lässt.

In dem oben erwähnten Urteil ging der BGH ursprünglich irrtümlich davon aus, dass zwischen der Ankündigung der Strukturmaßnahme und dem Tag der beschlussfassenden Hauptversammlung im zu entscheidenden Fall ein Zeitraum von neun Monaten vergangen sei und dies einen längeren Zeitraum darstelle, der eine Hochschreibung des Börsenkurses anzeige, sofern die Entwicklung des Börsenkurses seit Ankündigung der Maßnahme dies geboten erscheinen lasse. Durch Berichtigungsbeschluss vom 05.08.2010 hat der BGH die Entscheidung dahingehend korrigiert, dass es – wie im Sachverhalt der Entscheidung angelegt – siebeneinhalb Monate heißen muss. Im vorgenannten Urteil hat der BGH offen gelassen, ob auch eine Hochrechnung des Börsenkurses bei einem kürzeren Zeitraum als siebeneinhalb Monate in Betracht käme beziehungsweise wie der längere Zeitraum von siebeneinhalb Monaten konkret zu ermitteln sei. In der Praxis ist seit dem zu beobachten, dass für kürzere Zeiträume als sieben Monate unter Verweis auf entsprechende Rechtsliteratur sowie die allein für die Ermittlung und Prüfung der angemessenen Abfindung sowie die Vorbereitung und fristgerechte Einberufung der Hauptversammlung benötigte Zeit eine Hochrechnung für nicht erforderlich gehalten wird. Für einen Zeitraum von mehr als sieben Monaten (hier sieben Monate und acht Tage) hielt das LG Frankfurt in einem Beschluss aus dem Jahr 2019 eine Hochrechnung des Börsenkurses für erforderlich. Das OLG Frankfurt bestätigte das Vorliegen eines längeren Zeitraums im Sinne der BGH-Rechtsprechung in seinem Beschluss im Jahr 2020 zu diesem Fall, gelang jedoch zur der Überzeugung, dass gleichwohl keine Hochrechnung des Börsenkurses vorzunehmen ist, da aufgrund der Abkopplung des Kurses des Bewertungsobjekts von den Kursen vergleichbarer Unternehmen in den zurückliegenden Jahren dies zu keiner sachgerechten Schätzung des Börsenkurses des Bewertungsobjekts zum Bewertungszeitpunkt führen würde und somit eine Anpassung auf den Bewertungsstichtag nicht geboten erschien.

Im Folgenden soll auf die verschiedenen Fragestellungen im Falle einer erforderlichen Hochrechnung des Börsenkurses kurz eingegangen werden. Im Rahmen einer Hochrechnung sind im Einzelnen der Stichtag und Zeitraum für die Hochrechnung, der Vergleichsmaßstab und die Pflicht zur Anpassung zu beurteilen.

Die Forderung nach einer Hochrechnung auf den Stichtag der Hauptversammlung stellt den Bewertungsgutachter beziehungsweise den gerichtlich bestellten Prüfer vor die praktische Schwierigkeit, dass zum Zeitpunkt des Abschlusses der Bewertungsarbeiten die entsprechenden Daten noch nicht vorliegen. Die Vorgabe des BGH ist jedoch eindeutig. Diese Schwierigkeit kann auch nicht dadurch gelöst werden, dass zunächst im Rahmen der Bewertungsarbeiten eine Hochrechnung auf den Tag des Abschlusses der Bewertungsarbeiten erfolgt und anschließend zum Beispiel im Rahmen der in der Praxis üblichen Stichtagserklärung des Bewertungsgutachters beziehungsweise Prüfers eine Aktualisierung der Hochrechnung auf den Tag der Hauptversammlung vorgenommen wird. Zudem bleibt die Frage offen, ob die angebotene Abfindung sich auf den zum Ende der Bewertungsarbeiten ermittelten hochgerechneten Börsenkurs bezieht, wenn der zum Tag der Hauptversammlung ermittelte hochgerechnete Börsenkurs unterhalb diesem liegt oder ob die Möglichkeit besteht, im Rahmen des Bewertungsgutachtens den hochgerechneten Börsenkurs zunächst nur informationshalber zum Tag des Endes der Bewertungsarbeiten zu ermitteln, die Ermittlungsweise transparent zu machen und auf die Ermittlung zum Tag der Hauptversammlung als Basis für die angebotene Abfindung zu verweisen. Der konkrete Abfindungsbetrag bliebe dann im Rahmen der Einladung zur Hauptversammlung unbestimmt, was ein Einfallstor für darauf abstellende Anfechtungsklagen bieten könnte. Zur Vermeidung dessen bliebe vor dem Hintergrund der aktuell ungeklärten Rechtslage nur, die Abfindung auf Basis des hochgerechneten Börsenkurses zum Tag des Endes der Bewertungsarbeiten festzulegen und gegebenenfalls zum Tag der Hauptversammlung zu erhöhen, falls sich ein höherer hochgerechneter Börsenkurs ergibt, jedoch unverändert zu belassen, falls dann ein niedrigerer hochgerechneter Börsenkurs resultiert.

In der Rechtsprechung des BGH ist des Weiteren ungeklärt, ob die Hochrechnung mit Blick auf den Vergleichsmaßstab stichtagsbezogen erfolgen soll oder analog zur Ermittlung des Ausgangsbörsenkurses Durchschnittskurse zur Hochrechnung herangezogen werden sollen. Hier bietet sich in Anlehnung an die Ermittlung des Börsenkurses an, sowohl beim Ausgangskurs des Vergleichsmaßstabs am Tag der Ankündigung der Strukturmaßnahme als auch beim Endkurs des Vergleichsmaßstabs am Tag der Hauptversammlung auf einen Dreimonatsdurchschnittskurs abzustellen.

Hinsichtlich des Vergleichsmaßstabs selbst verweist der BGH auf die allgemeine oder branchentypische Kursentwicklung seit der Ankündigung der Strukturmaßnahme. Letztlich hat der BGH damit den konkreten Vergleichsmaßstab offengelassen. Aufgrund der größtmöglichen Vergleichbarkeit zum Bewertungsobjekt bietet es sich zunächst an, auf die Kursentwicklung der Vergleichsunternehmen (Peer Group) abzustellen, die auch bei der Festlegung des Risikozuschlags im Rahmen der fundamentalen Unternehmensbewertung herangezogen wurden. Eine etwaige Gewichtung der einzelnen Vergleichsunternehmen sollte analog zur Ermittlung des Risikozuschlags erfolgen. Wenn die Kursentwicklung einzelner Vergleichsunternehmen durch außergewöhnliche Umstände (zum Beispiel infolge eines Übernahmeangebots) beeinflusst ist, ist zu untersuchen, ob und wie diese Entwicklung bereinigt werden sollte. Alternativ zu der Kursentwicklung der Vergleichsunternehmen sollten auch die Entwicklung des Branchenindex, dem das Bewertungsobjekt zugeordnet ist, sowie als allgemeiner Börsenindex der CDAX als Vergleichsmaßstab nicht außer Betracht bleiben. Bei mehreren Vergleichsmaßstäben ist darauf zu achten, dass diese zu einer Gesamt-Hochrechnung verdichtet werden, insbesondere wenn die einzelnen Hochrechnungen unterschiedliche Entwicklungen aufzeigen. Auch kann der Rückgriff auf den eigenen Betafaktor des Bewertungsobjekts zur Hochrechnung des Börsenkurses eine sinnvolle Alternative darstellen, wenn nicht davon ausgegangen werden kann, dass der Börsenkurs des Bewertungsobjekts der Kursentwicklung der Peer Group oder der (Branchen-)Indizes im relevanten Zeitraum gefolgt wäre.

Nach der Rechtsprechung des BGH dient die Hochrechnung der Börsenkursentwicklung ausdrücklich dem Ziel, den Minderheitsaktionär nicht von einer positiven Börsenentwicklung auszuschließen. Ob ein Minderheitsaktionär damit auch von einer negativen Börsenentwicklung ausgeschlossen sein soll, hat der BGH offengelassen. Auch wenn bei wirtschaftlicher Betrachtung der Minderheitsaktionär sowohl an einer positiven als auch an einer negativen Entwicklung beteiligt sein müsste, erscheint dieses in praxi nicht durchführbar beziehungsweise nicht durchsetzbar zu sein. Fraglich ist ferner, ob jede positive (oder negative) Entwicklung automatisch zu einer Erhöhung der Barabfindung führt, wenn der Börsenkurs der Aktie oberhalb des Unternehmenswerts je Aktie liegt. In Anlehnung an die aktuelle Rechtsprechung verschiedener OLG und LG, nach der eine Abweichung von je nach Gericht fünf beziehungsweise zehn Prozent, als geringfügig anzusehen sein kann (und daher nicht zu einer Anpassung der Barabfindung in einem Spruchverfahren führt), könnte auch im Falle einer Hochrechnung ein Schwellenwert bis zu dieser Höhe infrage kommen.

3 Festlegung einer angemessenen Barabfindung – Besonderheiten bei bestehendem Beherrschungs- und Gewinnabführungsvertrag

Die angemessene Barabfindung gemäß § 327b AktG im Falle des Ausschlusses von Minderheitsaktionären (sogenannter Squeeze-out) ist bei Bestehen eines Beherrschungs- und Gewinnabführungsvertrags nach der Rechtsprechung des BGH grundsätzlich auf der Grundlage einer Neubewertung der Gesellschaft zum Zeitpunkt des Squeeze-outs zu ermitteln, sofern der Barwert der Ausgleichszahlungen aus dem Beherrschungs- und Gewinnabführungsvertrag nicht den anteiligen Unternehmenswert übersteigt. Dabei stellt der Börsenkurs grundsätzlich die Untergrenze der Barabfindung dar.

Gemäß § 327a Abs. 1 AktG kann auf Verlangen eines Aktionärs, dem 95% des Grundkapitals gehören (Hauptaktionär), die Hauptversammlung einer AG die Übertragung der Aktien der übrigen Aktionäre (Minderheitsaktionäre) auf den Hauptaktionär gegen Gewährung einer angemessenen Barabfindung beschließen. Der Hauptaktionär legt gemäß § 327b Abs. 1 AktG die Höhe der Barabfindung fest; sie muss die Verhältnisse der Gesellschaft im Zeitpunkt der Beschlussfassung der Hauptversammlung berücksichtigen und die Minderheitsaktionäre für den sogenannten „wahren" Wert ihrer Beteiligung entschädigen. Zur Beteiligung an einer AG gehören dabei sowohl Mitgliedschaftsrechte als auch Vermögensrechte.

Im Vertragskonzern sind die Verhältnisse der abhängigen Gesellschaft durch den Unternehmensvertrag geprägt. Dabei unterscheiden sich die Rechtspositionen von herrschendem Unternehmen und Minderheitsaktionären fundamental. Dem herrschenden Unternehmen stehen umfassende Weisungsrechte gegenüber der abhängigen Gesellschaft zu. Dies schließt auch das Recht ein, der abhängigen Gesellschaft nachteilige Weisungen zu erteilen (§ 308 AktG); die Leitung der abhängigen Gesellschaft kann auf Weisung des herrschenden Unternehmens am Konzerninteresse ausgerichtet werden und muss sich nicht mehr am eigenen Unternehmensinteresse und damit zugleich am Interesse aller Aktionäre der abhängigen Gesellschaft orientieren. Gleichzeitig bleiben wichtige Mitgliedschaftsrechte der Minderheitsaktionäre vom Unternehmensvertrag unberührt; hierzu gehören beispielsweise die Teilnahme an Hauptversammlungen, das Auskunftsrecht und das Recht zur Anfechtung von Hauptversammlungsbeschlüssen.

Auch die wirtschaftliche Situation der Aktionärsgruppen unterscheidet sich während der Laufzeit des Unternehmensvertrags erheblich. In Bezug auf die Vermögensrechte steht dem herrschenden Unternehmen der gesamte Gewinn des Unternehmens zu. Die Minderheitsaktionäre sind dagegen daran nicht (mehr) beteiligt. Als Kompensation erhalten sie eine vertraglich bestimmte wiederkehrende Geldleistung in konstanter Höhe (Ausgleichszahlung, § 304 AktG), die unabhängig vom wirtschaftlichen Erfolg des Unternehmens ist. Die Minderheitsaktionäre sind damit während der Laufzeit eines Beherrschungs- und Gewinnabführungsvertrages von den Chancen und Risiken der wirtschaftlichen Entwicklung der abhängigen Gesellschaft ausgeschlossen; wirtschaftlich betrachtet sind sie wie Inhaber eines zwar risikobehafteten, jedoch grundsätzlich festverzinslichen Wertpapiers gestellt.

Bis zu der höchstgerichtlichen Klärung durch den BGH (Beschluss vom 12.01.2016, II ZB 25/14) war in Literatur und Rechtsprechung umstritten, wie die Barabfindung anlässlich eines Squeeze-outs bei Bestehen eines Beherrschungs- und Gewinnabführungsvertrages zu ermitteln ist. Der BGH hat klargestellt, dass der anteilige Unternehmenswert zum Zeitpunkt des Beschlusses über den Ausschluss von Minderheitsaktionären jedenfalls dann maßgebend ist, wenn der anteilige Unternehmenswert höher ist als der Barwert der Ausgleichszahlung aufgrund des Beherrschungs- und Gewinnabführungsvertrags. In der konkreten Entscheidung hat der BGH ausdrücklich offengelassen, ob dem Barwert der Ausgleichszahlung – ähnlich dem Börsenkurs – auch die Funktion einer Wertuntergrenze beikommt. Hierzu wurden in der Folge unterschiedliche Auffassungen durch OLG vertreten. Während das OLG Düsseldorf und das OLG München die Ansicht vertreten, der Barwert der Ausgleichszahlung ist für die Bemessung der Barabfindung nicht relevant, erachtet das OLG Frankfurt am Main ihn als (weitere) Untergrenze der Barabfindung. Das OLG Frankfurt am Main (Beschluss vom 20.11.2019, 21 W 77/14) hat daher nunmehr auch diese Frage dem BGH als Divergenzvorlage zur Entscheidung vorgelegt. Das Verfahren war bei Redaktionsschluss noch anhängig.

Nach Ansicht des BGH kann der „wahre Wert" der Beteiligung durch den Barwert der Ausgleichszahlung nicht allein ermittelt werden. In Bezug auf die Vermögensbeteiligung an einer AG umfasst die Beteiligung nicht nur die Aussicht auf eine Dividende, die im Rahmen eines Beherrschungs- und Gewinnabführungsvertrags durch eine Ausgleichszahlung ersetzt wird. Darüber hinaus gehört auch der Anteil an der Vermögenssubstanz, auf den bei Auflösung und Liquidation ein Anspruch besteht, zu den Vermögensrechten; eine über den Barwert der Ausgleichszahlung ermittelte Barabfindung berücksichtigt diesen Aspekt gerade nicht und deckt damit gegebenenfalls nicht den „wahren" Wert der Beteiligung ab.

Der „wahre" Wert wird zudem auch dann nicht zutreffend durch den Barwert der Ausgleichszahlung abgebildet, wenn sich der Unternehmenswert der abhängigen Gesellschaft seit dem Abschluss des Beherrschungs- und Gewinnabführungsvertrags erhöht hat. Diese Chance auf eine Wertsteigerung würde dem Minderheitsaktionär genommen, wenn der Beherrschungs- und Gewinnabführungsvertrag in Zukunft beendet würde. In diesem Fall wäre der Minderheitsaktionär wieder mit seinem vollen

Dividendenrecht an der im Wert gestiegenen AG beteiligt. Eine Barabfindung zum Barwert der Ausgleichszahlung würde in diesem Fall zu einer nicht gerechtfertigten Vermögensverschiebung von den Minderheitsaktionären zum Hauptaktionär führen.

Ebenso berücksichtigt der Barwert der Ausgleichszahlung nicht, dass dem Minderheitsaktionär auch die durch den Ausschluss verloren gehenden Mitgliedschaftsrechte zu entschädigen sind.

Die Ansicht des BGH, nach der der anteilige Unternehmenswert grundsätzlich dann für die Barabfindung maßgebend ist, wenn der anteilige Unternehmenswert den Barwert der Ausgleichszahlung übersteigt, wird in der Literatur kontrovers diskutiert und führt zu weiteren Fragestellungen in der Bewertungspraxis. Für die Bewertungspraxis bedeutet diese Rechtsprechung und der jüngste Vorlagebeschluss beim BGH, dass (weiterhin) folgende drei Datenpunkte für die Ermittlung der Barabfindung zum Bewertungsstichtag zu erheben sind: Durchschnittlicher Börsenkurs als Wertuntergrenze (sofern relevant); Barwert der Ausgleichszahlung aus dem bislang bestehenden Unternehmensvertrag; Unternehmenswert je Aktie nach den anerkannten Bewertungsgrundsätzen des IDW S 1. Bewertungsstichtag ist dabei der Tag der Hauptversammlung, die über den Squeeze-out beschließt.

4 Vereinfachte Konzernverschmelzungen – erweiterte Möglichkeiten zum Ausschluss von Minderheitsaktionären

Mitte Juli 2011 wurde das Dritte Gesetz zur Änderung des UmwG verkündet und ist damit in Kraft getreten. Mit dem Gesetz wurde die Richtlinie 2009/109/EG des Europäischen Parlaments und des Rates hinsichtlich der Berichts- und Dokumentationspflicht bei Verschmelzungen und Spaltungen in deutsches Recht umgesetzt. Ziel war es, den Verwaltungsaufwand und damit die Kosten im Zusammenhang mit Umwandlungsmaßnahmen zu verringern. Kernstück der Reform ist die Einräumung der Möglichkeit eines Ausschlusses von Minderheitsaktionären in sachlichem und zeitlichem Zusammenhang mit einer Konzernverschmelzung bei einer von 95% (§ 327a Abs. 1 AktG, sogenannter aktienrechtlicher Squeeze-out) auf 90% (§ 62 Abs. 5 UmwG – sogenannter verschmelzungsrechtlicher Squeeze-out) reduzierten Anteilsquote des Hauptaktionärs.

Die Regelung des § 62 Abs. 5 UmwG ist anwendbar, wenn sich mindestens 90% der Aktien einer übertragenden AG in der Hand einer übernehmenden AG befinden. In diesem Fall kann die Hauptversammlung der übertragenden AG innerhalb von drei Monaten nach Abschluss des Verschmelzungsvertrags einen Beschluss zur Übertragung der Aktien der Minderheitsaktionäre auf die übernehmende Gesellschaft (Hauptaktionär) fassen. Der Verschmelzungsvertrag muss die Angabe über den geplanten Ausschluss der Minderheitsaktionäre enthalten.

Die Dokumentation beziehungsweise die Vorbereitung und Durchführung der den Squeeze-out beschließenden Hauptversammlung erfolgt nach den aktienrechtlichen Bestimmungen. Anders als bei der einer „normalen" Verschmelzung entfällt die Bewertung der aufnehmenden Gesellschaft und damit die Ermittlung des angemessenen Umtauschverhältnisses. Erforderlich ist lediglich – neben der Erstellung eines Übertragungsberichts mit einer Erläuterung der Höhe der Barabfindung und der Voraussetzungen für den verschmelzungsrechtlichen Squeeze-out – die Erstellung eines Verschmelzungsberichts. Darüber hinaus muss eine Verschmelzungsprüfung, die dann insbesondere die Richtigkeit und Vollständigkeit des Verschmelzungsvertrags umfasst, sowie eine Prüfung der Angemessenheit der Barabfindung für die Aktien der zu übertragenden AG erfolgen. Die Prüfung kann von demselben Prüfer durchgeführt werden, sofern das zuständige LG den gleichen Prüfer für die Verschmelzungsprüfung und die Prüfung der Angemessenheit der Barabfindung bestellt.

Nach dem Squeeze-out-Beschluss der übertragenden Gesellschaft und gegebenenfalls der Durchführung eines Freigabeverfahrens gegen Anfechtungs- oder Nichtigkeitsklagen (§ 327e Abs. 3 Satz 1 AktG) wird der Squeeze-out in das Handelsregister der übertragenden Gesellschaft eingetragen. Wirksam wird er jedoch erst mit dem Wirksamwerden der Verschmelzung. Hierfür wird ein entsprechender Vermerk im Handelsregister aufgenommen. Insofern kann der Squeeze-out bei einem Scheitern der Verschmelzung nicht wirksam werden.

Im Vergleich zum aktienrechtlichen Squeeze-out erweitert das Absenken des Schwellenwerts auf 90% erheblich den Anwendungsbereich. Gleichzeitig jedoch bestehen Einschränkungen – zum Beispiel hinsichtlich der Rechtsform des Mutterunternehmens. Einerseits muss es sich dabei wie bei dem Tochterunternehmen um eine AG, KGaA oder SE handeln. Dabei sollte ein vorgelagerter Formwechsel eines Hauptaktionärs in der (bisherigen) Rechtsform einer GmbH in die Rechtsform einer AG keinen Gestaltungsmissbrauch darstellen. Andererseits findet die Zurechnungsnorm des § 16 Abs. 4 AktG keine Anwendung. Dies hat zur Folge, dass das Mutterunternehmen 90% der Anteile an dem Tochterunternehmen unmittelbar halten muss.

Auch wenn die Unternehmen künftig im Einzelfall abzuwägen haben, ob sie eine unmittelbare Verschmelzung vornehmen wollen oder ob sie vor der Verschmelzung einen verschmelzungsrechtlichen Squeeze-out durchführen, bietet die Regelung des § 62 Abs. 5 UmwG die Möglichkeit des Ausschlusses von Minderheitsaktionären im Rahmen einer Verschmelzung bereits bei Erreichen des deutlich niedrigeren Schwellenwerts von 90%.

5 Grenzüberschreitende Verschmelzungen – Besonderheiten bei der Ermittlung des angemessenen Umtauschverhältnisses

Die Regelungen zu grenzüberschreitenden Verschmelzungen in der EU und dem EWR wurden vor rund zehn Jahren in das deutsche Recht übernommen. Für grenzüberschreitende Verschmelzungen sind die jeweiligen landesspezifischen Regelungen unter Berücksichtigung der europäischen Verschmelzungsrichtlinie maßgeblich. Dies führt dazu, dass bei der Festlegung eines angemessenen Umtauschverhältnisses und damit bei den Unternehmensbewertungen, auf denen das Umtauschverhältnis beruht, die jeweiligen landesspezifischen Bewertungsstandards und die dazu ergangenen Rechtsprechungen zu berücksichtigen sind. Am Beispiel der Verschmelzung einer deutschen und einer luxemburgischen Gesellschaft zeigt sich, dass es besonderer Überlegungen bedarf, die jeweils anzuwendenden Wert- und Preiskonzepte und deren Ausgestaltung zu einem angemessenen Umtauschverhältnis zu verdichten.

Grenzüberschreitende Verschmelzungen

Mit der am 25.04.2007 in Kraft getretenen Reform des UmwG hat der Gesetzgeber mit den §§ 122a bis 122l UmwG sowohl die europäische Verschmelzungsrichtlinie (Richtlinie 2005/56/EG über die Verschmelzung von KapG vom 15.12.2005) als auch die Entscheidung des EuGH im sogenannten „SEVIC-Urteil" (Urteil vom 13.12.2015, C-411/03) in deutsches Recht umgesetzt.

Eine grenzüberschreitende Verschmelzung ist eine Verschmelzung, bei der mindestens eine der beteiligten Gesellschaften dem Recht eines anderen Mitgliedsstaats der EU oder eines anderen Vertragsstaats des Abkommens über den EWR unterliegt. In § 122b UmwG werden als beteiligungsfähige Gesellschaften nur KapG genannt. Die §§ 122a ff. UmwG ermöglichen sowohl das Hereinverschmelzen einer ausländischen auf eine deutsche KapG als auch eine Herausverschmelzung einer deutschen auf eine ausländische KapG.

Für eine grenzüberschreitende Verschmelzung gilt das jeweilige nationale Recht der beiden Verschmelzungsparteien unter Berücksichtigung der europäischen Verschmelzungsrichtlinie. Gemäß § 122c UmwG liegt der grenzüberschreitenden Verschmelzung der Verschmelzungsplan „als Vertragswerk" zugrunde. Nach § 122c Abs. 2 Nr. 2 UmwG hat der Verschmelzungsplan das Umtauschverhältnis der Gesellschaftsanteile und gegebenenfalls die Höhe der baren Zuzahlung zu enthalten. Die unter bestimmten Umständen gegebene zusätzliche Notwendigkeit eines Abfindungsangebots im Verschmelzungsplan ist in § 122i UmwG geregelt. Der Inhalt des Verschmelzungsberichts ergibt sich aus § 122e UmwG und der Umfang der Verschmelzungsprüfung aus § 122f UmwG.

Wertkonzepte zur Ermittlung des Umtauschverhältnisses

Das Umtauschverhältnis ist aus den Werten je Anteil der beteiligten Verschmelzungsparteien zu ermitteln. Die Ermittlung setzt die Bewertung der beteiligten Gesellschaften voraus. Von besonderer Bedeutung ist, dass die Unternehmensbewertung nach vergleichbaren Grundsätzen erfolgt. Dieser Grundsatz der Vergleichbarkeit betrifft sowohl das/die angewandte(n) Bewertungskonzept(e) als auch die für beide Unternehmen relevanten Planungs- und Bewertungsparameter, sofern die beiden Unternehmen in den jeweiligen Aspekten vergleichbar sind.

Fraglich ist, wie die Umtauschrelation zu bestimmen ist, wenn für die Verschmelzungsparteien aufgrund landesspezifischer Regelungen beziehungsweise landesspezifischer Bewertungspraxis – wie beispielsweise in Deutschland und in Luxemburg – unterschiedliche Wert- und Preiskonzepte in Betracht kommen.

In Deutschland erfolgt anerkannt durch die Rechtsprechung des BVerfG die Ermittlung von Unternehmenswerten üblicherweise nach der Ertragswertmethode oder durch Schätzung anhand von Börsenkursen. Der Ermittlung des Ertragswertes liegt dabei der in der Rechtsprechung anerkannte Bewertungsstandard IDW S 1 zugrunde. Der IDW S 1 ist allerdings eine deutsche Besonderheit. In Luxemburg werden beispielsweise im Rahmen des Norme professionelle diligences professionelles du réviseur d'entreprises dans le cadre des operations de fusions et de scissions (NP2016-02) des Insitut des Réviseurs d'Entreprises in Luxemburg keine konkreten Vorgaben für eine bestimmte Bewertungsmethode gemacht. Es wird in Ziffer 3.6.4. jedoch auf substanz- („l'analyse des valeurs patrimoniales") wie auch ertragsorientierte („méthodes fondées sur les aspects de rendement") Bewertungsverfahren verwiesen. In der Bewertungspraxis in Luxemburg haben sich – neben dem Börsenkurs – insbesondere Bewertungen anhand von DCF- und Multiplikatorverfahren etabliert.

Demzufolge stehen bei einer grenzüberschreitenden Verschmelzung zwischen einer deutschen und einer luxemburgischen Gesellschaft grundsätzlich folgende Wert- und Preiskonzepte zur Diskussion: Ertrags-/DCF-Werte, Multiplikatorwerte, Substanzwerte und Börsenkurse – letztere vor dem Hintergrund der erforderlichen Methodengleichheit nur dann, wenn beide Gesellschaften börsennotiert sind. Wobei nach luxemburgischer Regelung nicht nur ein Bewertungskonzept relevant ist, sondern verschiedene Wert- und Preismaßstäbe herangezogen werden sollen.

Bei Anwendung der fundamentalen, kapitalwertorientierten Ertragswert- oder DCF-Verfahren ist zu berücksichtigen, dass die luxemburgische Bewertungspraxis im Gegensatz zur deutschen Bewertungspraxis eine explizite Berücksichtigung der persönlichen Ertragsteuereffekte auf Ebene der Anteilseigner nicht kennt. Vor diesem Hintergrund bietet es sich an, dass die Nettozuflüsse aus dem Bewertungsobjekt und aus der Alternativanlage auf der Anteilseignerebene zum Einen – wie in Deutschland üblich – explizit unter Berücksichtigung persönlicher Ertragsteuereffekte bestimmt werden und zum Anderen – wie im Ergebnis in Luxemburg üblich – davon auszugehen, dass Nettozuflüsse und Alternativanlage einer vergleichbaren persönlichen Besteuerung unterliegen und insoweit auf eine explizite Berücksichtigung persönlicher Ertragsteuern bei der Ermittlung der finanziellen Überschüsse und der Ableitung des Kapitalisierungszinssatzes zu verzichten. Daneben bestehen weitere Unterschiede bei der Bestimmung einzelner Bewertungsparameter – beispielsweise bei den Kapitalkosten. Ob die Bewertung dagegen in Form des Ertragswertverfahrens oder als DCF-Verfahren erfolgt, spielt hingegen keine Rolle, da beide Verfahren bei konsistenter Anwendung zum selben Unternehmenswert führen.

Multiplikatorverfahren basieren auf einer vergleichenden Preisbestimmung in dem Sinne, dass geeignete Vervielfältiger aus Kapitalmarktdaten abgeleitet und auf das zu bewertende Unternehmen übertragen werden. Die Anwendung von Multiplikatorverfahren in der Bewertungspraxis erfolgt international weitgehend vergleichbar. Multiplikatoren können dabei aus Kapitalmarktdaten börsennotierter Vergleichsunternehmen (Peer Group) oder aus vergleichbaren Transaktionen abgeleitet und auf das zu bewertende Unternehmen übertragen werden. Grundsätzlich ist darauf hinzuweisen, dass in der Regel kein Unternehmen mit einem anderen vollständig vergleichbar ist. Das Ergebnis einer Multiplikatorbewertung kann deshalb im Regelfall nur eine Bandbreite möglicher Werte darstellen, in der sich das Bewertungsergebnis wiederfinden sollte. Werden Multiplikatoren aus der Marktkapitalisierung börsennotierter Vergleichsunternehmen abgeleitet, so ist zu berücksichtigen, dass die Summe der Marktpreise einzelner Aktien nicht dem Gesamtkaufpreis für diese Unternehmen entspricht, weshalb zum Beispiel bei öffentlichen Übernahmen üblicherweise signifikante Aufschläge auf den Börsenkurs zu beobachten sind. Bei auf Basis von Transaktionspreisen abgeleiteten Multiplikatoren ist zudem zu beachten, dass tatsächlich gezahlte Kaufpreise in hohem Maße durch die subjektive Interessenlage der Transaktionspartner bestimmt sind. Sie berücksichtigen beispielsweise Synergieeffekte und subjektive Erwartungshaltungen. Beide Ansätze beruhen damit auf erheblichen Vereinfachungen und Typisierungen, sodass sie zwar nicht zu vernachlässigen, jedoch im Vergleich zu fundamentalen Bewertungen in der deutschen Bewertungspraxis von untergeordneter Bedeutung sind.

Die Bewertung der Substanz unter Beschaffungsgesichtspunkten führt zu dem sogenannten Rekonstruktionswert des Unternehmens, der wegen der im Allgemeinen fehlenden immateriellen Werte nur ein Teilrekonstruktionswert ist. Dieser hat keinen selbstständigen Aussagewert für die Ermittlung des Gesamtwerts einer fortzuführenden Unternehmung und ist daher abzulehnen.

Ein (ausschließliches) Abstellen auf Börsenkurse muss kritisch gesehen werden. Eine Verwendung von Börsenkursen allein kann eine fundamentale Unternehmensbewertung nicht ersetzen. Börsenkurse sind das Ergebnis der Zahlungsbereitschaft vieler Marktteilnehmer, welche nicht nur von der finanziellen Beurteilung des Unternehmens, sondern auch von vielen subjektiven Aspekten der Markteilnehmer abhängig ist. Die Gründe für die Höhe der Zahlungsbereitschaft der Marktteilnehmer sind aber nicht transparent. Eine fundamentale Bewertung nach dem Ertragswert- oder DCF-Verfahren ist dagegen ein konzeptioneller Ansatz, der basierend auf einer Analyse von Vergangenheitsdaten und auf langfristigen Unternehmensplanungen, die in diesem Detaillierungsgrad und Umfang nicht öffentlich zugänglich sind, in einem idealisierten Modell transparent ableitet, welcher Preis für das Unternehmen ohne Berücksichtigung subjektiver Aspekte einzelner Marktteilnehmer grundsätzlich angemessen wäre. Dennoch stellt auch die Börsenkursrelation einen relevanten Maßstab zur Festlegung eines angemessenen Umtauschverhältnisses dar.

In einem fiktiven Beispiel könnten sich die in der folgenden Grafik dargestellten Unternehmenswertverhältnisse auf Basis der einzelnen Wert- und Preiskonzepte ergeben.

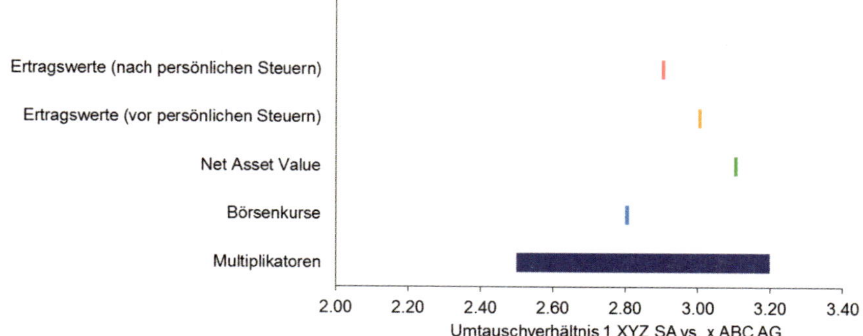

Abb. A-1: Übersicht zu den Umtauschverhältnissen auf Basis verschiedener Wert- und Preismaßstäbe

Vor dem Hintergrund der Berücksichtigung der luxemburgischen Bewertungspraxis und der daraus resultierenden Analyse verschiedener Wert- und Preismaßstäbe ist im skizzierten Beispielfall abweichend zu der in Deutschland üblichen Vorgehensweise nicht allein ein Ertragswert unter Berücksichtigung persönlicher Ertragsteuern der Anteilseigner maßgeblich, sondern auch die weiteren in Luxemburg üblichen Bewertungsmethoden, sodass für die Ableitung eines Umtauschverhältnisses in diesem besonderen Fall einer grenzüberschreitenden Verschmelzung eine Gewichtung beziehungsweise eine Abwägung zwischen den Bewertungsmethoden vorzunehmen ist.

Unter Verweis auf die zuvor zu den Wert- und Preiskonzepten genannten Gründen sollten zur Bestimmung des angemessenen Umtauschverhältnisses insbesondere die

Ertragswert-/DCF-basierten Unternehmenswertverhältnisse herangezogen werden. Andere Wert- und Preismaßstäbe sollten entsprechend ihrer Aussagekraft geringer gewichtet werden oder bei mangelnder Belastbarkeit auch ausgeschlossen werden. Die Entscheidung hierüber ist jedoch im Einzelfall von der konkreten Aussagekraft abhängig – nicht zuletzt, weil es noch keine Rechtsprechung zu dieser Berücksichtigung unterschiedlicher Wert- und Preiskonzepte bei einer grenzüberschreitenden Verschmelzung gibt.

Daher ist es von besonderer Bedeutung, dass die Relevanz der jeweiligen Wert- und Preiskonzepte und die Herleitung der Unternehmenswerte und Wertrelationen nach den einzelnen Wertkonzepten sowie die Abwägung und Gewichtung zwischen den Wert- und Preiskonzepten durch den Bewertungsgutachter im konkreten Anwendungsfall hinreichend transparent dargestellt werden, sodass diese von den Verschmelzungsparteien, deren Anteilseignern, dem Verschmelzungsprüfer und den zuständigen Gerichten, wenn Anteilseigner einen Antrag auf gerichtliche Nachprüfung der Angemessenheit des Umtauschverhältnisses stellen, nachvollzogen und beurteilt werden können.

Die skizzierten Problemfelder werden auch in Studien der Europäischen Kommission sowie jüngsten Beschlüssen des Europäischen Parlaments zur europäischen Verschmelzungsrichtlinie aufgegriffen. Bei künftigen Aktualisierungen der Richtlinie sollen die Methoden zur Bewertung verbessert werden. Was dies konkret bedeuten wird, ist derzeit allerdings noch offen.

6 Prüfungsumfang bei einer Gründungsprüfung/ Kapitalerhöhungsprüfung – auf das Agio kommt es an

Im Rahmen einer Gründung oder einer Kapitalerhöhung durch Sacheinlage hat eine Werthaltigkeitsprüfung durch einen sachverständigen Prüfer zu erfolgen. Durch die Rechtsprechung und die EU-Kapitalmarktrichtlinie hat sich der Umfang der Prüfung gegenüber dem Gesetzeswortlaut deutlich erweitert. Er umfasst den Ausgabebetrag einschließlich des aktienrechtlichen Agios. Eine Wertdeckung eines stillen oder eines schuldrechtlichen Agios wird dagegen nicht bei einer Gründungsprüfung beziehungsweise Kapitalerhöhungsprüfung untersucht. Dies hat zur Folge, dass der Prüfungsumfang abhängig von der Ausgestaltung der Gründung beziehungsweise der Kapitalerhöhung ist.

Prüfung des Ausgabebetrags

Nach dem Gesetzeswortlaut ist bei einer AG bei einer Gründungsprüfung (§ 34 Abs. 1 Nr. 2 AktG) beziehungsweise bei einer Kapitalerhöhungsprüfung (§ 183 Abs. 3 Satz 2 AktG in Verbindung mit § 34 Abs. 1 Nr. 2 AktG) lediglich zu prüfen, ob der Wert einer Sacheinlage den geringsten Ausgabebetrag der dafür zu gewährenden Aktien erreicht (Werthaltigkeitsprüfung).

Demgegenüber spricht sich die Rechtsprechung und die überwiegende Ansicht in der rechtswissenschaftlichen Literatur dafür aus, dass die Prüfung entgegen dem Gesetzeswortlaut auch die Wertdeckung eines etwaigen Agios zu umfassen hat. Dabei ist zwischen einem korporativen Agio im Sinne des § 9 Abs. 2 AktG (aktienrechtliches Aufgeld beziehungsweise „Überpari-Emission") und einer rein schuldrechtlich vereinbarten Zuzahlung zu unterscheiden. Unter einem korporativen Agio ist die Ausgabe neuer Aktien zu einem über dem geringsten Ausgabebetrag liegenden höheren Ausgabebetrag zu verstehen. Bei einem stillen Agio erfolgt die Aktienausgabe trotz eines höheren Werts der Sacheinlage zum geringsten Ausgabebetrag. Ein stilles Agio resultiert aus der Ausübung des Bilanzierungsermessens des Empfängers der Einlage nach den allgemeinen handelsrechtlichen Bilanzierungsvorschriften. Bei einem schuldrechtlichen Agio erfolgt die Aktienausgabe hingegen zum geringsten Ausgabebetrag (im Sinne des auf die einzelne Aktie entfallenden rechnerischen Anteils am Grundkapital), und die Zuzahlung wird lediglich auf schuldrechtlicher Basis vereinbart.

Trotz des eindeutigen Gesetzeswortlauts hat der sachverständige Prüfer gemäß der vorgenannten Rechtsprechung und rechtswissenschaftlichen Literatur seine Prüfung über den geringsten Ausgabebetrag hinaus auch darauf zu erstrecken, ob der Wert der Sacheinlage ein gegebenenfalls festgesetztes korporatives Agio im Sinne des § 9

Abs. 2 AktG umfasst. Dies wird in der rechtswissenschaftlichen Literatur in der Regel mit einem Verweis auf die europäische Kapitalmarktrichtlinie (Richtlinie 2012/30/EU) begründet, die in Art. 10 Abs. 2 verlangt, dass der Wert der Sacheinlage nach den Ergebnissen der sachverständigen Prüfung nicht nur dem geringsten Ausgabebetrag, sondern auch einem gegebenenfalls festgesetzten Mehrbetrag entspricht. Der Umfang der nach § 34 Abs. 1 Nr. 2 AktG vorzunehmenden Prüfung ist daher richtlinienkonform auf die Frage auszudehnen, ob der Wert der Sacheinlage nicht nur den geringsten Ausgabebetrag der dafür zu gewährenden Aktien, sondern auch ein darüber hinaus gegebenenfalls festgesetztes korporatives Agio erreicht. Der BGH hat sich mit Urteil vom 06.12.2011 (II ZR 149/10) dieser Sichtweise ausdrücklich angeschlossen.

Eine Ausdehnung auf ein stilles oder ein schuldrechtliches Agio wird in der rechtswissenschaftlichen Literatur abgelehnt. Die Vorschriften über die Sacheinlageprüfung beabsichtigen die Sicherung der realen Kapitalaufbringung zu Zwecken des Gläubigerschutzes; sie können sich demzufolge nur auf solche Kapitalaufbringungsmaßnahmen beziehen, die dem Ziel des Gläubigerschutzes unterstellt sind.

Die erläuterte Ausdehnung des Prüfungsumfangs, auch auf das korporative Agio, gilt nach dem eindeutigen Wortlaut des genannten BGH-Urteils nicht für eine GmbH, da das Aufgeld bei einer AG nach § 9 Abs. 2 AktG Teil des Ausgabebetrags und der mitgliedschaftlichen Leistungspflicht der Aktionäre nach § 54 Abs. 1 AktG ist, von der die Aktionäre nach § 66 Abs. 1 AktG grundsätzlich nicht befreit werden können, und es sich insoweit von dem Aufgeld bei einer GmbH unterscheidet, auf das sich der Differenzhaftungsanspruch nach § 9 Abs. 1 Satz 2 GmbHG nach herrschender Meinung nicht erstreckt.

Zusammenfassend lässt sich feststellen, dass der Prüfungsumfang des Werthaltigkeitsprüfers den Ausgabebetrag sowie ein darüber hinaus festgesetztes korporatives Agio umfasst. Nach soweit ersichtlich einhelliger Auffassung in der rechtswissenschaftlichen Literatur ist es demzufolge nicht die Aufgabe des Prüfers, die Werthaltigkeit des Betrags zu prüfen, mit dem die Sacheinlage in der Bilanz auf der Aktivseite angesetzt wird.

Die Nachweispflichten des Bilanzierenden gegenüber dem Abschlussprüfer bleiben hiervon jedoch unbeschadet. Hier kann der Bilanzierende zum Beispiel durch ein Unternehmensbewertungsgutachten nach den Grundsätzen des IDW S 1 den Nachweis des Zeitwerts erbringen.

Bilanzierung der Sacheinlage

Völlig unabhängig von dem Umfang der Sacheinlageprüfung ist die spätere Frage des Wertansatzes der Sacheinlage im Rahmen der Bilanzierung bei der empfangenden KapG. Der eingelegte Vermögensgegenstand ist gemäß den allgemeinen handelsrechtlichen Bilanzierungsvorschriften mit den Anschaffungskosten zu bewerten. Üblicherweise ist das der Ausgabebetrag (Nennbetrag zuzüglich korporatives Agio). Sollte der Zeitwert höher sein, kann auch ein höherer Wert als die Anschaffungskosten angesetzt werden.

Während das korporative Agio unstrittig als Kapitalrücklage nach § 272 Abs. 2 Nr. 1 HGB zu passivieren ist, stellen sich die Fragen, unter welchen Posten das schuldrechtliche Agio und unter welchem Posten ein bei späterer Zeitwertbilanzierung sich ergebender Mehrbetrag zu passivieren ist.

Die herrschende Meinung geht davon aus, dass das schuldrechtliche Agio beziehungsweise der Mehrbetrag sowohl als Kapitalrücklage nach § 272 Abs. 2 Nr. 1 HGB als auch als „andere Zuzahlung“ im Sinne des § 272 Abs. 2 Nr. 4 HGB passiviert werden kann. Diese Auffassung wurde vom OLG München ausdrücklich bestätigt, indem es feststellte, dass im Zuge einer Kapitalerhöhung die Einleger und die Gesellschaft wirksam eine Vereinbarung dahingehend treffen können, dass neben den Zahlungen für ausgewiesenes Grundkapital der neu herauszugebenden Aktien nebst (korporativem) Agio auch weitere „Zuzahlungen“ geleistet werden, die als Zuzahlungen in das Eigenkapital gemäß § 272 Abs. 2 Nr. 4 HGB in die freien Rücklagen einzuzahlen sind. Es könne schließlich keinen Zwang geben, sämtliche Zahlungen in zeitlichem Zusammenhang mit der Ausgabe neuer Aktien in die Kapitalrücklage nach § 272 Abs. 2 Nr. 1 HGB einzustellen. Der BGH hat diese Sichtweise in der gegen das Urteil des OLG München gerichteten Revision bestätigt.

Auch in der bilanzrechtlichen Literatur ist eine entsprechende Vereinbarung zur Leistung freiwilliger Mehrleistungen mit der entsprechenden bilanziellen Folge des Ausweises einer frei verfügbaren Kapitalrücklage im Sinne des § 272 Abs. 2 Nr. 4 HGB und somit eine gewisse Dispositionsfreiheit der Gesellschafter anerkannt, soweit diese Disposition ausreichend sicher dokumentiert ist.

Demzufolge ist ein schuldrechtliches Agio aufgrund seines schuldrechtlichen Charakters (und einer entsprechenden Bezeichnung) als Kapitalrücklage nach § 272 Abs. 2 Nr. 4 HGB zu passivieren. Dagegen ist ein Mehrbetrag aus einer Zeitwertbilanzierung grundsätzlich in die Kapitalrücklage nach § 272 Abs. 2 Nr. 1 HGB einzustellen, es sei denn, es wurde – wie in der Praxis durchaus üblich – im Kapitalerhöhungsbeschluss oder in einem Gesellschafterbeschluss bereits geregelt oder anderweitig nachgewiesen, dass der Betrag in die Kapitalrücklage nach § 272 Abs. 2 Nr. 4 HGB eingestellt werden soll.

7 Formwechsel in eine Societas Europaea – Besonderheiten bei der Prüfung der Kapitaldeckung gemäß Art. 37 Abs. 6 SE-VO

In den letzten Jahren sind in zunehmendem Umfang Formwechsel in eine SE zu beobachten. Grundlage des Formwechsels sind die Art. 2 Abs. 4 sowie Art. 37 Abs. 1 SE-VO. Die Umwandlung in eine SE setzt gemäß Art. 37 Abs. 6 SE-VO voraus, dass die bisherige Gesellschaft über Nettovermögenswerte mindestens in Höhe ihres Grundkapitals zuzüglich der kraft Gesetzes oder Statut nicht ausschüttungsfähigen Rücklagen verfügt. Diese Kapitaldeckung ist gemäß Art. 37 Abs. 6 SE-VO durch einen Sachverständigen zu bescheinigen. Im Folgenden werden die Besonderheiten bei der Prüfung der Kapitaldeckung beleuchtet, da Art und Umfang der Prüfung nur teilweise gesetzlich geregelt sind. Dabei zeigt sich, dass der Prüfungsansatz auch von den bestehenden Wertverhältnissen bei der Gesellschaft abhängt.

Gesetzlicher Prüfungsumfang

Die Umwandlung, zum Beispiel einer AG, in eine SE hat gemäß Art. 37 Abs. 2 SE-VO (Verordnung (EG) Nr. 2157/2001 des Rates vom 08.10.2001 über das Statut der Europäischen Gesellschaft (SE)) weder die Auflösung der bisherigen Gesellschaft noch die Gründung einer neuen juristischen Person zur Folge. Die Gesellschaft bleibt in ihrer Identität erhalten, ein Vermögensübergang erfolgt nicht.

Die Umwandlung in eine SE setzt gemäß Art. 37 Abs. 6 SE-VO voraus, dass die bisherige Gesellschaft über Nettovermögenswerte mindestens in Höhe ihres Grundkapitals zuzüglich der kraft Gesetzes oder Statut nicht ausschüttungsfähigen Rücklagen verfügt. Der zu bestätigende Betrag umfasst somit in der Regel folgende Posten:

Kapital gemäß Artikel 37 Abs. 6 SE-VO
Gezeichnetes Kapital
Nicht ausschüttungsfähige Rücklagen kraft Gesetz
- Kapitalrücklage
- Gesetzliche Rücklage
- Gesetzliche Ausschüttungssperren
Nicht ausschüttungsfähige Rücklage kraft Statut
Kapital gemäß Artikel 37 Abs. 6 SE-VO

Abb. A-2

Das gezeichnete Kapital im Sinne des Art. 37 Abs. 6 SE-VO entspricht dem nach § 23 Abs. 2 Nr. 3 AktG in der Satzung einer Gesellschaft festzulegende Grundkapital. Ebenfalls Teil der Kapitals gemäß Art. 37 Abs. 6 SE-VO ist die gesamte Kapitalrücklage nach § 272 Abs. 2 HGB. Unter den Begriff gesetzliche Rücklagen fällt die nach § 150 Abs. 2 AktG zu bildende ausschüttungsgesperrte Rücklage. Darüber hinaus sind die gesetzliche Ausschüttungssperren des § 253 Abs. 6 Satz 2 HGB (Ausschüttungssperre im Zusammengang mit dem Unterschiedsbetrag bei der Bildung von Rückstellungen für Altersversorgungsverpflichtungen) und des § 268 Abs. 8 HGB (Ausschüttungssperren im Zusammengang mit der Aktivierung immaterieller Vermögensgegenstände, mit aktiven latenter Steuern und mit einem aktivischem Unterschiedsbetrag aus Vermögensverrechnung) als Teil des zu bestätigen Betrages zu berücksichtigen. Sofern außerdem die Satzung einer Gesellschaft zusätzlich die Bildung von Rücklagen vorsieht, sind diese ebenfalls Teil des nach Art. 37 Abs. 6 SE-VO zu bestätigenden Kapitals.

Grundlage der Prüfung der Kapitaldeckung ist Art. 37 Abs. 6 SE-VO. Diese Norm verweist bezüglich der vom Sachverständigen zur Kapitaldeckung zu erstellenden Bescheinigung auf die Zweite Richtlinie des Rates der Europäischen Gemeinschaft vom 13.12.1976 (77/91/EWG). Die Richtlinie bestimmt in Art. 13, dass bei der Umwandlung einer Gesellschaft einer anderen Rechtsform in eine SE die gleichen Vorschriften, insbesondere die gleichen Anforderungen zur Kapitalaufbringung, gelten sollen wie bei der Gründung einer AG und der damit verbundenen Einlagen. Die vorgenannte Richtlinie regelt darüber hinaus in Art. 10 Abs. 2 den Inhalt des Sachverständigenberichts. Dieser muss mindestens jede Einlage beschreiben, die angewandten Bewertungsverfahren nennen und angeben, ob die Werte auf Grundlage der angewandten Bewertungsverfahren mindestens dem Wert der hierfür ausgegebenen Aktien entsprechen.

Über Art. 5 SE-VO, Art. 10 SE-VO und Art. 15 SE-VO finden auch die Vorschriften des AktG und des UmwG, insbesondere zur Kapitalaufbringung und zur Ermittlung der Nettovermögenswerte der Gesellschaft, grundsätzlich Anwendung. Für den Formwechsel von AG erfasst diese Verweisung daher nach nationalem Recht sowohl das Recht des Formwechsels (§§ 190 ff., 226 f., 238 ff. UmwG) als auch über § 197 UmwG das Gründungsrecht des Aufsichtsrats (§§ 23 ff. AktG).

Aus der Formulierung „Nettovermögenswerte" (in der englischsprachigen Fassung „net assets") in Art. 37 der SE-VO ergibt sich in Verbindung mit der Kommentarliteratur, dass für die Ermittlung des nach Art. 37 SE-VO zu bescheinigenden Nettovermögens primär auf einen Einzelbewertungsansatz abzustellen ist. Gleichwohl kann – da Gegenstand der Betrachtung ein Unternehmen ist – das nach Art. 37 SE-VO zu bescheinigende Nettovermögen im Sinne einer ökonomischen Betrachtung auch über einen Gesamtbewertungsansatz unterlegt werden.

Bezüglich der Bewertung ist auf die „wirklichen Werte“ abzustellen. Diese „wirklichen Werte“ sind dabei als Verkehrswerte der Vermögensgegenstände und Schulden zu verstehen.

Ermittlung der Nettovermögenswerte

Gemäß § 242 Abs. 1 HGB sind in Deutschland ansässige Unternehmen verpflichtet, in Form des Jahresabschlusses regelmäßig eine Gegenüberstellung ihres Vermögens und ihrer Schulden aufzustellen. Es liegt deshalb nahe, die Bilanz der Gesellschaft als Ausgangspunkt für die Bestimmung des Nettovermögens heranzuziehen. In der Bilanz gemäß HGB sind grundsätzlich sämtliche Vermögensgegenstände und Schulden zu erfassen. Ausnahmen bilden Vermögensgegenstände, die unter das Bilanzierungsverbot gemäß § 248 HGB fallen. Demnach dürfen beispielsweise nicht entgeltlich erworbene Marken, Drucktitel, Verlagsrechte, Kundenlisten oder vergleichbare immaterielle Vermögensgegenstände nicht angesetzt werden. Infolge dessen gilt es zu berücksichtigen, dass die enge gesetzliche Begriffsbestimmung des Vermögensgegenstands nur zu einer unvollständigen Erfassung des tatsächlichen Vermögens der Gesellschaft führt. Diese Einschränkungen bezüglich der Bilanzierung betreffen ausschließlich Vermögensgegenstände und führen in einer Bilanz gemäß HGB tendenziell zu einem vorsichtigen Ansatz des Vermögens. Bezüglich der Schulden der Gesellschaft ergibt sich aus dem Gesetz grundsätzlich die Verpflichtung eines vollständigen Ansatzes.

Hinsichtlich der Bewertung von Vermögensgegenständen und Schulden im Rahmen des Jahresabschlusses beziehungsweise der Bilanzierung nach HGB bildet das Vorsichtsprinzip gemäß § 252 Abs. 1 Nr. 4 HGB den zentralen Rahmengrundsatz. Demnach sind Vermögensgegenstände und Schulden vorsichtig zu bewerten, namentlich sind alle bis zum Abschlussstichtag vorhersehbaren Risiken und entstandenen Verluste zu berücksichtigen. In der Regel stellt ein nach den handelsrechtlichen Vorschriften ermittelter Buchwert eines Vermögensgegenstandes eine Wertuntergrenze dar, die allenfalls den Verkehrswert beziehungsweise den „wirklichen Wert“ des Vermögensgegenstandes erreichen, diesen jedoch nicht übersteigen kann. Schulden sind gemäß § 253 Abs. 1 HGB mit ihrem Erfüllungsbetrag anzusetzen. Für die Bewertung von Verbindlichkeits- und Drohverlustrückstellungen gilt das Höchstwertprinzip. Folglich entspricht ein so bestimmter Buchwert einer Schuld mindestens dem Verkehrswert beziehungsweise dem „wirklichen Wert“ der Schuld.

Neben dem sogenannten Vorsichtsprinzip bildet der Einzelbewertungsgrundsatz gemäß § 252 Abs. 1 Nr. 3 HGB einen weiteren Rahmengrundsatz für die Bewertung im Jahresabschluss. Dieser schreibt vor, dass Vermögensgegenstände und Schulden einzeln zu bewerten sind. Etwaige werterhöhende Verbundeffekte aus dem Zusammenwirken der einzelnen Vermögensgegenstände bleiben in der handelsrechtlichen Bilanz unberücksichtigt. Diese werterhöhenden Verbundeffekte konkretisieren sich somit außerhalb des Anwendungsbereiches des § 254 HGB nur bei einer Gesamtbewertung. Ein auf Grundlage einer Gesamtbewertung bestimmter Nettovermögenswert liegt daher regelmäßig über dem auf Grundlage einer Einzelbewertung bestimmten Wert des Nettovermögens.

Folglich stellt das auf Basis eines HGB-Abschlusses abgeleitete Nettovermögen (sogenanntes bilanzielles Nettovermögen) eine Wertuntergrenze dar. Eine Bestimmung der Verkehrswerte von Vermögensgegenständen und Schulden ist somit grundsätzlich entbehrlich, wenn bereits das bilanzielle Nettovermögen das zu bescheinigende Kapital deckt.

Die Ermittlung der Verkehrswerte von Vermögensgegenständen und Schulden für Zwecke der Prüfung der Kapitaldeckung gemäß Art. 37 Abs. 6 SE-VO ist in der Prüfungspraxis unüblich. Sofern das bilanzielle Nettovermögen – zum Beispiel aufgrund bestehender bilanzieller Verlustvorträge – nicht ausreicht oder das Prüfungsergebnis aus der Betrachtung des bilanziellen Nettovermögens durch die Anwendung weiterer Bewertungsverfahren gestützt werden soll, erfolgt in der Regel eine Unternehmenswertermittlung nach den Grundsätzen des IDW S 1 sowie im Falle einer börsennotierten Gesellschaft die Analyse der Marktkapitalisierung. Eine solche Unternehmenswertermittlung ist grundsätzlich zu empfehlen, da sie unabhängig vom bilanziellen Nettovermögen Wertsicherheit und damit Transaktionssicherheit im Hinblick auf den Hauptversammlungsbeschluss über den Formwechsel und die anschließende Eintragung in das Handelsregister schafft.

Gesamtbewertung anhand des Unternehmenswertes

In der Betriebswirtschaftslehre, der Rechtsprechung und der Bewertungspraxis ist allgemein anerkannt, dass der Wert eines Unternehmens nach einem kapitalwertorientierten Verfahren ermittelt werden kann. Sämtliche kapitalwertorientierte Verfahren führen bei konsistenter Anwendung zum selben Unternehmenswert. Untenstehende Übersicht gibt einen systematischen Überblick zu den wesentlichen kapitalwertorientierten Bewertungsverfahren.

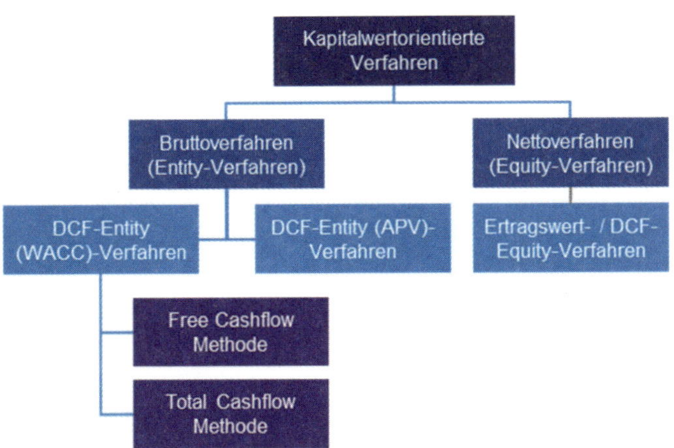

Abb. A-3: Überblick kapitalwertorientierter Bewertungsverfahren

Üblicherweise wird im Rahmen der Prüfung der Kapitaldeckung ein objektivierter Unternehmenswert nach dem von der Rechtsprechung in Deutschland anerkannten Ertragswertverfahren ermittelt. Der Unternehmenswert eines Unternehmens bestimmt sich unter der Voraussetzung ausschließlich finanzieller Ziele durch den Barwert der mit dem Eigentum an dem Unternehmen verbundenen Nettozuflüsse an die Unternehmenseigner.

Im Rahmen der Nettoverfahren (Equity-Verfahren) wird der Unternehmenswert unmittelbar aus den Nettoeinnahmen der Unternehmenseigner abgeleitet. Die zur Ermittlung des Unternehmenswert abzuzinsenden Nettoeinnahmen der Unternehmenseigner ergeben sich vorrangig aus den Ausschüttungen der vom Unternehmen erwirtschafteten finanziellen Überschüsse. Eine Unternehmensbewertung setzt daher die Prognose der entziehbaren künftigen finanziellen Überschüsse des Unternehmens voraus. Dabei sind die Nebenbedingungen der gesellschaftsrechtlichen Ausschüttungsfähigkeit und der Finanzierung der Ausschüttungen zu beachten.

Bei der Ermittlung der den Unternehmenseignern zufließenden Nettoeinnahmen ist auch die Verwendung der zu Wertsteigerungen führenden Ergebnisthesaurierungen, zum Beispiel zur Finanzierung von Investitionen, des Bilanzwachstums oder zur Tilgung von Fremdkapital, sachgerecht zu berücksichtigen. Bei der Ermittlung des objektivierten Unternehmenswertes ist von der Ausschüttung derjenigen finanziellen Überschüsse auszugehen, die nach Berücksichtigung des dokumentierten Unternehmenskonzepts zur Ausschüttung zur Verfügung stehen.

Für die Bewertung des Unternehmens sind die so ermittelten Nettoeinnahmen an die Unternehmenseigner mit einem geeigneten Zinssatz auf den Bewertungsstichtag zu diskontieren.

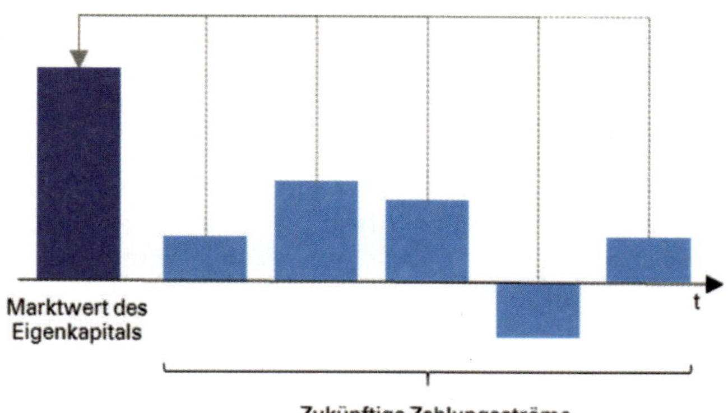

Abb. A-4: Diskontierung von Zahlungsströmen

Der Kapitalisierungszinssatz repräsentiert die Rendite aus einer zur Investition in das zu bewertende Unternehmen adäquaten Alternativanlage, wenn diese dem zu kapitalisierenden Zahlungsstrom hinsichtlich Fristigkeit, Risiko und Besteuerung äquivalent ist (IDW S 1, Tz. 114). Als Ausgangsgröße für die Bestimmung von Alternativrenditen kommen insbesondere Kapitalmarktrenditen für Unternehmensbeteiligungen (in Form von Aktienportfolios) in Betracht. Diese Renditen lassen sich grundsätzlich in einen Basiszinssatzund eine von den Anteilseignern aufgrund der Übernahme unternehmerischen Risikos geforderte Risikoprämie zerlegen. Bei der Festlegung der Kapitalkosten sind die Hinweise des FAUB des IDW zu beachten. Bewertungsstichtag ist der Tag der Hauptversammlung, die über die Umwandlung beschließt.

Vor dem Hintergrund des Bewertungsanlasses und der Formulierung in Art. 37 Abs. 6 SE-VO („mindestens … deckt") sollten alle Werttreiber der Unternehmensplanung und der Kapitalisierungszinssatz einer Sensitivitätsanalyse im Sinne von Sicherheitsabschlägen bei der Planung und Sicherheitszuschlägen beim Kapitalisierungszinssatz unterzogen werden. Diese kann grundsätzlich durch die Anpassung einzelner Parameter erfolgen. Sinnvoller ist jedoch eine parallele Simulation aller Parameter durch eine Monte-Carlo-Simulation. Eine solche Simulation zeigt nicht nur die Wertrelevanz der einzelnen Parameter in der Planung und im Zinssatz beziehungsweise der Sicherheitszu- und -abschläge auf diese Parameter, sondern zeigt neben dem Unternehmenswert als Erwartungswert aller Szenarien auch eine Wertbandbreite, in welcher der Unternehmenswert auf Basis der zuvor gesetzten Annahmen liegt. Eine solche Wertbandbreite ist ein zentrales Analyseelement zur Beurteilung der Kapitaldeckung im Sinne des vorgenannten Wortlauts des Art. 37 Abs. 6 SE-VO.

8 Nachgründungsprüfungen bei Aktiengesellschaften – Einzelfragen der Prüfung der Angemessenheit von Leistung und Gegenleistung

Nach § 52 Abs. 1 AktG werden Verträge einer AG mit Gründern oder mit mehr als 10% des Grundkapitals an der AG beteiligten Aktionären, nach denen die AG vorhandene oder herzustellende Anlagen oder andere Vermögensgegenstände für eine den zehnten Teil des Grundkapitals übersteigende Vergütung erwerben soll, und die in den ersten zwei Jahren seit der Eintragung der Gesellschaft in das Handelsregister geschlossen werden, nur mit Zustimmung der Hauptversammlung und durch Eintragung in das Handelsregister wirksam. Vor der Beschlussfassung der Hauptversammlung hat eine Prüfung durch einen oder mehrere Gründungsprüfer zu erfolgen. Die Prüfung hat sich unter anderem darauf zu erstrecken, ob der Wert der erhaltenen Leistung den Wert der dafür durch die AG zu entrichtenden Vergütung – der Gegenleistung – mindestens erreicht. Der Bericht des Nachgründungsprüfers ist der Öffentlichkeit durch Einreichung beim Handelsregister zugänglich.

Hintergrund

Die Vorschriften des AktG zur Nachgründung sollen eine Umgehung der Vorschriften zur Sachgründung verhindern und damit die reale Kapitalaufbringung junger AG sicherstellen. Der Gesetzgeber wollte der Gefahr vorbeugen, dass die Gründer beziehungsweise mit mehr als 10% des Grundkapitals an der AG beteiligte Aktionäre die strengen Sachgründungsvorschriften und die hiermit bezweckte Sicherung der Kapitalaufbringung dadurch umgehen, dass sie eine Bargründung durchführen und über die von ihnen beherrschten Vorstandsmitglieder sodann den Erwerb von Vermögensgegenständen mittels schuldrechtlicher Verträge durchführen lassen. Gründer sind hierbei gemäß § 28 AktG die Aktionäre, die die Satzung festgestellt haben, unabhängig davon ob sie zum Zeitpunkt der Prüfung der Anwendungsvoraussetzungen für eine Nachgründung noch an der Gesellschaft beteiligt sind.

Ist der Tatbestand der Nachgründung gemäß § 52 Abs. 1 AktG erfüllt, zwingt § 52 Abs. 4 AktG zur Anwendung der Vorschriften zur Sachgründung auf die schuldrechtlichen Verträge der AG mit den Gründern beziehungsweise mit mehr als 10% des Grundkapitals an der AG beteiligte Aktionäre.

Der Tatbestand der Nachgründung setzt jedoch voraus, dass die AG vorhandene oder herzustellende Anlagen oder andere Vermögensgegenstände für eine den zehnten Teil des Grundkapitals übersteigende Vergütung erwerben soll und die schuldrechtlichen Verträge in den ersten zwei Jahren seit der Eintragung der Gesellschaft in das Handelsregister geschlossen wurden. Dies gilt auch, wenn der Vertrag bedingt oder befristet geschlossen worden ist und die Bedingung oder der vereinbarte Zeitpunkt nach Ablauf der zwei Jahre eintritt. Auf den Zeitpunkt der Erbringung der Leistung durch die Gesellschaft kommt es nicht an. Dem Schutzzweck der Norm entsprechend sind der Begriff des „Erwerbs“ sowie der Begriff des „Vermögensgegenstands“ weit auszulegen. Vom Schutzbereich der Vorschrift umfasst ist zum Beispiel auch der „Erwerb“ einer Nutzungsmöglichkeit an einem Vermögensgegenstand gegen Entgelt.

Die vereinbarte Vergütung (die die Gesellschaft an den Gründer zahlt) muss den zehnten Teil des Grundkapitals übersteigen. Für die Berechnung ist das satzungsmäßige Grundkapital (Nennbetrag) zum Zeitpunkt des Vertragsschlusses maßgebend. Besteht die Gegenleistung nicht in Geld, so ist deren Wert maßgebend. Bei Gegenständen, die mehreren Personen gehören und für die mehrere Verträge über Anteile am Gegenstand geschlossen werden, ist die Gesamtvergütung maßgebend.

Sind die Anwendungsvoraussetzungen für eine Nachgründung erfüllt, wird ein Vertrag gemäß § 52 Abs. 1 Satz 1 AktG nur mit Zustimmung der Hauptversammlung und durch Eintragung in das Handelsregister wirksam. Vor der Beschlussfassung der Hauptversammlung hat der Aufsichtsrat gemäß § 52 Abs. 3 AktG den Nachgründungsvertrag zu prüfen und hierfür einen schriftlichen Bericht (sogenannter Nachgründungsbericht) zu erstatten. Dieser ist zu Beginn der Hauptversammlung vom Vorstand zu erläutern. Zudem muss gemäß § 52 Abs. 4 Satz 1 AktG vor Beschlussfassung eine externe Prüfung erfolgen, bei der die Vorschriften für eine Gründungsprüfung anzuwenden sind.

Bei dem Prüfungsgegenstand muss es sich um einen schuldrechtlichen Vertrag (sogenannter Nachgründungsvertrag) handeln, beispielsweise in Form eines Kaufvertrages, eines Werkvertrages oder eines Gebrauchsüberlassungsvertrages. Gegenstände des schuldrechtlichen Vertrages können beispielsweise sein:

- Grundstücke und andere materielle Vermögensgegenstände
- Unternehmen und Unternehmensanteile
- Patente, Lizenzen und andere immaterielle Vermögensgegenstände
- Nutzungsrechte durch Miete, Pacht oder Leasing
- Dienstleistungen

Nachgründungsprüfungen können auch bei Reorganisationen von Unternehmen beispielsweise Konzernen eine Rolle spielen, beispielsweise wenn an eine neu gegründete AG mit verhältnismäßig geringem Grundkapital Geschäftsbereiche verkauft oder im Rahmen von Sachkapitalerhöhungen gegen Gewährung von Aktien in diese eingebracht beziehungsweise auf diese verschmolzen (§ 67 UmwG) werden.

Die Nachgründungsvorschriften gelten nach § 52 Abs. 9 AktG nicht, wenn der Erwerb der Vermögensgegenstände im Rahmen der laufenden Geschäfte der Gesellschaft, in der Zwangsvollstreckung oder an der Börse erfolgt. Diese Ausnahmeregelung bezieht sich nicht auf Geschäfte zum Aufbau der unternehmensinternen Infrastruktur, da in Übereinstimmung mit der vorherrschenden Meinung in der Literatur „laufende Geschäfte" im Sinne von § 52 Abs. 9 AktG nicht als „gewöhnliche Geschäfte" gemäß § 116 Abs. 1 HGB zu verstehen sind, sondern als „ständig wiederkehrende Routinegeschäfte" beziehungsweise „Geschäfte im Rahmen des Tagesgeschäfts". Aus dem Bezug auf das Tagesgeschäft folgt, dass der Erwerb und die Veräußerung von Umlaufvermögen im Regelfall unter die Ausnahmeregelung fallen, wohingegen insbesondere Investitionen in das Anlagevermögen nachgründungspflichtig sind, auch wenn sie zur Aufnahme des Geschäftsbetriebes erforderlich sind, wie zum Beispiel Investitionen in die unternehmensinterne Infrastruktur (wozu auch IT-Ausstattung gehört) oder der Abschluss von Miet- und Dienstleistungsverträgen.

Die Bedeutung der Nachgründungsprüfung besteht darin, dass schuldrechtliche Verträge, die der Nachgründungsprüfung zu unterwerfen sind, schwebend unwirksam sind, solange die Hauptversammlung nicht zugestimmt hat und die Eintragung im Handelsregister nicht erfolgt ist. Soweit die erworbenen Vermögensgegenstände gleichwohl bilanziert sind, kann der Abschlussprüfer – bei Wesentlichkeit des Sachverhalts – möglicherweise nicht mehr uneingeschränkt testieren.

Die Nachgründungsvorschriften sind nicht nur für AG, sondern auch für KGaA und SE, nicht jedoch für GmbH oder PersG anwendbar.

Prüfungsumfang

Nach § 52 Abs. 4 Satz 2 AktG sind die §§ 33 Abs. 3 bis 5, 34 und 35 AktG über die Gründungsprüfung im Rahmen einer Nachgründungsprüfung sinngemäß anzuwenden. Kern der Nachgründungsprüfung ist der einzelne schuldrechtliche Vertrag mit der AG. Der Umfang der Prüfung ergibt sich gemäß § 52 Abs. 4 Satz 2 AktG aus der sinngemäßen Anwendung des § 34 AktG und ist in seiner konkreten Ausgestaltung abhängig von dem Vertragsinhalt. Denkbar ist, dass

- Unternehmensanteilskaufverträge darauf hin zu prüfen sind, ob der Wert der Unternehmensanteile den Wert der dafür zu gewährenden Gegenleistung erreicht;
- Miet- oder Dienstleistungsverträge darauf hin zu prüfen sind, ob der Wert des eingeräumten Nutzungsrechts oder der gewährten Dienstleistung den Wert der dafür zu gewährenden Gegenleistung erreicht;
- Ausgliederungsverträge darauf hin zu prüfen sind, ob der Wert der Sacheinlage im Rahmen der Ausgliederung den geringsten Ausgabebetrag der dafür zu gewährenden Aktien erreicht.

Zudem sind gemäß § 34 Abs. 1 Nr. 1 AktG die Angaben im Nachgründungsbericht des Aufsichtsrats der Gesellschaft im Hinblick auf ihre Richtigkeit und Vollständigkeit hin zu prüfen.

Im Folgenden sollen die Besonderheiten bei der Prüfung des Werts von Unternehmensanteilen sowie der Prüfung der erhaltenen Leistungen aus Miet- und (konzerninternen) Dienstleistungsverträgen im Rahmen von Nachgründungsprüfungen beleuchtet werden.

Prüfung des Werts von Anteilen an Unternehmen

Im Rahmen der zweistufigen Prüfung ist nicht nur zu untersuchen, ob der Wert der Sacheinlage zum Tag der Eintragung in das Handelsregister, sondern auch für einen absehbaren Zeitraum danach gegeben ist. Dazu erfolgt eine Analyse der zukünftigen Ertragskraft des Gegenstands der Sacheinlage. Für den Fall, dass sich die Werthaltigkeit nicht durch einen Reinvermögensvergleich zum Stichtag einschließlich der Analyse der zukünftigen Ertragskraft bestätigen lässt, sind weitergehende Analysen bis hin zu einer vollumfänglichen Unternehmensbewertung erforderlich (siehe hierzu auch den Folgebeitrag).

Prüfung des Werts von Leistung und Gegenleistung im Rahmen von Mietverträgen

Bei der Prüfung eines Mietvertrages muss beurteilt werden, ob der Wert der erhaltenen Leistung (das eingeräumte Nutzungsrecht) den Wert der dafür zu erbringenden Gegenleistung (die seitens der AG dafür zu leistende Vergütung) zumindest deckt. Mithin müssen der Wert des Nutzungsrechts und die Höhe der Vergütung ermittelt und gegenübergestellt werden.

Die wirtschaftliche Prüfung im Rahmen von Mietgegenständen bezieht sich folglich auf den vereinbarten Kaltmietzins, die vertraglich zugrunde gelegten Bewirtschaftungskosten sowie gegebenenfalls weitere Vereinbarungen, zum Beispiel hinsichtlich der Nutzungsüberlassung von Einrichtung und Ausstattung. Darüber hinaus sollten auch alle weiteren Gesichtspunkte einbezogen werden, die für die Beurteilung der Angemessenheit von Bedeutung sein können, wie Mängelgewährleistungsansprüche oder Vereinbarungen über die Beschaffenheit der Sache. Bei Mietverträgen können dies Regelungen über Kündigungsrechte und -fristen sowie (Miet-) Anpassungsklauseln sein. Die wesentlichen Prüfungsschritte bei der Prüfung von Mietverträgen umfassen daher in der Regel auf Ebene jedes Mietvertrags

- die Feststellung des Mietgegenstands und des gegebenenfalls mit diesem verbundenen Anteil an einer Gesamtfläche, unter Berücksichtigung der durch den Mieter genutzten individuellen sowie anteilig mitgenutzten gemeinschaftlichen Mietflächen;

- die Ermittlung der mit dem Mietgegenstand verbundenen Leistungen und Gegenleistungen, zum Beispiel für die Bereitstellung der Mietflächen, Services und Lieferungen im Zusammenhang mit der Mietflächenbewirtschaftung und die Überlassung von Einrichtung und Ausstattung;
- die Verrechnungslogik zur inhaltlichen und kalkulatorischen Ableitung der vertraglich vereinbarten Kaltmietzinsen, Bewirtschaftungskosten und ggf. weiterer Entgelte (zum Beispiel für Einrichtungen und Ausstattungen);
- die Berücksichtigung der Bandbreite marktüblicher Konditionen;
- und der Vergleich der vereinbarten Konditionen mit der Marktbandbreite.

Die vertragliche Vereinbarung ist dahingehend zu untersuchen, welche inhaltlichen und wirtschaftlichen Bestandteile diese auf Ebene der zuvor genannten Kriterien enthält, und wie diese im Kontext zu marktüblichen Vereinbarungen stehen. Bei Abweichungen müssen diese kalkulatorisch bereinigt beziehungsweise in ihre Bestandteile untergliedert werden, um vergleichbar mit marktüblichen Konditionen zu sein. Als nächstes ist die kalkulatorische Ableitung der vertraglich vereinbarten Vergütung für diese Leistungsinhalte zu analysieren. In einem weiteren Schritt ist auf Basis einer Recherche, eigener Kenntnisse über den relevanten Immobilienmarkt und vertiefender Analysen zu marktüblichen Konditionen am Immobilienstandort eine marktübliche Bandbreite für die gemieteten Flächen zu ermitteln. Hierbei sind auch die besonderen Parameter zu Lage, spezifischen Objekteigenschaften und Ausstattungsmerkmalen des Mietobjekts zugrunde zu legen. Bei dem abschließenden Vergleich der vertraglich vereinbarten Vergütung mit der Bandbreite marktüblicher Konditionen ist auf das Nutzungsrecht und die Vergütung jeweils als Ganzes abzustellen: die Angemessenheit der Mietleistung ist dann gegeben, wenn der Mietzins sowie alle Nebenkosten in einer Bandbreite einer korrespondierenden marktüblichen Größe liegt. Entscheidend ist also das Gesamtbild, nicht eine einzelne (Vergütungs-)Komponente des Vertrags.

Prüfung des Werts von Leistung und Gegenleistung im Rahmen von konzerninternen Dienstleistungsverträgen

Konzerninterne Dienstleistungsverträge (sogenannte Service Level Agreements) können sämtliche Dienstleistungen erfassen, die typischerweise in einem Konzern zentral allen Tochter- und Beteiligungsunternehmen zur Verfügung gestellt werden: unter anderem IT-Dienstleistungen, Rechts- und Beratungsleistungen, mitarbeiterbezogene Dienstleistungen und alle anderen Arten von administrativen Dienstleistungen. Die wesentlichen Prüfungsschritte bei der Prüfung des Werts der vereinbarten Dienstleistung und der Höhe der von der AG dafür zu erbringenden Vergütung im Rahmen von konzerninternen Dienstleistungsverträgen umfassen in der Regel

- die Analyse der Verrechnungslogik für interne Preisbestandteile (zum Beispiel Personalkosten) und Höhe der vereinbarten Servicegebühren und
- die Analyse der Verrechnungslogik für externe Preisbestandteile (zum Beispiel Fremdleistungen, Agenturkosten, Anmietung externer Räume, extern bezogene Instandhaltung) und Höhe der vereinbarten Servicegebühren.

Zur Ableitung der in jedem einzelnen Dienstleistungsvertrag vereinbarten internen und externen Kosten wird üblicherweise von den verantwortlichen Leistungserbringern eine Verrechnungslogik zur Sicherstellung einer angemessenen Aufschlüsselung und Marktüblichkeit der Kosten erarbeitet.

Die Prüfungshandlungen umfassen insbesondere einen Abgleich der Leistungsbeschreibungen mit dem Preisprinzip, der zugrunde gelegten Preisaufschlüsselung mit der effektiven Nutzung des Dienstleistungsnehmers, der einheitlichen Anwendung von Verrechnungslogiken, einen Abgleich der angewendeten Kostenart (zum Beispiel Fixpreis oder stundenbasierte Abrechnung) und der typischen am Markt angewendeten Kostenart und der Möglichkeit für den Dienstleistungsnehmer, die Dienstleistungen selbst zu erbringen oder extern am Markt einzukaufen. Außerdem sind die Informationen zur Verrechnungslogik der internen und externen Preisbestandteile inhaltlich und rechnerisch zu prüfen. Entscheidend ist, dass die vom Dienstleistungserbringer für die internen und externen Preisbestandteile ermittelten Gebühren nicht höher als die marktüblichen Servicegebühren waren.

Dabei ist zu berücksichtigen, dass grundsätzlich jeder Dienstleistungsvertrag, der als nachgründungsprüfungspflichtiger Vertrag eingestuft wurde, separat zu prüfen und zu beurteilen ist. Gerade bei konzerninternen Reorganisationen kann dies dazu führen, dass eine Vielzahl von Dienstleistungsverträgen zwischen dem/den Gründer/n und dessen/deren Tochterunternehmen auf der einen Seite und der betroffenen Gesellschaft auf der anderen Seite zu prüfen ist.

Ergänzende Gesichtspunkte, die für die Angemessenheit von Leistung und Gegenleistung ebenfalls zu berücksichtigen sind, können hier insbesondere Anpassungsklauseln sowie Regelungen zu Kündigungsrechten und Haftungsbeschränkungen sein.

9 Werthaltigkeit von Sacheinlagen – Einzelfragen bei der Einlage von Unternehmensanteilen und Forderungen

Im Rahmen der Sachgründung oder der Sachkapitalerhöhung bei einer KapG hat eine Prüfung der Werthaltigkeit der einzubringenden Vermögensgegenstände durch einen sachverständigen Prüfer zu erfolgen. Die Vorschriften über die Prüfung der Werthaltigkeit dienen der realen Kapitalaufbringung und damit dem Gläubigerschutz. Für die Werthaltigkeit der Sacheinlage bei der Sachgründung einer AG müssen beispielsweise die Gründer einstehen (§ 46 AktG). Bei einer GmbH haften die Gesellschafter (§ 9 Abs. 1 GmbHG). Der Umfang der Prüfung der Werthaltigkeit einer Sacheinlage durch einen sachverständigen Prüfer sowie weitere Besonderheiten bei der Einbringung von Unternehmensanteilen oder von Forderungen werden im Folgenden dargelegt.

Prüfungsumfang

Die Vorschriften zur Werthaltigkeit von Sacheinlagen finden sich für den Fall der Sachgründung einer AG in den §§ 27, 34 Abs. 1 AktG beziehungsweise für den Fall einer Sachkapitalerhöhung in § 183 AktG. Für die GmbH finden sich Vorschriften für den Fall der Sachgründung in § 9 Abs. 1 GmbHG und für den Fall der Sachkapitalerhöhung in § 56 Abs. 2 GmbHG. Ziel dieser Regelungen ist die Sicherstellung der Kapitalaufbringung durch die Gründer beziehungsweise Gesellschafter und daraus folgend der Schutz der Gläubiger.

Nach dem Wortlaut der vorgenannten Regelungen hat sich die Prüfung darauf zu erstrecken, ob der Wert der Sacheinlage den Nennbetrag des geringsten Ausgabebetrags der dafür zu gewährenden Aktien beziehungsweise den Nennbetrag des dafür zu übernehmenden Geschäftsanteils erreicht. Über den Gesetzeswortlaut hinaus besteht für AG in der Rechtsprechung und in dem weit überwiegenden Teil der rechtswissenschaftlichen Literatur Einigkeit darüber, dass die Prüfung der Werthaltigkeit einer Sacheinlage auch die Wertdeckung eines sogenannten korporativen Agio im Sinne des § 9 Abs. 2 AktG (aktienrechtliches Aufgeld beziehungsweise „Überpari-Emission") umfasst. Für GmbH wird eine Ausdehnung des Prüfungsumfangs in der rechtswissenschaftlichen Literatur abgelehnt.

Einlage von Anteilen an Unternehmen

Die Prüfung der Werthaltigkeit erfolgt stets zweistufig. Im ersten Schritt ist der Wert der Sacheinlage zum geplanten Stichtag (Eintragung in das Handelsregister), der Gründung beziehungsweise Kapitalerhöhung oder zu einem nahe an diesem Stichtag liegenden Zeitpunkt abzuleiten. Im zweiten Schritt ist sicherzustellen, dass die Werthaltigkeit einer Sacheinlage – entsprechend der Zielsetzung der Vorschriften zur Prüfung der Werthaltigkeit der Sacheinlage – nicht nur zum geplanten Stichtag, sondern aller Voraussicht nach auch in absehbarer Zukunft gegeben ist. Daher dürfen zum geplanten Stichtag keine Anzeichen erkennbar sein, dass der Wert einer Sacheinlage durch zukünftige Verluste gemindert wird und den geringsten Ausgabebetrag der dafür zu gewährenden Aktien beziehungsweise den Nennbetrag der dafür zu übernehmenden Geschäftsanteile (nachfolgend: „zu bestätigender Betrag“) nicht mehr erreicht. Zu diesem Zweck erfolgt eine Analyse der zukünftigen Ertragskraft auf Basis der Planungsrechnung des Unternehmensanteils.

Soweit eine Reinvermögensaufstellung zum Stichtag zeigt, dass der zu bestätigende Betrag sehr deutlich überschritten wird und auch die Analyse der zukünftigen Ertragskraft keine entgegenstehenden Anzeichen aufdeckt, ist die Werthaltigkeit gegeben. Ist dies nicht der Fall, sind weitergehende Analysen bis hin zu einer vollumfänglichen Unternehmensbewertung erforderlich. Die Unternehmensbewertung hat dabei nach den Grundsätzen zu erfolgen, die heute in der Theorie und Praxis für die Unternehmensbewertung als gesichert gelten und ihren Niederschlag in der Literatur und in den Verlautbarungen des IDW, insbesondere im IDW S 1 und IDW RS HFA 10 „Anwendung der Grundsätze des IDW S 1 bei der Bewertung von Beteiligungen und sonstigen Unternehmensanteilen für die Zwecke eines handelsrechtlichen Jahresabschlusses“, gefunden haben. Sofern bereits eine überschlägige Unternehmensbewertung nach den vorgenannten Grundsätzen zeigt, dass der zu bestätigende Betrag überschritten wird, kann die Unternehmensbewertung in vereinfachter Form durchgeführt werden, wobei die Vereinfachungen in der Berichterstattung zu erläutern sind.

Relevanz des Vorsichtsprinzips

Die Prüfung der Werthaltigkeit dient dem Gläubigerschutz. Auf eine Unternehmensbewertung übertragen, ist somit fraglich, ob der Erwartungswert für den Unternehmenswert Maßstab für die Beurteilung der Werthaltigkeit ist oder, dem handelsrechtlichen Vorsichtsprinzip folgend, ein Wertansatz, der im unteren Bereich einer Wertbandbreite liegt, die zum Beispiel über eine Simulation verschiedener Planungs- und Bewertungsparameter ermittelt wurde. Während der Erwartungswert aussagt, dass der Unternehmenswert mit einer Wahrscheinlichkeit von 50% diesen Betrag erreicht, würde ein Wert im unteren Bereich der Bandbreite ein entsprechend höheres Sicherheitsniveau aufweisen.

Gemäß § 33a Abs. 1 Nr. 2 AktG kann von einer Werthaltigkeitsprüfung abgesehen werden, wenn ein unabhängiger Sachverständiger den beizulegenden Zeitwert der Sacheinlage nach den allgemein anerkannten Bewertungsgrundsätzen zu einem Bewertungsstichtag, der nicht mehr als sechs Monate zurückliegt, ermittelt hat. Unter allgemein anerkannten Bewertungsgrundsätzen wird bei Unternehmensanteilen eine Unternehmensbewertung nach IDW S 1 verstanden. Der IDW S 1 legt in Tz. 64 fest, dass im Rahmen einer gutachtlichen Bewertung das Vorsichtsprinzip keine Anwendung findet. Folglich könnte aus § 33a Abs. 1 Nr. 2 AktG geschlossen werden, dass bei Werthaltigkeitsprüfungen das Vorsichtsprinzip keine Anwendung findet und der Erwartungswert maßgeblich ist. Dies könnte aber im Widerspruch zum Gläubigerschutzprinzip und dem Grundsatz der Kapitalaufbringung stehen. In der Praxis wird daher üblicherweise ein vorsichtig ermittelter Unternehmenswert als Beurteilungsmaßstab zugrunde gelegt. Ausgehend vom Erwartungswert des Unternehmens werden Sensitivitätsüberlegungen angestellt oder die bereits angesprochenen Simulationen durchgeführt, um dem Vorsichtsprinzip Rechnung zu tragen und die Werthaltigkeit der Sacheinlage unter Aspekten des Gläubigerschutzes bestätigen zu können.

Unternehmen mit erhöhtem (Insolvenz-)Risiko

Jede Unternehmung geht Verpflichtungen gegenüber Dritten wie Kunden, Lieferanten, Fremdkapitalgebern und anderen Stakeholdern ein. Aus der Nichterfüllung dieser Verpflichtungen resultiert für jedes Unternehmen ein gewisses Insolvenzrisiko, das typischerweise über einen aus einer Peer Group ermittelten Risikozuschlag im Kapitalisierungszinssatz Berücksichtigung in der Unternehmensbewertung findet.

Sofern Analysen der zukünftigen Ertrags- und Finanzkraft eines Unternehmens zeigen, dass diese signifikant negativ beeinträchtigt ist und damit ein deutlich erhöhtes Insolvenzrisiko besteht, kann es an der erforderlichen Werthaltigkeit der Sacheinlage mangeln. Dann sind zwingend weitergehende Maßnahmen auf Unternehmensebene erforderlich, um die Werthaltigkeit der Sacheinlage bestätigen zu können. Berücksichtigungsfähig im Rahmen der Analysen zur Werthaltigkeit der Sacheinlage ist zum Beispiel eine Patronatserklärung durch ein Konzernunternehmen oder einen Dritten. Voraussetzung ist grundsätzlich, dass die Patronatserklärung weder in ihrer Laufzeit noch in ihrer Höhe beschränkt ist, da durch die Patronatserklärung sichergestellt sein muss, dass das Insolvenzrisiko durch dessen Übertragung auf den Patron auf ein übliches Maß vermindert wird. Bare Zahlungen des Patrons sind entweder als Einlage in die Gesellschaft oder als nachrangiges Darlehen zu gestalten. Im Rahmen der Prüfung ist ferner zu beurteilen, inwieweit der Patron ein hinreichend solventes Unternehmen darstellt, welches auch in der Lage ist, seinen Verpflichtungen aus der Patronatserklärung nachzukommen.

Darüber hinaus können sich Einschränkungen bezüglich der Ertragskraft eines Unternehmens ergeben, wenn dieses von wenigen wesentlichen Bezugs- oder Abnahmeverträgen abhängig ist. Die Auswirkungen des möglichen Wegfalls derartiger wesentlicher Verträge, zum Beispiel durch Kündigung, auf die Ertragskraft des Unternehmens sind zu analysieren. Dies gilt insbesondere, wenn die im Rahmen der Sacheinlage eingebrachte Gesellschaft ausschließlich konzernintern tätig ist und die die Sacheinlage erbringende Gesellschaft mittel- oder unmittelbar selbst eine Kündigung herbeiführen und damit den Wert der Sacheinlage beeinflussen kann. Durch die Vereinbarung langläufiger Kündigungsfristen dieser Verträge kann auch in solchen Fällen die Werthaltigkeit einer Sacheinlage sichergestellt werden.

Unternehmen mit Gewinnabführungsvertrag

Sofern eine Sacheinlage durch die Einbringung von Anteilen an einem Unternehmen erbracht werden soll, das einen Gewinnabführungsvertrag mit einem Dritten abgeschlossen hat und soweit dieser Vertrag im Rahmen der Sacheinlage nicht gekündigt werden soll, stellt sich die Frage, ob dem empfangenden Unternehmen der Wert der Sacheinlage überhaupt dauerhaft zur Verfügung gestellt wird. Der Sacheinlage kann nur dann ein Wert beigemessen werden, wenn sie bei dem empfangenden Unternehmen überhaupt zur Möglichkeit einer Wertsteigerung führt.

Beispiel: Unternehmen A beabsichtigt, die Anteile an Tochterunternehmen B in Tochterunternehmen C einzulegen. Zwischen A und B und zwischen A und C bestehen jeweils Beherrschungs- und Gewinnabführungsverträge. Dies hat zur Folge, dass C nach Übertragung der Beteiligung an B tatsächlich keine Ausschüttungen von B erhält und grundsätzlich auch keine Möglichkeit hat, den Unternehmensvertrag zwischen A und B gegen den Willen von A (wegen der Beherrschung) durch B kündigen zu lassen. Ob es in so einem Fall überhaupt zu Zahlungen an C kommen wird, ist völlig offen und kann auch nicht durch C beeinflusst werden. In einem solchen Fall ist für C die Möglichkeit der Wertsteigerung ausgeschlossen. Somit ist der Sacheinlage aus Sicht von C kein Wert beizumessen beziehungsweise ist bereits dem Grunde nach fraglich, ob überhaupt eine Sacheinlage vorliegen kann.

Etwas anderes gilt, wenn C mangels eines Beherrschungs- und Gewinnabführungsvertrages zwischen A und C die Möglichkeit hätte, den Vertrag zwischen A und B kündigen zu lassen und so das Ertragspotenzial des eingelegten Unternehmens in die freie Verfügungsmacht von C fiele. Nicht entscheidend ist, dass eine Kündigung auch tatsächlich erfolgt, die unbeschränkte Möglichkeit der Realisierung der Wertsteigerung ist ausreichend.

Einlage von Forderungen Einlage von Darlehensforderungen respektive Verbindlichkeiten im Rahmen eines Debt-Equity-Swaps

Die Einlage einer Darlehensforderung gegen Gewährung von Eigenkapitalanteilen des aus der Darlehensforderung verpflichteten Unternehmens wird als „Debt-Equity-Swap“ bezeichnet. Dieses Finanzierungsinstrument findet häufig in der Restrukturierung Anwendung. Gerade in dieser Situation stellt sich die Frage nach der Werthaltigkeit der Darlehensforderung. Sie bestimmt sich danach, ob das verpflichtete Unternehmen finanziell in der Lage gewesen wäre, die Darlehensverbindlichkeit am Fälligkeitsstichtag zu tilgen.

Ist das Darlehen sofort fällig, kann die Werthaltigkeit anhand eines aktuellen Finanzstatus des verpflichteten Unternehmens beurteilt werden. Hierbei sind grundsätzlich alle freien liquiden oder liquidierbaren Mittel und Liquidität aus der Nutzung bestehender Kreditlinien berücksichtigungsfähig. Bei zukünftiger Fälligkeit ist die Finanzplanung des verpflichteten Unternehmens dahingehend zu untersuchen, ob es zum Zeitpunkt der Fälligkeit voraussichtlich über die liquiden Mittel verfügen wird beziehungsweise diese aufbringen kann, um die Darlehensverbindlichkeit zu tilgen. Hierbei sind grundsätzlich alle zukünftigen Ein- und Auszahlungen – auch Einzahlungen aus möglichen Kreditaufnahmen – berücksichtigungsfähig, soweit diese hinreichend wahrscheinlich sind. Auch hier bieten sich Sensitivitäten und Simulationen an, um dem Gläubigerschutzprinzip und dem Grundsatz der Kapitalaufbringung Rechnung zu tragen.

Zusätzlich sollte die Werthaltigkeit der Darlehensforderung anhand einer Unternehmensbewertung beurteilt werden. Da in die Unternehmensbewertung ebenfalls alle zukünftigen Ein- und Auszahlungen und auch die Tilgung der in Rede stehenden Darlehensforderung über die Planungsrechnung Eingang finden, ist deren Werthaltigkeit gegeben, wenn sich für das verpflichtete Unternehmen unter der Berücksichtigung der Darlehensverbindlichkeit nach den vorgenannten Grundsätzen zur Unternehmensbewertung ein positiver Unternehmenswert ergibt.

Einlage von Dividendenforderungen

Gegenstand einer Sacheinlage können auch Dividendenforderungen von Aktionären sein, wenn die Hauptversammlung im Rahmen der Gewinnverwendung eine Dividende beschlossen hat. Die Einlage von Dividendenforderungen hat zur Folge, dass die Aktionäre auf die Auszahlung ihres (Bar-) Dividendenanspruchs verzichten und stattdessen in Höhe eines zuvor festgeschriebenen Bezugspreises neue Aktien der Gesellschaft beziehen (Sachkapitalerhöhung). Ein etwaiger Restausgleich ist unschädlich.

Voraussetzung für eine solche Einlage ist neben der Fälligkeit der Dividendenforderung die Fähigkeit der die Dividende zahlenden AG, diese grundsätzlich auch in Barmitteln zu begleichen. Eine Dividendenforderung wird mit Beschluss der Hauptversammlung, die über die Dividende beschließt, fällig. Die AG ist, wie bei jeder anderen fälligen Verbindlichkeit (siehe oben), dann in der Lage, bestehende Dividendenforderungen durch Barmittel zu begleichen, wenn sie entweder über ausreichend liquide oder liquidierbare Mittel verfügt oder diese durch Nutzung bestehender Kreditlinien aufbringen kann und die Unternehmensbewertung zu einem positiven Unternehmenswert führt.

Einlage von Forderungen gegen Dritte

Forderungen gegen Dritte sind, soweit sie nicht unter Abtretungsvorbehalt stehen, ebenfalls einlagefähig und können folglich auch Gegenstand einer Sacheinlage sein. Die Werthaltigkeit einer solchen Sacheinlage ist dann gegeben, wenn die Forderung liquide, fällig und vollwertig ist und die Unternehmensbewertung zu einem positiven Ergebnis führt.

Eine Forderung ist liquide, wenn die Vertragspartner ihr gegenseitiges Einverständnis über das Bestehen der Forderung dokumentiert haben und eine sonstige Störung des Rechtsverhältnisses durch rechtliche oder tatsächliche Einwände nicht feststellbar ist. Fälligkeit ist gegeben, wenn der Gläubiger berechtigt ist, die Rückzahlung zu fordern. Die Vollwertigkeit einer Forderung ist dann als gegeben anzusehen, wenn der Schuldner die voraussichtlichen Zins- und Tilgungszahlungen erbringen können wird und die Forderung angemessen verzinst wird. In Abhängigkeit davon, ob die Forderung sofort oder zukünftig fällig ist, gelten die vorstehenden Überlegungen zur Beurteilung der Werthaltigkeit. Die Forderung ist dann werthaltig, wenn sich auf Basis der Analyse eines Finanzstatus, einer Finanzplanung oder im Rahmen einer Unternehmensbewertung zeigt, dass die Forderung durch den Schuldner beglichen werden kann.

Die Angemessenheit der Verzinsung ist anhand des Risikoprofils des Schuldners, zum Beispiel durch Analyse des Risikoniveaus der Planung oder durch Peer Group Vergleiche, zu beurteilen.

10 Der Wertbeitrag des steuerlichen Einlagekontos – abgeltungssteuerfreie Ausschüttungen an die Anteilseigner

Jede KapG verfügt über ein steuerliches Einlagekonto. In bestimmten Konstellationen können sich mithilfe dessen abgeltungssteuerfreie Ausschüttungen an die Anteilseigner ergeben, sodass der Unternehmenswert aus Sicht der Anteilseigner steigt. In der Bewertungspraxis wird allerdings häufig vernachlässigt, dass diese als Einlagenrückgewähr zu klassifizierenden steuerfreien Ausschüttungen Folgewirkungen bei der Versteuerung der künftigen Veräußerungsgewinne haben und letztlich nur eine Steuerstundung darstellen. Der Wertbeitrag des steuerlichen Einlagekontos darf nicht unbeachtet bleiben, wurde jedoch in der Vergangenheit häufig überschätzt.

Im steuerlichen Einlagekonto werden gemäß § 27 Abs. 1 Satz 1 KStG alle offenen und verdeckten Einlagen mit Ausnahme der Einlagen in das Nennkapital (gezeichnetes Kapital bei einer AG oder Stammkapital bei einer GmbH) erfasst. Das steuerliche Einlagekonto wird außerhalb der Handels- und Steuerbilanz allein für steuerliche Zwecke geführt. Es wird gemäß § 27 Abs. 1 Satz 2 KStG ausgehend vom Bestand am Ende des vorangegangenen Wirtschaftsjahrs um die Zu- und Abgänge des Wirtschaftsjahrs fortgeschrieben.

Ausschüttungen einer KapG können dann ohne Abgeltungsteuer an die Anteilseigner erfolgen, wenn die Ausschüttungen den sogenannten ausschüttbaren Gewinn übersteigen. Dieser ermittelt sich gemäß § 27 Abs. 1 Satz 3 KStG wie folgt:

	Eigenkapital gemäß Steuerbilanz
–	Gezeichnetes Kapital
–	(Positives) steuerliches Einlagekonto
=	**Ausschüttbarer Gewinn (minimal 0)**

Der den ausschüttbaren Gewinn einer Gesellschaft übersteigende Teil der Ausschüttung wird steuerlich als eine Rückzahlung von Einlagen behandelt. Diese stellen gemäß § 20 Abs. 1 Nr. 1 Satz 3 EStG keine Einkünfte aus Kapitalvermögen dar und unterliegen somit nicht der Einkommen- oder Abgeltungsteuer beim Anteilseigner. Die Rückzahlung von Einlagen mindert dann das steuerliche Einlagekonto der KapG.

In der Regel ist bei den Gesellschaften ein hinreichender ausschüttbarer Gewinn vorhanden, und es kommt zu keiner Rückzahlung von Einlagen. In Fällen jedoch, in denen handelsbilanzielle Ergebnisse deutlich über steuerbilanziellen Ergebnissen liegen (wie beispielsweise regelmäßig bei Immobiliengesellschaften) oder in der Vergangenheit lagen sowie organschaftliche Minderabführungen oder Veränderungen des steuerlichen Einlagekontos aufgrund von Umwandlungsvorgängen erfolgten, kann sich über einen längeren Zeitraum ein ausschüttbarer Gewinn unterhalb der geplanten Ausschüttungen ergeben, sodass es zu steuerfreien Rückzahlungen von Einlagen kommt.

Zu beachten ist dabei, dass die steuerfreie Rückzahlung von Einlagen laut einschlägiger Rechtsprechung korrespondierend die ursprünglichen Anschaffungskosten der Anteile beim Anteilseigner mindert. Diese Minderung der rechnerischen Anschaffungskosten führt zu einer entsprechenden Erhöhung eines künftigen Veräußerungsgewinns beim Anteilseigner, da sich dieser aus dem Veräußerungspreis abzüglich der rechnerischen Anschaffungskosten ergibt. Der Veräußerungsgewinn gehört gemäß § 20 Abs. 2 EStG zu den Einkünften aus Kapitalvermögen und ist mit der Abgeltungsteuer zu versteuern. Demzufolge steht der Steuerersparnis auf Ausschüttungen, die als steuerfreie Rückzahlung von Einlagen betrachtet werden, eine in absoluter Summe gleiche Steuerbelastung bei der späteren Veräußerung der Anteile gegenüber. Die Berücksichtigung eines steuerlichen Einlagekontos führt somit über die Totalperiode betrachtet lediglich zu einer Steuerstundung und nicht zu einer Steuerersparnis.

Für die Frage des Werts der Steuerstundung ist somit entscheidend, wann die Anteile veräußert werden und somit die Steuerstundung endet. Je länger die Haltedauer ist, desto größer ist der Wert der Steuerstundung. Bei Annahme einer kurzen Haltedauer tritt nahezu kein Steuerstundungseffekt auf. Bei Annahme einer unendlichen Haltedauer wird aus der Steuerstundung faktisch eine Steuerersparnis, da die spätere Besteuerung höherer Kursgewinne im Bewertungskalkül nie eintritt.

Bezüglich der Haltedauer von Aktien existieren verschiedene Studien mit einer großen Bandbreite von Ergebnissen. Bei einer objektivierten Unternehmensbewertung gemäß IDW S 1 wird bei der Bestimmung der Kursgewinnbesteuerung zur Ermittlung eines Zukunftserfolgswerts regelmäßig von langen, aber nicht unendlichen Haltedauern ausgegangen. Dabei findet bei der Annahme einer hälftigen effektiven Abgeltungssteuerbelastung für Kursgewinne implizit eine Haltedauer von ca. 30 bis 40 Jahren Anwendung. Aus Konsistenzgründen erscheint es daher für objektivierte Unternehmensbewertungen gemäß IDW S 1 geboten, sich an dieser Annahme zur Haltedauer auch für die Bestimmung des Werts eines steuerlichen Einlagekontos zu orientieren. Insofern ist anzunehmen, dass die Summe der als Rückzahlung von Einlagen qualifizierten Ausschüttungen bei Veräußerung zum Beispiel im Jahr 30 beziehungsweise 40 nach dem technischen Bewertungsstichtag als Kursgewinne anfallen und somit mit dem Abgeltungssteuersatz zu versteuern sind. In der Vergangenheit wurde bei der Bestimmung des Wertbeitrags des steuerlichen Einlagekontos in der Bewertungspraxis meist (implizit) eine unendliche – und damit zu den Annahmen bei der Kursgewinnbesteuerung inkonsistente – Haltedauer angenommen und so der Wertbeitrag des steuerlichen Einlagekontos überschätzt.

Neben der Haltedauer ist der Wertbeitrag des steuerlichen Einlagekontos vor allem noch abhängig von der Ausschüttungsquote (je höher, desto höher der Wertbeitrag) und dem Kapitalisierungszinssatz.

Die Berücksichtigung des Wertbeitrags eines steuerlichen Einlagekontos kann im Bewertungskalkül grundsätzlich auf zwei Wegen erfolgen. Die Steuerersparnisse bei den Ausschüttungen sowie der korrespondierende zusätzliche Kursgewinn nach Ablauf der Haltedauer können bei der Bestimmung der Belastung mit persönlichen Steuern im Bewertungskalkül direkt im Rahmen der den Anteilseigner zufließenden Überschüsse berücksichtigt werden. Alternativ können wertidentisch die Steuerersparnisse über den Zeitablauf sowie die Steuerbelastung nach Ablauf der Haltedauer auch separat berücksichtigt, mit den unverschuldeten Eigenkapitalkosten nach persönlichen Steuern auf den Bewertungsstichtag diskontiert und als Sonderwert in der Unternehmensbewertung berücksichtigt werden. Die Berücksichtigung als Sonderwert erscheint unter Transparenz- und Vereinfachungsgründen vorteilhaft.

Zu beachten ist, dass selbst dann, wenn bei der Bestimmung eines Zukunftserfolgswerts (zum Beispiel ermittelt nach dem Ertragswertverfahren) aufgrund der mittelbaren Typisierung gemäß IDW S 1, Tz. 30, von einer Berücksichtigung von persönlichen Steuern abgesehen wird, nicht ohne Weiteres auf die Berücksichtigung eines Sonderwerts für ein steuerliches Einlagekonto verzichtet werden kann. Dies wäre nur sachgerecht, wenn angenommen werden kann, dass die Alternativanlage in vergleichbarem Maße über einen Wertbeitrag aus einem steuerlichen Einlagekonto verfügt. Der Bewerter muss an dieser Stelle beachten, dass eine Bewertung vor persönlichen Steuern nicht gleichbedeutend ist mit einer Bewertung ohne persönliche Steuern. Ein potenzieller Wertbeitrag eines steuerlichen Einlagekontos ist somit grundsätzlich bei jedem Bewertungsanlass einer KapG relevant und zu untersuchen.

Zusammenfassend ist festzuhalten, dass jede KapG über ein steuerliches Einlagekonto verfügt. In Fällen, in denen die Ausschüttungen den nach steuerlichen Vorschriften ermittelten ausschüttbaren Gewinn übersteigen, kann ein Steuerstundungseffekt zwischen steuerfreier Ausschüttung späterer Veräußerung der Anteile entstehen, dem ein Wert beizumessen ist. Dieser mögliche Wertbeitrag des steuerlichen Einlagekontos ist unabhängig vom Bewertungsanlass und der Frage, ob das tatsächliche Bewertungskalkül vor oder nach persönlichen Steuern erfolgt, zu untersuchen und konsistent zu anderen Annahmen im Bewertungskalkül zu bestimmen.

11 Dispute Valuation – Besonderheiten bei der Durchführung von Bewertungen im Kontext gerichtlicher und außergerichtlicher Streitverfahren

Die unterschiedlichen Bewertungsanlässe und die Funktion, die Bewerter im Rahmen ihrer Beauftragung ausfüllen, bestimmen gemäß den einschlägigen Bewertungsstandards maßgeblich das Vorgehen bei der Durchführung und damit das Ergebnis der Bewertung. Zu dem Bewertungsanlass „Dispute", unter dem Bewertungen im Kontext gerichtlicher und außergerichtlicher Streitverfahren zusammengefasst werden können, führen diese Bewertungsstandards nur wenig aus. Auch in der rechtlichen Literatur gibt es wenig, was über den jeweilig entschiedenen Einzelfall hinausgeht und die Besonderheiten einer sogenannten „Dispute Valuation" einer standardisierten Regelung zuführen würde. Umso wichtiger ist es, dass zur juristischen Durchsetzung der eigenen – oftmals erheblichen – Ansprüche stets spezifische Bewertungsgutachten eingeholt werden, um die Quantifizierung der Anspruchshöhe methodisch sachgerecht durchzuführen und damit eine belastbare und beweisfeste Dokumentation etwaiger Ansprüche sicherzustellen.

Gerichtliche und außergerichtliche Streitverfahren können eine langwierige und aufwändige Angelegenheit sein. Zum Schutz der eigenen Rechtsposition ist eine umfassende juristische Beratung daher unabdingbar. In vielen Streitfällen sind neben juristischen Fragen aber auch betriebswirtschaftliche Themenstellungen relevant. Immer dann, wenn sich bei der Quantifizierung der Anspruchshöhe bewertungsrelevante Fragestellungen ergeben, beispielsweise nach dem methodischen Vorgehen bei der Ableitung der Anspruchshöhe, kann es erforderlich sein, die juristische Durchsetzung der Ansprüche mit entsprechenden Analysen oder auch Gutachten von Bewertungsexperten zu flankieren. In diesen Fällen sollten bei der Quantifizierung der Anspruchshöhe einschlägige oder analog anwendbare Bewertungsstandards berücksichtigt werden, um methodisch sachgerechte und damit belastbare Ergebnisse zu gewährleisten. Ob und inwieweit die einzelnen Bewertungsstandards im Rahmen der unterschiedlichen Ausprägungen der „Dispute Valuation" einschlägig sind oder ob diese analoge Anwendung finden müssen, hängt von der zugrundeliegenden Art und dem Zweck der durchzuführenden Dispute Valuation ab. Beispielhafte Anlässe für die Durchführung einer Dispute Valuation sind in folgender Abbildung dargestellt.

Abb. A-5: Beispielhafte Anlässe für „Dispute Valuation"

Besonderheiten bei der Beauftragung einer Dispute Valuation

Der IDW S 1 gibt auf der Basis der dort genannten Bewertungsanlässe und Funktionen weitestgehend vor, welcher Wert bei der durchzuführenden Bewertung zu bestimmen ist. Während Bewerter im Rahmen der Funktion des neutralen Gutachters regelmäßig einen objektivierten Unternehmenswert ermitteln, der die individuellen Wertvorstellungen wie zum Beispiel Synergien der betroffenen Parteien unberücksichtigt lässt, werden diese bei der Ermittlung subjektiver Unternehmenswerte in der Funktion des Beraters in das Bewertungskalkül einbezogen. In der Funktion des Schiedsgutachters/Vermittlers ermitteln Bewerter nach den Regelungen des IDW S 1 hingegen Einigungswerte im Rahmen einer Konfliktsituation. Dabei wird der objektivierte Unternehmenswert um intersubjektiv angemessene und faire Anteile an den Synergieeffekten adjustiert.

Bei Beauftragung einer Dispute Valuation sind die vom IDW S 1 definierten Begriffspaare im Einzelfall aufzulösen. Die Beauftragung erfolgt hier entweder durch eine oder beide Streitparteien oder durch ein (Schieds-)Gericht. Unabhängig von den in IDW S 1 genannten Funktionen, erfolgt die Beauftragung dabei in der Regel als unabhängiger Sachverständiger mit der Aufgabe, entweder einen im Ansatz subjektbezogenen Wert oder einen objektivierten Wert zu ermitteln. Da Gerichte in aller Regel die gegenläufigen Interessen der beteiligten Streitparteien ausgleichen müssen und die jeweils subjektiven Wertvorstellungen der Streitparteien einer gerichtlichen Überprüfung nur schwer zugänglich sind, erkennt auch die Rechtsprechung eine typisierende Betrachtung und damit die Ermittlung objektivierter Unternehmenswerte grundsätzlich an. Geht es allerdings um die Quantifizierung finanzieller Schäden, beispielsweise als entgangener Gewinn in Folge einer Pflichtverletzung, ist regelmäßig die subjektive Perspektive des Geschädigten einzunehmen, da dieser nach § 249 BGB so zu stellen ist, als wäre das schädigende Ereignis nicht eingetreten. Subjektive Werte sind demnach regelmäßig auch in der Rolle eines unabhängigen Sachverständigen zu ermitteln. Im Rahmen der Beauftragung einer Dispute Valuation ist daher in enger Abstimmung entweder mit dem Gericht oder mit den juristischen Beratern der Streitpartei(en) und passend zu deren Strategie zur Durchsetzung der entsprechenden Ansprüche festzulegen, welches Wertkonzept bei der Quantifizierung der Ansprüche verfolgt werden soll. Zudem empfiehlt es sich, die entsprechenden Wertbegriffe, insbesondere vor dem Hintergrund der Verwendbarkeit der Ergebnisse vor Gericht, im Rahmen der Expertengutachten zu definieren und deren methodische Ableitung klar zu beschreiben, insbesondere dann, wenn auf der Basis der Besonderheiten des Einzelfalls von den im IDW S 1 definierten Begriffspaaren abgewichen werden muss.

Besonderheiten bei Buyside/Sellside Disputes

Im Rahmen von Buyside/Sellside Disputes geht es in der Regel um bewertungsrelevante Fragestellungen zum Kaufpreis im Rahmen von M&A-Transaktionen. Im Marktumfeld ist zu beobachten, dass Streitverfahren im Kontext von Transaktionen in den letzten Jahren zunehmend an Bedeutung gewonnen haben. Die früher übliche Zurückhaltung der Transaktionsparteien bei der Geltendmachung von Ansprüchen nach Vollzug der Transaktion ist mittlerweile einer Sichtweise gewichen, bei der die Parteien ihre Positionen analysieren und etwaige Ansprüche, die nicht selten hohe Beträge ausmachen, geltend machen. So kann es auch trotz im Vorfeld sorgsam durchgeführter Verhandlungen nach der eigentlichen Transaktion zu Streitverfahren kommen.

Zur Vermeidung von Streitverfahren, sollte im Sinne der Prävention bereits vor Vertragsabschluss durch gezielte Analysen sichergestellt werden, dass potenzielle Streitpunkte und Fallstricke bereits im Rahmen der Vertragsverhandlung vermieden werden. Empfehlenswert ist in diesem Zusammenhang die interdisziplinäre Zusammenarbeit von auf Dispute Services spezialisierten Experten der unterschiedlichen Disziplinen wie Transaktionsberatung und Valuation sowie Rechtsanwälten, um potenzielle Streitthemen zu identifizieren und aus den jeweils unterschiedlichen Blickwinkeln umfassend zu analysieren. Kommt es im Nachgang von Transaktionen zu Streitverfahren, kann es um bewertungsrelevante Themenstellungen in Bezug auf das ganze Unternehmen oder einen Anteil am Unternehmen gehen, oder strittige Fragen aus der Auslegung von Vertragstexten oder Definitionen können Gegenstand des Streitverfahrens sein. In den Fällen, in denen der Schwerpunkt auf der Bewertung von Unternehmen oder deren Anteilen liegt, sollte der Bewertungsstandard IDW S 1 bei der Quantifizierung der Anspruchshöhe vollumfänglich berücksichtigt werden. Bei der Interpretation und Auslegung von Vertragstexten oder Definitionen kann eine enge Orientierung an dem Bewertungsstandard ebenfalls empfehlenswert sein. Denn durch die Anwendung der allgemein anerkannten Bewertungsregeln wird sichergestellt, dass die Quantifizierung der Anspruchshöhe methodisch sachgerecht und damit belastbar und beweisfest ist.

Besonderheiten bei Shareholder Disputes

Shareholder Disputes entstehen in der Regel aus Streitigkeiten bei gewollten und ungewollten Austritten aus einer Gesellschaft. Obwohl Gesellschaftsverträge häufig Regelungen zum Ausstieg von Gesellschaftern vorsehen, kommt es in der Praxis nicht selten zu Meinungsverschiedenheiten in Bezug auf die Auslegung der Ausstiegsklauseln und damit verbunden zu Auseinandersetzungen in Bezug auf die Höhe der Abfindungsansprüche. Häufig sehen entsprechende Verträge vor, dass bei Austritt aus der Gesellschaft ein Unternehmenswert nach „anerkannten Regelungen" zu ermitteln ist. In diesen Fällen ist der IDW S 1 einschlägig und sollte bei der Quantifizierung der Ansprüche zu Grunde gelegt werden. Sofern die Ausstiegsklauseln die Bewertungsmethode zur Ermittlung der Abfindungsansprüche offen lassen oder im Rahmen einer vorgegebenen Bewertungsmethodik Interpretationsräume offen bleiben, kann es sinnvoll sein, die rein juristische Interpretation der Klausel durch eine betriebswirtschaftliche Würdigung zu ergänzen, um eine methodisch sachgerechte Auslegung der Vertragsklauseln sicherzustellen und damit die eigenen Ansprüche belastbar zu dokumentieren. Insbesondere dort, wo der Bewertungsstandard im Hinblick auf die streitgegenständliche Bewertung auszulegen ist, sollte eine Orientierung an beziehungsweise auf eine weitgehend analoge Anwendung des Bewertungsstandards geachtet werden.

In der Praxis ist ferner zu beobachten, dass im Rahmen der vertraglichen Regelungen zum Austritt aus der Gesellschaft teilweise vereinfachende Wertfindungsmethoden vorgesehen sind. Die Bewertung auf der Basis vordefinierter Wertfindungsmethoden kann in der Funktion des unabhängigen Sachverständigen überprüft und umgesetzt, die Ergebnisse im Rahmen eines Bewertungsgutachtens vorgetragen werden. Im Rahmen des Bewertungsgutachtens ist dann darzulegen, inwiefern methodische Ansätze und Prämissen auf zwischen den Parteien vereinbarten und damit vorgegebenen Vereinfachungen beruhen.

Besonderheiten bei Regulatory Driven Disputes

Regulatory Driven Disputes beziehen sich auf Streitverfahren, bei denen es durch Maßnahmen des Gesetzgebers oder Regulierers zu einer Einschränkung der unternehmerischen Tätigkeit gekommen ist, durch die der gewöhnliche Ablauf des Unternehmens gestört wird. Charakteristisch ist hierbei, dass es sich um einen Eingriff von außen in das Unternehmen handelt, zum Beispiel durch Gesetzesänderungen oder behördlichen Genehmigungsentzug. In der Folge entsteht der Streitpartei ein Schaden, welcher sich durch die nachteilige Vermögensveränderung infolge des schädigenden Ereignisses ausdrückt. Zur Quantifizierung der Anspruchshöhe sind regelmäßig zwei vergleichende Bewertungen (auf Basis der sogenannten Differenzhypothese) notwendig. Die Bestimmung der Anspruchshöhe auf Schadensersatz kann sowohl aus objektivierter Sicht, im Sinne eines abstrakten Schadens, erfolgen oder aus subjektiver Sicht, bei der ein etwaiger Schaden konkret und im Ansatz subjektbezogen ermittelt wird. Das BGB räumt dem Geschädigten grundsätzlich in diesem Zusammenhang eine Dispositionsfreiheit über die Ermittlung des Schadensersatzanspruch und dessen Geltendmachung ein.

Eine Besonderheit bei der Quantifizierung der Anspruchshöhe aus Schadensersatz ist dabei die Anwendung der vorgenannten zivilrechtlichen Differenzhypothese. Dabei wird die Höhe des Schadensersatzanspruchs aus der Differenz der hypothetischen Vermögenslage ohne das schädigende Ereignis ("Soll-Situation") und der tatsächlichen Vermögenslage nach Eintritt des schädigenden Ereignisses ("Ist-Situation") bemessen. Die methodische Ableitung der Schadenshöhe erfordert demnach zwei vergleichende Bewertungen, welche die genannten Vermögenslagen adäquat abbilden. Während die tatsächliche Vermögenslage in der Regel aus dem Rechnungswesen des Unternehmens abgeleitet werden kann, da die tatsächlich eingetretenen Ist-Zahlen den tatsächlich entstandenen Schaden implizit widerspiegeln, ist die Abgrenzung der hypothetischen Vermögenslage meist sehr anspruchsvoll. Bei ihrer Abbildung steht die nachvollziehbare Modellierung der Entwicklung der Vermögenslage im Vordergrund, die ohne schädigendes Ereignis hätte erwartet werden können. Allerdings kann das schädigende Ereignis zum Zeitpunkt der Schadensermittlung auch in die Zukunft wirken, wenn beispielsweise auch die künftige Ertragskraft eines Unternehmens beeinflusst ist. Dann sind für beide Situationen zusätzlich Prämissen für die tatsächlich erwartete beziehungsweise die ohne schädigendes Ereignis hypothetisch erwartbare Zukunft zu treffen. Da zumindest die Modellierung der hypothetischen Vermögenslage zwingend auf Prämissen zurückgreift, sind der Ausgestaltung von Ermessenspielräumen bei der Festlegung wertrelevanter Annahmen besondere Aufmerksamkeit zu schenken. Mithilfe von Werttreiberanalysen und Szenario-Rechnungen kann die Wertrelevanz einzelner Annahmen isoliert betrachtet und im Gesamtkontext analysiert werden.

Wenn sich in Folge des Schadensereignisses das Risikoprofil verändert, sind differenzierte Kapitalkosten für die Ist- und die Soll-Situation erforderlich. Dann sind zwangsläufig die Cashflows beider Situationen getrennt auf- oder abzuzinsen und der Schaden ergibt sich dann aus der Differenz der stichtagsbezogenen Barwerte beider Situationen. Die Quantifizierung der Veränderung im Risikoprofil stellt eine besondere Herausforderung an den Bewerter, der regelmäßig nicht mit einem herkömmlichen Peer-Group-Ansatz begegnet werden kann. Hier bietet sich die spezifische Bestimmung von Kapitalkosten auf Basis von Simulationsmodellen an. Nur wenn (in Ausnahmefällen) die Risikoveränderung vernachlässigbar ist, kann mit einheitlichen Kapitalkosten gerechnet werden und dann vereinfachend auch nur der Unterschied vergangener und künftiger Cashflows (Differenz-Cashflow) auf- beziehungsweise abgezinst werden, der dann unmittelbar den erlittenen Schaden zum Ausdruck bringt.

Die Berücksichtigung von Ertragsteuern wird bei der Ermittlung der Vermögensdifferenz oft vereinfachend ausgeblendet, was in der Folge zur Ermittlung eines Bruttoschadens führt. Eine dezidierte Nach-Steuer-Betrachtung der Soll- und der Ist-Situation wird nur dann notwendig, wenn sich aus dem Vergleich der Vermögenslagen steuerrelevante Verzerrungen ergeben, was regelmäßig insbesondere dann gegeben ist, wenn sich die finanziellen Auswirkungen einer Schädigung über mehrere Jahre erstreckt oder wenn Schaden und Kompensationszahlung (Schadensersatz) mehrere Jahre auseinanderliegen. Genauer ist es regelmäßig, zunächst einen Nach-Steuer-Schaden (Nettoschaden) zu ermitteln und diesen anschließend zum Stichtag der Kompensationszahlung in eine Vor-Steuer-Größe (Bruttoschaden) zu transformieren, um der Steuerpflicht des Geschädigten auf erhaltenen Schadensersatz Rechnung zu tragen.

Die getroffenen Annahmen der Modellierung sollten im Rahmen eines Bewertungsgutachtens nachvollziehbar offengelegt werden, sodass die Ermittlung intersubjektiv nachvollziehbar ist und damit als belastbare Dokumentation bei Gericht verwertet werden kann. Dabei sollte auf Basis der Werttreiberanalysen der Schwerpunkt auf den Werttreibern liegen, die eine hohe Relevanz für die darzulegende Anspruchshöhe haben. Zur Darlegung der Schadensersatzansprüche im Rahmen von gerichtlichen oder außergerichtlichen Streitverfahren gilt es dabei, etwaige Bewertungsgutachten adressatengerecht und für einen Dritten nachvollziehbar zu gestalten, um die Chancen auf die Durchsetzbarkeit der Ansprüche entsprechend zu erhöhen.

Besonderheiten bei Operating Business Disputes

Unter Operating Business Disputes werden Streitfälle zusammengefasst, bei denen es um eine nachteilige Veränderung der Vermögensposition eines Unternehmens durch die Störung einer vertraglichen Grundlage zwischen Unternehmen, unter anderem Liefer- und Leistungsverträge, oder die Verletzung der Rechte des Unternehmens, wie zum Beispiel eine Patentrechtsverletzung, geht. Ist ein solcher Schaden entstanden, liegt die Schwierigkeit der Bewertung zunächst in der Abgrenzung des konkreten Schadensobjekts. Der Schaden kann die einzelnen Vermögensgegenstände oder Schulden des Unternehmens, die gesamte Unternehmenssphäre oder die Beteiligung an dem Unternehmen betreffen. Je nach Einzelfall kann es daher sinnvoll sein, auf eine vollumfängliche Unternehmensbewertung zu verzichten und stattdessen alternative Methoden anzuwenden, zum Beispiel eine vergleichende Deckungsbeitragsrechnung durchzuführen. Regelmäßig sind aber auch in diesem Kontext vergleichende Bewertungen im Sinne der Differenzhypothese erforderlich.

Resultiert der Anspruch aus der Verletzung eines Rechts an einem einzelnen Vermögensgegenstand, zum Beispiel aus einer Patentrechtsverletzung, ist eine Bewertung zu den Auswirkungen der Rechtsverletzung auf die Vermögenssituation der entsprechenden Streitpartei durchzuführen. Diese kann sich zur belastbaren Quantifizierung des Schadens an dem für die Bewertung von immateriellen Vermögensgegenstände maßgeblichen IDW S 5 orientieren, wobei auch hier im Einzelfall zu entscheiden ist, inwieweit auf die subjektive Perspektive des konkret Geschädigten abgestellt werden soll oder die im Bewertungsstandard vorgesehenen Typisierungen zu berücksichtigen sind. Nach gängiger BGH-Rechtsprechung ist der Geschädigte aber auch berechtigt, die Herausgabe des sogenannten Verletzergewinn, also den Mehrgewinn, den der Schädiger in Folge der Rechteverletzung generieren konnte, verlangen. Auch hier ist eine enge Abstimmung zwischen Bewertungsexperten und Rechtsberatern bereits bei der Definition des Bewertungsauftrags von besonderer Bedeutung. Empfehlenswert kann zudem auch sein, zunächst durch entsprechende Analysen festzustellen, ob und inwieweit sich die Anstrengungen und Kosten eines möglichen Patentrechtsverletzungsverfahrens lohnen. Dazu können indikative Wertüberlegungen dienen, in deren Rahmen überschlägig quantifiziert wird, welcher Streitwert zu erwarten ist. Bei der Quantifizierung der etwaigen Anspruchshöhe kann es sinnvoll sein, unterschiedliche Szenarien zu modellieren, die Aufschluss über die Wahrscheinlichkeitsverteilung der ermittelten Ergebnisse geben. Diese können auch für die Ausrichtung der Prozessstrategie dienlich sein.

Belastbare und nachvollziehbare Bewertungen steigern die Chancen auf Durchsetzung etwaiger Ansprüche

Da in Streitverfahren oftmals komplexe Fragestellungen mit zahlreichen zu beachtenden Interdependenzen zu beantworten sind, ist es empfehlenswert, zur belastbaren und beweisfesten Dokumentation etwaiger Ansprüche auf die interdisziplinäre Zusammenarbeit von auf „Dispute Services“ spezialisierten Bewertungsexperten zurückzugreifen. Denn zur Durchsetzung etwaiger Ansprüche ist neben der juristischen Argumentation auch die methodisch sachgerechte und nachvollziehbare Ableitung der Anspruchshöhe im Streitverfahren von zentraler Bedeutung. Anhand flankierender betriebswirtschaftlicher Auswertungen, insbesondere Werttreiberanalysen und Szenario-Rechnungen, kann die Position einer Streitpartei verbessert oder ein angemessener Ausgleich zwischen den Streitparteien gefunden werden.

12 IDW S 13 – Besonderheiten bei der Unternehmensbewertung zur Bestimmung von Ansprüchen im Familien- und Erbrecht

Mit der Verabschiedung des Standards IDW S 13 hat das IDW auf Fragestellungen für einen spezifischen Bewertungsanlass reagiert: die Bestimmung von Ansprüchen im Familien- und Erbrecht. Der IDW S 13 stellt eine Erweiterung zu den allgemeinen Grundsätzen zur Unternehmensbewertung gemäß dem Standard IDW S 1 dar. Im Fokus stehen die Ermittlung der zu übertragenden Ertragskraft, die Besteuerung der Netto-Wertsteigerung, die Berücksichtigung von abschreibungsbedingten Steuervorteilen sowie die Ermittlung des kalkulatorischen Unternehmerlohns im Rahmen von vermögensrechtlichen Auseinandersetzungen. Diese werttreibenden Faktoren haben eine besondere Relevanz bei der Ermittlung von Ausgleichs- oder Auseinandersetzungsansprüchen (zum Beispiel zwischen Ehegatten oder Erben). Da die Beteiligten sich oftmals in einer sehr emotional belastenden Situation befinden, kann eine fundierte Wertermittlung nach den vorgenannten Standards zu einer Vermeidung von langwierigen Streitigkeiten über die Höhe etwaiger Ansprüche beitragen.

Einleitung

Das IDW hat am 06.04.2016 den Standard IDW S 13 „Besonderheiten bei der Unternehmensbewertung zur Bestimmung von Ansprüchen im Familien- und Erbrecht" verabschiedet. Der Standard ersetzt die bisherige Verlautbarung „Zur Unternehmensbewertung im Familien- und Erbrecht" (IDW St/HFA 2/1995; IDW S 13, Tz. 11) und konkretisiert die allgemeinen Grundsätze zur Unternehmensbewertung gemäß IDW S 1 für spezifische Bewertungsanlässe.

Die Besonderheiten des IDW S 13 zur Bestimmung von Ausgleichs- beziehungsweise Auseinandersetzungsansprüchen – zum Beispiel zwischen Ehegatten oder Erben – resultieren aus den zivilrechtlichen Bestimmungen des jeweiligen Rechtsverhältnisses. Vor diesem Hintergrund ist eine solche Unternehmensbewertung stets im Zusammenhang mit den übrigen Regelungen zu familien- oder erbrechtlichen Auseinandersetzungen zu sehen.

Zu beachten ist, dass der IDW S 13 explizit nicht für Bewertungen für erbschaftsteuerliche Zwecke, sondern nur für zivilrechtliche Auseinandersetzungen gilt.

Grundsätzliches Vorgehen

Gemäß IDW S 13 soll die Ableitung des Ausgleichs- beziehungsweise Auseinandersetzungsanspruchs durch eine zweistufige Ermittlung erfolgen. Im ersten Schritt ist der objektivierte Unternehmenswert der Gesellschaft festzulegen. Damit sind Bewertungen im Familien- oder Erbrecht regelmäßig in der Funktion des neutralen Gutachters vorzunehmen. In einem zweiten Schritt erfolgt dann die Überleitung zum Ausgleichs- beziehungsweise Auseinandersetzungsanspruch unter Beachtung der Besonderheiten der jeweiligen Rechtsverhältnisse (IDW S 13, Tz. 9).

Der IDW S 13 berücksichtigt dabei auch die Inhalte des IDW Praxishinweises 1/2014, die vor allem die sachgerechte Berücksichtigung der Ertragskraft über einen kalkulatorischen Unternehmerlohn betreffen.

Schritt 1: Ermittlung des objektivierten Unternehmenswerts

Analog zum vorherigen Standard IDW St/HFA 2/1995 ist nach dem BGB bei familienrechtlichen Auseinandersetzungen (insbesondere bei der Beendigung von Zugewinngemeinschaften) der Wert des Anfangs- (A) und des Endvermögens (E) zu den jeweiligen Stichtagen nach den Grundsätzen des IDW S 1 zu ermitteln.

Sofern zum bewertungsrelevanten Vermögen eine Beteiligung an einem Unternehmen vorliegt, ist diese zu beiden Stichtagen zu bewerten. Das Stichtagsprinzip gilt unter Berücksichtigung der zivilrechtlichen Rechtsnormen uneingeschränkt – beispielsweise ist im Fall einer Ehescheidung der Bewertungsstichtag für das Anfangsvermögen der Zeitpunkt der Eheschließung und für das Endvermögen der Zeitpunkt der Rechtshängigkeit des Scheidungsantrags. Beide Unternehmensbewertungen sind zum jeweiligen historischen Informationsstand durchzuführen, das heißt, dass lediglich die am jeweiligen Bewertungsstichtag bekannten Maßnahmen und Marktgegebenheiten in die Unternehmensbewertung einfließen.

Besondere Herausforderungen für den Bewerter ergeben sich daraus, dass der Zeitraum zwischen den Bewertungsstichtagen (A und E) in der Praxis regelmäßig groß ist. Insbesondere für die Bewertung des Anfangsvermögens muss der Bewerter sich fiktiv in einen weit zurückliegenden Kenntnisstand versetzen, zu dem oftmals nur eingeschränkte Informationen vorliegen. So kann es zu erheblichen Unsicherheiten zu den zum Bewertungsstichtag maßgeblichen Planungsrechnungen und zu Rückschaufehlern kommen. Diese Unsicherheit sollte keinesfalls durch Abschläge in den finanziellen Überschüssen oder pauschale Zuschläge in den Kapitalkosten abgebildet werden. Vielmehr ist die Erfahrung des Gutachters gefragt, in einer – gegebenenfalls selbst zu erstellenden – Planung die entsprechenden Unsicherheiten sachgerecht zu reflektieren.

Zusätzlich dazu kann, insbesondere bei personenbezogenen Gesellschaften, der Unternehmenserfolg in hohem Maße von den bisherigen Eigentümern abhängig sein. Im Fokus des IDW S 13 steht daher die sachgerechte Berücksichtigung der Ertragskraft, unabhängig vom spezifischen Inhaber. Dies kann durch eine Bereinigung von Erfolgsbeiträgen auf Basis des kalkulatorischen Unternehmerlohns berücksichtigt werden. Gegenüber dem IDW St/HFA 2/1995 wird im IDW S 13 klargestellt, dass sich die Höhe des kalkulatorischen Unternehmerlohns nach der marktüblichen Vergütung einer nicht beteiligten Unternehmensleitung bestimmt. Während der zeitliche Arbeitseinsatz und die individuellen Kenntnisse bei der Ermittlung dieser marktüblichen Vergütung zu berücksichtigen sind, gelten persönliche Leistungen eines Eigentümers als nicht übertragbar. Wenn wertbestimmende Faktoren für die Erzielung finanzieller Überschüsse in Abhängigkeit zum bisherigen Unternehmenseigner stehen, ist folglich die vorhandene Ertragskraft nur partiell oder zeitlich begrenzt übertragbar. Dies kann zu einer Abschmelzung der finanziellen Überschüsse im Rahmen der Planungsrechnung führen.

Zudem erfordert der IDW S 13 die sogenannte Methodenstetigkeit, das heißt, dass die in Theorie und Praxis als zutreffend anerkannten Bewertungsgrundsätze sind zu beiden Stichtagen einheitlich zu berücksichtigen sind.

Schritt 2: Besonderheiten bei der Überleitung des objektivierten Unternehmenswertes zum Ausgleichs- beziehungsweise Auseinandersetzungsanspruch

Im zweiten Schritt der Bewertung wird eine fiktive Veräußerung des Unternehmens an einen Dritten zum jeweiligen Stichtag (A und E) unterstellt.

Hierbei gilt die Prämisse, dass der Ausgleichsbetrag, wenn dieser nicht durch liquide Mittel gedeckt ist, sondern aus künftigen Erträgen erwirtschaftet werden muss, aus externen Mitteln – zum Beispiel durch Kreditaufnahme – zu beschaffen ist. Die entsprechenden Finanzierungskosten werden nicht im Rahmen der Bewertung berücksichtigt.

Grundsätzlich zielt das Konzept des IDW S 13 darauf ab, die Netto-Wertsteigerung zu ermitteln und damit das Vermögen an beiden Stichtagen mit der anfallenden Veräußerungsgewinnsteuer zu belasten (IDW S 13, Tz. 37). Im Gegensatz zum IDW St/HFA 2/1995 wird daher im Rahmen einer fiktiven Veräußerung neben einer fiktiven Veräußerungsgewinnbesteuerung von Anfang- und Endvermögen nunmehr auch die unmittelbare fiktive Besteuerung der Netto-Wertsteigerung als sachgerecht bezeichnet.

Zudem ist zu würdigen, inwiefern ein abschreibungsbedingter Steuervorteil im Rahmen der Bewertung zu berücksichtigen ist. Hintergrund ist die Überlegung, dass eine fiktive Veräußerung gleichzeitig zu einer Aufdeckung stiller Reserven beim Veräußerer einerseits und zu erhöhten Anschaffungskosten beim Erwerber andererseits führt, die über den Saldo der steuerlichen Buchwerte der übertragenden Vermögensgegenstände und Schulden hinausgeht. Sofern diese Anschaffungskosten respektive die stillen Reserven auf steuerrechtlich abschreibungsfähige Vermögenswerte zugeordnet werden können, führt deren künftige Abschreibung zu einer Reduzierung der zukünftigen steuerlichen Bemessungsgrundlage. Dadurch entsteht ein Steuervorteil für den Erwerber (sogenannter tax amortisation benefit). Dieser Steuervorteil ist werterhöhend zu berücksichtigen. Da die Effekte aus der Veräußerungsgewinnbesteuerung und der Berücksichtigung des abschreibungsbedingten Steuervorteils gegenläufig sind, kann jedoch – wenn Indikatoren vorliegen, dass diese sich weitgehend ausgleichen – aus Vereinfachungsgründen auf eine Berücksichtigung verzichtet werden (IDW S 13, Tz. 37 f., 41).

Darüber hinaus stellt der IDW S 13 klar, dass die Ableitung des Ausgleichsanspruchs nicht durch inflationsbedingte Effekte beeinflusst werden soll. Zur Vermeidung der Berücksichtigung einer nominellen Wertsteigerung bestimmt der IDW S 13 die Umrechnung des Anfangsvermögens auf der Preisbasis des Stichtags des Endvermögens (IDW S 13, Tz. 50).

Zu berücksichtigen ist auch, dass für die Ermittlung des Ausgleichsanspruchs der volle, sich nach dem Unternehmenswert bemessende Wert anzusetzen ist. Dies gilt auch dann, wenn im Rahmen von bestehenden gesetzlichen, vertraglichen oder faktischen Vergütungsbeschränkungen in Verträgen zwischen den Ausgleichsparteien ein Abfindungswert bestimmt wurde, der vom Unternehmenswert abweicht (IDW S 13, Tz. 46).

Fazit

Die Konkretisierungen des IDW S 13 stellen eine hilfreiche Ergänzung des IDW S 1 für den speziellen Bewertungsanlass der Unternehmensbewertung bei familien- und erbrechtlichen Anlässen dar, die zudem Vorgaben aus der Rechtsprechung aufgreifen. Effekte auf den ermittelten Unternehmenswert werden sich insbesondere aus den Regelungen zur Berücksichtigung der übertragbaren Ertragskraft und zur Berücksichtigung eines abschreibungsbedingten Steuervorteils in Folge der Veräußerungsfiktion und der Besteuerung der Netto-Wertsteigerung ergeben.

Eine nachvollziehbare und belastbare Ermittlung von Ausgleichs- und Abfindungsansprüchen auf Basis der vorgenannten Standards durch einen erfahrenen Unternehmensbewerter kann dazu beitragen, etwaige aufgrund des Bewertungsanlasses emotional beeinflusste Diskussionen zwischen den Beteiligten zu versachlichen und in der Praxis oftmals zu beobachtende gerichtliche Auseinandersetzungen zu der Höhe der Ansprüche zu vermeiden.

Kapitel B

UNTERNEHMENSBEWERTUNGEN IM RAHMEN VON TRANSAKTIONEN UND ANDEREN ENTSCHEIDUNGSANLÄSSEN/WERTORIENTIERTE STEUERUNG

1 Grundsätze ordnungsgemäßer Entscheidungsfindung – auf die richtigen Werttreiber kommt es an

Unternehmerische Entscheidungen basieren auf einer hohen Anzahl unsicherer Einzelparameter sowie ungewisser Rahmenbedingungen. Die Ursache liegt in der stetig steigenden Komplexität wirtschaftlicher Verflechtungen sowie der zunehmenden Dynamik auf den Absatz-, Beschaffungs- und Kapitalmärkten. Dadurch ist es nicht mehr ausreichend, bedeutende finanzielle Entscheidungen gelegentlich hinsichtlich ihrer alternativen Lösungsmöglichkeiten zu überprüfen und dann – basierend auf einer Mischung aus Erfahrung und Intuition – die Entscheidung zu treffen. Vielmehr gilt es heute, die fundamentalen Werttreiber für bestimmte Entscheidungssituationen zu identifizieren, diese Werttreiber als unsichere Größen quasi permanent zu würdigen und, sofern erforderlich, entsprechend anzupassen, um damit jederzeit eine fundierte Entscheidung treffen zu können. Der unternehmerische Erfolg hängt somit von einer sorgfältigen und zudem schnellen Entscheidungsfindung ab. Gleichzeitig steigt der Druck der Entscheidungsträger, ihre Entscheidungen gegenüber den Stakeholdern zu kommunizieren und zu rechtfertigen. Hierzu ist ein transparenter und effizienter Prozess der Entscheidungsfindung erforderlich, der auf aussagekräftigen Analysen beruht, die insbesondere auch Risiken und Chancen unsicherer Einflussfaktoren explizit abbilden und beurteilbar machen.

In der Vergangenheit fanden Unternehmer häufig ein klar strukturiertes Umfeld vor: Wertschöpfungsketten mit geringer Tiefe und Komplexität, Innovationszyklen in vorhersehbaren Zeiträumen und eine handhabbare Informationsdichte. Mit hinreichender Sicherheit konnte man für einige Jahre in die Zukunft sehen, planen und Entscheidungen mit ausreichenden Vorlaufzeiten treffen. Die Entscheidungen konnten dabei primär auf langjährigen Erfahrungen und unternehmerischer Intuition basiert werden.

In den letzten Jahren hat sich dieses Bild grundlegend verändert. „Business Intelligence"-Systeme erlauben den sofortigen Zugang zu Informationen innerhalb und außerhalb des Unternehmens, Wertschöpfungsketten sind – durch zunehmende Ver- und Auslagerung einzelner Bestandteile, auch auf externe Partner – komplex geworden, Innovationszyklen haben sich auf sehr kurze Zeiträume reduziert. Wettbewerber entstehen quasi über Nacht und dies gerade in Sektoren, die bislang gar nicht dem relevanten Wettbewerbsumfeld zugeordnet wurden. Mit der zunehmenden Digitalisierung gelingt es selbst jungen Start-ups, mit neuen digitalen Geschäftsmodellen zentrale Teile etablierter Geschäftsmodelle zu disruptieren. Fast schon im Widerspruch zu diesem fundamentalen Wandel müssen zentrale unternehmerische Entscheidungen durch den Druck der Stakeholder im Vergleich zur Vergangenheit besser abgesichert sein. Gleichzeitig nimmt die Zahl bedeutsamer finanzieller Entscheidungen aufgrund der Dynamik eher zu als ab. In diesem herausfordernden Umfeld kommt es primär darauf an, die wertrelevanten verfügbaren Informationen permanent zu kennen, sie fortlaufend und umfassend zu identifizieren, effizient auszuwerten und systematisch in ein Entscheidungsproblem zu überführen und diesen Prozess entsprechend zu dokumentieren.

Eine Vielzahl der Unternehmen begegnet dieser Entwicklung weiterhin mit den gleichen Instrumenten wie in der Vergangenheit. Diese basieren meist auf einem jährlichen, zeitaufwendigen Top-down-/Bottom-up-Planungsprozess, der ein Budgetjahr, eine kurz- bis mittelfristige Vorschaurechnung von zwei bis drei Jahren sowie eine strategische Grobplanung umfasst. Ausgehend hiervon werden teilweise unterjährige Plananpassungen vorgenommen. Treten exogene Schocks auf – wie zum Beispiel die Finanz- und Schuldenkrise oder die COVID-19 Krise – verlängern sich die Anpassungszeiträume nochmals, da man lieber „auf Sicht fährt“ bis die Folgen der Krise einigermaßen verlässlich beurteilbar sind. Auch wenn die klassischen Instrumente grundsätzlich ihre Berechtigung für das Setzen konkreter Steuerungs- und Zielgrößen haben, so können sie doch den Bedarf nach kurzfristig erforderlichen (strategischen) Vorschaurechnungen und Analysen für die Unternehmensteile sowie dem Gesamtunternehmen nicht erfüllen. Unsicherheit und Volatilität spezifischer Faktoren von Entscheidungen werden wenn überhaupt häufig nur in Form ausgewählter diskreter Szenarien betrachtet.

Eine verantwortungsvolle zeitgemäße Unternehmensführung erfordert Transparenz über Chancen und Risiken im Geschäftsmodell und eine Aussage darüber, wie einzelne unternehmerische Maßnahmen und Entscheidungen dieses Risikoprofil verändern. Hierzu sind Chancen und Risiken, die sich in Form von unsicheren Einflussfaktoren widerspiegeln, explizit in die Entscheidungsfindung einzubeziehen. Diese Abbildung im Entscheidungskalkül verändert den Blickwinkel und ermöglicht vertiefte Einblicke. Dies ist wiederum die Basis für eine angemessene Absicherung und Dokumentation des Entscheidungsprozesses gegenüber Stakeholdern.

Hierzu sind zunächst für das jeweilige existierende oder künftige Geschäftsmodell kritische Wert- und Erfolgstreiber zu identifizieren und in einem zentralen Entscheidungssystem (bestehend aus einem strukturierten Prozess und einem unterstützenden Tool) unter Einbindung vorhandener Erkenntnisse aus strategischen und operativen Planüberlegungen zu integrieren. Diese Werttreiber sind nicht etwa der Umsatz oder finanzielle Ergebnisse, sondern diejenigen Größen, von denen der Erfolg oder Misserfolg des jeweiligen Geschäftsmodells zentral abhängt. Sie sind in vielen Fällen damit branchen- und geschäftsmodellspezifisch. In der Regel handelt es sich bei ihnen gerade nicht um finanzielle Größen, sondern um operative Größen wie zum Beispiel Kundenanzahl, Fluktuationsraten, Transaktionsraten, Volumina, Entwicklungszeiten, technische Spezifikationen, regulatorische Größen, Stillstandszeiten, Auslastungen, Leerstandsquoten, Verfahrensdauern, die letztlich hinter finanziellen Kennzahlen wie Umsatz, Herstellkosten oder EBIT stehen. Kritische Werttreiber sollten auf ihre Bedeutsamkeit für die Entscheidung hin bewertet und Unsicherheiten in Form von zugehörigen Bandbreiten definiert werden. Dies bedeutet, dass man sich darüber Klarheit verschafft, welche Veränderung einzelner Werttreiber, welchen Effekt auf den Entscheidungswert hat und wie groß die Bandbreite ihrer Ausprägung sein kann und damit entsprechend auch der Effekt auf den Entscheidungswert. Gerade bei einem solchen Schritt empfiehlt es sich, externe Expertise zur Sicherung der Qualität, der Zuverlässigkeit und der Angemessenheit eines solchen Entscheidungssystems hinzuzuziehen. Hierbei ist zu empfehlen, neben der rein faktischen Strukturierung eines solchen Entscheidungssystems auch ergänzende Fragestellungen zu würdigen, die sich auf zentrale Beurteilungskriterien der Stakeholder ausrichten, wie zum Beispiel die Steigerung des Unternehmenswertes aus Sicht der Anteilseigner.

Die Fokussierung auf zentrale Werttreiber erlaubt zu jedem Zeitpunkt kurzfristige Analysen mit hinreichender Genauigkeit in Bezug auf die Auswirkung erwarteter und/oder geplanter Veränderungen im Unternehmen. Gerade, wenn man den Effekt auf den Entscheidungswert analysiert, ergibt sich überwiegend, dass für eine fundierte Analyse bereits fünf bis zehn Werttreiber ausreichend sind. Gerade diesbezüglich wird von der Praxis immer wieder die Kritik vorgebracht, dass bei ihrem Geschäftsmodell eher hundert Werttreiber zu analysieren wären, was wiederum viel zu komplex wäre. Tatsächlich ist „mehr" nicht automatisch gleich „besser". Die Verknüpfung mit dem Effekt auf den Entscheidungswert ermöglicht eine deutliche, aber fundierte Reduzierung.

Neben klassischen Renditekennziffern und Barwertbetrachtungen ist auch die Veränderung der Unsicherheit künftiger Ergebnisse mit einzubeziehen. Durch die Berücksichtigung von Bandbreiten für die zentralen Werttreiber ergeben sich auch die finanziellen Effekte als Bandbreiten. Damit erhält man ein Risikoprofil für jedes Geschäftsmodell, welches nicht statisch ist, sondern sich im Zeitablauf an die jeweilige Umwelt anpasst. Gerade bei der Betrachtung alternativer Strategien innerhalb eines Geschäftsmodells lassen sich auf diese Weise die unterschiedlichen Risikoprofile der Alternativen bei der Entscheidungsfindung mit zu berücksichtigen. Künftig ist davon auszugehen, dass Unternehmer Unsicherheitsaspekte in ihre Entscheidungskalküle und die einwandfreie Dokumentation ihrer Entscheidungsfindung mit aufnehmen müssen. Ein solches Instrumentarium entspricht quasi Grundsätzen ordnungsmäßiger Entscheidungsfindung.

2 Corporate Economic Decision Assessment – ein entscheidungsorientierter Ansatz als Antwort auf aktuelle Marktherausforderungen

Moderne entscheidungsorientierte Ansätze wie CEDA berücksichtigen konsistent und praktikabel nicht nur die mit einer Entscheidung verbundenen Performanceveränderungen, sondern auch die Risikoveränderungen des Unternehmens. Die hierdurch operationalisierbare Orientierung auf die tatsächliche Wertentwicklung eines Unternehmens und auf die ihr zu Grunde liegenden Performance- und Risikotreiber schließt die Lücke zwischen der oft qualitativ geprägten, stark aggregierten strategischen Orientierung eines Unternehmens und der geforderten Orientierung an einer quantifizierbaren Wertentwicklung im Sinne der Stakeholder.

Wertorientierte Entscheidungsunterlegung

Unternehmen stehen vor dem Hintergrund der hohen branchenunabhängigen Dynamik ihres wirtschaftlichen Umfelds und der hohen Marktvolatilitäten jeden Tag vor komplexen Entscheidungen. Temporäre Marktverzerrungen sowie das verstärkte Auftreten disruptiver Effekte können ganze Geschäftsmodelle bedrohen. Mehr denn je stehen Unternehmen vor der Aufgabe, zukünftige Trends frühzeitig zu erkennen und auf sie zu reagieren. Fehlentscheidungen können das nachhaltige Überleben selbst großer Marktplayer gefährden. Nicht nur nimmt die Anzahl potenziell bedeutsamer Unternehmensentscheidungen signifikant zu, sondern gleichzeitig nimmt der Zeitraum zur Vorbereitung und Umsetzung der Entscheidung signifikant ab.

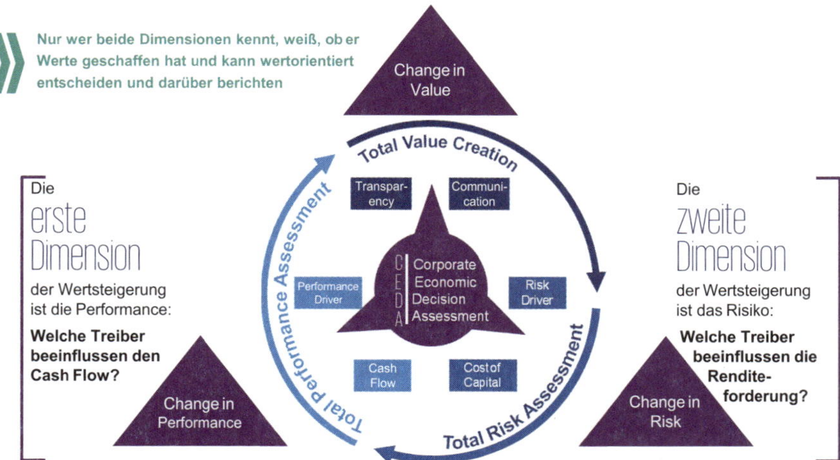

Abb. B-1: CEDA – Corporate Economic Decision Assessment

Als mögliche Antwort auf die wachsende Komplexität von Entscheidungsprozessen in Unternehmen gelten simulationsbasierte wertorientierte Entscheidungsansätze, die Unternehmen in die Lage versetzen, ihre Entscheidungen standardisiert, konsistent, in hohem Maße skalierbar und transparent zu treffen. Ziel ist dabei, Handlungsalternativen auf der Basis ihrer maßgeblichen Werttreiber zu vergleichen und einheitlich zu beurteilen sowie die Entscheidungen unter Berücksichtigung der mit ihnen einhergehenden Performance- und Risikoveränderungen zu treffen und zu dokumentieren. Messlatte für jede Entscheidung muss der durch sie geschaffene (Mehr-)Wert für das Unternehmen sein.

Im (Mehr-)Wert verdichten sich alle zukünftigen Erwartungen an die Entwicklung einer zu beurteilenden Handlungsoption. CEDA bewertet den fortlaufenden strategischen Entwicklungsprozess von Unternehmen und die hiermit einhergehenden Entscheidungen im Hinblick auf die resultierenden Performance- und Risikoveränderungen kontinuierlich. Zusätzlich muss der Entscheidungsprozess aufgrund der Komplexität der zu Grunde liegenden wirtschaftlichen Sachverhalte mit einer hohen Transparenz der Entscheidungsgrundlagen einhergehen. Denn nur derjenige, der die mit einer Entscheidung einhergehenden Performance- und Risikoveränderungen insgesamt und klar vor Augen hat, hat auch Transparenz über den mit seiner Entscheidung verbundenen Wert.

Vier Phasen von CEDA

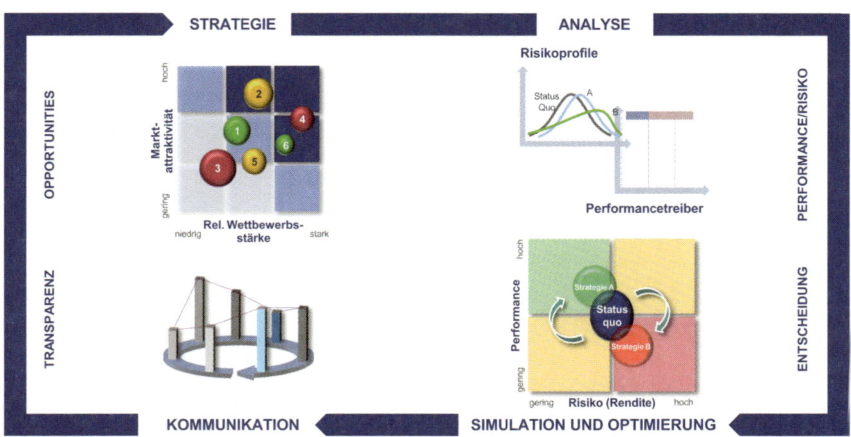

Abb. B-2: Wertorientierter Entscheidungsprozess

Bereits im strategischen Auswahlprozess von Handlungsalternativen sollte der Fokus auf die relevanten Performance- und Risikotreiber gelegt werden; sowohl bei der Analyse des aktuellen Unternehmens und seiner Bestandteile als auch bei der Validierung der zukünftigen Optionen. Bereits in dieser Phase beginnt der zunächst qualitative Auswahlprozess der relevanten Treiber. In der sich anschließenden Analysephase gilt es unter Anwendung dynamischer und integrierter Planungsmodelle, die qualitativen Elemente des vorangegangenen strategischen Auswahlprozesses zu quantifizieren und die relevanten Performance- und Risikotreiber und denkbaren Szenarien in Bandbreiten und Erwartungen zu transformieren. Basierend auf Simulations- und Szenariorechnungen erfolgen die Beurteilung der Handlungsalternativen anhand ihrer Performance- und Risikomaße sowie die Quantifizierung der jeweiligen Performance-, Risiko- und Diversifikationsbeiträge.

Ist die mit der Handlungsoption verbundene Performance- und Risikoveränderung bekannt, lässt sich in der nachfolgenden Entscheidungsphase die Wertauswirkung einer konkreten Handlungsoption konsistent berechnen, indem für jede Option die unterschiedliche Performance und das jeweilige spezifische Risiko berücksichtigt werden. Durch die Auswahl der besten Handlungsalternative(n) gelingt die Zusammenstellung eines optimalen Sets an Entscheidungen auf Basis des optimalen Performance-/Risikoverhältnisses sowie die Maximierung des Unternehmenswerts. Die Ergänzung dieser Vorgehensweise um zusätzliche Ansätze und Analysen zum Erkennen und Nutzen disruptiver exogener Extremsituationen (Black Swans) unterstützt die Unternehmen bei der Entscheidung, welche Handlungsalternative auch unter exogenen Extremszenarien erfolgreich ist. Im Rahmen dieses zweistufigen Entscheidungsprozesses bleibt die Orientierung an der Performance (was ist die vielversprechendste Strategie) und am Risiko (was ist die robusteste Strategie) und somit am hiermit verbundenen Wertbeitrag auch bei der Beurteilung extremer Szenarien konsequent erhalten.

Werden Strategie, Analyse und Optimierungsphase konsequent miteinander verbunden, lässt sich die Auswahl der jeweiligen Handlungsoption gegenüber internen wie externen Adressaten transparent und lückenlos kommunizieren. Im Ergebnis resultiert ein standardisierter Entscheidungsprozess, der alle Handlungsoptionen gleichermaßen anhand ihres Wertbeitrages für das Unternehmen beurteilt und kontinuierlich die Wertentwicklung des Unternehmens monitort. Die Ermittlung der tatsächlichen Wertsteigerung/ Wertvernichtung einer Handlungsoption gelingt durch die fortlaufende Transparenz des Unternehmenswertes und seiner Veränderung im Zeitablauf.

Alternative Kapitalkostenbestimmung

Der richtige Unternehmenswert lässt sich nur dann ermitteln, wenn die der jeweiligen Entscheidung zurechenbaren Plan-Cashflows und die zur Wertableitung verwendeten Kapitalkosten zueinander äquivalent sind. Da nahezu jede Entscheidung sowohl die Performance als auch das Risiko eines Unternehmens beeinflussen, bleiben die zu verdienenden Kapitalkosten und die in ihnen reflektierten Risiken hiervon regelmäßig nicht unberührt. Für die Erfassung und Berücksichtigung des unternehmensspezifischen Ansatzes herrscht in der heutigen Bewertungspraxis jedoch ein eher pragmatisches Vorgehen basierend auf der Orientierung an Peer Groups vor, welches die Gefahr von strategischen Fehlbewertungen in sich birgt. Aktuelle Markttrends zeigen, dass Unternehmen zunehmend Wettbewerbsvorteile gerade dadurch zu erzielen suchen, indem sie sich strategisch verändern, um sich – im Vergleich zu ihrer bisherigen Peer Group – gerade „anders" aufzustellen. Damit findet sich das vergleichbare Risikoprofil häufig gerade nicht mehr in derselben Branche oder bei den bisherigen Wettbewerbern, sondern es müssen neue Ansätze und Methoden gefunden werden.

Im Rahmen dieses wertorientierten Entscheidungsansatzes werden zum einen die bewertungsrelevanten Plan-Cashflows einer zu beurteilenden Entscheidung auf der Basis dynamischer und integrierter Planungsmodelle simulationsbasiert abgeleitet. Zum anderen werden die in den Plan-Cashflows enthaltenen inhärenten Risiken ermittelt und einheitlich quantifiziert. Plan-Cashflows und Kapitalkosten werden folglich äquivalent und auf der Basis eines einheitlichen Datensets von unternehmensindividuellen Performance- und Risikotreibern abgeleitet. Dadurch wird die sich zunehmend vergrößernde Lücke zwischen einer oft lediglich „angenommenen" und der gesuchten „tatsächlichen" Risikoäquivalenz geschlossen und die maßgeblichen zu verdienenden Kapitalkosten konsistent abgeleitet. Hierdurch werden bestehende Ansätze ergänzt und neue Lösungsmöglichkeiten in einer Welt, die zunehmend unvergleichbar wird, implementiert.

Fazit

Der klare Mehrwert, der hierdurch geschaffen wird, besteht im transparenten und standardisierten Vergleich von Entscheidungsalternativen anhand der tatsächlich erwarteten Wertveränderung. Die wertrelevanten Performance- und Risikoveränderungen einer Entscheidung werden auf der Basis eines konzeptionell geschlossenen skalierbaren Ansatzes konsistent im Entscheidungskalkül berücksichtigt. Die in der Vergangenheit und im Sinne des „in die Jahre gekommenen" Shareholder-Value-Gedankens geforderte Orientierung an der Wertentwicklung eines Unternehmens lässt sich unmittelbar auf die Performance- und Risikotreiber zurückführen, die von Unternehmen beeinflusst werden können, und auf solche, die zwar gegebenenfalls nicht beeinflussbar sind, auf deren Veränderung Unternehmen jedoch vorbereitet sein sollten. Ansätze wie CEDA schlagen hierbei nicht nur die Brücke zwischen Strategie und Wertorientierung, sondern binden auf der Basis der bekannten Unternehmensbewertungsansätze auch jährlich wiederkehrende Bewertungen, zum Beispiel für Zwecke eines Impairment Tests, konsistent in den beschriebenen Entscheidungsprozess mit ein, was nicht zuletzt zu entsprechenden Effizienzvorteilen führen kann.

3 Fairness Opinion – Absicherung bei allen wesentlichen unternehmerischen Entscheidungen

Fairness Opinions werden im Rahmen von Unternehmenstransaktionen regelmäßig zur Absicherung von Entscheidungen und damit auch zur persönlichen Absicherung von Entscheidungsträgern wie Vorständen, Geschäftsführern und Aufsichtsräten eingesetzt. Im Fokus stehen dabei die Transaktionspreise bei Unternehmenskäufen und -verkäufen beziehungsweise die Angebotspreise im Rahmen von öffentlichen Erwerbs- oder Übernahmeangeboten. Der Anwendungsbereich von Fairness Opinions ist jedoch nicht auf Unternehmenstransaktionen beschränkt, sondern umfasst alle wesentlichen unternehmerischen Entscheidungen. Mit zunehmender Entwicklung der Corporate Governance Kultur werden Entscheidungen durch Aufsichtsräte und durch aktive Aktionäre immer stärker hinterfragt und Entscheidungsträger bei vermuteter Missachtung ihrer Sorgfaltspflichten auch persönlich in Anspruch genommen werden. Daher wird ihre proaktive und effektive Absicherung immer wichtiger. Schließlich geht es um den Nachweis, dass die Entscheidungsträger ihre Sorgfaltspflichten und dabei insbesondere die sogenannte Business Judgement Rule beachtet haben. Ihnen selbst obliegt die Beweislast. Eine durch einen Wirtschaftsprüfer erstellte Fairness Opinion nach dem etablierten IDW S 8 „Grundsätze zur Erstellung von Fairness Opinions“ kann ein wesentliches Element zur Dokumentation der Einhaltung der Sorgfaltspflichten sein.

Die Haftung von Vorständen und in analoger Weise von Geschäftsführern sowie in gewissem Rahmen auch von Aufsichtsräten richtet sich nach § 93 AktG. Demnach haben diese bei ihrer Tätigkeit die Sorgfaltspflichten eines ordentlichen und gewissenhaften Geschäftsleiters anzuwenden. Entscheidungsträger können einer etwaigen Haftung vorbeugen, wenn sie im Sinne der Business Judgement Rule nachweisen können, dass sie bei unternehmerischen Entscheidungen auf der Grundlage angemessener Informationen zum Wohle der Gesellschaft gehandelt haben.

Fairness Opinions kommen typischerweise bei unternehmerischen Entscheidungen zum Einsatz, die durch zeitliche Restriktionen und eingeschränkte Informationen geprägt sind. Fairness Opinions im Zusammenhang mit Unternehmenstransaktionen sind kein Instrument zur Ermittlung von Unternehmenswerten, sondern eine fachliche Stellungnahme zur unabhängigen Beurteilung der finanziellen Angemessenheit von Transaktionspreisen. Der Anwendungsbereich von Fairness Opinions ist jedoch deutlich weiter gefasst, da er grundsätzlich alle unternehmerischen Entscheidungen von wesentlicher finanzieller Tragweite umfasst.

Dazu zählen beispielsweise folgende unternehmerische Entscheidungen:

- Ist der in Rede stehende Transaktionspreis im Rahmen eines Unternehmenskaufs beziehungsweise -verkaufs aus Sicht des Erwerbs beziehungsweise Veräußerers finanziell angemessen?
- Welche Aussage können Vorstand und Aufsichtsrat einer Zielgesellschaft im Rahmen öffentlicher Erwerbs- oder Übernahmeangebote zur Angemessenheit der angebotenen Gegenleistung treffen (Stellungnahme nach § 27 WpÜG)?
- Ist der Transaktionspreis im Rahmen eines Verkaufs eines Portfoliounternehmens eines Private Equity-Fonds an einen Schwesterfonds finanziell angemessen?
- Welche finanziellen Auswirkungen haben beabsichtigte grundlegende Änderungen der Unternehmensstrategie, zum Beispiel in Folge von Veränderungen relevanter Absatz- oder Beschaffungsmärkte? Welche strategischen Optionen hat das Unternehmen und welche Strategie ist unter finanzwirtschaftlichen Gesichtspunkten die bessere Alternative?
- Wie wirken sich Veränderungen im Portfolio von Geschäftsfeldern auf das gesamte Unternehmen aus und welche Interdependenzen (positive und negative Synergieeffekte) sind bei Portfolioänderungen zu erwarten?
- Soll eine Produktionsstätte weiterbetrieben, geschlossen oder veräußert werden?
- Ist die Eigenentwicklung oder der Erwerb einer bestimmten Technologie (Make-or-Buy) günstiger?
- Sollen Vermögensgegenstände, möglicherweise ein Unternehmensbereich oder eine Beteiligung, veräußert werden, um fällige Kredite zu tilgen? Ist eine Eigenfinanzierung über Kapitalmaßnahmen günstiger als eine Fremdfinanzierung? Ist ein Gesellschafterdarlehen günstiger als andere Finanzierungsquellen? Wie wirkt sich ein Gesellschafterdarlehen auf das Rating aus?
- Lohnt sich bei einer Gesamtschau (Finanzen und Steuern versus Qualität und Verfügbarkeit) die Verlagerung von Unternehmensteilen ins Ausland?
- Soll zur Beendigung eines Gerichtsverfahrens ein Vergleich geschlossen werden, unter anderem um langjährige finanzielle Belastungen mit Prozesskosten und -risiken zu beenden sowie um gebundene Managementkapazitäten wieder für ihre eigentlichen Aufgaben freizusetzen?

In allen diesen Fällen geht es darum, im Rahmen eines finanziellen Vorteilsvergleichs Antworten in konkreten Entscheidungssituationen zu finden und zu dokumentieren. Fehlentscheidungen und/oder interessengeleitete Entscheidungen können für ein Unternehmen sehr teuer werden – entweder direkt ausgabenwirksam oder in Form von Opportunitätskosten. Daher sind wesentliche Entscheidungen auf der Grundlage umfassender Informationen vorzubereiten und abzusichern. Solche Alternativenvergleiche können anhand nachvollziehbarer und individuell zu bestimmender Angemessenheitskriterien auf ihre finanziellen Folgen für das Unternehmen untersucht werden.

Eine umfassende Informationsgenerierung im Controlling, integrierte sowie mehrjährige Planungsrechnungen und Verfahren der Investitionsrechnung und Unternehmensbewertung sind die grundlegenden Instrumente für die Beurteilung der Vorteilhaftigkeit.

Zur fundierten Dokumentation der Entscheidung werden die Analyseergebnisse in professionellen Fairness Opinions nach IDW S 8 ausführlich begründet hergeleitet und zu eindeutigen Ergebnissen zusammengefasst. IDW S 8 stellt hohe Anforderungen an den Detaillierungsgrad, den Umfang und die Tragfähigkeit dessen, was als angemessene Informationsbasis anzusehen ist. Die Standardisierung ermöglicht den Adressaten und dem weiteren Empfängerkreis die Qualität und Aussagekraft besser nachzuvollziehen – nicht zuletzt hierfür wurden Anforderungen an die Analysetätigkeiten und die Berichterstattung explizit geregelt. Damit kann es zum einen durch die einzuhaltende Unabhängigkeit nicht zu Interessenkonflikten kommen; zum anderen werden aufgrund der normierten Dokumentation die Analyse- und Bewertungsergebnisse für die Adressaten transparent dargelegt. Fairness Opinions, die dem Standard IDW S 8 genügen, bieten somit einen hohen Grad an Verlässlichkeit und Akzeptanz.

Eine Fairness Opinion als fachliche Stellungnahme eines unabhängigen, sachverständigen Dritten zur finanziellen Angemessenheit einer unternehmerischen Initiative unterstützt das Management, den gesetzlichen Sorgfalts- beziehungsweise Dokumentationspflichten nachzukommen und ist damit ein wirksames Instrument zur Begrenzung von Haftungsrisiken.

4 Subjektiver Entscheidungswert versus Fairness Opinion – zu welcher Entscheidungssituation passt welches Instrument?

Auch in Deutschland hat es sich als Standard etabliert, dass Vorstand und/ oder Aufsichtsrat Entscheidungen von erheblicher finanzieller Tragweite für ihr Unternehmen durch eine Fairness Opinion absichern lassen. Das IDW hat hierfür mit dem IDW S 8 einen Rahmen geschaffen, der die Anforderungen standardisiert. Der Vorteil einer Fairness Opinion besteht darin, dass durch diese Standardisierung ein Mindestmaß an Qualität in Entscheidungsprozessen nachgewiesen und mit dem Opinion Letter einer breiten Öffentlichkeit zugänglich gemacht werden kann. Ihr Nachteil liegt darin, dass sie einerseits Sachverhalte, die zu einer bereits getroffenen Entscheidung geführt haben, nur im Nachhinein würdigen kann und andererseits ihre Aussage auf eine speziell definierte finanzielle Angemessenheit beschränkt ist. Die Möglichkeiten einer Fairness Opinion zur unmittelbaren Entscheidungsunterstützung sind somit stark limitiert. Ein weniger bekanntes, jedoch deutlich weitergehendes Instrument für den Einsatz in Entscheidungssituationen ist ein Gutachten zum subjektiven Entscheidungswert gemäß IDW S 1. Es hat den Vorteil, sowohl vor als auch nach der Entscheidungsfindung einsetzbar zu sein und den wirtschaftlichen Vorteil einer Maßnahme konkret aufzeigen zu können, was den Anforderungen der Business Judgement Rule deutlich näherkommt. Nachfolgend werden die Unterschiede zwischen beiden Instrumenten hinsichtlich Vorgehensweise und Einsatzmöglichkeiten voneinander abgegrenzt.

Hintergrund

KapG werden durch ihre Organe – also Vorstand und Aufsichtsrat bei der AG sowie die Geschäftsführung bei der GmbH – vertreten (nachfolgend wird der Einfachheit halber allgemein vom „Vorstand“ gesprochen). Sie sind Vertreter der Interessen der Anteilseigner und treffen in dieser Rolle Entscheidungen, an welche die Anteilseigner faktisch gebunden sind. Sie sind in der Erfüllung ihrer Aufgabe aber nicht völlig frei, sondern haben nach § 93 Abs. 1 Satz 1 AktG (und in analoger Anwendung für die Geschäftsführer einer GmbH) „bei ihrer Geschäftsführung die Sorgfaltspflichten eines ordentlichen und gewissenhaften Geschäftsleiters anzuwenden“. Bei Verfehlungen können sie persönlich haftbar gemacht werden und „sind der Gesellschaft zum Ersatz des daraus entstehenden Schadens als Gesamtschuldner verpflichtet“ (§ 93 Abs. 2 Satz 1 AktG). Diese sogenannte Business Judgement Rule ist vor dem Hintergrund des (Principal-Agent-)Spannungsfelds zwischen Vorstand und Anteilseigner intuitiv nachvollziehbar. Das eigentliche Problem liegt – wie so oft bei derartigen eingängigen Formulierungen in Gesetzestexten – in der konkreten Anwendung in der Praxis, wenn Handlungen oder auch unterlassene Handlungen des Vorstands genau daraufhin hinterfragt werden, ob ein solcher „ordentlicher und gewissenhafter Geschäftsleiter“ diese ebenso unternommen oder unterlassen hätte.

Die Beantwortung dieser Frage in der Praxis ist angesichts der Vielzahl der zu treffenden Entscheidungen sowie der zumindest grundsätzlich verfügbaren beziehungsweise potenziell beschaffbaren Informationen schwierig. Auf der einen Seite gilt es zu berücksichtigen, dass ein Vorstand nicht mit überbordenden Anforderungen konfrontiert wird, die dazu führen, dass ohne vorherigen juristischen Rat im Zweifel keine Entscheidung getroffen beziehungsweise kein unternehmerisches Risiko mehr eingegangen wird. Umgekehrt kann es aber für Vorstände keinen Freibrief geben, im Zweifel alle Besorgnis beiseite zu lassen und unkalkulierbare Risiken einzugehen, deren Folgen im Wesentlichen die Anteilseigner und Mitarbeiter tragen. Zwischen diesen Polen gilt es, ein ausgewogenes Mittelmaß zu finden und dies in geeigneter Weise zu operationalisieren.

Das Gesetz spricht ganz allgemein von „unternehmerischen Entscheidungen“, wozu eine Vielzahl von Anlässen zählt. Eine Gruppe von Entscheidungen, die regelmäßig erhebliche finanzielle Konsequenzen für ein Unternehmen haben, sind beispielsweise Transaktionsentscheidungen, also Entscheidungen über Zu- und Verkäufe von Unternehmen oder Unternehmensteilen. Diese sollen nachfolgend exemplarisch herausgegriffen werden. Aus dem Gesetzeswortlaut wird deutlich, dass der Gesetzgeber primär auf die „angemessene Information“ (§ 93 Abs. 1 Satz 2 AktG) abzielt, die der Vorstand zur Grundlage seiner Entscheidung gemacht hat. Entscheidend ist hierbei, dass er zumindest „vernünftigerweise annehmen durfte, auf der Grundlage angemessener Informationen“ zu entscheiden. „Angemessenheit“ inkludiert hierbei sowohl den qualitativen (grundsätzliche Eignung) als auch den quantitativen (im Sinne von Vollständigkeit) Aspekt der relevanten Informationen. Zudem geht es nicht um tatsächliche Richtigkeit und/oder Vollständigkeit im Sinne einer nachträglichen Beurteilung, sondern um nachvollziehbar angenommene Richtigkeit und/oder Vollständigkeit zum Zeitpunkt der Entscheidung. Ein Vorstand kann damit eine im Nachhinein als solche eingestufte Fehlentscheidung treffen, ohne dafür persönlich belangt zu werden. Derartige wirtschaftliche Fehlentscheidungen gehören zum unternehmerischen Risiko. Dies wird erst dann zu einem Problem für den Vorstand, wenn er:

- verfügbare und wesentliche Informationen gar nicht beschafft hat (fehlende Vollständigkeit) oder
- die zur Verfügung stehenden Informationen unberücksichtigt gelassen hat (fehlende Vollständigkeit und/oder mangelnde Eignung) oder
- die zur Verfügung stehenden Informationen nicht angemessen reflektiert beziehungsweise nicht relevante Informationen (fehl)berücksichtigt hat (mangelnde Eignung) und

auf dieser Grundlage die Fehlentscheidung zum Zeitpunkt der Entscheidung bereits absehbar beziehungsweise überwiegend wahrscheinlich war. In der Realität sind entsprechend vermutete Verstöße – gemessen an den Vorgaben der betriebswirtschaftlichen Entscheidungstheorie – im Nachhinein juristisch zu würdigen.

Fairness Opinion gemäß IDW S 8

Fairness Opinion sind bereits seit langer Zeit im angelsächsischen Raum zur Absicherung wesentlicher Entscheidungen von Organen einer Gesellschaft – also von Vorständen und Aufsichtsräten – üblich. In Deutschland haben sie sich über die Rechtsprechung des BGH sowie schließlich mit Kodifizierung in § 93 Abs. 1 Satz 2 AktG, der Business Judgement Rule, etabliert. Fairness Opinion sind rechtlich nicht normiert, treffen aber im Ergebnis eine Aussage darüber, ob die zu beurteilende Entscheidung aus der Perspektive des Unternehmens „fair" ist. Dem angelsächsischen Verständnis von der „fairen" Bepreisung durch funktionierende (Kapital-)Märkte folgend, orientieren sich Fairness Opinion in diesem Umfeld vorrangig an beobachtbaren (Transaktions-)Preisen sowie hieraus abgeleiteten Maßstäben (zum Beispiel Börsenkurse und Multiplikatoren). IDW S 8 konkretisiert und erweitert den Beurteilungsraum hinsichtlich der finanziellen Angemessenheit basierend auf Transaktionspreisen um den kapitalwertorientierten subjektiven Grenzpreis des Veräußerers (im Veräußerungsfall) beziehungsweise des Erwerbers (im Erwerbsfall) und spannt hieraus den sogenannten Beurteilungsmaßstab auf. Mit dem Einbezug der entscheidungstheoretischen Perspektive wird dem Umstand Rechnung getragen, dass sich unter Angemessenheitsgesichtspunkten das veräußernde/erwerbende Unternehmen aus finanzieller Sicht nach der Transaktion nicht schlechter stellen sollte, als ohne Durchführung der Transaktion. Beurteilungsmaßstab gemäß IDW S 8 bildet die Bandbreite von kapitalwertorientiert ermittelten Werten und beobachtbaren Transaktionspreisen; finanzielle Angemessenheit liegt vor, wenn der zu beurteilende Transaktionspreis innerhalb dieser Bandbreite beziehungsweise im Erwerbsfall nicht darüber sowie im Veräußerungsfall nicht darunter liegt. IDW S 8 folgt somit nicht ausschließlich einem entscheidungstheoretisch orientierten Grenzpreiskalkül, das stark von subjektiven und unternehmensindividuellen Einschätzungen und Sachverhalten geprägt wird, sondern bezieht mit beobachtbaren (Markt-)Preisen ebenfalls eine (objektivierende) Marktsicht in den Beurteilungsmaßstab mit ein. Hierbei obliegt es dem Wirtschaftsprüfer, sowohl eine gegebenenfalls angezeigte Methodengewichtung wie auch die unterschiedliche Berücksichtigung etwaiger Synergien bei den berücksichtigten Methoden vorzunehmen.

Aufgrund der fehlenden Normierung von Fairness Opinion war und ist das Qualitätsniveau in der Realität sehr unterschiedlich, wodurch der Beitrag zu der vom Vorstand angestrebten Absicherung seiner Entscheidung nicht ohne Weiteres eingeschätzt werden kann. Mit dem Standard IDW S 8 hat das IDW einen Rahmen geschaffen, der zumindest das Ziel hat, dieses Instrument zu normieren und einen hohen Grad an Verlässlichkeit und Akzeptanz zu schaffen. Ein zentraler Aspekt liegt in der Offenlegung der Unabhängigkeit des Erstellers der Fairness Opinion. Sie ist als eine Stellungnahme durch einen unparteiischen Dritten angelegt, wodurch es faktisch ausgeschlossen ist, dass dieser in die Transaktion als Berater wesentlich eingebunden war. Viele Fairness Opinion am Markt leiden gerade unter dem Mangel, dass sie durch einen Berater erstellt werden, der ein Interesse am Zustandekommen der Transaktion hat und damit nicht unabhängig ist. Der IDW S 8 zielt einerseits auf das Leitbild der Entscheidungsfindung auf Basis angemessener Informationsbasis zum Nachweis der aktienrechtlichen Sorgfaltspflichten ab. Andererseits wird aber nicht gesamthaft beurteilt, ob der Vorstand seine Sorgfaltspflichten vollständig erfüllt hat. Die Fairness Opinion verkörpert lediglich ein sichtbares Element für die Erfüllung dieser Pflicht. Im Vordergrund steht die Dokumentation der finanziellen Angemessenheit des Transaktionspreises, die in der Veröffentlichung des sogenannten Opinion Letters vom Wirtschaftsprüfer für Dritte sichtbar wird.

Eine Fairness Opinion ist kein Ersatz für die eigenverantwortliche Beurteilung einer Transaktion durch den Vorstand. Es wird vielmehr davon ausgegangen, dass der Vorstand selbst alles Notwendige im Sinne der Business Judgement Rule unternommen hat. Sie sagt auch nicht aus, dass nicht eine vorteilhaftere Alternative oder eine vorteilhaftere Einigung bezüglich der zu beurteilenden Transaktion möglich gewesen wäre. Insbesondere stellt sie keine Empfehlung zur Durchführung der Transaktion dar. Der Auftraggeber verpflichtet sich, dem Ersteller der Fairness Opinion die gesamte eigene Informationsbasis zur Beurteilung vorzulegen, damit Letzterer überhaupt in die Lage versetzt wird, eine Fairness Opinion abzugeben. Es besteht zudem keine Verpflichtung, diese „auf ihre Vollständigkeit und Richtigkeit zu prüfen oder prüferisch durchzusehen“. Die Basis, auf welcher der Ersteller der Fairness Opinion die Angemessenheit des Transaktionspreises beurteilt, wird im Valuation Memorandum zusammengefasst. Dieses ist tatsächlich das zentrale Dokument zur Nachvollziehbarkeit der Schlussfolgerungen im Opinion Letter. Im Gegensatz zum Letzteren wird es nicht veröffentlicht, sondern meist innerhalb des Vorstands sowie im Aufsichtsrat diskutiert.

Die Fairness Opinion gemäß IDW S 8 ist insgesamt ein ausgewogen standardisiertes, qualitativ hochwertiges Instrument. Konzeptionell steht es zwischen einem reinen Nachvollziehen und Dokumentieren der Informationsbasis der unternehmerischen Entscheidung des Vorstands und einer eigenständigen Würdigung des Transaktionspreises auf Basis ergänzender Analysen bezüglich des Beurteilungsmaßstabs durch den Ersteller. Bemerkenswert ist, dass der Ersteller zwar zu würdigen hat, ob die ihm vorgelegten Informationen eine ausreichende Grundlage für die Abgabe einer Fairness Opinion sind, er dazu aber keine Erklärung abgibt. Dadurch bleibt die Abgrenzung zwischen vollumfänglicher eigenverantwortlicher Informationsbeschaffung und -aufbereitung durch den Vorstand und dem Hinzuziehen ergänzender Informationen sowie eigener Analysen des Erstellers der Fairness Opinion unscharf. Somit könnten auch Transaktionen im Ergebnis als finanziell angemessen eingestuft werden, die auf Basis der vorgelegten Informationen noch nicht final als solche einschätzbar waren. Unscharf im entscheidungsorientierten Sinn bleibt auch, inwieweit aus einer rein unternehmensindividuellen Sichtweise mit der Transaktion tatsächlich Wert für die Anteilseigner geschaffen wird, da der Angemessenheitsmaßstab zur Beurteilung des Transaktionspreises sowohl die hierfür maßgeblichen Grenzpreise als auch beobachtbare Marktpreise inkludiert.

Subjektiver Entscheidungswert gemäß IDW S 1

In dem für die Unternehmensbewertung grundlegenden Standard IDW S 1 ist neben dem meist bekannten objektivierten Unternehmenswert für zum Beispiel gesellschaftsrechtliche Bewertungsanlässe auch der subjektive Entscheidungswert geregelt. Im Rahmen von M&A-Transaktionen wird dieser häufig in der Beratungsfunktion zur Unterstützung von Unternehmen ermittelt. Analog zur Fairness Opinion wird – entscheidungstheoretisch unterlegt – auf den subjektiven Unternehmenswert im Sinne eines Grenzpreises abgestellt. Dies ist der Preis, den ein Erwerber maximal bereit sein darf, für ein Unternehmen zu bezahlen (Erwerbergrenzpreis) beziehungsweise der Preis, den ein Verkäufer mindestens für sein Unternehmen erzielen muss (Verkäufergrenzpreis), ohne sich im Vergleich zum Unterlassenen der Transaktion schlechter zu stellen. Wie in allen Wertkonzepten ist auch der Grenzpreis kein Punktwert: Aufgrund der generell unsicheren Erwartungen sowie unterschiedlicher Vorstellungen der in die Transaktion involvierten Personen weichen die Einschätzungen über die zukünftigen Cashflows des Transaktionsobjekts ab und führen zu einer Verteilungsfunktion des Grenzpreises. Anders als bei der Angemessenheitsbeurteilung der Fairness Opinion hinsichtlich des Transaktionspreises, für die eine Bandbreite aus beobachtbaren (Markt-)Preisen und ermittelten Grenzpreisen aufgespannt wird, handelt es sich hierbei um eine reine Grenzpreisbandbreite. Im Vergleich zur Fairness Opinion dient der Einbezug beobachtbarer Marktpreise in den Entscheidungsprozess eher als Ausgangspunkt für die Ableitung des eigenen Grenzpreises. Nur weil ein Transaktionspreis innerhalb einer Bandbreite beobachtbarer Marktpreise liegt, lässt sich daraus allein nicht schließen, dass die Transaktion für den einzelnen Entscheider finanziell vorteilhaft ist. Selbst wenn beispielsweise der geforderte Kaufpreis am unteren Ende beobachtbarer Marktpreise liegt, kann die Transaktion für den Erwerber nachteilig sein, sofern sein Grenzpreis niedriger ist. Höhere Risikobereitschaft, falsche Einschätzungen, gute Verhandlungsführung der Gegenseite sowie vermeintliche oder gefühlte Transaktionszwänge können sich alle in beobachtbaren Transaktionspreisen niederschlagen, ohne dass sie ihre Entsprechung im persönlichen Grenzpreis haben und damit falsche Signale für den externen Beobachter setzen. Für Kaufpreisverhandlungen im Transaktionsprozess ist die Analyse von Marktpreisen dagegen höchst sinnvoll, da sie erwartete Preisvorstellungen der Gegenseite ebenso wie (berechtigte oder unberechtigte) Gebote von Wettbewerbern antizipieren lässt, aber vor allem natürlich signalisiert, wann die Bedingungen für eine Transaktion besonders gut oder schlecht sind.

Die Aufgabe des beratenden Bewerters liegt darin, im laufenden Entscheidungsprozess sicherzustellen, dass die für die Entscheidungsfindung erforderlichen Informationen (interne und externe) nach Möglichkeit beschafft und konsistent zu einem Kalkül verdichtet werden. Bestehende Unsicherheiten sollten offen in Form einer Bandbreite von Entscheidungswerten basierend auf einer Simulation der maßgeblichen Werttreiber abgebildet werden. Damit lässt sich für den Entscheider gut nachvollziehen, auf welchen Annahmen seine Entscheidung basiert und mit welcher Risikobereitschaft er agiert. Hierdurch erfolgt faktisch die Dokumentation der Einhaltung der Sorgfaltspflichten eines ordentlichen und gewissenhaften Geschäftsleiters im Sinne der Business Judgement Rule. Denn was kann der Bewerter mehr tun, als zunächst nachzuweisen, was eine Maßnahme aus Sicht des Unternehmens wert ist, diese dann an dem Verhandlungsergebnis zu spiegeln und damit die konkret herbeigeführte Wertsteigerung zu benennen? In vielen Fällen erfüllt damit die Ableitung des subjektiven Entscheidungswertes gemäß IDW S 1 genau den intendierten Zweck der Qualitätssicherung und Dokumentation auf Basis einer Drittmeinung. Grundsätzlich ist die Rolle des Bewerters vertraglich flexibel gestaltbar; ihr Schwerpunkt liegt in der Regel in dem Einbringen des betriebswirtschaftlichen sowie des bewertungstechnischen konzeptionellen Rahmens sowie der Durchführung der Bewertung. Je nach Vereinbarung wird der beratende Bewerter auch eigene Daten und Einschätzungen aufgrund seiner Branchenkenntnis und Vorerfahrungen einbringen und den internen Prozess moderieren. Unabhängig davon muss die finale Einschätzung der einzelnen Aspekte, Parameter sowie Risikoeinschätzung beim Vorstand beziehungsweise Aufsichtsrat verbleiben. Der Berater muss hierbei diese Einschätzungen nicht vollständig teilen oder gar für sachgerecht halten; er kann sogar der Meinung sein, dass noch bedeutsame Informationen fehlen oder unberücksichtigt geblieben sind. Dennoch liefert die Dokumentation dem Vorstand sowie dem Aufsichtsrat eine transparente Grundlage, um zu einer eigenen Einschätzung zu kommen und gegebenenfalls noch weitere Analysen in Auftrag zu geben, um final eine Entscheidung zu treffen. Anders als bei einer Fairness Opinion wird damit nicht im Nachhinein eine Aussage über die finanzielle Angemessenheit des Transaktionspreises im Sinne des Standards IDW S 8 getroffen, sondern der Entscheidungsprozess vollständig abgebildet, der Entscheidungswert festgestellt sowie seine wesentlichen Annahmen und Parameter offengelegt und idealweise in ihren Auswirkungen transparent gemacht.

Denkbar ist die externe Unterstützung sowohl als Berater als auch als unabhängiger Sachverständiger. Dessen Funktion unterscheidet sich von der Beratungsfunktion im folgenden zentralen Aspekt: Als unabhängiger Sachverständiger würdigt dieser zusätzlich, ob das Unternehmen bei der Ermittlung des subjektiven Entscheidungswerts von begründbaren Annahmen ausgegangen ist. Dies beinhaltet sowohl Art und

Umfang der einbezogenen Informationen als auch die Einschätzungen bezüglich der mit Unsicherheit behafteten Annahmen. Dies ist nicht dahingehend zu verstehen, dass er die Einschätzung des Unternehmens durch seine eigene als Sachverständiger ersetzt, vielmehr müssen sich erstere in einer Bandbreite nachvollziehbarer und begründbarer Annahmen bewegen. Im Rahmen des subjektiven Entscheidungswerts bleibt es klar bei der subjektiven Perspektive des Unternehmens. Während in der Beratungsfunktion zwar Hinweise und Anmerkungen jederzeit erfolgen können, gibt der Berater keine finale Würdigung ab. Als Sachverständiger ist dies explizit seine Aufgabe. Damit wird genau die Kernfrage der Business Judgement Rule beantwortet, denn auch diese verlangt nicht, dass der Vorstand sich so entscheidet, wie jeder Dritte oder ein Gutachter sich entschieden hätte, sondern nur im Rahmen angemessener Sorgfaltspflicht. Diese wäre dann verletzt, wenn er sich außerhalb der oben beschriebenen Bandbreiten bewegen würde.

Vorteilhaft für die Ableitung eines subjektiven Entscheidungswertes nach IDW S 1 ist zudem die zeitliche Flexibilität dieses Instruments. Es kann bereits vor der Entscheidungsfindung angewendet werden, sowohl als letzter Schritt vor der finalen Entscheidung als auch bereits parallel zum Transaktionsprozess, um zum Beispiel Hinweise auf offene Sachverhalte oder kritische Aspekte zu geben. Genau so kann der subjektive Entscheidungswert aber auch erst nach der Entscheidungsfindung von einem unabhängigen Sachverständigen ermittelt werden. Dies wird immer dann der Fall sein, wenn sich im Nachhinein Fragen oder Zweifel daran ergeben, ob der Vorstand sich der Business Judgement Rule gemäß verhalten hat. Es kann damit im Eigeninteresse des Vorstands liegen, sich ein derartiges Gutachten einzuholen, um sich gegenüber Dritten abzusichern. Es ist natürlich ebenso ein naheliegendes Instrument für Aufsichtsgremien im Rahmen ihrer Überwachungsfunktion, wie für Gerichte, die mit entsprechenden Klagen von Aktionären konfrontiert sind.

Fazit

Die Fairness Opinion im Sinne des IDW S 8 stellt ein ausgewogen normiertes Instrument dar, das mit überschaubarem Zeitaufwand eine gewisse Absicherung bietet. Sie ist dafür auf eine der Entscheidung regelmäßig nachgelagerte Aussage über die besonders definierte finanzielle Angemessenheit einer Maßnahme beschränkt, die einen Transaktionspreis an einer Bandbreite von Werten und Preisen beurteilt. Der subjektive Entscheidungswert folgt dagegen klar der betriebswirtschaftlichen Entscheidungslehre und ermittelt den subjektiven Grenzpreis einer Maßnahme, sodass der wirtschaftliche Vorteil dieser – im Sinne erwarteter Wertsteigerung – durch den Bezug auf den Kaufpreis unmittelbar mess- und beurteilbar wird. Jemandem, der sich bei der Entscheidungsfindung an der zukünftigen Wertsteigerung für sein Unternehmen orientiert hat, wird man schwerlich einen Verstoß gegen die Sorgfaltspflichten eines ordentlichen und gewissenhaften Geschäftsleiters vorwerfen können.

5 Nachhaltiges Ergebnis – Transparenz durch Simulationen

Sowohl zur langfristigen Planung der Unternehmensstrategie als auch zur Ableitung eines nachhaltigen Ergebnisses in der Unternehmensbewertung ist es wichtig zu verstehen, welche wesentlichen Einflussfaktoren (Treiber) existieren und wie stark sie das Unternehmensergebnis beeinflussen. Dabei sind sowohl externe Faktoren als auch unternehmensinterne Faktoren zu betrachten. Die erhöhte Unsicherheit – gerade bei der Langfristschätzung – kann durch die Abbildung verschiedener (Extrem-) Szenarien abgebildet und transparent gemacht werden. Die Monte-Carlo-Simulation als Spezialfall der Simulationstechnik kann hierbei zusätzliche Einblicke bieten und so zu einer fundierten Ableitung des nachhaltigen Ergebnisses, was in der Praxis je nach Planungszeitraum oftmals 50% bis 75% des Unternehmenswerts ausmacht, beitragen. Das nachhaltige Ergebnis (auch ewige Rente genannt) stellt keine unreflektierte Übernahme des letzten Planjahres der Detailplanung dar, sondern ist entsprechend dem IDW Praxishinweis 2/2017 unter Berücksichtigung gesonderter Analysen gegebenenfalls unter Ergänzung einer Grobplanung selbstständig herzuleiten. Die Monte-Carlo-Simulation bieten als Spezialfall der Simulationstechnik die Möglichkeit einer fundierten und transparenten Ableitung des nachhaltigen Ergebnisses.

Vorgehensweise und Beispiel

Im ersten Schritt ist das unternehmensspezifische Geschäftsmodell dahingehend zu untersuchen, welche die wesentlichen Treiber der künftigen Cashflows (mit Fokus auf die Ableitung einer Basis für die ewige Rente in der Unternehmensbewertung) darstellen. Insbesondere operative Treiber, wie etwa Absatzpreise und -mengen, Kostenarten sowie Investitionen oder Veränderungen im Working Capital stehen dabei im Vordergrund. Dabei sind die Zusammenhänge zwischen den identifizierten Treibern transparent und nachvollziehbar in einem flexiblen sowie szenariofähigen Modell abzubilden.

Die Monte Carlo-Simulation als Szenariotechnik bedient sich stochastischer Verteilungsannahmen und vielfacher, zufallsbasierter Szenarioausprägungen auf Basis definierter Planungstreiber. Die Ergebnisse dieser – in der Praxis häufig mehrere tausendmal durchgeführten – Szenarioberechnungen werden statistisch analysiert und ausgewertet. Der Mittelwert der Ergebnisse repräsentiert den Erwartungswert eines künftigen Ergebnisses auf Basis der getroffenen Verteilungsannahmen und des szenariofähigen Planungsmodells.

Hierbei ist es unerlässlich, stochastisch unabhängige Treiber festzulegen und zu modellieren. Funktionale Zusammenhänge, wie beispielsweise eine Preis-Mengen-Funktion, in der Preis und Menge sich nicht unabhängig voneinander entwickeln können, sollten direkt im unterliegenden Planungsmodell abgebildet werden.

Sowohl bei der Identifikation als auch bei der Einschätzung der Bandbreite und Verteilung der identifizierten Treiber helfen unter anderem makroökonomische Daten, Kapitalmarktinformationen, Branchentrends und Entwicklungen von Vergleichsunternehmen.

Die so definierten Bandbreiten für die Treiber (in der Praxis zumeist bis zu zehn) werden im nächsten Schritt als Basisannahmen in der Monte-Carlo-Simulation berücksichtigt. Die nebenstehende Tabelle soll diese Zusammenhänge verdeutlichen.

Beispiel - Bandbreiten				
	Erwartungswert gem. Planung	**Erwartungswert gem. Szenariorechnung**	**Min**	**Max**
Umsatzerlöse	12.721	12.452	10.106	14.797
EBITDA-Marge	*15,9%*	*15,7%*	*15,2%*	*24,0%*
Investitionen in % der Umsatzerlöse	*4,5%*	*6,1%*	*3,6%*	*9,0%*
Vorräte in % der Umsatzerlöse	*12,0%*	*13,4%*	*10,4%*	*14,0%*
Forderungen in % der Umsatzerlöse	*15,0%*	*15,0%*	*13,1%*	*17,0%*
Verbindlichkeiten in % der Umsatzerlöse	*15,0%*	*15,4%*	*14,1%*	*16,0%*

Abb. B-3: Bandbreiten für die Treiber in der Monte-Carlo-Simulation

Für die dort angeführten Treiber sind dann angemessene, stochastische Verteilungsfunktionen (zum Beispiel Normalverteilung, Dreiecksverteilung, Gleichverteilung) zu bestimmen und zuzuordnen.

Durch die Art der Verteilungsfunktion wird definiert, ob das untere oder obere Ende der hinterlegten Bandbreite realistischer erreicht werden kann (links- beziehungsweise rechtsschief) und ob es Werte in der Szenariobildung geben darf, die sich außerhalb der hinterlegten Bandbreite befinden (Konfidenzintervall). Hierdurch ist es möglich, auch divergierende Einschätzungen zur Unternehmensentwicklung bestmöglich abzubilden.

Durch den Vergleich der Auswirkung der wesentlichen Treiber auf simulierte Ergebnisgrößen kann eine Rangfolge der Treiber untereinander abgeleitet werden. Im Ergebnis zeigt sich hier meist eine erhöhte Abhängigkeit von einzelnen Parametern, während andere Parameter eine eher untergeordnete Rolle spielen. Hieraus gewonnenen Erkenntnisse können auch die Grundlage für die Bestimmung der Schwerpunkte einer Due Diligence im Rahmen einer Unternehmenstransaktion sein. Das nebenstehende Tornadodiagramm als Darstellung einer gezielten Sensitivitätsanalyse verdeutlicht dies für das gewählte Beispiel.

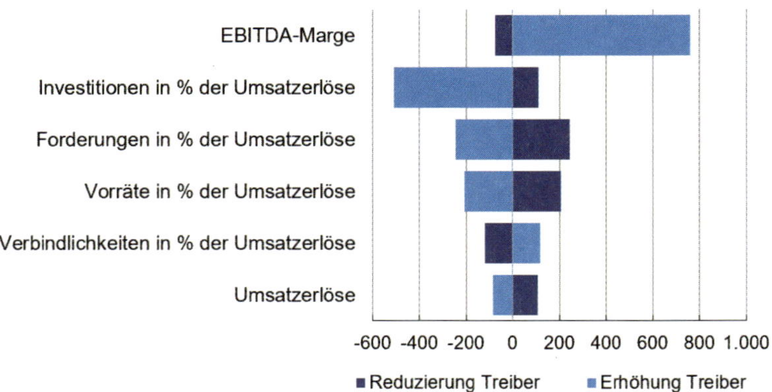

Abb. B-4: Auswirkungen der Treiber auf simulierte Ergebnisgrößen

Für die Planungs- und Strategieabteilungen der Unternehmen aber auch für Bewerter liefert die Monte-Carlo-Simulation konkrete und hilfreiche Aussagen im Hinblick auf den Anspannungsgrad der vorliegenden Planungsrechnung und zeigt sehr deutlich, wie ambitioniert ausgewählte Zukunftsszenarien sind. Hierdurch lassen sich realistische Planungsszenarien deutlicher abgrenzen, wie in der obenstehenden Grafik schematisch aufgezeigt.

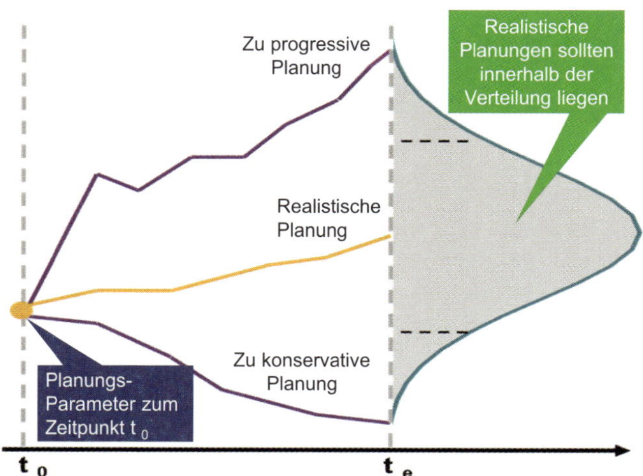

Abb. B-5: Planungsszenaren in der Monte-Carlo Simulation

Die so ermittelte Verteilungskurve lässt sich ebenso nutzen, um ganz konkrete Eintrittswahrscheinlichkeiten abzuleiten und künftige Planerwartungen in einem Risikoprofil einzusortieren. Eine solche kumulierte Eintrittswahrscheinlichkeit und ihre Analyse sind hier beispielhaft aufgezeigt.

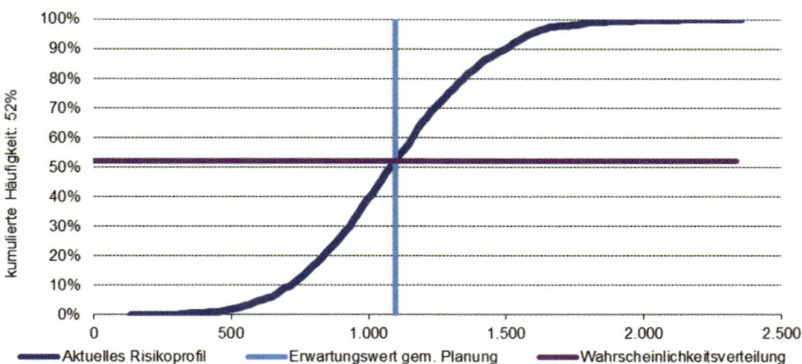

Abb. B-6: Eintrittswahrscheinlichkeit

Die lila Linie in vorstehender Grafik zeigt die Wahrscheinlichkeit an, mit der das künftige Ergebnis voraussichtlich und auf Basis der Simulationsannahmen unterschritten wird. Der Erwartungswert liegt in diesem Fall bei 52%, das heißt, es besteht ein ausgewogenes Chancen-/Risikoverhältnis bezüglich des analysierten Ergebnisses. Im vorstehenden Beispiel wird das geplante erwartete Ergebnis (symbolisiert durch die blaue vertikale Linie) mit 52-prozentiger Wahrscheinlichkeit unterschritten, und es besteht eine 48-prozentige Chance, dass das Ergebnis übererfüllt wird. Hieraus lässt sich die Aussage ableiten, dass die Planung nahezu einem Erwartungswert entspricht. Sollte die kumulierte Häufigkeit deutlich unter 50% liegen, spricht dies für eine vergleichsweise ambitionierte Einschätzung des künftigen Ergebnisses. Bei einem Wert deutlich über 50% ist von einer konservativen Planung auszugehen.

Rückschlüsse auf die Unternehmensstrategie

Für die Entscheider im Unternehmen ergeben sich durch die Monte-Carlo-Simulation und die daraus gewonnenen Ergebnisse wichtige Erkenntnisse, die die Ausrichtung des Unternehmens nachhaltig beeinflussen können. So können unter anderem frühzeitig die Auswirkungen strategischer Maßnahmen auf das Risikoprofil des Unternehmens identifiziert werden, Transparenz über die Planungsqualität und -stabilität erzeugt und eine Einschätzung zur Realisierbarkeit ausgewählter Maßnahmen getroffen werden. Bei Bedarf kann frühzeitig gegengesteuert werden, um spezifische Zielvorgaben in der Planung zu erreichen. Zudem lassen sich Optimierungspotenziale für die Kapitalallokation im Unternehmen identifizieren und im Rahmen einer strukturierten Portfolioanalyse der Geschäftsbereiche Wertpotenziale identifizieren.

Rückschlüsse im Rahmen der Unternehmensbewertung

Im Rahmen der Bewertungsüberlegung können die so gewonnenen Informationen über Erwartungswert und Risikomaße nicht nur zur Ableitung des nachhaltigen Ergebnisses sondern auch zur Ableitung von risikoäquivalenten Kapitalkosten herangezogen werden. Im Gegensatz zu alternativen Verfahren (beispielsweise Ableitung über Vergleichsunternehmen und Betafaktoranalysen) ist bei diesem Vorgehen gewährleistet, dass eine tatsächliche und nicht nur angenommene Risikoäquivalenz zwischen dem bewertungsrelevanten Cashflow und dem Diskontierungszinssatz vorliegt.

6 Unternehmensfinanzierungen – Beurteilung der finanziellen Angemessenheit durch Fairness Opinions

Fairness Opinions kommen bei Unternehmenstransaktionen zur Beurteilung von Transaktionspreisen bei Unternehmenskäufen und -verkäufen oder auch von Angebotspreisen bei öffentlichen Erwerbs- und Übernahmeangeboten zum Einsatz. Der Anwendungsbereich der Fairness Opinion ist jedoch nicht auf Transaktionspreise für Aktien und Unternehmensanteile beschränkt. Auch bei Finanzierungsentscheidungen obliegt Entscheidungsträgern die Beweislast, dass Sorgfaltspflichten insbesondere Business Judgement Rules erfüllt sind.

Im Fall von Finanzierungen kann eine Missachtung der Sorgfaltspflichten durch Vorstand und Aufsichtsrat sowohl durch aktive Aktionäre als auch von Kreditgebern und Anleihegläubigern hinterfragt werden. Dies geschieht dann, wenn eine Verschlechterung ihrer Risikoposition als Kapitalgeber durch die Finanzierungsentscheidung vermutet wird. Folglich müssen die Entscheidungsträger des Unternehmens den Nachweis erbringen, dass die Finanzierungskonditionen einer neuen Finanzierung aus der Perspektive der übrigen Kapitalgeber finanziell angemessen sind. Auch in diesem Zusammenhang kann eine durch einen Wirtschaftsprüfer erstellte Fairness Opinion nach dem etablierten IDW S 8 ein wesentliches Element zur Dokumentation der Einhaltung der Sorgfaltspflichten bei Unternehmensfinanzierungen sein.

Die Beurteilung der finanziellen Vorteilhaftigkeit beschränkt sich bei unternehmerischen Entscheidungen nicht auf einen Transaktionspreis beim Erwerb beziehungsweise der Veräußerung von Aktien und Unternehmensanteilen oder allgemeiner auf die Höhe einer Investition oder Desinvestition. Auch bei Finanzierungsentscheidungen, zum Beispiel im Zusammenhang mit Transaktionen, Restrukturierungen oder Refinanzierungen, stellt sich die Frage nach der finanziellen Vorteilhaftigkeit. Entscheidungsträger sind im Sinne § 93 AktG gehalten, den Nachweis zu erbringen, dass bei wesentlichen Finanzierungsentscheidungen die gewährten Konditionen aus der Perspektive anderer Kapitalgeber – Aktionäre oder Inhaber von weiteren, bereits bestehenden Finanzierungen des Unternehmens – finanziell angemessen sind. Besonders offensichtlich ist die Berechtigung dieser Frage, wenn die neue Finanzierung durch eine nahestehende Person des Unternehmens, also zum Beispiel durch einen bereits investierten Eigen- oder Fremdkapitalgeber, gewährt wird. Im Kern geht es um die Beurteilung, ob die Konditionen der neu zu entscheidenden Finanzierung auch zwischen fremden Dritten vereinbart worden wären. Für die in Frage stehende Finanzierung gilt es im Ergebnis einen marktüblichen Prozess unter fremden Dritten – dem Grunde und der Höhe nach – nachzuweisen.

Im Einzelnen kann es unter anderem bei folgenden Finanzierungssituationen zu einer vermuteten Missachtung der Sorgfaltspflichten kommen:

- Werden im Fall von Übernahmen finanzielle Ressourcen von nahestehenden Unternehmen und Personen zur Ablösung von existierenden Finanzierungen gewährt, deren Refinanzierung infolge von Change-ofControl-Klauseln erforderlich wird oder die im Zuge der Transaktion abgelöst werden sollen?
- Wird bei wesentlichen Investitionsvorhaben (Geschäftserweiterung, neue Geschäftsfelder) eine bilaterale Finanzierung ausschließlich durch einen (bereits bestehenden) Fremdkapitalgeber gewährt?
- Werden im Zusammenhang mit Kooperationsvereinbarungen, die signifikanten Einfluss auf das Geschäftsmodell haben, auch Finanzierungskonditionen durch einen Kooperationspartner (zum Beispiel in Form von Garantien) gewährt?
- Werden in Restrukturierungsfällen (Fortführung aus der Insolvenz oder bei finanzieller Überschuldung) neue Kredite insbesondere durch Kreditgeber mit bestehender Kapitalbeteiligung gewährt?
- Welchen Einfluss hat eine neue Mezzanine-Finanzierung (unter anderem typische oder atypische stille Beteiligung, Genussrechtskapital) auf die Risikoposition von Eigen- und Fremdkapitalgebern?
- Werden im Rahmen der Refinanzierung bestehender Finanzverbindlichkeiten sämtliche verfügbare Optionen geprüft, um vorteilhafte Finanzierungskonditionen zu erreichen?

Sofern in den genannten Konstellationen weitere Kapitalgeber wie (Minderheits-) Aktionäre und/oder andere Kreditgeber existent sind, können diese in Bezug auf die gewährten Finanzierungskonditionen hinterfragen, ob sich ihre Risikoposition und/oder das Profil ihrer zukünftigen Rückflüsse (Dividenden, Zins- und Tilgungen) durch die Finanzierungsentscheidung verschlechtert hat.

Für eine solche Einschätzung ist eine prozessuale und inhaltliche Würdigung der gewährten Finanzierung und von (hypothetischen) Alternativangeboten und Vergleichstransaktionen vorzunehmen: Der Prozess, der der gewährten Finanzierung und gegebenenfalls Alternativangeboten zugrunde lag, ist im Hinblick auf seine Repräsentativität zu untersuchen. Neben der prozessualen Frage stellt sich auch die Würdigung der einzelnen Konditionen. Dazu ist eine umfassende Analyse aller gegenwärtigen und über die Laufzeit der Finanzierungsvereinbarung relevanten, die Finanzierungskonditionen bestimmenden Elemente vorzunehmen: Höhe der Marge und Ausprägung des Margengitters, Bereitstellungsgebühren bei revolvierenden Kreditlinien, Ausgabediskont, Sicherheitenstellung, Rating und Financial Covenants, Kündigungsmöglichkeiten. Zentrale Relevanz für die Würdigung erlangt die Entwicklung relevanter Kennziffern für die Bonitätseinschätzung des zu finanzierenden Unternehmens auf Basis der erwarteten Geschäftsentwicklung unter Berücksichtigung der

Übernahme beziehungsweise der Investitions-, Kooperations-, Refinanzierungs- oder Restrukturierungsmaßnahme.

Folglich stellt sich für die Entscheidungsträger im Unternehmen die Frage, wie sie proaktiv ihre Sorgfalts- und Nachweispflichten erfüllen können. Zum einen kann es insbesondere aus prozessualer Sicht zur aktiven Gestaltung und Strukturierung der Finanzierungsentscheidung empfehlenswert sein, die Expertise unabhängiger Finanzierungsberater einzubeziehen. Auf diese Weise kann eine Optimierung der Konditionengestaltung angestrebt und eine umfassende Marktabdeckung sowie die hinreichende Objektivierung des Finanzierungsprozesses gewährleistet werden. Zum anderen sollte die finanzielle Angemessenheit der Finanzierungskonditionen durch einen unabhängigen Sachverständigen im Hinblick darauf beurteilt werden, ob aus Perspektive der übrigen Kapitalgeber die Finanzierungskonditionen fair sind.

7 Data Analytics – eine entscheidende Komponente der Qualitätssicherung und -steigerung bei der Unternehmensbewertung und Planungsplausibilisierung

Zettabyte, eine Eins mit 21 Nullen. Das ist mittlerweile die Einheit, die zur Beschreibung von Datenmengen verwendet wird. Datenmengen wachsen vier Mal schneller als die Weltwirtschaft. Big Data findet in allen Bereichen mehr und mehr Beachtung, da Daten eine immer wichtigere Rolle einnehmen und selbst Treiber für neue Geschäftsmodelle sind. Bei der Plausibilisierung von Unternehmensplanungen eröffnet insbesondere die Erweiterung der unternehmensexternen Datenbasis ganz neue Perspektiven und ermöglicht besser fundierte Evaluationen, um den ihrer Natur nach unsicheren Annahmen zu künftigen unternehmensinternen und -externen Entwicklungen und Sachverhalten besser Rechnung tragen zu können. Dies kommt auch im IDW Praxishinweis 2/2017 zum Ausdruck. Die bislang üblichen Analysen auf der Ebene reiner finanzieller Kennzahlen wird sich durch den Einsatz von Data Analytics auf die Analyse operativer Kennzahlen erweitern, beide Ebenen miteinander verknüpfen und damit eine verbesserte Prognose und Risikoanalyse ermöglichen.

Datenverfügbarkeit versus Datennutzung

Die Menschheit hat in den letzten zwei Jahren mehr Daten generiert als in der gesamten Menschheitsgeschichte zuvor. Seien es Apps, die in Echtzeit über Verbindungen und Verkehrssituationen informieren, Fitness-Armbänder, welche die geschlafenen Stunden oder die täglich zurückgelegten Schritte aufzeichnen oder auch schlichtweg die Bezahlung per Karte, welche Rückschlüsse auf das Konsumverhalten zulässt. Die Digitalisierung hält in fast allen Bereichen unseres alltäglichen Lebens Einzug. Damit einher geht eine enorme Steigerung der jährlich generierten digitalen Datenmenge weltweit. Diese Entwicklung wird sich auch in Zukunft weiter rasant fortsetzen, beispielsweise durch die erwartete Einführung des autonom fahrendenden Autos, einer enormen „Datengenerierungsmaschine". Die Prognose der weltweit digitalen Datenmenge für 2020 liegt bei unvorstellbaren 40 Zettabyte, eine Steigerung um das ca. 33-fache im Vergleich zu 2010 – Tendenz weiter exponentiell steigend.

Dieses nahezu unendliche Datenvolumen liegt in einer unstrukturierten und sehr komplexen Form vor, sodass es mit der klassischen Methode der Einzel-Datensichtung nicht erfasst und verarbeitet werden kann. In der Folge blieben die sich aus einem weitreichenden Spektrum an Daten resultierenden zusätzlichen Möglichkeiten der

Erkenntnisgewinnung bislang häufig ungenutzt. Marktplayer verschiedener Branchen versuchen die Diskrepanz zwischen Datenverfügbarkeit und -nutzung für sich nutzbar zu machen, um dieses Tätigkeitsfeld für sich zu beanspruchen. Im Zeitalter immer kürzerer Technologiezyklen und äußerst dynamischer Märkte ist es für Unternehmen von entscheidender Bedeutung agil zu sein, Entwicklungen und Trends frühzeitig zu identifizieren und das eigene Geschäftsmodell solchen Veränderungen anzupassen. Gelingt es anhand intelligenter Datenauswertung die Auswirkungen globaler Trends und Marktentwicklungen frühzeitig auf die Unternehmensperformance einzuschätzen, kann mit fundierten Aussagen den Unsicherheiten bei der Unternehmens- und Geschäftsmodellbewertung sinnvoll und zielführend begegnet werden.

NextGen Analytics als Türöffner zum Datenkosmos

NextGen Analytics ermöglicht es, eine Vielzahl unterschiedlicher und vor allem großer und unübersichtlicher Datenmengen nahezu in Echtzeit auszuwerten und zu analysieren. Dabei können Filter beliebig nach Regionen, Ländern, spezifischen Marken oder auch Zeiträumen gesetzt werden, um damit Analysen ganz nach individuellem Interessenfokus zusammenzustellen. Hierbei werden verschiedenste vergangenheits- und zukunftsorientierte sowie unternehmensinterne als auch -externe Datenquellen, wie zum Beispiel Finanz-, Markt-, Geo- und vor allem auch Makrodaten, inhaltlich miteinander verknüpft, konsolidiert, strukturiert und somit sinnvoll aufbereitet in Analysen einbezogen, in Relation zueinander und kritisch gegenübergestellt. Basierend auf einer umfänglichen und zugleich objektiven Datengrundlage liefert NextGen Analytics auf diese Weise übersichtliche und anschauliche Ergebnisse, welche einfach und schnell ermittelbar und visualisierbar sind, und als solide Grundlage einer Entscheidungsfindung dienen können.

Anwendung von NextGen Analytics bei der Planungsplausibilisierung

Unternehmen und deren Berater beschäftigen sich in unterschiedlichen Zusammenhängen mit Informationen zu ihren derzeitigen und zukünftigen Geschäftsmodellen, Branchen, Märkten et cetera, zu denen auf Basis einer fundierten Argumentation Stellung zu beziehen ist und perspektivische Aussagen getroffen werden. Insbesondere für die Erstellung und Beurteilung von Unternehmensplanungen einschließlich der ihnen zugrunde liegenden Annahmen, zum Beispiel im Rahmen einer Unternehmensbewertung, ist die Aussagekraft und Belastbarkeit von zukunftsorientieren Informationen ausschlaggebend.

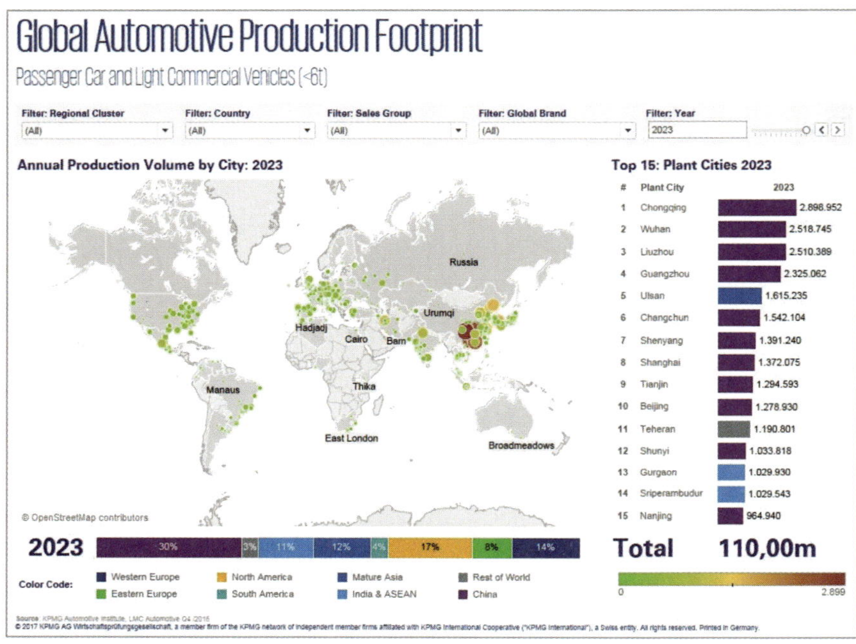

Abb. B-7: NextGen-Analysetool: Dashboard Beispiel 1

Bisher erfolgte die sogenannte „interne" Plausibilisierung von Unternehmensplanungen überwiegend auf unternehmensinternen Daten und deren Abbildung in den Planungsinstrumenten. Währenddessen lag der Fokus bei der sogenannten „externen" Plausibilisierung auf dem bisherigen Markt- und Wettbewerbshergang und dessen künftiger Entwicklung, die mit Hilfe von Marktstudien und/oder Analystenschätzungen evaluiert und in Bezug zum relevanten Bewertungsobjekt gesetzt wurde.

NextGen Analytics ermöglicht die Auswertung einer weitaus umfangreicheren Datenbasis unternehmensinterner sowie externer Daten als die bisherige Vorgehensweise und liefert somit weitergehende Schlussfolgerungen für eine analytische Planungsbeurteilung. So liefern unternehmensinterne Daten konkrete Ergebnisse für die Vergangenheits- und Lageanalyse, mittels derer Erfolgsursachen und Ergebnistreiber auf operativer Ebene detailliert identifiziert und explizit benannt werden können. Bei der Marktanalyse, basierend auf externen Daten, sind vor allem gesamtwirtschaftliche, politische, gesellschaftliche und technologische sowie Branchenentwicklungen von Bedeutung. Mit ergänzenden Instrumenten wie der Marktanteils-, Marktwachstums-, Produktlebenszyklus- oder der Branchenstrukturanalyse sind weitergehende Erkenntnisse hinsichtlich der Entwicklung operativer Kennzahlen erhältlich.

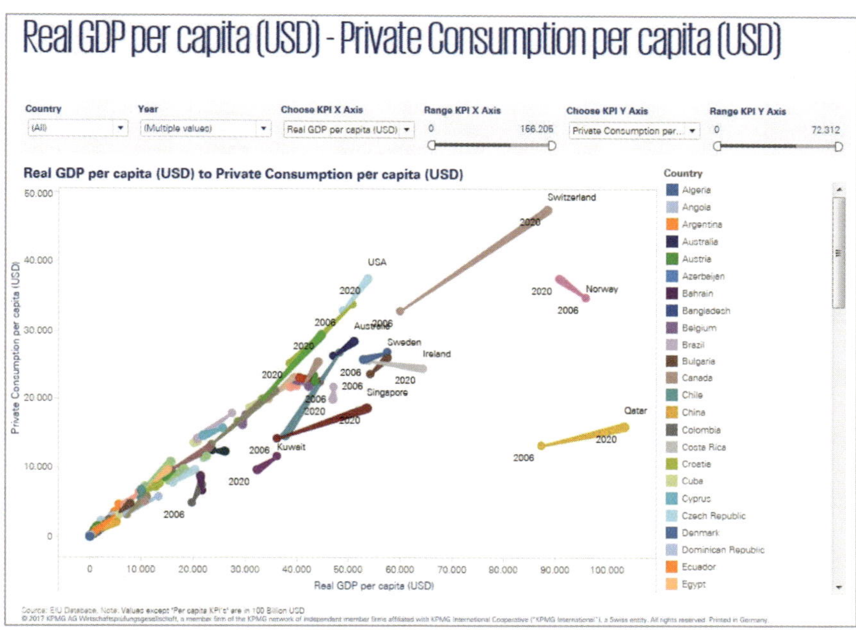

Abb. B-8: NextGen-Analysetool: Dashboard Beispiel 2

Mit NextGen Analytics werden die Ergebnisse der internen und externen Daten gegenübergestellt und Korrelationen erkannt. So können zentrale Fragen der Unternehmensbewertung beantwortet werden, die sich auf Basis der bisherigen Ansätze wenn überhaupt nur begrenzt beantworten ließen: Werden die bisherigen Werttreiber auch Werttreiber der Zukunft sein? Bedingt die makroökonomische Entwicklung womöglich eine Verschiebung der Bedeutungsschwerpunkte von einzelnen Geschäftsbereichen?

Mit Hilfe von NextGen Analytics könnte somit im Rahmen der externen Plausibilisierung, beispielsweise für einen Zulieferer der Automobilindustrie, analysiert werden, welche Märkte im Moment und in Zukunft welches Wachstum aufweisen, wo die Produktionsstätten der Konkurrenz sind und welche Marktstrategie für das eigene Unternehmen Sinn ergeben würde. Das Analysetool greift dabei auf mehrere verfügbare Datenquellen zu und ermöglicht, vielfältige Analysen vorzunehmen, Szenarien zu modellieren und anschauliche Ergebnisübersichten zu erstellen.

Gleichzeitig könnte es für ein Unternehmen interessant sein, sich mit dem konjunkturellen Ist-Zustand und dessen Entwicklung je nach Region – beispielsweise in den relevanten Absatzmärkten – auseinanderzusetzen. Je nach Produktangebot könnte neben der politischen Situation oder der erwarteten Zinsentwicklung eine visuelle

Auswertung der Relation von BIP pro Kopf und privater Konsumausgaben pro Kopf wertvolle Rückschlüsse auf die Entwicklung aktueller und zukünftiger Absatzmärkte liefern.

Perspektivisch kann sich der Einsatz von NextGen Analytics dahingehend verändern, dass diese Analysen nicht mehr nur nachgelagert eine Planungsplausibilisierung unterstützen, sondern direkt als Ausgangspunkt einer vom jeweiligen planungsverantwortlichen Management unabhängigen Planungsrechnung dienen. Damit könnte eine zunächst unbeeinflusste Einschätzung des Bewerters aufgrund verfügbarer Informationen erst in einem zweiten Schritt mit der unternehmenseigenen Planung verglichen werden. Abweichungen von der zunächst „unverzerrten" Einschätzung wären dann entsprechend zu hinterfragen und zu analysieren. Gerade im Bereich der objektivierten Bewertung würde dies dem verfolgten Zweck, nämlich eine Bewertung aus der Perspektive nicht einer konkreten Partei, sondern der des Marktes vorzunehmen, entsprechen.

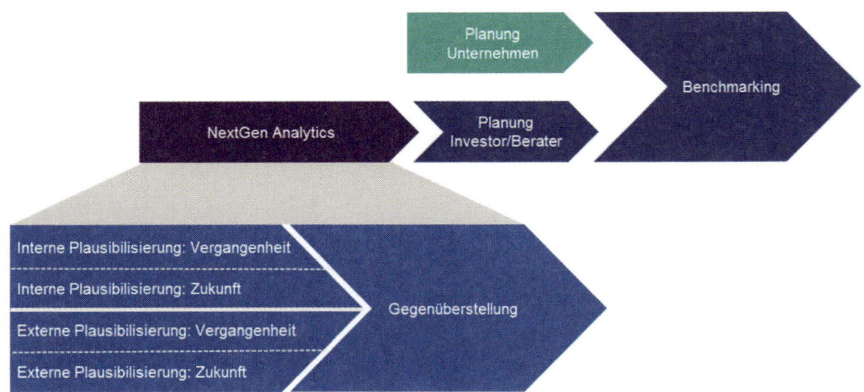

Abb. B-9: NextGen Analytics im Rahmen der Planungsplausibilisierung

Neben der Planungsplausibilisierung ermöglicht der Einsatz von NextGen Analytics außerdem, Unternehmen bei strategischen Entscheidungen zielgerichtet zu unterstützen, zum Beispiel bei der Entwicklung einer Internationalisierungsstrategie, und Geschäftsmodelle auf ihre Zukunftsfähigkeit hin zu bewerten. Stabilere Vorhersagen ermöglichen fundiertere Entscheidungen. Gerade in Kombination mit Simulationen kann dabei das Risikoniveau einer Entscheidung abgeschätzt werden.

Mit dem weiteren Anstieg des verfügbaren Datenvolumens wird die Bedeutung von NextGen Analytics weiter zunehmen und künftig einen zentralen Platz in der Datenaufbereitung einnehmen. Auch die Struktur von Unternehmensplanungen wird sich wandeln: es ist von einer Abkehr von Planungen auf Basis rein finanzieller und stark komprimierter oder nicht dokumentierter Kennzahlen, hin zu einer verstärkten Integration und Kombination operativer Größen und deren Zusammenhänge auszugehen.

NextGen Analytics wird dabei voraussichtlich künftig der Ausgangspunkt im Planungsprozess sein und nicht nur zur Bestätigung zum Prozessabschluss erfolgen. Und vielleicht wird in der Zukunft der Unternehmensbewerter nicht mehr als erstes nach der Unternehmensplanung fragen, sondern die erwartbare Unternehmensentwicklung selbst ableiten und diese, nach einer Spiegelung mit der unternehmensinternen Planung, der Bewertung zugrunde legen.

8 Multiples 2.0 – Quo Vadis Multiplikatorbewertung

Die Multiplikatormethode ist ein „Klassiker" der Unternehmensbewertung. Grundlage der Multiplikatorbewertung ist ein Analogieschluss: aus dem Preis, der für ein Unternehmen oder einen Vermögenswert gezahlt wurde, wird auf den Wert eines anderen vergleichbaren Bewertungsobjekts geschlossen. Was einfach klingt, löst in der Praxis häufig Störgefühle aus: Warum werden vergleichsweise hohe Preise bezahlt? Wie kann ich mein fundamentales Bewertungsergebnis über die Multiplikatormethode qualifizieren? Welche Erwartung an die zukünftige Entwicklung des Bewertungsobjekts steckt in dem Multiplikator und kann ich diesen überhaupt auf meine Bewertung anwenden? Wie wirken sich nicht zuletzt geopolitische Risiken oder Ereignisse wie die COVID-19-Pandemie aus? Angesichts immer komplexer werdender Bewertungsfragen lohnt es sich, hier weiter „Licht ins Dunkel" zu bringen.

Status Quo Multiplikatorbewertung

Bereits im Grundsatz der Unternehmensbewertung „bewerten heißt vergleichen" drückt sich die Systematik eines Analogieschlusses aus. Eine Multiplikatorbewertung wird häufig als ein vereinfachendes Verfahren betrachtet, weil es ausschließlich einzelne finanzielle Kennzahlen (wie Umsatz oder EBITDA) oder nicht finanzielle Kennzahlen (wie ClickThrough Rates bei Start-ups) für den Vergleich heranzieht. Aus Preisinformationen von Kapital- und Transaktionsmärkten und den finanziellen/nicht finanzielle Kennzahlen wird auf den Preis des Bewertungsobjekts geschlossen. Das Gesetz von der Unterschiedslosigkeit der Preise für identische Güter (law of one price) bildet die Grundidee jeder Anwendung von Multiplikatoren – sei es für Unternehmen und Unternehmensteile oder einzelne immaterielle oder materielle Vermögenswerte. Insbesondere für letztere finden sich in der Praxis in der Regel nur selten Vergleichspreise mangels öffentlich verfügbarer Informationen – Ausnahmen bestehen unter anderem bei Mobilfunklizenzen für TelCo-Unternehmen oder für die Bewertung von Immobilienobjekten. Meist werden daher Multiplikatoren für die Bewertung von Unternehmen in Gänze oder Unternehmensteilen herangezogen. Die Anwendungsfälle der Multiplikatormethode sind in der Praxis recht breit und finden sich bei M&A-Transaktionen bis hin zu steuerlichen oder rechnungslegungsbezogenen Bewertungen. Inhaltlich ist die Auswahl geeigneter Multiplikatoren vom jeweiligen Bewertungsanlass abhängig.

Im Vergleich zu den in der Bewertungspraxis ebenfalls oft angewandten kapitalwertorientierten Verfahren wie zum Beispiel DCF-Verfahren, bleibt die Berücksichtigung vieler bewertungsrelevanter Sachverhalte für den Preis der einfachen Anwendbarkeit regelmäßig intransparent. Zunächst wird häufig übersehen, dass ein Vergleich zwischen Multiplikatormethode und kapitalwertorientierten Verfahren nur dann möglich ist, wenn beide Methoden das gleiche Bewertungsziel haben und hieran anschließend auf den gleichen Annahmen fußen. Von der Rechenlogik ist die Multiplikatormethode vergleichbar mit dem sogenanntes Rentenmodell der Kapitalwertmethoden wie zum Beispiel DCF-Methoden. Der Preisanalogieschluss der Multiplikatormethode funktioniert nur dann, wenn alle wertbeeinflussenden Faktoren sich auch in den miteinander verglichenen Objekten, das heißt in den herangezogenen Vergleichsunternehmen beziehungsweise -transaktionen und im konkreten Bewertungsobjekt gleichermaßen auswirken. Nur wenn der in der Bewertung ein „Äpfel mit Birnen"-Vergleich vermieden wird, kann ist ein Multiplikator ein geeigneter Schätzer für die Ableitung eines Unternehmenspreises sein. Kriterien, die für die Vergleichbarkeit von Multiplikatoren, heranzuziehen sind, sind vielfältig.

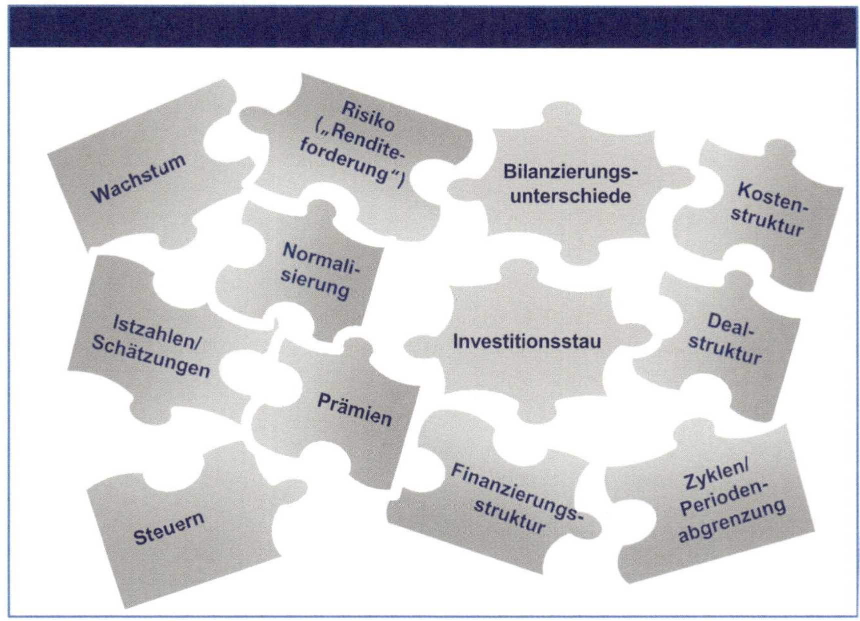

Abb. B-10: Einflussfaktoren für die Multiplikatorenbewertung

Zudem lauern wiederkehrende Fallstricke bei der Analyse, die nachfolgend skizziert werden.

Grundsätzliche Einflüsse auf Multiplikatoren

Unterschiede in der Kostenstruktur zwischen Bewertungsobjekt und Vergleichsunternehmen sind nur insoweit relevant, wie sie sich noch nicht in der relevanten

Kennzahl abbilden, was insbesondere Umsatzmultiplikatoren oder nicht finanzielle Multiplikatoren betrifft. Ergebnismultiplikatoren sind daher gegenüber Umsatzmultiplikatoren zur Berücksichtigung individueller Unterschiede in der Kostenstruktur des Bewertungsobjekts vorzugswürdig. Umsatzmultiplikatoren sind grundsätzlich gegenüber Ergebnismultiplikatoren nur dann vorteilhaft, wenn für das Bewertungsobjekt eine gegenüber Ist- beziehungsweise Plangrößen andere Ziel-Kostenstruktur angenommen werden soll.

Steuervorteile der Fremdfinanzierung oder aus steuerlichen Verlustvorträgen materialisieren sich in höheren Multiplikatoren auf Basis operativer Größen. Aus diesem Grund ist auf eine Vergleichbarkeit der Finanzierungsstruktur und steuerliche Sondersachverhalte der einzelnen Peer Group-Unternehmen und des Bewertungsobjekts zu achten.

Auch nicht zahlungswirksame Erträge und Aufwendungen haben – bei nicht sachgerechter Anwendung – Einfluss auf die Multiplikatorbewertung. Es ist für die Multiplikatorbewertung auf bereinigte Ergebnisgrößen abzustellen; so sind insbesondere nicht zahlungswirksame Erträge und Aufwendung für Bewertungszwecke zu eliminieren. Dies gilt sowohl bei den Vergleichsunternehmen und Transaktionen als auch beim Bewertungsobjekt.

Ein weiterer Bereich, der bei der Multiplikatorbewertung besondere Aufmerksamkeit verdient, sind die Investitionen oder die Veränderung des Net Working Capital. Multiplikatorbewertungen auf Grundlage von Größen der Gewinn- und Verlustrechnungen gehen implizit davon aus, dass einheitliche Prämissen für die Vergleichsunternehmen und das Bewertungsobjekt im Hinblick auf ein einheitliches Investitionsverhalten und Veränderung des Working Capital bestehen. Liegt zum Zeitpunkt der Bewertung zum Beispiel ein Investitionsstau vor oder ist das Working Capital nach einem Asset Deal wieder aufzubauen, ist dies bei einer sachgerechten Anwendung von Multiplikatorbewertungen zu berücksichtigen.

Einflüsse auf Multiplikatoren sind ferner durch die von Erwerbern bezahlten Transaktionspreise oder Prämien gegeben, die sich aus einer Erlangung der Kontrolle sowie etwaiger Synergieerwartungen speisen. Daher ist im spezifischen Bewertungsfall zu prüfen, ob Kontrollprämien als impliziter Bestandteil von Transaktionsmultiplikatoren für das Bewertungsobjekt zur Anwendung kommen können beziehungsweise bei Mehrheitsübernahmen Berücksichtigung finden sollen. Auch hierbei gilt es bei der Beurteilung das aktuelle Marksentiment zu reflektieren, da die Prämien zwischen den Branchen, aber auch in Abhängigkeit von der Position im Zyklus der M&A-Märkte schwanken.

Bei der Anwendung auf das Bewertungsobjekt sind in zeitlicher Hinsicht vergleichbare Finanzinformationen zu berücksichtigen. Aus Vergleichbarkeitsgründen können Transaktionspreise nur in zeitlicher Nähe zum Bewertungsstichtag für das Bewertungsobjekt zu sachgerechten Aussagen führen. Ferner ist die Verwendung von Multiplikatoren auf Basis von Ist-Zahlen gegenüber Analystenschätzungen abzuwägen. Es ist in der Bewertungspraxis üblich, historische Umsatz- und Ergebnisgrößen sowie aktuelle Analystenschätzungen, die zum Zeitpunkt der Bewertung vorlagen, in das Verhältnis mit der Kapitalmarktbewertung zu stellen. Dabei ist auch die Vereinheitlichung des Geschäftsjahres innerhalb der Peer Group und für das Bewertungsobjekt sicherzustellen. Bedingt durch unterschiedliche Geschäftsjahre bilden sich Zyklen (konjunkturelle oder Branchenzyklen sowie Einflüsse von Krisen wie COVID-19) im unterschiedlichen Maße in den zugrunde liegenden Finanzkennzahlen ab. Insofern ist die Periodenabgrenzung ein wichtiges Analysefeld.

Gleiches gilt auch für den Einfluss von Rechnungslegungsstandards. Typische Problemfelder sind hierbei die Unterschiede im Ausweis von Aufwendungen bei operativen Aufwandsarten gegenüber einem Ausweis im Finanzergebnis. Diese Einflüsse dürfen zu keinen unterschiedlichen Wertaussagen führen. Insofern sind Periodenabgrenzung und Unterschiede aus der Anwendung der Rechnungslegungsstandards zu analysieren. Dies betrifft unter anderem die Leasingbilanzierung (IFRS 16), die teilweise erheblichen Einfluss auf ausgewiesene EBITDA-Größen haben dürfte und damit eine der häufig angewendeten Finanzkennzahlen für Multiplikatorbewertungen betrifft.

Einfluss von Wachstum und Risiko

Wachstum und Risiko eines Unternehmens sind zentrale Treiber eines Unternehmenswertes im Rahmen kapitalwertorientierter Verfahren, die auch bei der Anwendung der Multiplikatormethode sachgerecht berücksichtigt werden sollten. Beide Treiber wirken sich nahezu auf alle finanziellen und nicht finanziellen Größen, die Basis für einen Multiplikator sein können, gleichermaßen aus. Hinter dem Wachstum stehen, ökonomisch betrachtet, das makroökonomische und konjunkturelle Umfeld und die regionale Ausrichtung auf Märkte (geografischer Footprint, Lebenszyklus der Märkte/Produkte). Spiegelbildlich drückt sich dies im Risikomaß aus, das heißt in den Renditeforderungen von Investoren an das Vergleichsunternehmen (Länderrisikoprofil der Geschäftsaktivitäten, Reifegrad der Märkte).

Der Grundsatz lautet: Höheres Wachstum führt aufgrund relativ höherer Unternehmenswerte der Vergleichsunternehmen zu höheren Multiplikatoren. Wachstum wirkt sich auf alle Multiplikatoren gleichermaßen aus und spielt bei der Auswahl für das Bewertungsobjekt (erwartetes Wachstum im Vergleich zur Peer Group oder zu vergleichbaren Transaktionen) und in der Interpretation des Bewertungsergebnisses eine zentrale Rolle. Der Wachstumspfad oder -zyklus kann sich bei einzelnen Vergleichsunternehmen oder zwischen Peer Group und Bewertungsobjekt unterscheiden. Demzufolge sind absolute, aber auch periodenspezifische Wachstumsunterschiede bei der Auswahl von Multiplikatoren zu berücksichtigen.

Analog zum Wachstum wirken sich unterschiedliche Risiken die Multiplikatorbewertung aus. Potenzielle Unterschiede im Risikomaß (Renditeforderung, also verlangte Rendite für die Übernahme des Risikos) sind ebenfalls über die Auswahl der Vergleichsunternehmen und vergleichbaren Transaktionen zu berücksichtigen.

Oftmals sind Wachstum und Risiko in Abhängigkeit vom Reifegrad des Unternehmens negativ miteinander korreliert. So bestimmt einerseits die Größe eines Unternehmens (in einer relativen Betrachtung bezogen auf die Größe des relevanten Marktes) häufig auch Chancen in Bezug auf zukünftiges Wachstum durch eine Ausweitung der Geschäftstätigkeit in diesem Markt, beispielsweise je kleiner der relative Marktanteil, desto höher gegebenenfalls mögliche Wachstumschancen. Andererseits weisen größere Unternehmen, die sich bereits am Markt erfolgreich etabliert haben und damit zukünftig nur gegebenenfalls geringere Wachstumserwartungen haben, oftmals ein gegenüber jungen, kleinen Unternehmen geringeres Risikoprofil auf. Zudem hat die regionale Ausrichtung der Geschäftsaktivitäten Einfluss auf Wachstum und Risikoprofil beziehungsweise den Reifegrad der Geschäftsentwicklung. Hier zeigen sich insbesondere die aktuellen Herausforderungen durch die signifikanten Veränderungen von Geschäftsmodellen zum Beispiel durch Digitalisierung und/oder makroökonomische Veränderungen (unter anderem Einfluss von geopolitischen Risiken auf Wertschöpfungsketten). Der Reifegrad eines Unternehmens ist kein unveränderlicher Zustand, sondern wird durch strategische Neuausrichtungen auf zukünftige innovative Wachstumsfelder oder die Konvergenz von Branchen verändert. Gleiches gilt für das dynamische Markt- und technologische Umfeld, in dem sich Unternehmen bewegen, gepaart mit globalen Veränderungen für wirtschaftliche Aktivitäten (wie Klimawandel oder COVID-19). Zudem durchlaufen Unternehmen zeitweise temporär begrenzte Restrukturierungsphasen. Diese Situationen, auf welche Unternehmen sehr unterschiedlich reagieren, erschweren die Bestimmung von Vergleichsunternehmen und Vergleichstransaktionen, um Wachstum und Risiko sachgerecht in die Multiplikatorbewertung einfließen zu lassen. Wie wurde dieses Spannungsfeld bisher in der Bewertungspraxis gelöst? Es wurde angenommen, dass die Peer Group oder die Vergleichstransaktionen das Risikoprofil des Bewertungsobjekts im Sinne des Risikoäquivalenzprinzips zutreffend abbilden. Der Vergleich von Wachstumserwartungen auf Basis von Schätzungen für Peer Group und Bewertungsobjekt führte dann zu einer Einschätzung eines sachgerechten Multiplikators. Wenn aber vor dem Hintergrund der skizzierten Veränderungsdynamiken und Trends die Peer Group zunehmend das Risikoäquivalenzprinzip verletzt, stellt sich die Frage, wie belastbar die Multiplikatormethode noch sein kann?

Hier setzt die von KPMG entwickelte Lösung der Multiplikatorbewertung 2.0 an. Ausgangspunkt stellt das Prinzip der Multiplikatormethode dar, das eine Kombination aus einer Performance- und gleichermaßen Risikogröße ist, da der Multiplikator aus dem Wert beziehungsweise Preis abgeleitet wird, in dem sich diese beiden Elemente abgebildet haben. Insofern lassen sich die exogenen und endogenen Faktoren für das zukünftige Wachstum des Bewertungsobjekts über Simulationsanalysen untersuchen, die gleichermaßen Rückschluss auf das individuelle Risiko des Bewertungsobjekts beziehungsweise die Rendite für das übernommene Risiko und damit den sachgerechten Multiplikator ermöglichen.

Konsequenzen bei der Anwendung der Multiplikatormethode

Alle vorstehenden Kriterien stellen in der Praxis wiederkehrende Anforderungen an die Analyse bei Multiplikatorbewertungen dar. Sie sind einzelfallbezogen zu betrachten und als fakultativer Analysebaustein anzusehen, um dem Grundsatz des „law of one price" gerecht zu werden und die Vergleichbarkeit sicherzustellen.

Insgesamt ist dadurch die Aussage der Multiplikatormethode in der Praxis der Unternehmensbewertung eingeschränkter denn je. Gleichzeitig bilden Multiplikatoren unverändert eine erste wichtige Orientierung bei der Beurteilung von Unternehmen insbesondere von Investitionen in neue Geschäftsmodelle, weil entsprechende Informationen über die zukünftige Entwicklung nur eingeschränkt verfügbar sind – ein Widerspruch? Nein: Multiplikatorbewertungen erfordern heute mehr denn je qualifiziertere Analysen. Die nächste Generation der Multiplikatorbewertung oder Multiples 2.0 analysieren holistisch die genannten Kriterien, um die Vergleichbarkeit der Multiplikatoren sicherzustellen. Der Schwerpunkt liegt dabei auf der Analyse der Multiplikatoren unter Performance- und Risikoaspekten.

9 Immaterielle Werte – im Spannungsfeld von Wertschöpfung und Wertsicherung

Unternehmenslenker sehen sich dauerhaft mit einer gestiegenen Veränderungsdynamik und Komplexität in ihrem Umfeld konfrontiert. Der parallele Wandel in der kompletten Infrastruktur – von der Kommunikation über den Energiebereich bis hin zur Mobilität – eröffnet ganz neue Möglichkeiten für Unternehmer und Konsumenten und hat nicht unerhebliche Auswirkungen auf den Unternehmenserfolg. Vormals eigenständige Sektoren wachsen zusammen, Marktneulinge bedrohen Geschäftsmodelle etablierter Unternehmen, langjährige Konkurrenten sichern sich ihren Wettbewerbsvorteil, indem sie ihre eigenen Geschäftsmodelle fortlaufend hinterfragen und Delivery Modelle weiter oder neu entwickeln. Tragende Säulen der erfolgreichen Geschäftsmodelle sind immaterielle Werte wie beispielsweise Marken, Patente und andere Schutzrechte oder Kundendaten; sie tragen wesentlich zu der Ertragskraft und dem nachhaltigen Erfolg eines Unternehmens bei. Ein zielgerichtetes Management dieser immateriellen Ressourcen sichert und steigert Unternehmenswerte, indem es den Nutzen von Produkten und Dienstleistungen für die Unternehmenskunden in den Mittelpunkt stellt. Grundlage hierfür sind regelmäßige Bewertungen der immateriellen Ressourcen. Einer konsistenten Berücksichtigung der mit den immateriellen Werten des Unternehmens verbundenen Erfolgs- und Risikofaktoren kommt dabei eine besondere Rolle zu. Ermöglicht wird dies durch neue wertbasierte Steuerungsansätze. Bewertungen bringen zugleich Transparenz in die gesamte Wertschöpfungskette. Dadurch können die immateriellen Ressourcen, die einen erheblichen Beitrag zum Erfolg des Unternehmens leisten, identifiziert und anschließend besonders abgesichert und geschützt werden.

Das Wissens- und Dienstleistungszeitalter mit XaaS ist angebrochen, und kein Unternehmen kann sich dieser Entwicklung entziehen. Jede Industrie ist Teil dieser immateriellen Ökonomie, in dem selbst die Unternehmen, die ihr Geschäftsmodell noch auf Sachanlagewerte stützen wie standortbasierter Retail, Hotellerie, Automobilhersteller und Fluggesellschaften, Logistik- und Medien- oder Energieunternehmen, über einen relativ hohen Anteil an immateriellen Werten verfügen. Anhand der Entwicklung des Anteils der immateriellen Werte an der Marktkapitalisierung in den letzten 40 Jahren (siehe Grafik) wird deutlich, wie gravierend die Veränderung ist: im Durchschnitt entfallen 84% des Marktwerts eines Unternehmens auf immaterielle Werte. Vor 45 Jahren verhielt es sich noch umgekehrt.

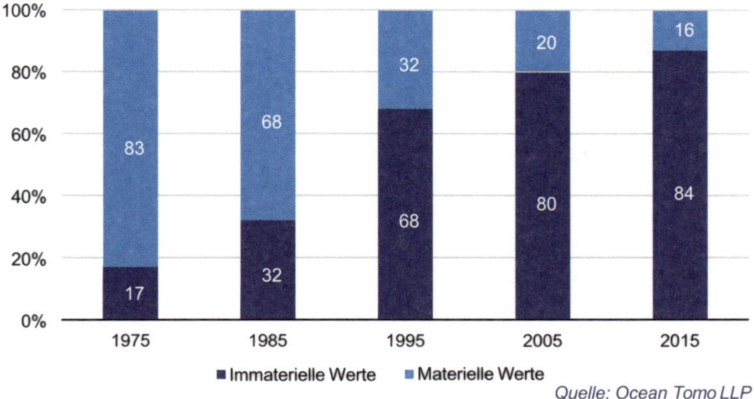

Abb. B-11: Entwicklung des Anteils an der Marktkapitalisierung (S&P 500)

In den Bilanzen der sogenannten Technologieunternehmen sucht man den Ausweis der immateriellen Werte dagegen häufig vergeblich. Ein prominentes Beispiel dafür ist Apple. Der Q3/2020-Abschluss des Unternehmens weist ein Buch-Eigenkapital in Höhe von rund 317 Mrd. USD aus; zum gleichen Zeitpunkt übersteigt die Marktkapitalisierung 1,5 Billionen USD. Liquide Mittel dominieren die Aktivseite. Doch wie sieht es mit den „Intangible Assets" aus? Der Begriff taucht selbst im Geschäftsbericht Statement 10-K 2019 gerade einmal auf. Dies ist kein Fehler in der Bilanzierung; die immateriellen Werte wurden von Apple selbstgeschaffen und dürfen nach den geltenden Rechnungslegungsstandards nicht aktiviert werden; die mit der Schaffung von immateriellen Werten angefallenen Kosten wurden im Aufwand verbucht.

Immaterielle Ressourcen im Mittelpunkt der Unternehmensstrategie

Aufgeführt werden im Statement 10-K 2019 die Kategorien von IP mit Bezug auf Hardware, Software und Accessories sowie Dienstleistungen, über die Apple verfügt: die gewerblichen Schutz- und Urheberrechte wie Patente, Markenrechte, Copyrights, Gebrauchsmuster, Designs und andere. Da das Unternehmen laut Geschäftsbericht im Wesentlichen auf die Innovationskraft sowie den technischen und verkäuferischen Fähigkeiten seiner Mitarbeiter angewiesen ist, dürften auch „weiche" Schutzrechte wie Betriebs- und Geschäftsgeheimnisse, Datenbanken sowie in Mitarbeitern gebundenes Know-how eine nicht zu vernachlässigende Rolle spielen. Nicht nur bei Apple, sondern auch bei vielen anderen Unternehmen liegt der Unternehmenswert häufig zu einem ganz wesentlichen Umfang in diesen nicht bilanzierten, immateriellen Ressourcen begründet.

Die immateriellen Ressourcen bilden folglich die tragenden Säulen des Geschäftsmodells. Sie sind die Hauptquelle für die Ertragskraft eines Unternehmens. Durch sie und mit ihnen differenzieren sich Unternehmen; durch immaterielle Ressourcen werden Unternehmen besonders, für eine gewisse Zeit vielleicht sogar einzigartig. Erfolgreiche Unternehmen verschaffen sich Wettbewerbsvorteile durch ihre Fähigkeit, künftige Entwicklungen zu antizipieren, Innovationen zu treiben und Geschäftschancen gemeinsam mit anderen Innovatoren zu nutzen und zu teilen. Dabei versuchen diese Unternehmen, ihre Wertschöpfungskette so auszurichten, dass sie nicht nur die heutigen, sondern durch Antizipation auch die künftigen Kundenbedürfnisse mit ihren (zukünftigen) Produkten und Dienstleistungen bedienen und so die Zukunft gestalten können. Die konsequente Ausrichtung an dem Kundennutzen stellt zugleich die Grundlage für eine auskömmlichen Rendite für die Anteilseigner dar. Ein wesentlicher Schlüssel für ihren Erfolg ist, dass sie Eigenschaften und Attribute von Produkten und Dienstleistungen schützen, für die Kunden bereit sind, eine Prämie zu zahlen. Dies gelingt durch eine konsequent am Geschäftsmodell ausgerichteten IP-Strategie.

Ob bilanziert oder nicht, als zentrale Faktoren der Wertschöpfung eines Unternehmens empfiehlt es sich, die immateriellen Ressourcen aktiv zu managen. Dem prägnanten Zitat des US-Ökonomen Peter Drucker „wenn es nicht messbar ist, kann es auch nicht gelenkt werden" folgend setzt das Ressourcen-Management die Bewertung dieser immateriellen Wertschöpfungsfaktoren voraus. In erfolgreichen Unternehmen ist die fortlaufende Bewertung von immateriellen Werten Teil des Strategie- und Risikomanagements.

Mit IP-Bewertung Transparenz in Wertschöpfungsketten bringen

Ausgangsbasis der Ermittlung des Werts von IP ist die Analyse des Zusammenhangs zwischen dem Bewertungsobjekt IP und der Funktion, die das Bewertungsobjekt für das Unternehmen erfüllt, sowie dem zukünftigen wirtschaftlichen Nutzen, der diesem zugeordnet werden kann. Aus Letzterem lässt sich anschließend der Wert ableiten. Eine solche Funktions- und Wirkungsanalyse ist erforderlich, da sich der Wert von IP in aller Regel nicht direkt, sondern über indirekte Folgewirkungen ergibt. Somit ist zu beleuchten, wie das IP konkret eingesetzt wird; zum Beispiel nutzt das Unternehmen eine Technologie ausschließlich selbst zur Erschließung von Märkten oder räumt es einem anderen Unternehmen die Möglichkeit ein, die Technologie zu nutzen, mit dem Ziel einen neuen Markt für die eigenen Produkte oder Dienstleistungen schneller zu erschließen oder um einen Standard durchzusetzen. In diesem Beispiel sind die Auswirkungen des gewählten IP-Einsatzes „Markterschließung" durch Eigennutzung und/oder Fremdnutzung auf die künftige Marktstruktur, die Schaffung möglicher Eintrittsbarrieren und konkreter Wettbewerbsvorteile zu analysieren.

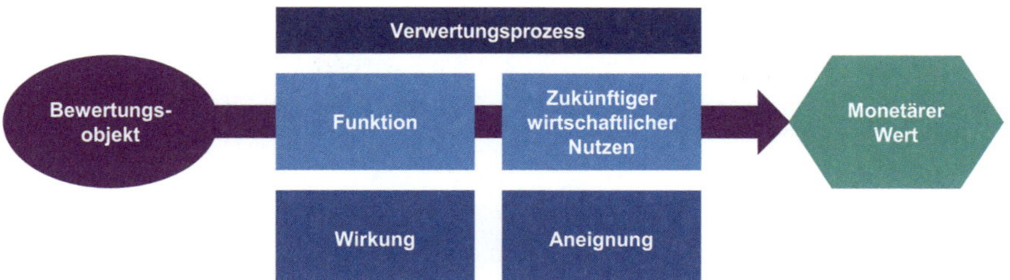

Abb. B-12: Verwertungsprozess | Wirkungs- und Wertschöpfungszusammenhänge – illustrative Darstellung

Gewerbliche Schutzrechte können eine Reihe von Funktionen erfüllen, indem sie zum Schutz, zur Blockierung, als Verhandlungsmittel oder zur Nutzungseinräumung gegenüber einer Reihe von Marktteilnehmern eingesetzt werden. Einige Schutzrechte lassen sich auch für Zwecke eines späteren Einsatzes vorhalten. Entscheidend ist, den Zusammenhang zum Nutzen des Kunden herzustellen, der sich durch den Einsatz des immateriellen Werts ergibt. Ein weiteres Beispiel soll dies verdeutlichen: Der Schutz einer bestimmten Produkteigenschaft ist geboten, wenn der Kunden diese schätzt; ist der Kunden andererseits nicht bereit, für die Eigenschaft zu zahlen, ist dem Schutzrecht keine Wirkung zuzuschreiben und kein Wert beizumessen.

Ergebnis einer solchen Funktions- und Wirkungsanalyse ist ein spezifisches Ertrags- und Risikoprofil für die immaterielle Ressource. Das Geschäftsmodell des Unternehmens legt dabei fest, wie die erwarteten Erträge realisiert und internalisiert werden sollen. Dieses kann grundsätzlich im Wege der Eigennutzung mit oder ohne Differenzierung von Leistungen, im Wege der Fremdnutzung, zum Beispiel durch Lizenzierung oder Bildung von Allianzen, der Freigabe zur Standardisierung oder Mischformen hieraus erfolgen.

Die Funktions- und Wirkungsanalyse ist komplex; denn sie berücksichtigt regelmäßig rechtliche, technische, ökonomische, betriebswirtschaftliche und weitere Facetten. Verschiedene Wissensträger im Unternehmen, die zum Teil sehr unterschiedliche Perspektiven auf die immateriellen Güter haben und eine unterschiedliche Sprache sprechen, müssen an einen Tisch gebracht werden, wie zum Beispiel Spezialisten für die Dimension des Rechtsschutzes und der Ausübungsfreiheit (Freedom to Operate), Entwickler für die technische Machbarkeit, Controller für die Übersetzung in Zahlen oder Sales- und Marketingspezialisten für das Verständnis des Kunden.

Mit dem Fokus auf eine immaterielle Ressource für Zwecke der Veranschaulichung abstrahiert die obige Darstellung zwangsläufig von der Komplexität einer IP-Bewertung. Immaterielle Ressourcen wirken in der Regel zusammen mit anderen immateriellen und materiellen Werten. Damit ist nicht nur die Wirkung, die das einzelne IP entfaltet, sondern das Zusammenspiel zwischen den (immateriellen) Ressourcen zu durchdringen. Wird IP effektiv miteinander kombiniert, entstehen Synergieeffekte, die sich nicht mehr auf eine einzelne Ressource zurückverfolgen lassen. Eine aussagekräftige Bewertung der immateriellen Ressourcen liefert somit nicht nur einfach einen Wert, sie gibt auch wertvolle Einsichten für die Unternehmensstrategie. Ein moderner Steuerungsansatz, wie CEDA, kann hierbei aufgrund seiner stringenten Ausrichtung an dem Erfolg und Risiko einer strategischen Entscheidung und den hinter dieser liegenden gesamtunternehmerischen Interdependenzen einen besonderen Mehrwert generieren. Durch die Schaffung von Transparenz über Wirkungs- und Wertzusammenhänge in unterschiedlichen Unternehmenssituationen ist die IP-Bewertung Basis für die unternehmerische Gestaltung.

10 Strukturierte Finanzierungen – Einsatzmöglichkeiten und Bewertung

Der Einsatz strukturierter Finanzierungsinstrumente ermöglicht es, die Zins-, Tilgungs- und Risikoprofile einer Finanzierung an die spezifischen Bedürfnisse von Kapitalgebern und Kapitalnehmern anzupassen. In diesem Zusammenhang sind häufig Finanzierungsinstrumente anzutreffen, deren Zahlungen abhängig sind vom Zeitpunkt eines Exit-Ereignisses, dem dabei erzielten Erlös und von einem als Wasserfall bezeichneten Verteilungsmechanismus, der Rangfolge und Umfang der Erlös-Verteilung auf mehrere Finanzierungsinstrumente regelt. Der Flexibilität in der Ausgestaltung steht eine erhöhte Komplexität der Bewertung strukturierter Finanzierungsinstrumente gegenüber, da eine risikoadäquate Verzinsung mit herkömmlichen Verfahren regelmäßig nicht ermittelt werden kann. Daher sollten die Beteiligten im Rahmen von Transaktionen frühzeitig Transparenz über das Risikoprofil und den Wert in Verhandlung stehender strukturierter Finanzierungsinstrumente herbeiführen.

Strukturierte Finanzierungsinstrumente werden häufig bei der Finanzierung von Wachstumsunternehmen, im Leveraged Finance von Private Equity-Transaktionen und im Rahmen von finanziellen Restrukturierungen eingesetzt.

Die Finanzierung von Wachstumsunternehmen

Wachstumsunternehmen zeichnen sich einerseits durch einen hohen Finanzmittelbedarf zur Durchführung von Investitionen und andererseits durch einen geringen oder sogar negativen operativen Cashflow aus. Im Hinblick auf ihre Finanzierung bevorzugen Wachstumsunternehmen daher häufig Finanzierungsinstrumente, die keine laufenden Zahlungsverpflichtungen beinhalten. Klassische Fremdkapitalfinanzierungen sind dazu in der Regel nicht zielführend, da Banken oder Anleihemärkte zur Kompensation der unsicheren Geschäftsentwicklung von Wachstumsunternehmen oftmals hohe laufende Zinszahlungen fordern, oder aufgrund des hohen Ausfallrisikos in dieser Unternehmensphase eine Fremdkapitalfinanzierung grundsätzlich nicht zu erhalten ist.

Von Wachstumsunternehmen in Anspruch genommene Finanzierungsinstrumente sind daher regelmäßig durch eine Kapitalisierung und Aufzinsung von Zinsansprüchen gekennzeichnet, sodass Zinszahlungen erst zum Rückzahlungszeitpunkt der Finanzierung erfolgen. Der Rückzahlungszeitpunkt kann dabei als fixierter Zeitpunkt oder ereignisbasiert, abhängig vom Eintreten eines definierten Exit-Ereignisses, festgelegt sein. Häufig sind Exit-Ereignisse definiert als:

- Börsengang,
- Verkauf einer Mehrheit der Gesellschaftsanteile,
- Unternehmenszusammenschluss, der zu einer Verflechtung mit einem Erwerber führt,
- Verkauf wesentlicher Vermögenswerte, oder als
- Liquidation der Gesellschaft.

Die Tilgung der Rückzahlungsansprüche erfolgt dabei aus den im Rahmen eines Exit-Ereignisses erzielten Erlösen. Die Erlöse fließen dabei entweder der Gesellschaft selbst zu, wie bei der Veräußerung wesentlicher Vermögenswerte, oder werden durch die Gesellschafter vereinnahmt, wie bei Verkauf oder Liquidation der Gesellschaft. Im Fall eines Börsengangs oder einer Kapitalmarktemission können zur Tilgung exit-basierter Finanzierungsinstrumente entweder die Erlöse der Gesellschaft aus der Emission neuer Anteile oder die Erlöse der Altgesellschafter aus dem Verkauf ihrer bestehenden Anteile eingesetzt werden.

Im Fall von Wachstumsunternehmen treten häufig mehrere Klassen von Eigenkapitalanteilen auf, deren Beteiligung an den Erlösen eines oder mehrerer Exit-Ereignisse im Rahmen einer Gesellschaftervereinbarung oder in der Satzung durch einen als Wasserfall bezeichneten Verteilungsmechanismus geregelt ist. Die Verteilung der Exit-Erlöse über einen Wasserfall auf unterschiedlichen Finanzierungsinstrumente weist dabei im Vergleich zu herkömmlichen Instrumenten der Eigen- und Fremdkapitalfinanzierung ein Risikoprofil auf, das sich deutlich unterscheidet und sich graphisch wie folgt illustrieren lässt:

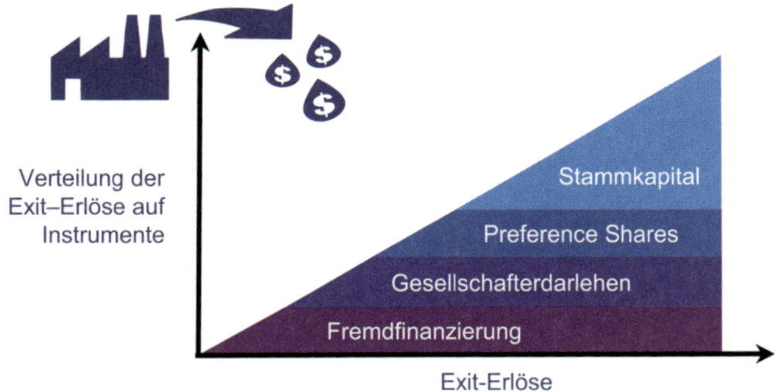

Abb. B-13: Verteilung der Exit-Erlöse

Charakteristische Merkmale von strukturierten Finanzierungsinstrumenten im Rahmen solcher verteilungsbasierter Ausschüttungsmechanismen sind:

- keine Verpflichtung zu laufenden Zins- oder Tilgungszahlungen
- ereignisbasierter exitabhängiger Rückzahlungszeitpunkt

- Erlösverteilung erfolgt auf mehrere Finanzierungsinstrumente
- Rückzahlungsansprüche umfassen aufgezinste Kredit- beziehungsweise Investitionsbeträge
- Ausschüttungen an einzelne Finanzierungsinstrumente oder Anteilsklassen vor dem Rückzahlungszeitpunkt werden auf die Rückzahlungsansprüche angerechnet
- Verteilungsmechanismus bestimmt Reihenfolge und Umfang der Erlösverteilung auf einzelne Finanzierungsinstrumente

Leveraged Finance in Private Equity-Transaktionen

Leveraged Finance-Konstruktionen sind durch einen finanzierungsbezogenen Hebeleffekt eines Anteilserwerbs gekennzeichnet. Der Erwerb der Anteile einer operativen Zielgesellschaft wird dabei über eine Reihe von Erwerbs-, Finanzierungs- und Holdinggesellschaften mittels externer Fremdfinanzierungen und unterschiedlicher Eigenkapitalinstrumente finanziert. Regelmäßig hält auch das Management sowohl des Investors als auch der operativen Gesellschaft über eine Beteiligungsgesellschaft mittelbar Ansprüche an der Zielgesellschaft.

Analog zur Finanzierung bei Wachstumsunternehmen erfolgt die Rückzahlung der Finanzierungsansprüche ereignisbasiert bei Eintreten eines Exit-Ereignisses. Die Rangfolge, in der einzelne Finanzierungsinstrumente im Rahmen der Erlösverteilung berücksichtigt werden, ist dabei nicht nur durch einen per Gesellschaftervereinbarung definierten Verteilungsmechanismus, sondern zusätzlich durch eine aufgrund der Gesellschaftsstruktur festgelegte Rangfolge der Ansprüche bestimmt. Die Verteilung der Erlöse aus einer Veräußerung der operativen Gesellschaft erfolgt so auf Basis eines synthetischen Verteilungsmechanismus. Ansprüche aus Finanzierungsinstrumenten mit einer nachrangigen Stellung im Wasserfall des Gesellschaftsvertrags oder Ansprüche gegenüber einer nachrangigen Gesellschaft in der Gesellschaftsstruktur können dabei oftmals nur im Fall hoher Exit-Erlöse überhaupt mit einer Auszahlung rechnen, sodass der Wert solcher Finanzierungsinstrumente mit einem hohen Abschlag gegenüber dem nominellen Rückzahlungsanspruch zu versehen ist. Der Bewertung von Finanzierungsinstrumenten, deren Zahlungen von ihrer Rangfolge in einem exitbasierten Verteilungsmechanismus abhängig sind, kommt daher sowohl bei der Transaktion selbst, als auch nachgelagert im Rahmen von Werthaltigkeitstests eine besondere Bedeutung zu.

Häufig sind im Rahmen von Private Equity-Transaktionen auch Kaufpreisfinanzierungen durch den Verkäufer über Verkäuferdarlehen (Vendor Loans) oder über Rückbeteiligungen am Eigenkapital einer der Private Equity Zweckgesellschaften zu beobachten. Hierbei ist zu beachten, dass der (fiktiv) festgelegte Nennwert eines Verkäuferdarlehens beziehungsweise einer Rückbeteiligung häufig nicht dessen Marktwert entspricht. In diesem Fall kann der Wert von Verkäuferdarlehen und/oder Rückbeteiligungen nur über eine marktorientierte Bewertung ermittelt werden.

Finanzielle Restrukturierung

Im Rahmen einer finanziellen Restrukturierung werden in der Regel bestehende, zum Teil nicht mehr werthaltige Finanzierungsinstrumente einer Gesellschaft durch werthaltige Ansprüche neuer Finanzierungsinstrumente ersetzt. Regelmäßig kommt es dabei zu einem vollständigen oder teilweisen Verzicht der bisherigen Kapitalgeber, der für die bisherigen Eigenkapitalgeber sogar zu einem vollständigen Verlust ihrer Ansprüche führen kann.

Nicht mehr werthaltige Ansprüche aus Fremdkapitalfinanzierungen werden durch eine Kombination aus neuen werthaltigen Ansprüchen und nachrangigen Ansprüchen ersetzt, wobei die nachrangigen Ansprüche regelmäßig den Charakter eines Besserungsscheins aufweisen und nur im Fall einer deutlich positiven Unternehmensentwicklung mit einer Zahlung rechnen können.

Im Rahmen einer finanziellen Restrukturierung sollten die Beteiligten bereits im Verlauf des Verhandlungsprozesses über eine hinreichende Transparenz bezüglich des Werts bereits bestehender sowie neuer Finanzierungsinstrumente verfügen. Dazu sollte ein integriertes Bewertungsverfahren so eingesetzt werden, dass unter Berücksichtigung des insolvenzrechtlichen Verteilungsmechanismus der Marktwert aller Finanzierungsinstrumente dem Unternehmenswert entspricht und es nicht zu Widersprüchen in der Bewertung einzelner Ansprüche kommt.

Bewertungstechniken

Die geschilderten Anwendungsfälle haben gemein, dass Rangfolge, Umfang und Zeitpunkt der Zahlungen an oftmals mehrere strukturierte Finanzierungsinstrumente einer Gesellschaft durch einen Verteilungsmechanismus bestimmt sind, der die Verteilung eines Veräußerungserlöses, operativer Erträge oder von Refinanzierungszahlungen regelt. Eine konsistente Bewertung der Instrumente, die in einen derartigen Verteilungsmechanismus eingebunden sind, unterliegt dabei folgenden Anforderungen:

- Basis der Bewertung ist eine Wahrscheinlichkeitsverteilung der zum erwarteten Exit-Zeitpunkt auf die Finanzinstrumente zu verteilenden Erlöse
- Ein Verteilungsmechanismus bestimmt die Verteilung ereignisbasierter Erlöse auf mehrere Finanzierungsinstrumente.
- Der Erwartungswert der Zahlungen eines Finanzierungsinstruments kann ohne Berücksichtigung vorrangiger Ansprüche und des Verteilungsmechanismus nicht abgeleitet werden
- Aufgrund der regelmäßig individuellen Gestaltung des Verteilungsmechanismus ist eine Bestimmung einer risikoadäquaten Verzinsung über Peer Group-Ansätze, Vergleichsinstrumente oder unter Verwendung des Unternehmensratings nicht zielführend

- Der Zusammenhang zwischen den zu verteilenden Erlösen und den Zahlungen eines Instruments ist nicht linear, sondern durch ein asymmetrisches Zahlungsprofil gekennzeichnet.
- Ein konsistentes Bewertungsverfahren sollte die Erlösverteilung auf sämtliche Instrumente der Finanzierungsstruktur berücksichtigen
- Bewertungen auf Basis von szenariobasierten Erlösverteilungen sollten die Szenariowahrscheinlichkeiten in der Wertfindung berücksichtigen

In der Praxis haben sich folgende Bewertungsverfahren etabliert:

- Black-Scholes-basierte Verfahren sind durch ihre einfache Handhabung und einen geringen Anpassungsaufwand des Modells an transaktionsspezifische Verteilungsmechanismen gekennzeichnet, zeigen jedoch Einschränkungen in der Flexibilität beliebige Verteilungsmechanismen abzubilden.
- Monte-Carlo-Simulationen bieten eine hohe Flexibilität bei der Abbildung von Erlösverteilungsmechanismen; sie sind jedoch durch einen hohen Anpassungsaufwand des Modells an die Spezifika einer Transaktion, die Erfordernis einer Simulationsroutine sowie durch vergleichsweise lange Rechenzeiten gekennzeichnet.
- Wahrscheinlichkeitsbasierte Verfahren entsprechen dem Monte-Carlo-basierten Verfahren in Bezug auf Flexibilität und Anpassungsaufwand des Modells, erfordern jedoch keine Simulation und sind aufgrund ihrer vernachlässigbaren Rechenzeit in Verhandlungssituationen sehr effizient einsetzbar.
- Binomial- und Trinomialmodelle erfordern den im Vergleich höchsten Anpassungsaufwand, bieten in Bezug auf die Flexibilität der Modellanpassung jedoch zusätzlich zu den vorgenannten Verfahren die Möglichkeit, mehrere Verteilungszeitpunkte sowie Optionen abzubilden.

Welches Verfahren die Anforderungen der jeweiligen Entscheidungssituation am besten erfüllt, hängt von der Komplexität des Verteilungsmechanismus, der notwendigen Präzision und Rechengeschwindigkeit sowie von der geforderten Anpassungsflexibilität des Modells an variierende Verteilungsmechanismen und Vertragsentwürfe ab und kann nur im Einzelfall entschieden werden.

Transaktionsbegleitende Bewertung

Im Rahmen von Unternehmenstranskationen und Kapitalmaßnahmen ist eine frühzeitige verhandlungsbegleitende Bewertung strukturierter Instrumente unabdingbar, um bereits im Verlauf des Verhandlungsprozesses Transparenz über die Werteffekte der Finanzierungsinstrumente herzustellen. Dies hilft, divergierende Wertvorstellungen von Vertragsparteien und damit einhergehende, oft aufwendige Nachverhandlungen zu vermeiden.

Im Rahmen von Kapitalmaßnahmen kann Transparenz über die Werteffekte der Maßnahme auf nicht unmittelbar betroffene Finanzinstrumente helfen, von betroffenen Kapitalgebern die Zustimmung zu der Kapitalmaßnahme zu erhalten. Weiterhin kann eine transaktionsbegleitende Bewertung von strukturierten Kapitalemissionen sicherstellen, dass der Wert eines vertraglichen Zahlungsversprechens auch dem erzielten Transaktionspreis entspricht. Die vertraglich vereinbarten Konditionen können daraufhin überprüft werden, ob sie im Hinblick auf den zur Disposition stehenden Transaktionenpreis angemessen sind und schließlich kann auf Basis der vertraglichen Zahlungsversprechen und des Transaktionspreises ein der Transaktion unterliegender impliziter Unternehmenswert ermittelt werden.

11 Debt Equity Swaps – Einsatz und Bewertung

Der Debt Equity Swap ist in der finanziellen Restrukturierung und im Kapitalstrukturmanagement ein effektives Instrument um die Eigenkapitalausstattung und die Zahlungsfähigkeit eines Unternehmens insbesondere Krisensituationen zu sichern oder wiederherzustellen. Voraussetzung für eine erfolgreiche Durchführung der Restrukturierung ist dabei eine transparente Ermittlung des Austauschverhältnisses zwischen aufgegebenen Forderungen und neu ausgegebenen Eigenkapitalinstrumenten.

Grundlagen

Im Rahmen eines Debt Equity Swaps wird eine finanzielle Forderung eines Gläubigers gegenüber einem Unternehmen (Fremdkapital/Debt) zugunsten einer Beteiligung an diesem Unternehmen (Eigenkapital/Equity) ausgetauscht. Die Unternehmensbeteiligung kann entweder vom ursprünglichen Gläubiger selbst oder – durch vorherigen Verkauf der ursprünglichen Forderung – von einem Investor übernommen werden.

Debt Equity Swaps finden vor allem im Rahmen der finanziellen Restrukturierung von Unternehmen, im internationalen Schuldenmanagement sowie eingebettet in strukturierte Finanzierungsinstrumente im Kapitalstrukturmanagement bei Finanzinstitutionen Anwendung. Wie notwendig bei der Strukturierung eines Debt Equity Swaps ein zielgerichtetes strategisches Einverständnis aller Beteiligten sein kann, haben beispielsweise die vor Einleitung des Insolvenzverfahrens gescheiterten Restrukturierungsversuche der Automobilunternehmen General Motors Corp. und Chrysler LLC verdeutlicht. Im Hinblick auf die Unternehmenssituation bei Abschluss eines Debt Equity Swaps können Transaktionen vor Eintreten einer finanziellen Unternehmenskrise und Transaktionen im Verlauf einer Unternehmenskrise unterschieden werden.

Durch das ESUG besteht für Debt Equity Swaps im Rahmen von Insolvenzplanverfahren (§§ 217 ff. InsO) ein grundlegend verändertes Regelungsumfeld. Die ursprüngliche Trennung zwischen Gesellschafts- und Insolvenzrecht wurde aufgehoben, sodass nunmehr Eingriffe in Gesellschaftsrechte (§ 225a InsO) im Rahmen eines Insolvenzplanverfahrens explizit vorgesehen sind. Gemäß der Neuregelung des § 217 Abs. 1 Satz 2 InsO können auch die Anteils- oder Mitgliedschaftsrechte der am Schuldner beteiligten Personen in den Insolvenzplan einbezogen werden, vorausgesetzt dieser ist keine natürliche Person (§ 225a Abs. 2 InsO). Dies ist beispielsweise der Fall, wenn die Umwandlung von Gläubigerforderungen in Mitgliedschaftsrechte im Rahmen einer Sacheinlage Bestandteil des erarbeiteten Insolvenzplans ist.

Ein weiteres Anwendungsfeld von Debt Equity Swaps ist das internationale Schuldenmanagement. Debt Equity Swaps werden dabei von Entwicklungsländern, die nicht über ausreichende Deviseneinkommen oder -bestände verfügen, zur Tilgung von Fremdwährungsschulden eingesetzt.

Debt Equity Swaps in der finanziellen Restrukturierung

Im Rahmen einer finanziellen Restrukturierung ermöglicht es ein Debt Equity Swap einem Gläubiger eine aufgrund eines erhöhten Ausfallrisikos wertgeminderte Forderungen mit einem Abschlag auf den Nennwert zu veräußern und dadurch einen später möglichen vollständigen Forderungsverlust zu vermeiden. Im Standardfall wandelt der Gläubiger im Rahmen eines Debt Equity Swaps seine wertgeminderten Forderungen in Unternehmensanteile und begleitet die weitere Restrukturierung des Unternehmens. Eine solche Transaktion ermöglicht es dem Unternehmen die Schuldenlast zu verringern oder eine Überschuldung zu beseitigen. Gleichzeitig können die Gläubiger an einer späteren Verbesserung der wirtschaftlichen Lage des Schuldners partizipieren. Liegt es nicht im Interesse des Gläubigers im Rahmen der Unternehmensrestrukturierung unternehmerische Verantwortung zu übernehmen, kann der Gläubiger in einer zweiten Variante die gegen Aufgabe der Forderung erhaltenen Unternehmensanteile an einen Equity Investor veräußern, der die weitere Restrukturierung des Unternehmens begleitet. Schließlich kann – in einer dritten Variante – ein Erwerb ausfallrisikobehafteter Forderungen und eine nachfolgende Umwandlung in Unternehmensanteile durch den Investor direkt erfolgen. Insbesondere wenn bei größeren Restrukturierungsfällen Anleihegläubiger beteiligt sind, treten häufig Finanzinvestoren auf, die sich auf den Kauf und die Wandlung wertgeminderter Forderungen spezialisiert haben.

Dem Equity Investor ermöglicht die Ablösung der Gläubigerforderung eine Eigenkapitalbeteiligung an einem finanziell restrukturierten Unternehmen, das aufgrund einer verbesserten Liquidität bisher ungenutzte Restrukturierungs- und Wachstumspotentiale nutzen kann. Für die bisherigen Gesellschafter führt ein Debt Equity Swap in Zusammenhang mit einem teilweisen oder vollständigen Kapitalschnitt zu einer Verwässerung oder zum vollständigen Verlust ihrer Eigenkapitalanteile und Gesellschafterrechte.

Durch einen Debt Equity Swap wird die Eigenkapitalquote eines Unternehmens verbessert und gleichzeitig durch die Ablösung zukünftiger Zins- und Tilgungszahlungen dessen Liquidität erhöht. Durch die Verbesserung von Eigenkapitalquote und Cashflow-Profil können Debt Equity Swaps die Voraussetzung zur Erschließung neuer Fremdkapitalfinanzierungen schaffen.

Ermittlung der Austauschrelation

Aufgrund der Anpassung von Art, Umfang und Werthaltigkeit der Ansprüche und Rechte von Gläubigern, Altgesellschaftern und Equity Investoren ist für den Erfolg des Restrukturierungsprozesses die Bestimmung einer angemessenen und konsensfähigen Austauschrelation des Debt Equity Swaps von entscheidender Bedeutung. Voraussetzung für eine erfolgreiche Durchführung der Restrukturierung sind dabei transparent ermittelte Bewertungsrelationen und einheitlich festgelegte Transaktionskonditionen.

Sofern es sich bei dem Unternehmen nicht um eine AG mit börsengehandeltem Aktienkapital handelt, kann die Austauschrelation von ausfallrisikobehafteten Forderungen und neuem Eigenkapital nicht aus aktuellen Marktpreisen abgeleitet werden, sondern erfordert eine Bewertung des gesamten Unternehmens unter Berücksichtigung der abzulösenden und der neuen Kapitalstruktur.

Zentrale Frage bei der Gestaltung des Tauschverhältnisses des Debt Equity Swaps ist, welche Anzahl neuer Anteile die bisherigen Gläubiger für die Aufgabe Ihrer Forderungen erhalten. Dazu ist der Wert der aufgegebenen Forderungen ins Verhältnis zum Wert der neu auszugebenden Anteile zu setzen.

Die Anzahl neuer Anteile wird dabei in drei Schritten bestimmt: Zunächst erfolgt eine Bewertung der gesamten Eigenkapitalposition des Unternehmens unter Berücksichtigung der modifizierten Kapitalstruktur. Gegebenenfalls sind dabei gesonderte Werte für unterschiedliche Klassen von Eigenkapitalinstrumenten zu bestimmen. In einem zweiten Schritt ist festzulegen, welchen Anteil am wirtschaftlichen Wert des Eigenkapitals die teilnehmenden Gläubiger nach Restrukturierung erhalten. Die Festlegung des Eigenkapitalanteils der am Debt Equity Swap teilnehmenden Gläubiger ist dabei in der Regel Ergebnis eines Verhandlungsprozesses, bei dem sich modellbasierte Wertanalysen als Hilfsmittel zur Schaffung von Werttransparenz bewährt haben. Schließlich ist für jede Eigenkapitalklasse festzulegen, wie viele Anteile an Eigenkapitalinstrumenten an die teilnehmenden Gläubiger auszugeben sind, um die vereinbarten Wertverhältnisse im Vergleich zu weiteren Equity Investoren und gegebenenfalls bestehenden Anteilseignern umzusetzen.

Der Wert der abgelösten Forderung kann als Wert einer kreditausfallrisikobehafteten Finanzverbindlichkeit ermittelt werden oder – einer Eigenkapitalposition vergleichbar – als Residualwert des Unternehmenswerts abzüglich vorrangiger Schulden auf Basis einer Unternehmensbewertung vor finanzieller Restrukturierung.

Im Fall einer wertneutralen Austauschrelation des Debt Equity Swaps entspricht der wirtschaftliche Wert der neu ausgegebenen Eigenkapitalanteile nach der finanziellen Restrukturierung dem Wert der abgelösten ausfallrisikobehafteten Forderungen vor der finanziellen Restrukturierung.

Da die Forderung des Gläubigers im Rahmen einer Sacheinlage gegen Gewährung von Gesellschaftsrechten an dem Schuldnerunternehmen eingebracht wird, stellt sich die Frage nach der Werthaltigkeit der erbrachten Einlage. In Krisen- und insbesondere Insolvenzsituationen ist davon auszugehen, dass die Forderung erheblich in ihrem Wert gemindert ist. Gläubigerforderungen können dann nur wertberichtigt eingebracht werden, da eine Einbringung zum Nennwert einen Verstoß gegen den Grundsatz der effektiven Kapitalaufbringung bedeutet.

Insbesondere Unternehmen in einer Restrukturierungssituation haben zu berücksichtigen, dass die Differenz zwischen dem Buchwert der erloschenen Verbindlichkeit und dem Zeitwert der emittierten Anteile grundsätzlich ergebniswirksam zu erfassen ist und folglich Steuerzahlungen auslösen kann. Die steuerliche Wirkung eines Debt Equity Swap ist daher bei der Konditionengestaltung von besonderer Bedeutung und entspricht der eines Forderungsverzichts. Es erfolgt die Ausbuchung der Verbindlichkeit. In Höhe des werthaltigen Teils der Forderung liegt eine Einlage vor, die bei der Ermittlung des steuerlichen Gewinns abzuziehen ist.

Einsatz von Debt Equity Swaps im Kapitalmanagement

Debt Equity Swaps können darüber hinaus als Bestandteil von Finanzierungsinstrumenten im Fall einer zukünftig möglichen Unternehmenskrise eine Stärkung der Kapitalposition des Unternehmens zu vorteilhaften Konditionen sichern. Einen Anwendungsfall eingebetteter Debt Equity Swaps stellen sogenannte Contingent Convertible Bonds dar. Dies sind langfristige, nachrangige Schuldverschreibungen mit festem Coupon, die bei Eintreten festgelegter Wandlungskriterien (Trigger Event) von Fremd- in Eigenkapital gewandelt werden. Ohne Eintreten der Wandlungskriterien werden diese hybriden Schuldverschreibungen am Ende ihrer Laufzeit getilgt. Im Unterschied zu herkömmlichen Wandelanleihen liegt das Wandlungsrecht nicht bei den Investoren, sondern erfolgt zwingend bei Eintreten des Trigger Events.

Contingent Convertible Bonds machen Fremdkapitalgeber im Falle einer Wandlung zu haftenden Eigenkapitalgebern und verbessern die Eigenkapitalausstattung des Emittenten in wirtschaftlich ungünstigen Situationen zu bereits vorab festgelegten Konditionen. Voraussetzung für eine erfolgreiche Platzierung solcher Contingent Convertible Bonds ist eine zielgerichtete, an den Erfordernissen von Investoren und Emittenten ausgerichtete Festlegung der Wandlungskonditionen.

12 Corporate Venture Capital – Besonderheiten bei Investitionsentscheidung und Portfolioentwicklung

Die weltweiten Investitionen in VC sind in den letzten Jahren signifikant gewachsen – auch wenn sich jüngst die wirtschaftlichen Unsicherheiten durch die COVID-19-Pandemie dämpfend auf den Markt für Risikokapital ausgewirkt haben. Unter den Investoren auf dem Risikokapitalmarkt hat sich eine Gruppe in zunehmendem Umfang fest etabliert: CVC. Investitionen von großen Unternehmen, sogenannter Corporates, in VC prägen mittlerweile den Risikokapitalmarkt. Diese wachsende Bedeutung von CVC in jüngerer Zeit erklärt sich durch Gründungen neuer Fonds oder strategische Neuausrichtungen bestehender Fonds dieser Unternehmen. Das Konzept von CVC hat dabei einen (noch) stärkeren Bezug zur Strategie der Unternehmen bekommen und soll als Quelle für innovatives Know-how dienen. Trotz Dynamik und Unsicherheit durch Digitalisierung und technologische Entwicklungen sollen Investitionen in Start-ups mit in hohem Maße unsicheren Zukunftsaussichten die zukünftige Unternehmensentwicklung absichern – ein Widerspruch? Dieser Aspekt soll aus der Perspektive der Corporates im Hinblick auf Besonderheiten bei der Investitionsentscheidung und der Portfoliowertentwicklung von Risikokapital beleuchtet werden.

Grundlagen von Corporate Venture Capital

Gemessen an den Investitionsvolumina ist der Anteil der Corporates als VC-Investoren über die letzten Jahre stark angestiegen. Der Zugang zu neuen Technologien und Geschäftsmodellen ist für viele Unternehmen eine zentrale strategische Herausforderung. Aus klassischer Forschungs- und Entwicklungsaktivität sind oftmals die Risiken einer rechtzeitigen Marktfähigkeit von Technologien und Produkten zu hoch, da die Geschwindigkeit, um marktfähig zu sein (Time to Market), aufgrund der Strukturen innerhalb der Corporates regelmäßig nicht erreicht werden kann. Akquisitionen von etablierten Unternehmen sind auf die Verfügbarkeit bestimmter Zielunternehmen begrenzt, so dass der Aktionsraum für die Investition in neue Technologien eingeschränkt ist. Aus diesem Grund ist der Zugang zu Innovationen über die Investition in Start-ups ein alternativer Weg zu neuen Geschäftsmodellen geworden.

Das Grundprinzip von VC gilt dabei auch für CVC-Fonds. So beteiligen sich CVC-Fonds an Start-up-Unternehmen, die sich in unterschiedlichen Phasen der Unternehmensentwicklung befinden. So gibt es CVC-Fonds als Inkubatoren oder als Kapitalgeber für Seed Stage, Early Stage, Early Growth Stage oder Growth Capital – analog den Ausrichtungen, die sich bei Finanzinvestoren im Bereich VC finden. CVC verbindet daher neben dem Zugang zu Technologie auch in der Regel finanzielle Renditeerwartungen. Durch diese zweidimensionale Perspektive (Zugang zur Technologie und Renditeerwartung) wächst die Komplexität in der Beurteilung von Investitions- oder Exit-Entscheidungen sowie beim Monitoring von Wertentwicklungen des Portfolios aus Sicht von Corporates im Vergleich zum Finanzinvestor, der in erster Linie nur die Renditeerwartung im Blick hat.

Investitionsentscheidungen aus Sicht von Corporate Venture Capital

Klassisch beteiligt sich ein CVC-Fonds über Finanzierungsrunden (Fund Raising) und damit über zusätzliche neue Mittel für das Start-up (Fresh Money). Im Kern geht es regelmäßig um Minderheitsbeteiligungen an jungen Unternehmen in unterschiedlichen Phasen der Unternehmensentwicklung. Meist sind es Investitionen in das erwartete Wachstum des Start-ups, welches durch Fresh Money realisiert werden soll. Neben den Gründern können andere private Finanzinvestoren oder staatlich geförderte VC-Fonds am Unternehmen beteiligt sein. Durch diese Struktur des VC-Investments tritt für den CVC-Fonds eine Risikoteilung mit den anderen Investoren ein. Das Kooperationsdesign solcher VC-Investments führt zu besonderen gesellschaftsrechtlichen Regelungen insbesondere für den Exit (unter anderem Liquidationspräferenzen, Drag-along-/Tag-along-Rechte). Als Folge sind Beteiligungsmöglichkeiten an Start-ups über Zweitmärkte (Secondaries) für CVC nicht die Regel.

Das Bewertungsniveau des Start-ups (Pre-Money-Valuation) und das zusätzliche Investitionsvolumen (Fresh Money) bestimmen im Grundsatz den relativen Anteil am Eigenkapital des Unternehmens, der den Kapitalgebern im Zuge der Finanzierungsrunde gewährt wird. Wenn sich bestehende Investoren nicht oder im geringeren Umfang mit Fresh Money beteiligen, kann dies zur Verwässerung ihrer Anteile führen. Bei den Finanzierungsrunden kann es für den CVC-Fonds zu Konkurrenzsituationen und damit Wettbewerb mit anderen interessierten Investoren kommen. Aus Sicht der Corporates stellt sich somit die Frage, bis zu welchem Preis in einer Finanzierungsrunde eine Beteiligung erworben oder bei einer bestehenden Beteiligung eine zusätzliche Investition gerechtfertigt werden kann beziehungsweise alternativ eine Verwässerung ökonomisch vorteilhaft ist.

Das aktuelle Bewertungsniveau in einer Finanzierungsrunde ist ein Spiegelbild von erwarteten Exit-Zeitpunkten, zum Beispiel in Form von Börsengängen (IPOs) oder Verkäufen (Trade Sale), und zukünftigen Bewertungen für etablierte Geschäftsmodelle, die unter Berücksichtigung von Renditeanforderungen an das Start-up in die Investitionsentscheidung von Investoren einfließen. Neben dem Bewertungsniveau ist für die jeweilige Finanzierungsrunde die Ausprägung sogenannter Liquidationspräferenzen von Relevanz. Diese dienen der Risikoabsicherung für die in einer Finanzierungsrunde gewährten zusätzlichen Mittel, wie sie beispielsweise in klassischen Regelungen wie „last-money-in – first-money-out“ zum Ausdruck kommen. Bedingt durch solche Liquidationspräferenzen erhöht sich in der Regel die Komplexität der Investment-Entscheidung mit der Anzahl der Finanzierungsrunden. Um im Wettbewerb mit anderen Investoren tendenziell hohen Bewertungsniveaus Rechnung zu tragen, kann die Risikoabsicherung über Liquidationspräferenzen aus Sicht des CVC eine Gestaltungsoption sein, die zu einem asymmetrischen Chancen-Risiko-Profil zum Investitionszeitpunkt führt.

Initiale Investmententscheidungen in Start-ups erfordern somit eine intensive Auseinandersetzung mit den Entwicklungsperspektiven des Start-up-Unternehmens. Der Rückgriff auf etablierte Instrumente zur Beurteilung von Investitionsentscheidungen von Corporates ist dabei oftmals ungeeignet. Stattdessen sollten Modelle zu wertorientierten Entscheidungen, die die Besonderheiten einer solchen Investition über Performance-Risiko-Aspekte abbilden, Grundlage der Investitionsentscheidung sein. Nicht zuletzt gilt dies auch, um Diversifikations-aspekten einer solchen Investition in ein Start-up – wie zum Beispiel durch operatives Hedging gegenüber einer etwaigen Kannibalisierung von Bestandsgeschäften – ausreichend Rechnung tragen zu können.

Die Komplexität solcher Investmententscheidungen könnte zukünftig noch steigen, wenn Start-ups Fund Raising über sogenannte Token-Verkäufe betreiben und damit digitale Assets als Währung ausgeben. Sogenannte ICOs stellen eine aus Bewertungssicht neue Herausforderung dar, da Fresh Money zwar in etablierten Währungen gegeben wird, der Anteilswert sich jedoch in Anteilen ausdrückt, die sich erst mit einer Etablierung des Unternehmens in dem Zielmarkt realisieren. Mit ICOs dürften sich auch CVC-Fonds in Zukunft zunehmend auseinandersetzen, um nicht per se von einem relevanten Teilmarkt von VC-Investments für bestimmte technologische Entwicklungen im digitalen Umfeld ausgeschlossen zu sein.

Wertentwicklung des Portfolios

Bei der Beurteilung und dem Monitoring der Wertentwicklung des CVC-Fonds ist der Corporate Venture Investor einer Vielzahl von Besonderheiten in der VC Industrie ausgesetzt. So hat sich bei der Messung des Portfolio-Werts etabliert, auf die IPEV Guidelines als konzeptionellen Rahmen zurückzugreifen. Gerade im VC Bereich ergeben sich regelmäßig dynamische Entwicklungen, die durch das Fondsmanagement im Hinblick auf (Wert-)Einschätzungen abzubilden sind. Die IPEV-Guidelines nehmen im Grundsatz eine Perspektive ein, die primär eine Marktsicht verfolgt und neue Informationen über Preisinformationen zu einzelnen Portfolio-Unternehmen als Referenz heranzieht – eine Analogie, die sich ähnlich im Preiskonzept des IFRS 13 manifestiert hat. Die nachfolgende Grafik illustriert die Komplexität, um die Wertentwicklung eines Portfoliounternehmens zu erfassen.

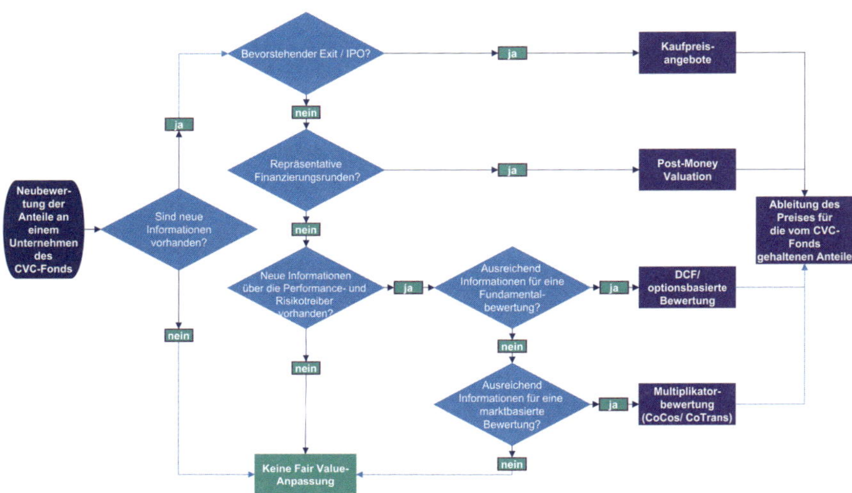

Abb. B-14: Wertentwicklung eines Portfoliounternehmens

Im Kern beschäftigt sich das Monitoring der Wertentwicklung, das heißt die regelmäßige Neubewertung einzelner Portfolio-Unternehmen, mit der Frage, ob neue Informationen vorliegen und wie Marktteilnehmer diese neuen Informationen in einen Preis beziehungsweise Fair Value für ein Unternehmen einwerten. Dies können Informationen über aktuelle Exits, wie zum Beispiel Verkauf im Rahmen einer M&A-Transaktion oder Börsengänge von Portfolio-Unternehmen, sein, die dann über die Bewertung des Eigenkapitals eine unmittelbare Einschätzung zum Preis beziehungsweise Fair Value der Anteile, die der CVC-Fonds hält, erlauben. Auch (aktuelle) Finanzierungsrunden lassen über aktuelle Post-Money-Bewertungen grundsätzlich eine Einschätzung zum Wert des Unternehmens zu, wobei sich in der Regel die Frage stellt, ob die Finanzierungsrunde repräsentativ ist? Die Beantwortung dieser Frage erfordert eine Auseinandersetzung mit der Struktur und den Details der Finanzierungsrunde im Einzelnen.

Während bevorstehende Exits oder Bewertungen aus letzten Finanzierungsrunden unmittelbare Preisinformationen zu einem Portfolio-Unternehmen unter stand-alone Gesichtspunkten liefern, sind neue Informationen über Performance- und Risikotreiber mittelbar der Weg, um über Fundamentalbewertungsansätze Wertveränderungen von Portfolio-Unternehmen zu messen. Entscheidend ist hier oftmals die Frage, ob der Umfang der vorliegenden Informationen ausreichend ist, um Methoden wie DCF oder optionsbasierte Bewertungskalküle zur Anwendung zu bringen. Die Antwort auf diese Frage hängt in hohem Maße von teilweise subjektiven Einschätzungen zu wesentlichen Performance- und Risikotreibern ab, so dass die IPEV-Guidelines die Anwendung von DCF-Kalkülen für VC insbesondere durch die Notwendigkeit der

Ermittlung von risikoadäquaten Kapitalkosten nur eingeschränkt vorsehen. Allerdings können moderne Bewertungsverfahren mit simulationsbasierten Ansätzen die Hürde der subjektiven Einschätzung von Bewertungsparametern zur konsistenten Preisermittlung überwinden. Diese neuartigen Ansätze der Fundamentalbewertung vermeiden unter anderem den Rückgriff auf Peer Group-Informationen, um auf den Preis eines Unternehmens zu schließen – gerade bei Unternehmen mit neuartigen Geschäftsmodellen, die sich durch ihren innovativen Ansatz mit etablierten Unternehmen nicht vergleichen lassen, ein erheblicher Fortschritt. Darüber hinaus ist abhängig von der Verfügbarkeit von Informationen der Rückgriff auf Multiplikatorbewertungen (via vergleichbare börsennotierte Unternehmen sowie vergleichbare Transaktionen) möglich.

Wenn die Analyse der vorliegenden Informationen zu der Erkenntnis führt, dass keine ausreichende Substanz für eine Anpassung des Bewertungsniveaus (im Positiven wie im Negativen) abgeleitet werden kann, ist ein Ansatz zum bestehenden Fair Value des Unternehmens die Folge. Sind die Informationen ausreichend, kann eine Abschätzung für eine Neubewertung vorgenommen werden. Auf der Grundlage einer Neubewertung sämtlicher Anteile werden dann die Anteile, die der CVC-Fonds hält, neu bewertet. Hier fließen dann insbesondere die Besonderheiten aus den vorgenannten gesellschaftsrechtlichen Vereinbarungen einschließlich der Liquidationspräferenzen ein.

In der Praxis kommt es durch die Dynamik der Geschäftsmodelle der Portfolio-Unternehmen in der Regel zu einer Neubewertung pro Quartal. Die turnusmäßige Neubewertung der Anteile nach IFRS 9 beziehungsweise IFRS 13 für Corporate Venture Beteiligungen hat zudem an Relevanz gewonnen, weil seit dem 01.01.2018 die „cost exemption“ für nicht notierte Eigenkapitalinstrumente entfällt und damit eine regelmäßige Fair Value-Ermittlung von CVC-Investments nach IFRS 9 erforderlich ist.

Perspektiven für Corporate Venture Capital

Bedingt durch die aktuellen Entwicklungen an den Transaktions- und Kapitalmärkten sind die Bewertungsniveaus im VC vergleichsweise hoch. Gleichzeitig wird in vielen Branchen das Problem der strategischen „Lücken” tendenziell zunehmen, was in der Dynamik des Technologieumfelds insbesondere durch die Digitalisierung begründet ist. Insofern wachsen die Anforderungen an CVC, einen wertoptimalen Einsatz der Fondsmittel zu realisieren. Hier können Entscheidungswerte unter Performance-Risiko-Aspekten unterstützen, die zum einen die Beurteilung von Investitionsentscheidungen und zum anderen das Monitoring der Wertentwicklung von Portfolio-Unternehmen und des Fonds insgesamt erlauben. Gleichzeitig lassen sich anhand dieser Modelle Diversifikationseffekte zwischen Portfolio-Unternehmen und dem bestehenden Geschäftsmodells des Corporate bewerten.

13 M&A Purchase Price Disputes – berechtigte Ansprüche erfolgreich geltend machen

Aufgrund ihrer Komplexität bieten Unternehmenstransaktionen auch nach sorgfältigen Verhandlungen häufig Anlass zu Diskussionen und Streitigkeiten. Das liegt meist an unterschiedlichen Interpretationen von Kaufpreismechanismen sowie von Gewährleistungs- und Garantieregelungen in den M&A-Verträgen. Empirische Erhebungen zeigen, dass Kaufpreisstreitigkeiten nach Übernahmen und Zusammenschlüssen zunehmen: Bei bis zu 15% aller Transaktionen kommt es zu einem sogenannten M&A-Disput. Ein solcher Disput kann sich über Monate oder Jahre hinziehen und endet teilweise erst im Schiedsverfahren oder vor staatlichen Gerichten.

Unzureichende Analyse nach Kaufvertragsabschluss

Im Rahmen von M&A-Transaktionen gehen Unternehmen in der Regel äußerst professionell an die Schritte bis zur Unterzeichnung des Kaufvertrages heran. Oft fehlt jedoch ein ähnlich professionell gestalteter Rahmen in Form einer Post-Signing-Analyse, um nach dem Abschluss des Kaufvertrags Ansprüche zu identifizieren, geltend zu machen und durchzusetzen. Unternehmen beschäftigen sich also häufig nicht systematisch mit der Frage, ob ihre akribisch ausgehandelten vertraglichen Ansprüche tatsächlich erfüllt wurden. Aus unternehmerischer Perspektive ist das unverständlich, da eine professionelle und systematische Aufarbeitung und die anschließende Verfolgung von Ansprüchen hohes Erfolgspotential bergen.

Typische Ursachen von M&A-Streitigkeiten

Kein M&A-Disput gleicht dem anderen: Die Ursachen und Hintergründe für Streitigkeiten sind so komplex und vielfältig wie Unternehmenstransaktionen selbst. Der beste Weg, sich der Thematik trotzdem systematisch zu nähern und die Hintergründe von M&A-Streitigkeiten zu verstehen, ist ein Blick auf die häufigsten Streitpunkte. Erfahrungsgemäß bilden

- unterschiedliche Interpretationen der Kaufpreisklauseln,
- die Ermittlung von rechnungslegungsbezogenen kaufpreisrelevanten Finanzkennzahlen sowie
- Gewährleistungs- und Garantieregelungen

am häufigsten Anlass zu Diskussionen. Oftmals sind die genannten Aspekte eng miteinander verknüpft, was den Komplexitätsgrad zusätzlich erhöht.

Bei einer Unternehmenstransaktion gehört der Kaufpreis naturgemäß zu den zentralen Verhandlungspunkten. Deshalb ist es nicht verwunderlich, dass variabel ausgestaltete und zum Closing-Zeitpunkt oder später zu ermittelnde Kaufpreisparameter zu unterschiedlichen Interpretationen führen können. Komplexität allein erklärt aber noch nicht die Streitanfälligkeit von Unternehmenstransaktionen: Häufig sind enttäuschte Erwartungen des Käufers der Auslöser dafür, dass er sich auf die Suche nach Kompensationsmöglichkeiten begibt. In solchen Fällen bieten Kaufpreisklauseln, Garantie- und Gewährleistungsansprüche willkommene Anspruchsgrundlagen. Da entsprechende Klauseln bei M&A-Transaktionen jedoch unverzichtbar sind, sollten beide Seiten möglichst intelligent und weitsichtig hiermit umgehen.

Kaufpreis(anpassungs-)klauseln im Unternehmenskaufvertrag

Um zu verstehen, warum Kaufpreis(anpassungs-)klauseln bei M&A-Transaktionen notwendig sind und was sie bewirken, muss man zunächst beachten, dass je nach Größe, Struktur und Ausgestaltung einer Transaktion zwischen Signing und Closing mehrere Wochen oder gar Monate vergehen können. Diese Zeitspanne ist den organisatorischen, rechtlichen und tatsächlichen Rahmenbedingungen einer M&A-Transaktion geschuldet. So müssen Unternehmen häufig Kartellfreigaben und andere öffentlich-rechtliche Genehmigungen einholen. Auch die Zustimmung gesellschaftsrechtlicher Organe und die Umsetzung von Umstrukturierungsmaßnahmen, die als Transaktionsbedingung vereinbart wurden, führen immer wieder zu Verzögerungen.

Neben der Zeitpanne sind Bewertungsfragen für das Verständnis der Problematik entscheidend: Kaufpreismechanismen und -anpassungsklauseln in Unternehmenskaufverträgen reflektieren die zu Grunde liegenden Bewertungsmodelle und die individuell zu bestimmenden Chancen- und Risiko-Einschätzungen der Vertragsparteien. Diesen steht es dabei frei, einen fixen Kaufpreis auf Basis der zuletzt verfügbaren Finanzinformationen zu vereinbaren (Locked Box Mechanismus). Empirische Analysen zeigen jedoch, dass die Mehrzahl von Unternehmenskaufverträgen variabel ausgestaltete Kaufpreisparameter enthält. Alle Kaufpreismechanismen und -anpassungsklauseln haben gemeinsam, dass sie an Finanzkennzahlen anknüpfen, die nach nationalen (HGB) oder internationalen (IFRS, US-GAAP) Rechnungslegungsnormen zu ermitteln sind.

Divergierende Interpretationsmöglichkeiten von Kaufpreis(anpassungs)klauseln, subjektive Ermessensspielräume bei der Ermittlung rechnungslegungsbezogener Finanzkennzahlen und die Komplexität von Rechnungslegungsnormen selbst können eine Unternehmenstransaktion in einen Disput münden lassen.

Garantien, Gewährleistungen und Freistellungen

Die Unternehmensbewertung und damit der Kaufpreis beruhen auf Finanzkennzahlen und Planungsrechnungen, deren Grundlage historische Konzern- und Jahresabschlüsse sind. Für Käufer ist es deshalb von zentraler Bedeutung, dass die Zahlen richtig und verlässlich sind, was der Käufer in Form einer sogenannten Bilanzgarantie im Kaufvertrag zusichert.

Ein anderes Vertragsinstrument, um Risiken zwischen Käufer und Verkäufer aufzuteilen, sind Freistellungsklauseln. Diese ordnen spezifische Risiken einer Partei zu und stellen die jeweils andere Seite entsprechend frei. Freistellungen in der M&A-Praxis betreffen häufig Umweltrisiken, Rückforderungen von öffentlichen Zuschüssen, potenzielle Strafzahlungen und Steuernachzahlungen.

Typische Streitthemen in der M&A Praxis

Trotz der vielfältigen Ausprägung von M&A-Transaktionen, lassen sich wiederkehrende Streitthemen bei der Kaufpreisbemessung identifizieren. Die in der Praxis aus unserer Sicht häufigsten Streitpunkte betreffen:

- die Hierarchie der Ermittlungs- und Rechnungslegungsgrundsätze (vertragsspezifische Regelungen, allgemeine Rechnungslegungsgrundsätze, Past Practice, interne Guidelines)
- unpräzise Definitionen und Abgrenzungen der Kaufpreisparameter
- die Bilanzierungs- und Bewertungspraxis des Zielobjekts (im Kontrast zu den Regelungen aus dem Kaufvertrag)
- die Anpassung der Bilanzierungs- und Bewertungsmethoden im Vergleich zur historischen Vorgehensweise
- den Ausweis sowie die Klassifizierung von Vermögensgegenständen und Schulden,
- den Werterhellungszeitraum und Wesentlichkeitsüberlegungen
- die Bilanzierung und Werthaltigkeit von immateriellen Vermögensgegenständen,
- Wertberichtigungen von Forderungen aus Lieferungen und Leistungen
- die Bewertung und Wertberichtigung von Vorräten
- den Ansatz und die Bewertung von Pensions- und anderen mitarbeiterbezogenen Rückstellungen, Steuer- sowie sonstigen Rückstellungen
- die Umsatzrealisierung (insbesondere bei Langfristfertigung)
- die Abbildung von Steuerrisiken
- die Bilanzierung von Leasing-Sachverhalten,
- zeitliche Abgrenzungen wie die unterjährige Abbildung von Rabatten und anderen Preisnachlässen

Identifikation und Durchsetzung von Ansprüchen

Um Ansprüche aufzudecken, geltend zu machen und durchzusetzen, haben sich bisher keine adäquaten unternehmerischen Standards und Prozesse etabliert – es existiert vielfach schlichtweg kein organisatorischer Rahmen. Die Identifikation materieller Ansprüche wird deshalb oft vernachlässigt und letztlich dem Zufall überlassen.

Das überrascht, da das Management im Rahmen der rechtlichen Sorgfaltspflichten gehalten ist, potenzielle Ansprüche zu prüfen und gegebenenfalls zu verfolgen.

Der erste Schritt des Prozesses sollte eine professionelle und systematische Analyse etwaiger Ansprüche sein. Das Problem: Da Streitigkeiten selten öffentlich ausgetragen werden, liegen keine direkt einsehbaren Sammlungen vergleichbarer Sachverhalte und Streitfälle (im Sinne von „Checklisten“) vor. Berater, die auf M&A-Disputes spezialisiert sind, verfügen jedoch über einen umfassenden Erfahrungsschatz aus ihrer Praxis.

Im zweiten Schritt ist zu überlegen, ob Käufer potenzielle Ansprüche geltend machen. Diese Entscheidung hängt wesentlich davon ab, wie hoch die potenzielle Kompensation ist, wie die Erfolgsaussichten einzuschätzen sind und welche Kosten für die Durchsetzung des Anspruchs anfallen.

Eskalation und der anschließende Streitbeilegungsprozess

Sofern der Käufer sich entschieden hat, Ansprüche geltend zu machen und die Gegenseite nicht einlenkt, kommt es häufig zu einem vertraulichen Schiedsverfahren. Dabei wird ein unabhängiger, sachkundiger Schiedsgutachter eingeschaltet (der sogenannte „Independent Expert“ oder „Neutral Expert“). Die Aufarbeitung von M&A Transaktionen vor staatlichen Gerichten stellt eher die Ausnahme dar. Wie ein Kaufpreis-Disput mit Schiedsgutachterverfahren typischerweise abläuft, zeigt die folgende Abbildung:

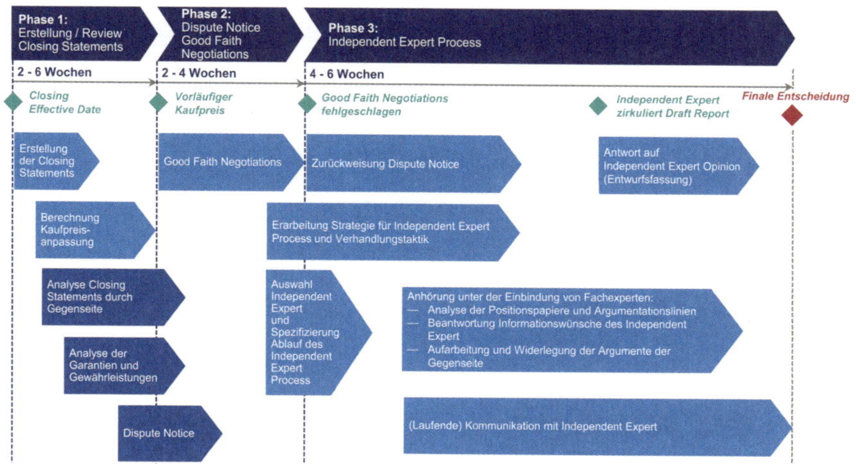

Abb. B-15: Ablauf eines Kaufpreis-Disputs

Zum sogenannten Effective Date (oftmals deckungsgleich zum Closing) erstellt eine der Parteien die „Closing Statements“ und stellt diese der anderen Seite zur Verfügung. Gleichzeitig berechnet die Partei den finalen Kaufpreis auf Basis des vertraglich vereinbarten Mechanismus. Die andere Partei analysiert daraufhin, ob und inwieweit die Closing Statements und die ermittelte Kaufpreisanpassung im Einklang mit den Regelungen des Kaufvertrags und den darin spezifizierten Rechnungslegungs- sowie sonstigen Ermittlungsvorschriften stehen. Ist sie nicht einverstanden, legt sie ihr vertraglich zugesichertes Veto ein und übermittelt der Gegenseite die sogenannte „Dispute Notice“ (oder „Notice of Disagreement“). Darin muss sie detailliert auflisten und begründen, wo und warum sie die Closing Statements beziehungsweise die Kaufpreisermittlung nicht akzeptiert. Anschließend versuchen die Vertragsparteien typischerweise zunächst, auf dem Verhandlungsweg einen Kompromiss zu finden. Erst wenn diese Verhandlungen scheitern, greifen die im Kaufvertrag vereinbarten Eskalationsmechanismen.

Für den „Independent Expert Process“ wird meist ein unabhängiger Wirtschaftsprüfer ausgewählt, der nicht nur über rechnungslegungsbezogene Kenntnisse verfügt, sondern sich auch mit Kaufpreismechanismen im Kontext von Unternehmensbewertungen auskennt. Darüber hinaus ist ein rechtliches Verständnis von Unternehmenskaufverträgen sowie einschlägige Praxiserfahrung mit M&A-Transaktionen und -Streitfällen unabdingbar.

Der „Independent Expert Prozess“ im engeren Sinne (Phase 3, siehe Abbildung) ist geprägt von Positionspapieren, Anhörungen und Antworten auf detaillierte Fragen, um den Sachverhalt aufzuklären. Er endet mit der Entscheidung des Independent Expert, die für beide Seiten verbindlich ist (außer bei offensichtlichen Fehlern). Deshalb macht es Sinn, wenn sich Unternehmen während des Streitbeilegungsprozesses – genau wie im vorgelagerten Transaktionsprozess – von erfahrenen Beratern unterstützen lassen, um sich gegenüber dem Independent Expert bestmöglich zu positionieren.

Typische Fehler vermeiden, Chancen nutzen

Das unterstreicht: Eine systematische, fokussierte und professionelle Herangehensweise, um Ansprüche zu identifizieren, geltend zu machen und durchzusetzen, ist essenziell für den späteren Erfolg. Dabei sollte auch die Erfüllung der rechtlichen Sorgfaltspflichten des Managements im Auge behalten werden.

Kaufpreisstreitigkeiten erfolgreich zu bewältigen, erfordert somit

- Erfahrung mit M&A-Transaktionen,
- ein rechtliches Verständnis von Unternehmenskaufverträgen,
- ein Verständnis der Kaufpreismechanismen sowie Anpassungsklauseln im Kontext von Unternehmensbewertungen im M&A-Umfeld,

- exzellente Accounting-Kenntnisse, da Kaufpreismechanismen und Garantien an Finanzkennzahlen anknüpfen, die nach den einschlägigen Rechnungslegungsvorschriften aufzustellen sind und
- Fachexpertise im Umgang mit M&A-Streitfällen.

Unternehmen sollten ihre internen Ressourcen deshalb mit M&A-Disput-Experten ergänzen. Im Regelfall sind dies externe Berater, die mit ihren einschlägigen Erfahrungen bei der Identifizierung und Durchsetzung von vertraglichen Ansprüchen aus Unternehmenskaufverträgen helfen. Sie können belastbare Einschätzungen und Orientierung geben – vor allem mit Blick darauf, wie hoch die verfolgten Ansprüche und ihre Erfolgsaussichten sind.

Besonders wichtig ist darüber hinaus größtmögliche Klarheit in der Kommunikation mit dem Independent Expert. Argumentationslinien sind deshalb nachvollziehbar zu gestalten und schlüssig zu dokumentieren. Die Rücknahme beziehungsweise Änderung von Argumentationslinien ist stets mit einem Glaubwürdigkeitsverlust verbunden.

Zusammenfassend ist festzuhalten, dass es sich lohnt, Kaufpreise über den gesamten M&A-Prozess hinweg genau zu prüfen. Wer halbherzig an die Sache herangeht, wird aber keinen Erfolg haben – und dadurch womöglich ein Kaufpreisanpassungspotenzial in Millionenhöhe verfallen lassen.

14 Prozessrisikoanalyse – ein wertvolles Instrument von der Prozessstrategie bis zur Bilanzierung

Die Eröffnung eines Verfahrens zur Durchsetzung von Schadensersatzansprüchen ist mit erheblichen Prozess- und Beratungskosten verbunden. Demgegenüber steht im Erfolgsfall eine Geldzahlung in ungewisser, aber oftmals nicht unbeträchtlicher Höhe. Aus betriebswirtschaftlicher Sicht entsprechen die Prozess- und Beratungskosten einer Investition, der unsichere zukünftige Zahlungen gegenüberstehen. Solche Investitionsentscheidungen sollten durch eine nachvollziehbare Ableitung eines finanziellen Erwartungswerts für unterschiedliche Verfahrensstrategien auf Basis von Simulationsmodellen erfolgen.

Die Herausforderung

Gerichtliche und außergerichtliche Streitverfahren können eine langwierige und teure Angelegenheit sein. Vor dem Hintergrund dieses betriebswirtschaftlichen Risikos lohnt es sich, vor der Entscheidung, eine Klage auf Schadensersatz zu erheben, eine quantitative Analyse verschiedener Verfahrensstrategien zur Abwägung der mit einem Prozess verbundenen Chancen und Risiken vorzunehmen. In diese Analyse ist eine Vielzahl von Faktoren einzubeziehen, deren zukünftige Ausprägungen unsicher sind. Dazu zählen beispielsweise die Erfolgswahrscheinlichkeit des gesamten Verfahrens und/oder einzelner Forderungen, die Berücksichtigung verschiedener denkbarer Verfahrensverläufe sowie Interdependenzen zwischen einzelnen Entscheidungen oder die im Erfolgsfall gerichtlich festgelegte Höhe des potenziellen Schadensersatzes.

Eine vergleichbare Entscheidungssituation besteht nicht nur im Vorfeld der Klageerhebung, sondern auch während des gesamten Prozessverlaufs. Sie ergibt sich letztlich nach jeder Anhörung, nach jeder Zeugenaussage und nach jedem Teilurteil für die Klägerin wie auch für die Beklagte neu: Wie groß ist (nunmehr) die Erfolgsaussicht? Und, vor allem, in welcher Höhe sollte möglicherweise ein Vergleichsangebot angenommen, ein Vergleichsvorschlag des Gerichts akzeptiert oder proaktiv eine Einigung angestrebt werden?

Im Übrigen stellt sich die Frage nach dem voraussichtlichen Prozessausgang nicht nur unter strategischen Gesichtspunkten, sondern auch für Zwecke der Bilanzierung. Ist eine Rückstellung zu bilden, die Inanspruchnahme als Beklagte in einem Prozess also überwiegend wahrscheinlich? Und wenn ja, in welcher Höhe ist die Rückstellung zu bilden?

Um diese Fragen zu beantworten, müssen Prognosen über Verfahrensverläufe und Urteile abgegeben werden. Zumeist sind die Fragestellungen aber nicht eindimensional wie: bekommt die Klägerin Recht oder die Beklagte? Regelmäßig setzen sich Rechtsstreitigkeiten aus vielen Teilfragen zusammen, deren Antworten sich gegenseitig bedingen. Ist überhaupt ein Schaden eingetreten? Wer oder was hat den Schaden verursacht? Ist der Schaden unverschuldet, fahrlässig oder vorsätzlich entstanden? Sind Verjährungen eingetreten? Welches Recht ist zugrunde zu legen? Greifen die Allgemeinen Geschäftsbedingungen und/oder Haftungsbegrenzungen? Gibt es Erstattungsansprüche, zum Beispiel gegenüber Versicherungen? Diese Fragen sind regelmäßig vor Gericht zu klären, ehe über die Höhe eines Schadens oder einer Kompensationsverpflichtung entschieden wird.

Sowohl für strategische Entscheidungen, für Vergleichsverhandlungen, aber eben auch für Bilanzierungszwecke stellt sich die Frage nach dem erwarteten Verfahrensausgang, nach dem Erwartungswert für eine zu leistende Kompensationszahlung. Dieser Erwartungswert kann „aus dem Bauch heraus" kaum (belastbar) abgeschätzt werden – denn dass Bauchentscheidungen bei mathematischen Fragen (insbesondere auch im Zusammenhang mit Wahrscheinlichkeitsüberlegungen) oft in die Irre führen, ist hinreichend bekannt:

Recht bekannt ist die Frage, wie wahrscheinlich es ist, dass in einer 23-köpfigen Schulklasse zwei Kinder an genau demselben Tag Geburtstag haben. Die Wenigsten werden „aus dem Bauch heraus" antworten, dass die Wahrscheinlichkeit hierfür über 50% liegt[1] – und doch ist das die richtige Antwort. Ein schönes Beispiel führen auch Prof. Risse und Dr. Morawietz in ihrem Buch zur Prozessrisikoanalyse aus: Wenn 1.000 kg Wassermelonen durch Sonneneinstrahlung Wasser verlieren und sich der Wassergehalt von 99% auf 98% reduziert, wie viel wiegen die Wassermelonen dann noch? Vermutlich werden auch auf diese Frage die Wenigsten intuitiv die richtige Antwort, nämlich 500 kg, geben[2].

So ähnlich verhält es sich mit Prozessrisiken. Eine Verkettung von mehreren Streitfragen, bei denen eine Partei jeweils mit hoher Wahrscheinlichkeit Recht behält, bedeutet oft nicht, dass es wahrscheinlich ist, dass diese Partei insgesamt Recht bekommt. Bauchentscheidungen führen gerade bei bedingten Wahrscheinlichkeiten oft in die Irre, Erfolgsaussichten werden häufig überschätzt.

---

1 Die Berechnung kann über das Gegenereignis erfolgen – wie wahrscheinlich ist es, dass jeder Schüler an einem anderen Tag Geburtstag hat? Damit das gewährleistet ist, kann der erste Schüler an einem beliebigen Tag Geburtstag haben, der zweite hat noch 364 von 365 Tagen „zur Auswahl", der dritte noch 363 usw. Aus 1*(364/365)*(363/365)*...*(342/365) = 0,4617 lässt sich die Wahrscheinlichkeit von rd. 54 % dafür ableiten, das zwei Schüler an demselben Tag Geburtstag haben.

2 Wenn die Melonen zu 99 % aus Wasser bestehen, wiegen die Bestandteile der Melonen, die nicht aus Wasser bestehen (und nicht verdunsten), 10 kg. Wenn diese 10 kg jetzt 2 % des Gesamtgewichts entsprechen sollen, muss das (neue) Gesamtgewicht 10 kg * 100 % / 2 % = 500 kg betragen.

Der Lösungsansatz – Prozessrisikoanalyse

Die Prozessrisikoanalyse ist eine Methodik zur Strukturierung möglicher Entscheidungssituationen und zur Analyse der Vorteilhaftigkeit verschiedener Verfahrensstrategien. Sie dient zur Versachlichung und zur Dokumentation der Antwortfindung. Dabei berücksichtigt sie explizit die Unsicherheit bezüglich der Ausprägung und die Interdependenzen zwischen den verschiedenen Faktoren, welche die Vorteilhaftigkeit einer Schadensersatzklage beeinflussen.

Nachfolgendes Schaubild veranschaulicht die Methodik der Prozessrisikoanalyse beispielhaft anhand der Ermittlung des Erwartungswerts für eine zu leistende beziehungsweise zu erhaltende Kompensationszahlung einer schlüsselfertig bestellten, aber verspätet fertiggestellten Fabrik. Beim Bau der Fabrik sei ein größerer Schaden aufgetreten, eine zentrale Anlage war defekt. Die Behebung dieses Defekts hat zu zusätzlichen Kosten geführt und es ist streitig, wer diese zu tragen hat. Außerdem haben sich die Arbeiten insgesamt verzögert, was beim Käufer der Fabrik zu zusätzlichem Aufwand während der Errichtung und Inbetriebnahme der Fabrik geführt hat. Schließlich sind dem Anlagenkäufer Gewinne aus der Produktion über den Zeitraum der Verzögerung entgangen.

In diesem Zusammenhang stellen sich folgende Fragen: Wer hat Schuld an dem Anlagenschaden beim Bau der Fabrik und muss die Kosten zur Behebung des Defekts tragen? Wer hat Schuld an der Verzögerung der letztendlichen Fertigstellung der Anlage? Sollte die Schuld hieran dem Anlagenbauer zugesprochen werden, wäre eine pauschale Vertragsstrafe fällig. Sind die entstandenen Mehrkosten überhaupt verzögerungsbedingt? Und sind die Verzögerungen vorsätzlich oder grob fahrlässig verursacht? Nur dann kommt eine Entschädigung des entgangenen Gewinns in Frage.

Für jede einzelne Fragestellung sind im Rahmen der Prozessrisikoanalyse Wahrscheinlichkeitsverteilungen abzuschätzen. Diese bedingen sich teilweise gegenseitig. Zum Beispiel wird derjenige, dem die Schuld für den Anlagendefekt zugesprochen wird, mit großer Wahrscheinlichkeit auch für die anschließenden Verzögerungen verantwortlich sein. Diese und weitere Fragestellungen sind in nachfolgendem Schaubild strukturiert.

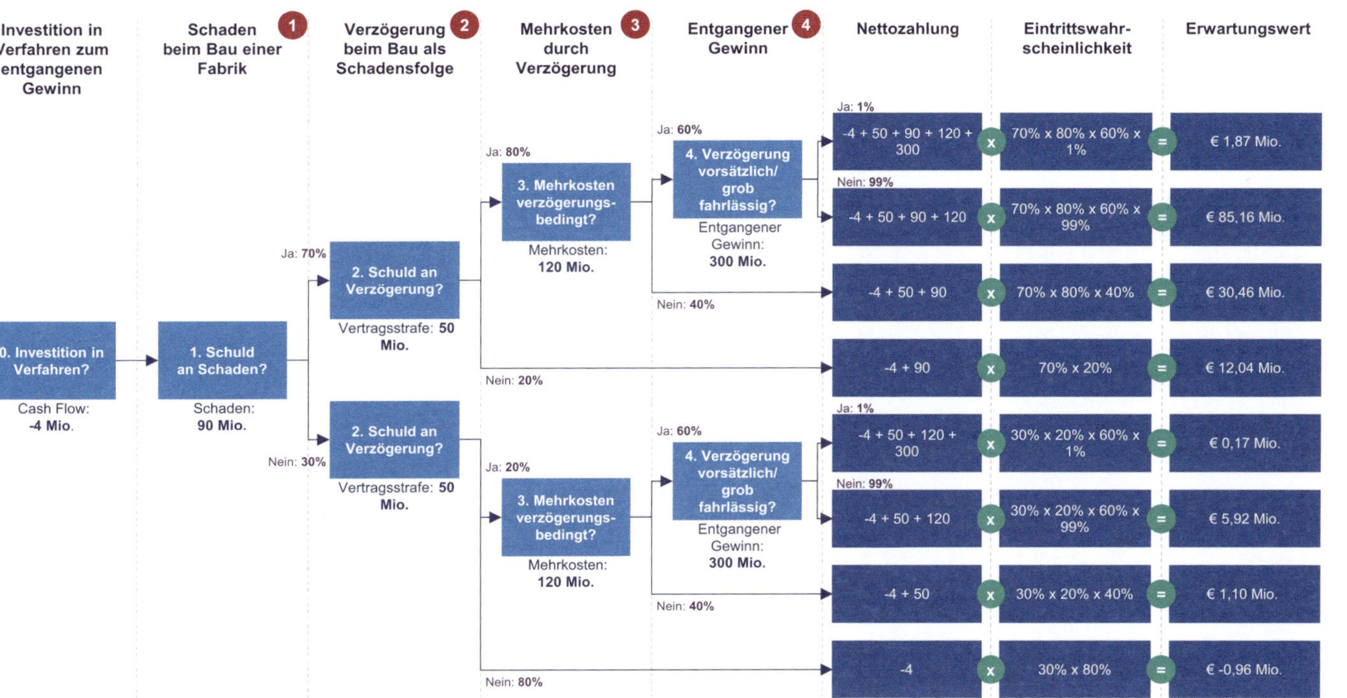

Abb. B-16: Eröffnung eines neuen Verfahrens mit entsprechenden Prozess- und Beratungskosten

In dem skizzierten Beispiel kann mittels Prozessrisikoanalyse zudem die Frage beantwortet werden, ob sich die Klägerin nur auf das Einklagen von Mehrkosten beschränken soll. Hierzu mögen die Erfolgsaussichten vergleichsweise positiv sein. Oder ob sie auch versuchen sollte, den wirtschaftlich entstandenen Schaden aus dem entgangenen Gewinn kompensiert zu bekommen; hierfür müsste dem Anlagenbauer Vorsatz oder grobe Fahrlässigkeit nachgewiesen werden. Trotz einer vermutet sehr geringen Erfolgswahrscheinlichkeit kann es ökonomisch rational sein, auch diesen Weg vor Gericht zu beschreiten. Dies gilt umso mehr unter der Annahme, dass sich die Erfolgswahrscheinlichkeiten bei den vorgelagerten Entscheidungssituationen zu Gunsten des Anlagenkäufers verbessern könnten, wenn der tatsächlich entstandene wirtschaftliche Schaden, unabhängig davon, ob Vorsatz vermutet wird, in voller Höhe im Rahmen des Verfahrens transparent gemacht wird.

Selbstverständlich bleiben subjektive Einschätzungen zu den Wahrscheinlichkeitsverteilungen erforderlich. Aber diese können nun für jeden Einzelsachverhalt isoliert abgeleitet werden, jeweils unter der Voraussetzung möglicher vorangegangener Entscheidungen. Auf diese Weise gibt die Prozessrisikoanalyse der Gesamtfragestellung eine Struktur und versachlicht die regelmäßig zwischen Klägerin beziehungsweise Beklagten und ihren Rechtsberatern sowie gegebenenfalls mit den Bewertungsexperten geführten Diskussionen. Allgemein formulierte Prognosen auf Basis von Bauchgefühl und Erfahrungswerten werden durch fokussierte Diskussionen um Einzelsachverhalte unter Berücksichtigung bedingter Wahrscheinlichkeiten ersetzt. Das finanzmathematische Ergebnis aus der Verkettung zahlreicher Einzelfragestellungen weicht, wie zuvor erläutert, erfahrungsgemäß oft sehr deutlich von den zuvor abgegebenen pauschalen Prognosen ab.

Erweiterung der Prozessrisikoanalyse um Simulationsmodelle

Die klassische Prozessrisikoanalyse, die für jede Einzelfrage nur diskrete Antwortmöglichkeiten (Ja-/Nein-Aussagen, einzelne Szenarien oder einwertig quantifizierte Schadenshöhen) verarbeitet, kann und sollte um ein Simulationsmodell erweitert werden. Das Simulationsmodell berücksichtigt neben Interdependenzen zwischen den einzelnen Teilfragen zusätzlich auch Ergebnisverteilungen und Bandbreiten. Die Wahrscheinlichkeiten für die einzelnen Teilurteile können ebenso in Bandbreiten formuliert werden, wie vor allem auch die Höhe des voraussichtlich zugesprochenen Schadensersatzes unter der Annahme, dass die Klägerin dem Grunde nach Recht bekommen hat. Neben der Bandbreite kann auch die Verteilung der möglichen Ergebnisse individuell festgelegt werden – eine Normalverteilung trägt beispielsweise der Erfahrung Rechnung, dass extrem hohe Schadensurteile durchaus möglich, aber eben eher die Ausnahme sind. Das Simulationsmodell führt für jeden Faktor mehrere Tausend Simulationsläufe innerhalb einer definierten Bandbreite und Wahrscheinlichkeitsverteilung durch, welche wiederum zu einem Ergebnis bezüglich der zu erwartenden Höhe des Schadensersatzes führen.

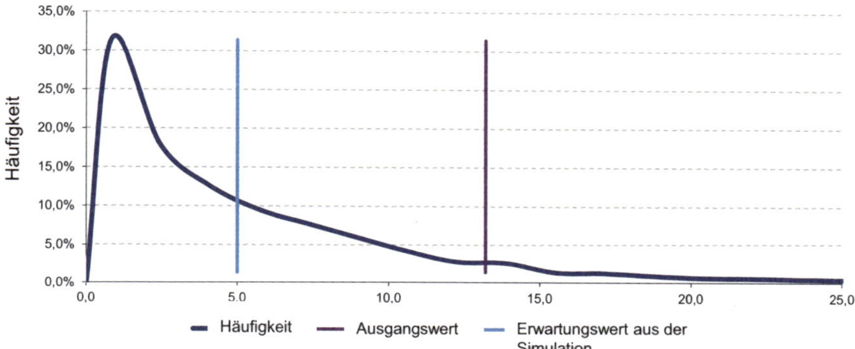

Abb. B-17: Illustration einer Wahrscheinlichkeitsverteilung

Führt man alle Ergebnisse der Simulationsläufe zusammen, erhält man eine Wahrscheinlichkeitsverteilung für die Höhe des Schadensersatzes (abzüglich Prozess- und Beratungskosten). Der Mittelwert aller Simulationsläufe ergibt den Erwartungswert des Schadensersatzes und damit den finanziellen Erwartungswert der Investition.

Auf Basis einer solchen Simulation lässt sich eine Bandbreite festlegen, innerhalb derer die letztendlich zu erwartende Kompensationszahlung auf Basis der zuvor getroffenen Annahmen und Einschätzungen mit einer Wahrscheinlichkeit von beispielsweise 90% durch das Gericht festgelegt werden wird. Durch die Prozessrisikoanalyse mittels Simulationsanalysen wird die Vorteilhaftigkeit einer Schadensersatzklage unter Einbeziehung von Chancen und Risiken transparent und intersubjektiv nachvollziehbar quantifiziert.

Versachlichung und Fokussierung der Analyse sowie Dokumentation

Die Ergebnisse unterstützen die Parteien bei der Festlegung der Verfahrensstrategie zu Beginn einer Auseinandersetzung. Besonders wichtig ist – sowohl vor dem Verfahren als auch während des Verfahrens – eine strukturierte Schätzung des möglichen Prozessausgangs unter (sukzessiver) Berücksichtigung aller zuvor ergangenen Teilurteile, Andeutungen des Gerichts oder gehörten Zeugenaussagen bei möglichen Vergleichsverhandlungen.

Zudem können die Ergebnisse auch zur Quantifizierung einer möglichen Rückstellung oder Eventualverbindlichkeit für bilanzielle Zwecke genutzt werden – oder zur Dokumentation der Entscheidung, (noch) keine Rückstellung zu bilden. Je nach Prozessverlauf mag sich die Einschätzung zum Prozessausgang und einer drohenden

Schadensersatzzahlung ändern und von einem Jahr auf das andere ist eine Rückstellung zu bilanzieren. Dann stellt sich unweigerlich die Frage, warum nicht bereits in den Vorjahren ein entsprechendes Risiko passiviert wurde. Auch für diese Situationen ist es hilfreich zu dokumentieren, wie sich die Einschätzung hierzu verändert hat und neuere Erkenntnisse auch von eher nachrangiger Bedeutung in einem bestimmten Jahr zu einer Passivierung des Risikos führen können.

Die Analyseergebnisse dienen somit sowohl als Grundlage für strategische Entscheidungen als auch der Dokumentation der Einhaltung von Sorgfaltspflichten der Entscheidungsträger und Bilanzierenden.

Kapitel C

UNTERNEHMENSBEWERTUNG FÜR STEUERLICHE ANLÄSSE

1 Bewertung aus steuerlichen Anlässen – wachsende Relevanz von Marktpreisen

Obwohl die steuerlichen Wertkonzepte des gemeinen Werts und des Teilwerts seit Jahrzehnten im BewG verankert sind, ist in den Einzelsteuergesetzen und der Rechtsprechung eine zunehmende Marktorientierung bei Bewertungen aus steuerlichen Anlässen zu beobachten. Oftmals liegen jedoch keine geeigneten Transaktionspreise zwischen fremden Dritten vor, die einer Ableitung des Marktwerts von Gesellschaftsanteilen und Betriebsvermögen zugrunde gelegt werden könnten. In diesen Fällen stehen ertragsorientierte Verfahren zur Bewertung von Unternehmen und Unternehmensteilen im Vordergrund, wie sie auch bei der Bestimmung von Marktwerten durch Investoren Verwendung finden (Ertragswertverfahren, DCF-Verfahren).

Das deutsche Steuerrecht kennt unterschiedliche Bewertungsmaßstäbe. Das BewG stellt vor allem auf den Begriff des gemeinen Werts und des Teilwerts ab. Der gemeine Wert wird durch den Preis bestimmt, der im gewöhnlichen Geschäftsverkehr nach der Beschaffenheit des Wirtschaftsguts bei einer Veräußerung zu erzielen wäre (§ 9 Abs. 2 S. 1 BewG). Insofern kann der gemeine Wert als Verkehrswert aufgefasst werden. Der Teilwert hingegen ist der Betrag, den ein Erwerber des ganzen Unternehmens im Rahmen des Gesamtkaufpreises für das einzelne Wirtschaftsgut ansetzen würde (§ 10 S. 2 BewG). Zentrale Prämisse ist dabei die Fortführung des Unternehmens (going-concern). Der Teilwert hat derzeit nur noch Bedeutung im EStG. Die spezifischen Regelungen des deutschen Steuerrechts sind international nicht vergleichbar. Dennoch finden sich konzeptionelle Ähnlichkeiten. So weist der Teilwert als Nutzungswert Ähnlichkeiten zum Value in use aus, während der gemeine Wert durch seine Nähe zum Veräußerungspreis Parallelen zum Fair Value less cost of disposal hat.

Das Konzept des gemeinen Werts wird – in seiner Funktion als zentraler Wertmaßstab – durch die speziellen Regelungen des BewG weiter konkretisiert. Für die Bestimmung des gemeinen Werts ist auf tatsächliche Marktpreise zum Zeitpunkt der Beurteilung abzustellen, sofern diese entweder Preise an Kapitalmärkten darstellen oder auf Transaktionsmärkten unter fremden Dritten beobachtbar waren und jüngerer Natur sind (nicht älter als 1 Jahr).

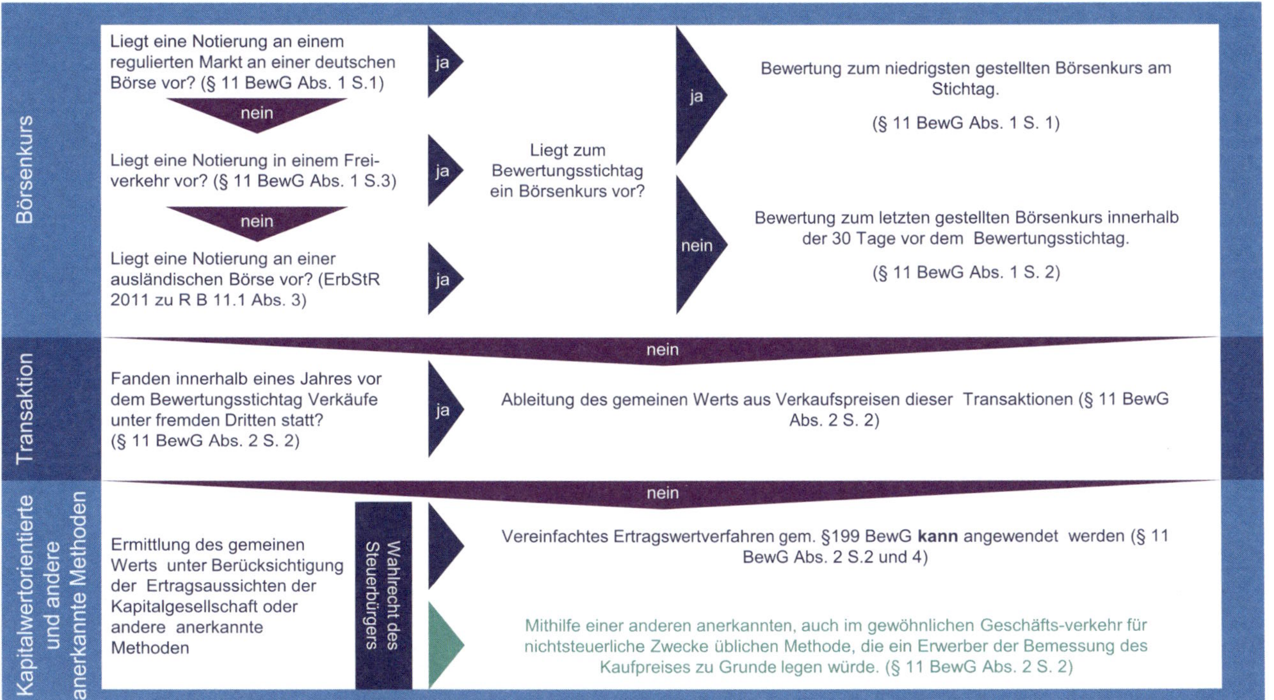

Abb. C-1: Darstellung der Entscheidungen entlang der Bewertungshierarchie

Lässt sich der gemeine Wert nicht aus solchen Beobachtungen ableiten, sind zur Bestimmung des gemeinen Werts Methoden anzuwenden, wie sie Investoren oder Marktteilnehmer bei der Bemessung von Kaufpreisen zugrunde legen. In diesem Zusammenhang stellt das Gesetz (§ 11 Abs. 2 S. 2 BewG) auf Verfahren ab, die das zukünftig erwartete Ertragspotenzial berücksichtigen. Investoren verwenden heutzutage typischerweise das Ertragswertverfahren oder das DCF-Verfahren. Diese Hierarchie ist im Ergebnis vergleichbar zu den Regelungen der internationalen Rechnungslegung im Rahmen der Bestimmung des Fair Value. Auch dort wird primär auf beobachtbare Marktpreise abgestellt und erst im zweiten Schritt auf ertragsorientierte Ansätze zurückgegriffen, die bei der Bestimmung relevanter Ertragsgrößen spezifische Entwicklungen des Bewertungsobjekts auf Basis von unternehmensinternen Erwartungen und damit überwiegend nicht am Markt beobachtbare Inputfaktoren verwenden.

Zukunftsorientierte Ertragswert- beziehungsweise DCF-Verfahren ermöglichen die Berücksichtigung individueller Zukunftserwartungen, da diese auf die Planungsrechnung des zu bewertenden Unternehmens abstellen. Somit können Markt- und Wettbewerbsentwicklungen, zyklische Geschäftsmodelle, bereits konkret geplante Expansionen oder Reorganisationen und insbesondere auch die Erholung von Sondereffekten wie zum Beispiel COVID-19 sachgerecht und unternehmensspezifisch in die Bewertung einbezogen werden. Planerische Herausforderungen lassen sich dabei gut mit Sensitivitätsanalysen für die wesentlichen Werttreiber und Simulationsmodellen einfangen.

Für nicht notierte Anteile an KapG und Betriebsvermögen sieht das BewG das vereinfachte Ertragswertverfahren als Alternative vor, sofern dieses Verfahren nicht zu offensichtlich unzutreffenden Ergebnissen führt. Das vereinfachte Ertragswertverfahren ist zwar methodisch an zukunftsgerichteten ertragsbezogenen Verfahren orientiert, doch wird der zukünftig erwartete Ertrag auf Basis des durchschnittlichen Jahresertrags der Vergangenheit geschätzt. Die Schwäche des Verfahrens besteht somit vor allem in der Überschätzung (oder Unterschätzung) der gemeinen Werte – vor allem wenn die zukünftig erwarteten Ergebnisse und Unternehmensrisiken deutlich unterhalb (oberhalb) des historischen Durchschnitts liegen. Ursächlich hierfür ist – neben der Fokussierung auf historische Ergebnisse – die vorgegebene Verwendung eines Kapitalisierungsfaktors, der für Bewertungsstichtage ab dem 01.01.2016 unabhängig von Unternehmensgröße oder Branche auf 13,75 festgelegt wurde. Dies entspricht einem einheitlichen Kapitalisierungszinssatz in Höhe von rund 7,27%. Häufig wird diese pauschale Vorgehensweise bei der Bestimmung des Kapitalisierungszinssatzes der Berücksichtigung der spezifischen Risikostruktur des Bewertungsobjekts nicht gerecht. Durch die (volatile) Entwicklung an den Kapitalmärkten kann sich die Problematik der Überbewertung mittels des vereinfachten Ertragswertverfahrens verschärfen, da der festgelegte Kapitalisierungszinssatz nicht auf das individuelle Unternehmen, zum Beispiel im Hinblick auf seinen Reifegrad oder auf sein Engagement in risikobehafteten Branchen und regionalen Märkten, angepasst werden kann.

Demgegenüber stehen die Vorzüge einer Gutachtlichen Bewertung in Form einer objektivierten, transparenten und in vollem Umfang nachvollziehbaren Wertermittlung nach anerkannten Methoden des IDW S 1 durch einen sachverständigen Dritten. Diese ist zukunftsgerichtet, zahlungsstrombasierten und stellt auf die wertprägenden Zukunftserwartungen des Bewertungsobjekts ab.

Zwar bleibt im Einzelfall zu prüfen, ob die im Rahmen der Unternehmensbewertung nach IDW S 1 vorzunehmende unternehmensindividuelle und kapitalmarktgestützte Ableitung des Kapitalisierungszinssatzes auf Basis des CAPM auf den entsprechenden Bewertungsstichtag zu einem abweichenden Kapitalisierungszinssatz führt – für eine Vielzahl von Unternehmen kann aber derzeit davon ausgegangen werden, dass die unternehmensindividuelle Ableitung zu einem vergleichsweise höheren Kapitalisierungszinssatz und damit zu einem tendenziell niedrigeren Unternehmenswert führt. Insgesamt lässt sich festhalten, dass die Relevanz ertragsbezogener Bewertungsansätze zur Bestimmung gemeiner Werte in den Fällen, bei denen zum relevanten Beurteilungszeitpunkt kein Wert der Geschäftsanteile und des Betriebsvermögens aus aktuellen Transaktionspreisen zwischen fremden Dritten abgeleitet werden kann, gestiegen ist und insbesondere durch die erforderliche Abbildung des COVID-19-Effektes besondere Relevanz erlangt hat. Die entsprechende Dokumentation mittels Bewertungsgutachten einschließlich einer Abbildung der sachgerechten Beherrschung der bestehenden Planungsunsicherheit dient letztlich der proaktiven Gestaltung entsprechender Argumentationsgrundlagen gegenüber der Finanzverwaltung.

2 Steuerliche Verluste und Zinsvorträge – Nutzung auch bei Anteilseignerwechsel

Seit dem Jahr 2008 bestehen die aktuell geltenden Regelungen des § 8c KStG zur Nutzung von steuerlichen Verlusten und Zinsvorträgen bei Unternehmenserwerben oder Beteiligungen durch Investoren. Die bisher vor allem relevante „Stille Reserven Klausel" wurden zum 01.01.2016 mit Einführung des § 8d KStG ergänzt. Damit wird eine weitere Möglichkeit geschaffen, steuerliche Verluste bei einem qualifizierten Anteilseignerwechsel weiterhin zu nutzen, was insbesondere für Start-ups interessant ist. Während der § 8c KStG die Nutzbarkeit der Verlustvorträge von dem Bestehen beziehungsweise dem Nachweis von stillen Reserven beim Transaktionsobjekt abhängig macht, erfordert der § 8d KStG insbesondere eine Auseinandersetzung mit der künftigen Entwicklung, um einen späteren Verstoß gegen die Regelungen des § 8d KStG zu vermeiden. Von besonderer Bedeutung ist dabei, dass der Steuerpflichtige sich zwischen den „Optionen" des § 8c und § 8d KStG entscheiden muss.

Mit dem Unternehmenssteuerreformgesetz 2008 wurde die Vorschrift des § 8c KStG eingeführt. Diese steuerliche Regelung ist auf unterschiedliche Arten von Unternehmenstransaktionen anwendbar – beispielsweise auf Veräußerungsvorgänge von Unternehmensanteilen oder konzerninterne Reorganisationsmaßnahmen. Die Nutzung von steuerlichen Verlusten – das heißt steuerliche Verlustvorträge und Verluste des laufenden Jahres bis zum Vollzug der Transaktion – sowie von Zinsvorträgen nach den Regelungen der Zinsschranke ist seit der Einführung des § 8c KStG grundsätzlich nur noch eingeschränkt möglich, wenn sich die Eigentümerstruktur einer KapG innerhalb eines Zeitraums von fünf Jahren maßgeblich ändert.

Eine solche maßgebliche Änderung liegt bereits bei einer direkten oder indirekten Übertragung von Anteilen von mehr als 50% an einen Erwerber oder eine Erwerbergruppe vor. Der Verlustabzug ist dann vollständig ausgeschlossen. Der vormals bestehende quotale Verlustabzug bei einer Übertragung von 25% bis 50% der Anteile wurde als verfassungswidrig erklärt und aus dem Gesetz ersatzlos gestrichen. Die Verlustnutzungsbeschränkung des § 8c KStG sind auf unterschiedlichste Arten von Unternehmenstransaktionen anwendbar, beispielsweise auf Veräußerungsvorgänge von Unternehmensanteilen oder konzerninterne Reorganisationsmaßnahmen, erfasst aber auch Kapitalerhöhungen unter Beteiligung neuer Gesellschafter sowie Kapitalherabsetzungen unter Änderung von Beteiligungsquoten oder Veränderung von Stimmrechten. Sie gilt auch für gewerbesteuerliche Verluste von PersG, an denen KapG beteiligt sind sowie für Fälle der (entgeltlichen) vorweggenommenen Erbfolge und der Schenkung.

Diese strikten Regelungen hat der Gesetzgeber teilweise eingeschränkt und Ausnahmetatbestände vorgesehen. Mit dem Wachstumsbeschleunigungsgesetz wurden die „Konzern-Klausel“ und die „Stille-Reserven-Klausel“ eingeführt. Da die Konzern-Klausel nur bei Transaktionen mit einer 100-prozentigen mittelbaren oder unmittelbaren Beteiligung in einem Konzernverbund Anwendung findet, stellte die Stille-Reserven-Klausel bis zur Einführung des § 8d KStG den zentralen Ausnahmetatbestand für die Praxis bei Unternehmenstransaktionen dar.

Zielsetzung des mit dem Gesetz zur Weiterentwicklung der steuerlichen Verlustverrechnung bei Körperschaften zum 01.01.2016 eingeführten § 8d KStG war es insbesondere, die steuerlichen Hürden von Investitionen in Start-ups zu senken. Bei einem Start-up fehlt es häufig an der Erfüllung der Voraussetzungen des § 8c KStG: sie sind meist nicht Teil eines Konzernverbunds und der Nachweis stiller Reserven fällt insbesondere in frühen Entwicklungsphasen schwer. Verlustvorträge würden damit beim Einstieg eines Investors mit einem Anteil von mehr als 50% untergehen – und die Investitionen in ein Start-up an Attraktivität verlieren. Der § 8d KStG stellt daher insbesondere auf die weitgehend unveränderte Fortführung des bestehenden Geschäftsbetriebs ab.

Zu berücksichtigen ist, dass eine „Konkurrenz“ zwischen beiden Normen besteht – der Steuerpflichtige muss sich zwischen der Nutzung der Tatbestände des § 8c und § 8d KStG zur Vermeidung des Untergangs steuerlicher Verlustvorträge entscheiden. Daher sollte unter Berücksichtigung des individuellen Einzelfalls analysiert werden, welche Regelung für den Steuerpflichtigen mit Blick auf die geplante künftige Entwicklung die bessere Alternative ist.

Durch die Stille-Reserven-Klausel des § 8c Abs. 1 Satz 5 KStG bleiben nicht genutzte Verluste erhalten, soweit sie bei einem schädlichen Beteiligungserwerb die (anteiligen) im Inland steuerpflichtigen stillen Reserven des Betriebsvermögens der Körperschaft nicht übersteigen. Maßgeblicher Zeitpunkt für die Ermittlung der stillen Reserven ist der Zeitpunkt des Übergangs des wirtschaftlichen Eigentums an den Anteilen, das heißt des Vollzugs der Transaktion (Closing) beziehungsweise bei Kapitalmaßnahmen der Zeitpunkt der Handelsregistereintragung. Folglich bleiben steuerliche Verluste und Zinsvorträge dann erhalten, wenn die stillen Reserven des im Inland steuerpflichtigen Betriebsvermögens die gesamten steuerlichen Verluste und Zinsvorträge bei Mehrheitserwerben abdecken.

Bei schädlichen Anteilsübertragungen lässt sich mit einer fundamentalen, zukunftsbezogenen Unternehmensbewertung der gemeine Wert der Anteile oder der Wert einzelner, meist immaterieller Vermögenswerte – wie Kundenbeziehungen, Marken, Patente oder nicht patentierte Technologie – bestimmen und so der Nachweis stiller Reserven zum Transaktionszeitpunkt erbringen. In diesem Zusammenhang bieten die

Bewertungsstandards IDW S 1 und IDW S 5 den Rahmen für Bewertungen, die eine geeignete Argumentationsgrundlage gegenüber der Finanzverwaltung darstellen. Bei Transaktionen zwischen fremden Dritten ist grundsätzlich davon auszugehen, dass sich der Wert der Anteile im Transaktionspreis widerspiegelt, sodass auf diese Weise regelmäßig ein Nachweis stiller Reserven im Betriebsvermögen erbracht werden kann. Allerdings muss bei Erwerben von international tätigen Unternehmen häufig der Umfang derjenigen stillen Reserven, die auf das im Inland steuerpflichtige Betriebsvermögen entfallen, nachgewiesen werden. Gleiches gilt, wenn zum Betriebsvermögen der Verlustkörperschaft Anteile an KapG gehören, die steuerfrei veräußert werden können. In diesen Fällen ist der Transaktionspreis alleinstehend nicht aussagekräftig und der Kaufpreis muss auf einzelne Vermögenswerte beziehungsweise Beteiligungen verteilt werden. Selbst bei Unternehmenstransaktionen, die ausschließlich inländische Gesellschaften betreffen, wird die Verteilung des Gesamtkaufpreises auf einzelne Gesellschaften relevant, wenn PersG und KapG gleichermaßen Gegenstand der Transaktion sind. Für wachstums- oder forschungsintensive Unternehmen mit einer negativen Ergebnisentwicklung und damit einhergehender Bildung von steuerlichen Verlusten und Zinsvorträgen werden durch den Nachweis stiller Reserven steuerlich bedingte Restriktionen bei Wagnisfinanzierungen infolge der Aufnahme neuer Gesellschafter vermieden.

Die Verlustverrechnung nach § 8d KStG erfordert ebenfalls eine eingehende Befassung mit der zukünftigen Entwicklung und damit der Planung des Unternehmens. Voraussetzung für die Weiterführung der Verlustvorträge ist, dass die Gesellschaft seit ihrer Gründung oder zumindest seit Beginn des dritten Veranlagungszeitraums, der dem grundsätzlich schädlichen Beteiligungserwerb vorangeht, ununterbrochen denselben Geschäftsbetrieb unterhält. Gemäß § 8d Abs. 1 Satz 6 KStG wird der zum Schluss des Veranlagungszeitraums des schädlichen Anteilserwerbs verbleibende Verlust als sogenannter „fortführungsbedingter Verlust“ qualifiziert und ist damit grundsätzlich vortragsfähig.

Allerdings besteht nun – unbefristet beziehungsweise bis zum Verbrauch der Verlustvorträge – das Risiko deren Untergangs, wenn der Geschäftsbetrieb eingestellt oder nicht im Wesentlichen unverändert fortgeführt wird. Eine schädliche Veränderung des Geschäftsbetriebs besteht zum Beispiel darin, dass dieser „einer andersartigen Zweckbestimmung zugeführt wird“ oder die Körperschaft einen zusätzlichen Geschäftsbetrieb aufnimmt beziehungsweise sich an einer Mitunternehmerschaft beteiligt. Bereits die Übertragung von Wirtschaftsgütern zu einem geringeren als dem gemeinen Wert kann als schädliches Ereignis gewertet werden. Die Verlustverrechnung nach § 8d KStG erfordert daher eine eingehende Befassung mit der zukünftigen Entwicklung und damit der Planung des Unternehmens. Da insbesondere bei einem Start-up die strategische Ausrichtung durchaus nachjustiert wird, zum Beispiel mit Anpassungen des Produktsortiments, der Absatz- und Vermarkungsstrategie oder der regionalen Ausbreitung, sollte vor Entscheidung für die § 8d KStG-Option geprüft werden, wie wahrscheinlich steuerlich schädliche Veränderungen im relevanten Planungszeitraum zu erwarten sind.

Unabhängig von der Inanspruchnahme des § 8c KStG oder des § 8d KStG ist die Dokumentation von besonderer Bedeutung, denn der Untergang von steuerlichen Verlusten und Zinsvorträgen ist für Unternehmen ein regelmäßiger Diskussionspunkt mit der Finanzverwaltung, insbesondere im Rahmen von steuerlichen Außenprüfungen.

Bei der Verlustverrechnung nach § 8d KStG sollten insbesondere die Merkmale und strategische Ausrichtung des Geschäftsbetriebs vor dem Anteilseignerwechsel dokumentiert und mit der Entwicklung nach dem Anteilseignerwechsel bis zum Verbrauch der Verlustvorträge permanent verglichen werden. Entscheidungen über eine Veränderung des Geschäftsbetriebs sollten die steuerlichen Folgewirkungen in das Bewertungskalkül einbeziehen. Zudem sollte bereits im Zeitpunkt der Anteilsübertragung analysiert werden, wie „anfällig“ das Geschäftsmodell des Transaktionsobjekts für eine Anpassung des Geschäftsbetriebs ist.

Bei Nutzung der Stille-Reserven-Klausel des § 8c Abs. 1 Satz 6 KStG liegt der Dokumentationsfokus auf der Ermittlung der stillen Reserven im inländischen Geschäftsbetrieb des Unternehmens und damit auf der in die Bewertung einbezogenen Planungsrechnung und risikoäquivalenten Kapitalkosten. Eine Bewertung auf Basis der einschlägigen Bewertungsstandards wie dem IDW S 1 bereits zum Transaktionszeitpunkt ermöglicht es, im relevanten Beurteilungszeitraum entsprechende Kenntnisse und Informationen im Rahmen einer Bewertung bestmöglich zu reflektieren. Die transaktionsnahe Dokumentation der im Inland steuerpflichtigen stillen Reserven mittels Bewertungsgutachten dient dazu, pro-aktiv und belastbare Argumentationsgrundlagen gegenüber der Finanzverwaltung zu gestalten.

3 Bewertungen im Zusammenhang mit Funktionsverlagerungen – auf die Sichtweise kommt es an

Zum 01.01.2008 trat die Verordnung zur Anwendung des Fremdvergleichsgrundsatzes nach § 1 Abs. 1 AStG in Fällen grenzüberschreitender Funktionsverlagerungen (FVerlV) in Kraft. Am 21.03.2016 wurde dem Bundesrat der Bericht der Bundesregierung über die Erfahrungen mit den Regelungen zu Funktionsverlagerungen und die Auswirkungen auf Unternehmen vorgelegt (Drucksache 153/16). Danach kam es in fast zwei Dritteln der untersuchten Betriebsprüfungsfälle zu einer Erhöhung des Werts der Funktionsverlagerung ins Ausland und damit zu einen höheren Exit-Besteuerung. Vollständige und nachvollziehbare Unterlagen scheinen zu einer deutlichen Verringerung des Zeitaufwands für die Betriebsprüfung zu führen.

Eine grenzüberschreitende Funktionsverlagerung im Zusammenhang mit Reorganisationen internationaler Unternehmensgruppen führt bei Erfüllung der Tatbestandsmerkmale des § 1 AStG zur Besteuerung stiller Reserven, das heißt zumindest zum Teil kommt es zu einer Besteuerung eines zukünftigen Gewinnpotenzials, welches erst im Ausland erwartet wird. Die Besteuerung orientiert sich dabei am Fremdvergleichsgrundsatz. Der zur Preisermittlung oftmals anzuwendende hypothetische Fremdvergleich beinhaltet die Ermittlung eines Einigungsbereichs als Ergebnis einer simulierten Verhandlungssituation zwischen dem die Funktion abgebenden und dem aufnehmenden Unternehmen. Funktionsverlagerungen weisen daher nicht nur aufgrund des konkreten Reorganisationssachverhalts sondern auch in Hinblick auf die Findung des Fremdvergleichspreises einen hohen Komplexitätsgrad auf.

Nach dem Fremdvergleichsgrundsatz sind Transaktionen zwischen verbundenen Unternehmen so zu bepreisen, als hätten sie zwischen unabhängigen, in ihrem Eigeninteresse handelnden Parteien unter gleichen oder vergleichbaren Verhältnissen stattgefunden. Zur Bestimmung des Fremdvergleichspreises sieht das deutsche Außensteuergesetz eine Hierarchie von Preisfindungsansätzen vor: Verrechnungspreise sind vorrangig nach der Preisvergleichsmethode, der Wiederverkaufspreismethode oder der Kostenaufschlagsmethode zu bestimmen, wenn uneingeschränkt vergleichbare Fremdvergleichswerte ermittelt werden können. Sind auch keine eingeschränkt vergleichbaren Fremdvergleichswerte verfügbar, sieht das Gesetz den hypothetischen Fremdvergleich vor. Hierzu sind ausgehend von einer Funktions- und Risikoanalyse sowie von Ertragserwartungen die Höchst- und Mindestpreise aus Sicht der aufnehmenden und abgebenden Gesellschaft zu bestimmen. Aus diesen Preisober- und Preisuntergrenzen ist ein Einigungsbereich zu ermitteln. Obwohl für den Fall der Verlagerung aus Deutschland in das Ausland formuliert, findet die gesetzliche Norm auch für den umgekehrten Fall der Verlagerung vom Ausland in das Inland Anwendung.

Diese Regelung zur Funktionsverlagerung des deutschen Gesetzgebers wurde durch die im Juli 2017 überarbeiteten OECD Transfer Pricing Guidelines insofern bestätigt, als insbesondere im Fall immaterieller Wirtschaftsgüter eine zweiseitige Wertfindung vorgesehen ist beziehungsweise empfohlen wird. Den Automatismus der deutschen Normen, der den Mittelwert von Preisober- und Preisuntergrenze als Einigungspreis festlegt, wenn keine anders lautenden Argumente vorgebracht werden, sieht die OECD allerdings nicht vor.

Die Bewertungshierarchie des § 1 Abs. 3 S. 5 AStG findet auf Wirtschaftsgüter und Funktionen gleichermaßen Anwendung. Wenn es sich bei dem Transaktionsgegenstand jedoch um eine Funktion handelt, also eine Geschäftstätigkeit, einschließlich der Wirtschaftsgüter, die zur Funktionsausübung erforderlich sind, für die ein Fremdvergleichspreis nicht anhand uneingeschränkt oder zumindest eingeschränkt vergleichbarer Fremdvergleichswerte abgeleitet werden kann, kommen die Sondervorschriften des § 1 Abs. 3 S. 9 AStG zur Anwendung. Insbesondere ist dabei hervorzuheben, dass sich das Bewertungsobjekt ändert. Der Fremdvergleichspreis ist grundsätzlich nicht mehr für die Funktion, sondern für das zu definierende sogenannte „Transferpaket" als Ganze zu bestimmen:

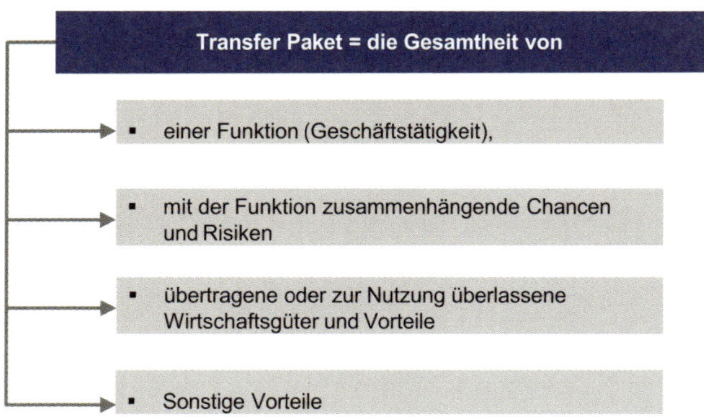

Abb. C-2: Transferpaket nach § 1 Abs. 3 FVerlV

Bei den zu ermittelnden Grenzpreisen des Transferpakets handelt es sich um Entscheidungswerte, zu welchem ein ordentlicher und gewissenhafter Geschäftsführer unter Berücksichtigung aller Umstände des Einzelfalls und tatsächlich bestehender Handlungsmöglichkeiten höchstens kaufen (aufnehmendes Unternehmen) beziehungsweise mindestens verkaufen (abgebendes Unternehmen) würde.

Um den umfangreichen Dokumentationsanforderungen an eine Funktionsverlagerung zu genügen, sind die jeweils nach betriebswirtschaftlichen Grundsätzen zu ermittelnden subjektiven Entscheidungswerte zu objektivieren, das heißt intersubjektiv nachvollziehbar darzulegen und zu begründen. Ausgangsbasis sind dabei die Unterlagen, die Grundlage für die Entscheidung waren, die Reorganisation durchzuführen. Nach Auffassung der deutschen Finanzverwaltung setzt die Wertermittlung unter anderem integrierte Planungsrechnungen bestehend aus Plan-Gewinn- und Verlustrechnungen, Plan-Bilanzen und Plan-Cashflow-Rechnungen sowie die Orientierung an national (IDW S 1 sowie IDW S 5) oder international anerkannten Bewertungsstandards voraus.

Neben der Bestimmung der mit dem Transferpaket verbundenen erwarteten Überschüsse sind die beiden weiteren Eckpunkte der Wertermittlung der Kapitalisierungszinssatz und Kapitalisierungszeitraum:

- Der Kapitalisierungszinssatz ist dabei risikoäquivalent zu den aus den integrierten Planungsrechnungen abgeleiteten Überschüsse des Transferpakets abzuleiten: er setzt sich nach dem in der Bewertungspraxis regelmäßig angewandten CAPM aus einem risikolosen Basiszinssatz und einem Risikozuschlag zusammen. Aus Sicht der abgebenden und der aufnehmenden Gesellschaft kann sich dieser Kapitalkostensatz aufgrund der unterschiedlichen Risikoposition unterscheiden.
- Mit Blick auf den Kapitalisierungszeitraum setzt der Gesetzgeber für das Transferpaket grundsätzlich eine unbestimmte Nutzungsdauer an. Der Kapitalisierungszeitraum orientiert sich jedoch an den rechtlichen, tatsächlichen und wirtschaftlichen Umständen der Funktionsausübung, so dass der Steuerpflichtige für das Transferpaket eine bestimmte Nutzungsdauer in seinen Analysen annehmen kann, sofern er diese hinreichend begründen kann. Grundsätzlich gilt: Ist die Ausübung der Funktion auf eine begrenzte Dauer angelegt, bestimmt sich der Kapitalisierungszeitraum über die Dauer der geplanten Funktionsübung. Handelt es sich bei dem Transferpaket um einen Teilbetrieb oder eine einem Teilbetrieb ähnliche Einheit, ist von einem unbegrenzten Kapitalisierungszeitraum auszugehen. Aufnehmende Gesellschaft und abgebende Gesellschaft können – sofern intersubjektiv nachvollziehbar dargelegt – unterschiedliche Kapitalisierungszeiträume unterstellen.

Der deutsche Gesetzgeber lässt im Gegensatz zu der deutschen Finanzverwaltung offen, ob die Besteuerung der stillen Reserven, die aufgrund der Verlagerung aufgedeckt werden, den Grenzpreis des Verkäufers und die Vorteile aus Abschreibungen, die der Erwerber aus der Anschaffung des Transferpakets erzielen kann, den Grenzpreis des Erwerbers erhöht. Die Grafik zeigt illustrativ, wie sich abgebende und aufnehmende Partei, ausgehend von dem jeweiligen Wert des Transferpakets durch weitere Aspekte der Reorganisation dem Einigungsbereich annähern.

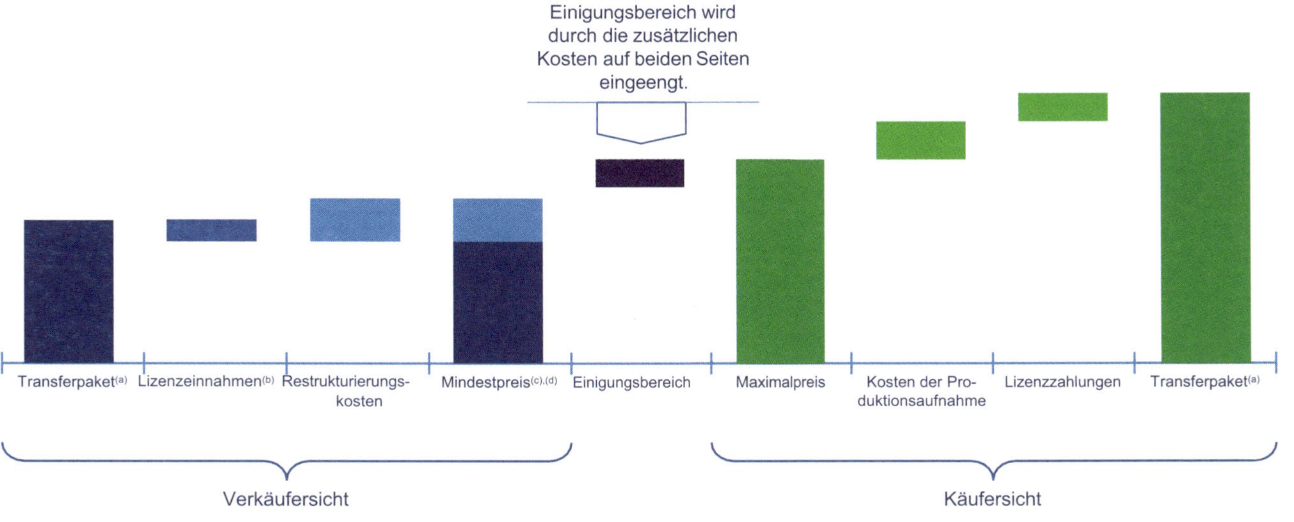

Anm.: (a) Übergehende und überlassene Wirtschaftsgüter
(b) aus der Überlassung von Wirtschaftsgütern zur Nutzung
(c) Mindestpreis entspricht Liquidationswert, wenn das Unternehmen nicht in der Lage ist, die Funktion mit eigenen Mitteln auszuüben (§7 Abs. 2 FVerlV)
(d) Bei dauerhaft zu erwartenden Verlusten: Nur teilweise Deckung der Schließungskosten oder Ausgleichszahlung denkbar (§7 Abs. 3 FVerlV)

Abb. C-3: Einigungsbereich (§7 FVerlV)

Nach Ansicht der Finanzverwaltung sind die finanziellen Überschüsse des Transferpakets vorrangig einmal aus Sicht des aufnehmenden und einmal aus Sicht des abgebenden Unternehmens zu ermitteln (sogenannte direkte Methode). Bei der alternativ anwendbaren indirekten Methode wird der Unternehmenswert der abgebenden Gesellschaft und der aufnehmenden Gesellschaft jeweils vor und nach der Reorganisation ermittelt. Beide Methoden führen bei gleichen Annahmen grundsätzlich zu gleichen Ergebnissen. Bei komplexeren Reorganisationen lassen sich jedoch die finanziellen Überschüsse und insbesondere die Risikoprofile vor und nach Verlagerung nicht ohne weiteres im Rahmen der direkten Methode abbilden, so dass die indirekte Methode zu bevorzugen ist.

Durch die Verlagerung des Transferpakets verändern aufnehmende und abgebende Gesellschaft regelmäßig ihr Funktions- und damit ihr Risikoprofil. Dies kann beispielsweise dadurch gegeben sein, dass das eine Unternehmen nach der Verlagerung sämtliche unternehmerischen Risiken trägt oder die abgebende Gesellschaft durch den Verkauf des Transferpakets aufgrund eines höheren Finanzmittelbestands (durch den Verkaufserlös) ein zukünftig geringeres Risiko trägt. Zudem werden im Rahmen von Reorganisationen auch Transferpreisvereinbarungen samt Zahlungszielen neu verhandelt und abgeschlossen; auch dies ist im Rahmen der subjektiven Wertfindung aus Sicht der aufnehmenden und abgebenden Gesellschaft zu berücksichtigen. Diese Beispiele verdeutlichen, dass die Abbildung der erwarteten Ertragskraft der beiden Unternehmen mit und ohne geplanter Reorganisation in integrierten Planungsrechnungen regelmäßig erforderlich ist; eine sachgerechte Bewertung kann – sollen dem Wortlaut der Verordnung folgend sämtliche Umstände des Einzelfalls berücksichtigt werden – nur in Einzelfällen ausschließlich am zu verlagernden Gewinnpotential ansetzen.

Unabhängig von der Verwendung der direkten oder indirekten Methode führen Funktionsverlagerungen zu einem hohen Beratungs- und Dokumentationsbedarf. Regelmäßig sind Dokumentationen für die betroffenen in- und ausländischen Finanzbehörden zu erstellen. Diese können durch Auslegung der OECD Transfer Pricing Guidelines in den einzelnen Ländern unterschiedlich sein; teilweise erscheinen die Anforderungen aus den jeweiligen Auslegungen der Richtlinien sogar widersprüchlich. Zur Sicherstellung einer reibungslosen und steueroptimierten grenzüberschreitenden Reorganisation sollten Gestaltungsmöglichkeiten frühzeitig geprüft und die erforderliche zeitnahe Dokumentation für die jeweiligen Jurisdiktionen erstellt werden. Nur so kann für den individuellen Sachverhalt analysiert werden, ob eine Besteuerung stiller Reserven im Rahmen einer Funktionsverlagerung vermieden werden kann und welche Bewertungsverfahren im Falle einer Funktionsverlagerung sachgerecht sind. Dabei bieten sich als Grundlage für die Entscheidungsfindung auch Sensitivitätsrechnungen im Hinblick auf die voraussichtliche Steuerbelastung an.

4 Das Ausrichten von Verrechnungspreisen an der Wertschöpfung – neue bewertungsbezogene Herausforderungen für Unternehmen

Die gestiegene Veränderungsdynamik und Komplexität im unternehmerischen Umfeld zwingt Unternehmen, ihr Geschäftsmodell regelmäßig und in immer kürzeren Abständen auf den Prüfstand zu stellen und zu optimieren, und das nicht erst seit der COVID-19-Krise. Bei internationalen Unternehmensgruppen führt dies in aller Regel zu grenzüberschreitenden Transaktionen zwischen den Gruppengesellschaften zur Optimierung der Erlös- und/ oder Kostenstruktur. Diese Transaktionen ziehen zwangsläufig steuerliche Folgen nach sich, für deren Beurteilung Verrechnungspreise unter Bezugnahme auf den sogenannten Fremdvergleichsgrundsatz zuverlässig zu bestimmen sind. Nach den sogenannten BEPS-Aktionspunkten 8 bis 10 „Aligning Transfer Pricing Outcomes with Value Creation“ der OECD, die im Juli 2017 ihren Niederschlag in den OECD Transfer Pricing Guidelines for Multinational Enterprises and Tax Administrations gefunden haben, soll dies wertschöpfungsbasiert unter Zugrundelegung des betriebswirtschaftlichen Rendite-Risiko-Kalküls erfolgen. Dadurch werden Unternehmen vor die Herausforderung gestellt, einen ganzheitlichen und damit widerspruchsfreien Bewertungsansatz zur Ermittlung von Fremdvergleichspreisen zu finden.

Die Aktionspunkte 8 bis 10 der von den G-20 Staats- und Regierungschefs verabschiedeten und der zuvor gemeinsam mit der OECD ausgearbeiteten „BEPS-Maßnahmenpakete zur internationalen Bekämpfung von Gewinnkürzungen und Gewinnverlagerungen“ haben im Wege der Überarbeitung der Kapitel I, II, V – VIII Eingang in die OECD Transfer Pricing Guidelines for Multinational Enterprises and Tax Administrations 2017 gefunden. Diese dienen der Interpretation von Art. 9 des OECD-Musterabkommens, welches die Grundlage für die neu abzuschließenden Doppelbesteuerungsabkommen bildet. Damit werden Unternehmen vor einer gruppeninternen Reorganisation die aus Sicht der OECD durchzuführenden umfassenden ökonomischen Analysen aufbereiten und – sofern nicht schon vorhanden – ein konsistentes, von der ökonomischen Realität geleitetes Verrechnungspreissystem entwickeln und aufrecht erhalten müssen.

Für Unternehmen ergibt sich hieraus nicht nur zusätzlicher Aufwand, sondern auch eine große Chance: bereits vor der Reorganisation mittels eines systematischen, von betriebswirtschaftlichen Grundsätzen geleiteten Ansatzes die Wertbeiträge von Wirtschaftsgütern, Prozessen und Aktivitäten der am Geschäftsmodell der Unternehmensgruppe beteiligten Gesellschaften unter Rendite-Risiko-Kriterien zu analysieren, zu bestimmen und die Chancen und Risiken des eigenen Geschäftsmodells besser zu verstehen.

Was sind die Zielsetzungen der OECD?

Die Aktionspunkte 8 bis 10 beziehen sich auf wesentliche Aspekte der Verrechnungspreisgestaltung von grenzüberschreitend tätigen Unternehmensgruppen. Vor allem Gestaltungen im Zusammenhang mit immateriellen Wirtschaftsgütern und der Verortung von Risiken zwischen verbundenen Unternehmen ließen aus OECD-Sicht in der Vergangenheit häufig Zweifel aufkommen, ob die gewählten Strukturen und Verrechnungspreise tatsächlich fremdübliches Handeln wiedergegeben haben oder nicht doch Ausdruck von Steueroptimierung waren.

Die OECD stellt die Grundlagen betriebswirtschaftlichen Handelns in den Mittelpunkt ihrer Überlegungen mit der erklärten Zielsetzung, dass künftig Gewinne dort besteuert werden sollen, wo die wirtschaftliche Aktivität stattfindet und Werte geschaffen werden. Hierzu stellt die OECD auf den ökonomischen Grundsatz der Rendite-Risiko-Beziehung ab: je höher das erwartete Risiko, das ein Unternehmen eingeht, desto höher die Rendite, die das Unternehmen erwirtschaften will.

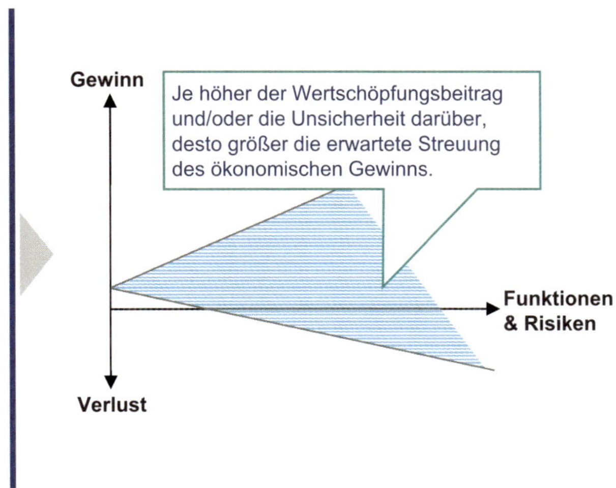

Abb. C-4: Implikation eines angemessenen Risiko-Rendite-Verhältnisses

Und mit Blick auf immaterielle Wirtschaftsgüter stellt die OECD klar, dass deren rein rechtlichen Eigentümern künftig nicht zwangsläufig sämtliche Erträge durch die Nutzung dieses Wirtschaftsguts zustehen sollen. Gruppenunternehmen, die mit diesem Wirtschaftsgut in Verbindung stehende Funktionen ausüben und Risiken tragen beziehungsweise kontrollieren, sind entsprechend zu vergüten. Ausübung bezieht sich dabei konkret auf die Entwicklung, die Verbesserung, den Erhalt, den Schutz oder die Nutzung des immateriellen Wirtschaftsguts. Zum Beispiel wird durch die Anmeldung einer Marke oder eines Patents im Namen der Gesellschaft das rechtliche Eigentum begründet; für die Zuordnung der Erträge aus der Nutzung des Wirtschaftsguts reicht dies allein jedoch nicht aus. Werden Kosten der Ausübung übernommen, ohne jedoch die Funktion aktiv auszuüben, begründet dies lediglich die Vergütung einer Finanzierungsfunktion.

Folglich können die Ausübung von Funktionen im Zusammenhang mit immateriellen Wirtschaftsgütern, die Übernahme von Risiken und die Bereitstellung unterstützender Wirtschaftsgüter künftig bei der Bestimmung der angemessenen Verrechnungspreise nicht außen vor gelassen werden. Der übergeordnete Rahmen des Fremdvergleichsgrundsatzes entfaltet auch hier seine Wirkung, indem er die Übernahme von Risiken – neben der Fähigkeit entsprechende Risiken finanziell tragen zu können – an die Kontrollanforderung verknüpft, die sowohl die Fähigkeit, relevante Entscheidungen zu treffen, als auch die tatsächliche Umsetzungskompetenz umfasst. Die vertragliche Zuordnung von Risiken soll nur akzeptiert werden, sofern der Risikonehmer auch tatsächlich die übernommenen Risiken zu kontrollieren vermag und über ausreichend finanzielle Substanz verfügt, im Schadensfalle eintreten zu können.

Im Rahmen der Harmonisierung des deutschen Außensteuergesetzes mit den Ergebnissen der OECD-/G-20-BEPS-Initiative und der darauf beruhenden OECD-Verrechnungspreisleitlinien 2017 soll das sogenannte DEMPE-Konzept (Development, Enhancement, Maintenance, Protection, Exploitation) und das Risikokontrollkonzept der OECD in das Außensteuergesetz übernommen werden (siehe den überarbeiteten Entwurf des BMF für ein Gesetz zur Umsetzung der Anti-Steuervermeidungsrichtlinie „ATADUmsG" vom 25.03.2020). Immaterielle Wirtschaftsgüter und die mit diesen in Verbindung stehenden gruppeninternen Vergütungsstrukturen werden damit künftig nicht nur noch stärker als bisher in den Fokus der Finanzverwaltungen rücken. Mit der Einführung des DEMPE-Konzepts werden zudem an die Verrechnungspreisdokumentation deutlich höhere Anforderungen gestellt, eine detaillierte DEMPE-Analyse wird zum Kernbestandteil einer Dokumentation werden.

Was sind immaterielle Wirtschaftsgüter im Sinne der OECD?

Bei ihrer Definition von immateriellen Wirtschaftsgütern nimmt die OECD bewusst Abstand von formalrechtlichen oder rechnungslegungsbezogenen Definitionen. Ein immaterielles Wirtschaftsgut für Verrechnungspreiszwecke liegt vor, wenn

- es sich weder um ein physisches noch finanzielles Wirtschaftsgut handelt,
- es beherrscht werden kann, das heißt, das Gut kann in Besitz genommen oder kontrolliert werden, um es für wirtschaftliche Aktivitäten zu nutzen und
- dessen Nutzung oder Übertragung vergütet werden würde, wenn die Transaktion zwischen fremden Dritten stattgefunden hätte.

Beispiele für immaterielle Wirtschaftsgüter sind gewerbliche Schutzrechte, Betriebs- und Geschäftsgeheimnisse, Lizenzen und Zulassungen, Forschungs- und Entwicklungsprojekte oder in der Entwicklung befindliche Marken; auch Goodwill und der sogenannte „ongoing concern value“ zählen dazu. Darunter versteht die OECD zum Beispiel den Wertbeitrag, der einem Bündel von Wirtschaftsgütern zugeschrieben wird, der über der Summe der Einzelwertbeiträge liegt. Zu beachten ist, dass Goodwill und „ongoing concern value“ im Sinne der OECD in der Regel nicht dem Goodwill im Sinne der Rechnungslegung entspricht.

Rechtlicher, vertraglicher oder sonstiger Schutz eines immateriellen Wirtschaftsguts mag den Wert dieses Guts beeinflussen, ist für sich genommen jedoch keine Voraussetzung für dessen Existenz. Auch die von anderen Wirtschaftsgütern getrennte Übertragbarkeit wird nicht vorausgesetzt. Ebenso sind immaterielle Wirtschaftsgüter von allgemeinen Marktbedingungen oder lokalen Gegebenheiten, wie verfügbares Einkommen, Wettbewerbsstrukturen oder Standortvorteilen zu unterscheiden. Auch diese können den Preis einer Transaktion beeinflussen, stellen für sich genommen jedoch keine immateriellen Wirtschaftsgüter dar.

Wie sind immaterielle Wirtschaftsgüter zu bewerten?

Die Ermittlung von Verrechnungspreisen für immaterielle Wirtschaftsgüter unterliegt dem Fremdvergleichsgrundsatz. Der Bepreisung stellt die OECD eine umfassende Analyse der mit immateriellen Wirtschaftsgütern verbundenen Transaktionen beziehungsweise deren Nutzungsüberlassung voran. Dabei steht das tatsächliche Geschäftsgebaren im Vordergrund, welches auch als Maßstab für die Beurteilung der Fremdüblichkeit der gegebenenfalls vorliegenden Verträge über die im Zusammenhang mit dem immateriellen Wirtschaftsgut stehenden Liefer- und Leistungsbeziehungen dienen soll. Die Subjektbezogenheit von (immateriellen) Gütern in der Bewertung spielt für die OECD eine besondere Rolle. Diese Analyse der faktischen Gegebenheiten und Rahmenbedingungen beinhaltet daher insbesondere:

- die Definition und Abgrenzung des Wirtschaftsguts,
- die Identifikation der vertraglichen Grundlagen inklusive der Rechtsgrundlage für das rechtliche Eigentum,
- die Identifikation der Parteien, die in Bezug auf das immaterielle Wirtschaftsgut die maßgeblichen Funktionen ausüben, gegebenenfalls andere Wirtschaftsgüter nutzen und Risiken übernehmen,
- die Identifikation der realistischen Handlungsmöglichkeiten der an der Transaktion beteiligten Parteien
- den Sachverhalt der faktischen Transaktion einschließlich der Identifikation sämtlicher immaterieller Wirtschaftsgüter, die Gegenstand der Transaktion sind.

Die Position der OECD, bei der Preisfindung die realistischen Handlungsmöglichkeiten der an der Transaktion beteiligten Parteien zu beachten, spiegelt grundsätzlich die geltenden deutschen Regelungen wider. Der Fremdvergleichspreis liegt innerhalb der Bandbreite, deren Obergrenze der Grenzpreis der aufnehmenden Gesellschaft und deren Untergrenze der Grenzpreis der abgebenden Gesellschaft bilden. Den Automatismus der deutschen Normen, der den Mittelwert von Preisober- und Preisuntergrenze als Einigungspreis festlegt, wenn keine anders lautenden Argumente vorgebracht werden, sieht die OECD nicht vor.

Mit der Forderung einer zweiseitigen Bewertung aus Sicht der abgebenden und aufnehmenden Gesellschaft („hypothetischer Vergleich") setzt die OECD eine hohe Hürde für die grundsätzlich vorrangig zur Anwendung kommenden einseitig basierten Standardmethoden – Preisvergleichsmethode, Wiederverkaufsmethode und Kostenaufschlagsmethode – zur Bestimmung von Verrechnungspreisen. Denn dem Grunde nach zweifelt die OECD an, dass im Fall von immateriellen Wirtschaftsgütern Informationen aus öffentlichen und privaten Datenbanken dem Standard der zuverlässigen Vergleichbarkeit genügen. Zugleich rückt die OECD die Anwendung der Gewinnaufteilungsmethode (profit split) und kapitalwertorientierter Bewertungsmethoden in den Vordergrund – allerdings ohne zu versäumen, darauf hinzuweisen, dass eine einperiodige Profit-Split-Betrachtung insbesondere bei in der Entwicklung befindlichen immateriellen Wirtschaftsgütern, die auch als ein Beispiel für HTVI gesondert abgehandelt werden, nicht zu zuverlässigen Ergebnissen führt.

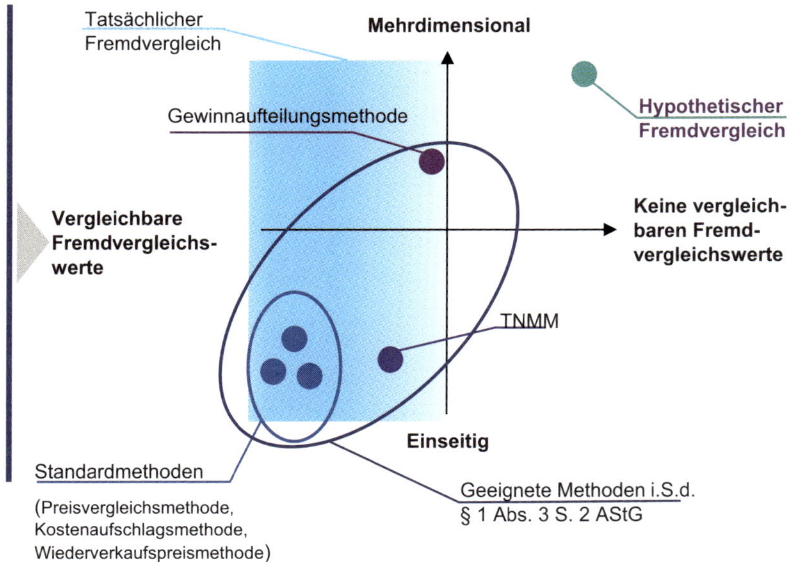

Abb. C-5: Implikation der Existenz und Qualität von Fremdvergleichswerten

Zusammengefasst heißt das, dass nach Auffassung der OECD in einfach gelagerten Fällen, in denen eine Vergleichbarkeit gegeben ist, die herkömmlichen Standardmethoden zu zuverlässigen Ergebnissen führen können, in komplexeren Fällen jedoch die Bedeutung von mehrdimensionalen Methoden wie der Kapitalwertmethode zunimmt, die den Verrechnungspreis an dem Wertschöpfungsbeitrag ausrichtet.

In der Unternehmensrealität sind immaterielle Wirtschaftsgüter und Funktionen immer stärker miteinander verwoben, sodass die Kapitalwertmethode zwangsläufig zum Standard werden wird, denn nur sie kann eine zuverlässige Ableitung von Verrechnungspreisen unter Rendite-Risiko-Gesichtspunkten gewährleisten und so einen ganzheitlichen und widerspruchsfreien Bewertungsansatz sicherstellen.

Was heißt das für die Unternehmenspraxis?

Die Finanzverwaltungen werden folglich nicht nur zunehmend das Funktions- und Risikoprofil der an der Transaktion beteiligten Parteien sowie vertragliche Grundlagen vor dem Hintergrund des tatsächlichen Geschäftsgebarens hinterfragen, sondern auch die Planung und Wertbeitragsanalyse, die der Bestimmung des Fremdvergleichspreises zugrunde liegt. Werden die BEPS-Aktionspunkte dem Grunde nach von den nationalen Gesetzgebern umgesetzt, dürfte im Rahmen der Dokumentation neben die bisher ausgeprägt deskriptive Argumentation eine wesentlich stärker quantitativ ausgerichtete Analyse treten. Die OECD betont, dass Beiträge zur Wertschöpfung grundsätzlich an zwei Dimensionen zu messen sind: an der Rendite des Wirtschaftsguts und dem korrespondierenden Risiko. Seit Langem ist bekannt, dass Risiken sich diversifizieren lassen; die Portfolio- und Optionspreistheorie bietet Anschauungsmaterial, wie diese sich messen und managen lassen. Und ist die Unsicherheit mit Bezug auf den künftigen Ertrag sehr hoch, wie zum Beispiel bei HTVI und damit verbundenen Funktionen, kann eine ansonsten starre Vergütungsregel auch ergänzt werden um Preisanpassungsklauseln, Zahlungen bei Erreichen von Meilensteinen und einen gestaffelten Einsatz von Lizenzen, wie es bei Vereinbarungen zwischen Dritten bereits üblich ist.

Nachvollziehbare und belastbare Analysen von immateriellen Wirtschaftsgütern respektive von Wertbeiträgen bringen dabei Transparenz in die gesamte Wertschöpfungskette und deren Reorganisation. Im ersten Schritt gelingt dies durch die eindeutige Definition des Bewertungsobjekts. In einem zweiten Schritt stellen die an dem Bewertungsobjekt ausgerichteten integrierten Planungsrechnungen ganzheitliche quantitative Abbildungen der unternehmerischen Realität, in die die jeweilige Transaktion eingebettet ist, sicher. Damit ist die Analysebasis für die Behandlung von Unsicherheiten gelegt: für Sensitivitäten, Szenarien und andere Simulationstechniken sowie die Ableitung angemessener, sprich risikoäquivalenter Kapitalkosten. Moderne Steuerungsansätze wie CEDA können hierbei aufgrund ihrer stringenten Ausrichtung an dem Erfolg und Risiko einer unternehmerischen Entscheidung und den hinter dieser liegenden ökonomischen Interdependenzen einen zusätzlichen Mehrwert durch das Aufzeigen von Rendite- und Risikoprofil der Wirtschaftsgüter beziehungsweise des Wertbeitrags generieren.

5 Erbschaftsteuerform 2016 – neue Regelungen für die steuerliche Unternehmensbewertung

Die Neuregelungen der Erbschaftsteuerreform beziehen sich neben der Ermittlung des begünstigungsfähigen Vermögens auch auf die Vorgehensweise bei der steuerlichen Unternehmensbewertung. Zwar bleibt die weitgehende Verschonung betrieblichen Vermögens grundsätzlich erhalten, die Regelungen differenzieren allerdings stärker zwischen nicht begünstigten Verwaltungsvermögen und weiterhin begünstigten Betriebsvermögen. Zudem erfolgten Änderungen bei der Anwendung des steuerlichen vereinfachten Ertragswertverfahrens. Die nun maßgeblichen Regelungen können unter bestimmten Konstellationen erhebliche Nachteile für die betroffenen Steuerpflichtigen entfalten.

Der Bundesrat hat am 14.10.2016 der am 29.09.2016 vom Bundestag beschlossenen Anpassung des ErbStG an die Rechtsprechung des Bundesverfassungsgerichts zugestimmt. Von den Änderungen sind insbesondere die Regelungen im ErbStG zur Verschonung von betrieblichem Vermögen sowie die Anpassung des BewG in Bezug auf den Kapitalisierungsfaktor betroffen. Die Anpassungen des ErbStG gelten rückwirkend zum 01.07.2016 – die Änderungen des BewG hingegen bereits für Übertragungen ab dem 01.01.2016.

Dabei bleibt das Grundprinzip der weitgehenden Begünstigung des übertragenen Betriebsvermögens erhalten und auch die grundsätzliche Bewertungssystematik für erbschaft- und schenkungsteuerliche Zwecke wird nicht berührt. Wurde auf Basis der alten Gesetzeslage eine (weitgehende) Verschonung erwartet, können sich nach neuem Recht zusätzliche Hürden aufgetan haben – denn auf Basis der aktuellen Gesetzeslage sind neue Grenzwerte für die Verschonungsregelungen einzuhalten. Einer etwaigen Benachteiligung des Steuerpflichtigen, die aufgrund der Rückwirkung der Änderungen des BewG ab dem 01.01.2016 entstehen kann, wurde mit dem Ländererlass vom 11.05.2017 entgegengewirkt.

Wesentliche Änderungen des BewG

Die Regelungen zur Ermittlung der Bemessungsgrundlage für die Erbschaft- und Schenkungsteuer wurden in ihrer grundsätzlichen Systematik durch die Erbschaftsteuerreform nicht verändert. Das BewG gibt weiterhin ein dreistufiges Prüfungsschema für die Bestimmung des gemeinen Werts als steuerliche Bemessungsgrundlage bei KapG vor. Ist der gemeine Wert nicht aus Verkäufen unter fremden Dritten, die weniger als ein Jahr vor dem Übertragungsstichtag liegen, ableitbar, ist der gemeine Wert grundsätzlich unter Berücksichtigung der Ertragsaussichten der betreffenden KapG zu ermitteln.

Eine Möglichkeit zur Berechnung eines Unternehmenswertes unter Berücksichtigung der Ertragsaussichten stellt das im BewG geregelte vereinfachte Ertragswertverfahren dar, sofern dieses nicht zu offensichtlich unzutreffenden Ergebnissen führt. Der Ertragswert des betriebsnotwendigen Vermögens lässt sich dann regelmäßig durch Multiplikation des durchschnittlichen Ertrags der letzten drei Istjahre mit einem vorgegebenen Kapitalisierungsfaktor ermitteln.

Die bisherige Regelung, wonach sich der Kapitalisierungsfaktor aus einem Basiszinssatz und einem (Risiko-) Zuschlag in Höhe von 4,5% zusammensetzt, wurde im Zuge der Reform gestrichen und durch einen einheitlichen Kapitalisierungsfaktor in Höhe von 13,75 ersetzt. Eine Anpassung des Kapitalisierungsfaktors kann zukünftig lediglich durch Rechtsverordnung des Bundesministeriums für Finanzen an die Entwicklung der Zinsstrukturdaten erfolgen.

Diese Änderungen des BewG gelten rückwirkend ab dem 01.01.2016. Der Kapitalisierungsfaktor für das Jahr 2016 betrug vor der Erbschaftsteuerreform 17,86 und lag damit deutlich über dem nunmehr festgelegten Faktor von 13,75. Dass der Kapitalisierungsfaktor im Vergleich zu den Vorjahren niedriger wurde, ist auch eine Folge der zahlreichen Hinweise von Verbänden und Unternehmen, dass die in den Vorjahren zu berücksichtigenden Kapitalisierungsfaktoren häufig zu unrealistisch hohen Unternehmenswerten geführt haben. Die nachträgliche Reduzierung des Kapitalisierungsfaktors für das Jahr 2016 bewirkt ceteris paribus eine Verringerung des Unternehmenswertes nach dem vereinfachten Ertragswertverfahren um rund 23%. Damit reduziert sich grundsätzlich auch die steuerliche Bemessungsgrundlage und folglich die Steuerlast.

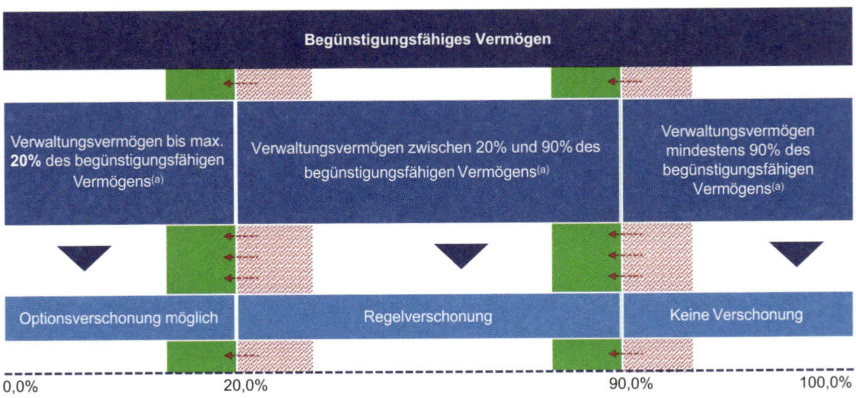

Abb. C-6: Erbschaftsteuerreform Verschonungsregelungen

Ob durch die Senkung des Kapitalisierungsfaktors nun realistischere Unternehmenswerte ermittelt werden, kann nicht allgemein beantwortet werden, vielmehr hängt es unverändert vom zu betrachtenden Einzelfall ab. Allerdings sind bei Bewertungen in Anlehnung an das vereinfachte Bewertungsverfahren unternehmensspezifische Anpassungen, die in Einzelfällen in Abstimmung mit dem Finanzamt möglich waren, nun tendenziell noch schwieriger begründbar, da kein Bezug auf die einzelnen Komponenten des Kapitalisierungszinssatzes (Basiszinssatz, Risikozuschlag) mehr genommen werden kann. Die Abbildung der individuellen Unternehmenssituation (zum Beispiel Auslandsrisiken, Verschuldungsgrad) ist damit noch stärker eingeschränkt als in der alten Rechtslage.

Entscheidend ist aber insbesondere, dass, trotz des grundsätzlich positiven Effekts aus der Reduzierung des Kapitalisierungsfaktors, generell geprüft werden sollte, ob die Anwendung des vereinfachten Ertragswertverfahrens vorteilhaft für den Steuerpflichtigen ist oder ob – insbesondere bei offensichtlich unzutreffenden Ergebnissen – eine fundamentale Unternehmensbewertung nach den Grundsätzen des IDW S 1 durchgeführt werden sollte.

Wesentliche Änderungen bei der Verschonung des Betriebsvermögens

Die Verschonung des Betriebsvermögens ist – unverändert zur alten Gesetzeslage – durch einen Abschlag in Form der (a) Regelverschonung oder der (b) Optionsverschonung geregelt. Neu geschaffen wurde die Möglichkeit, unter bestimmten Voraussetzungen einen Vorabschlag von bis zu 30 % auf das begünstigte Vermögen zusätzlich zu den beiden weiterhin bestehenden Verschonungswegen zu berücksichtigen.

Bei der Regelverschonung beträgt der Verschonungsabschlag auf das begünstigte Vermögen grundsätzlich weiterhin 85%, bei der Optionsverschonung weiterhin 100%. Allerdings sind die Voraussetzungen, um diese Vergünstigungen zu erhalten, verschärft worden.

So unterliegt zum Beispiel das nicht begünstigte Vermögen grundsätzlich direkt der vollen Besteuerung und das bislang geltende sogenannte „Alles-Oder-Nichts-Prinzip" unter Berücksichtigung einer 50%-Verwaltungsquote wurde abgeschafft. Die Rechtsfolge dieser Quasi-Freigrenze war, dass das Verwaltungsvermögen zu einem großen Anteil begünstigt wurde oder aber, dass das grundsätzlich begünstigungsfähige Vermögen vollständig nicht begünstigt war. Im Zuge der Erbschaftsteuerreform erfolgte zudem eine grundlegende Änderung zur Ermittlung des Verwaltungsvermögens, die im Vergleich zur alten Rechtslage wesentlich komplexer ist. Im Ergebnis soll mit den Änderungen nun sichergestellt werden, dass grundsätzlich begünstigtes Vermögen auch tatsächlich begünstigt versteuert werden kann und dass schädliches Verwaltungsvermögen weitgehend einer normalen Besteuerung unterliegt.

Auswirkungen der Erbschaftsteuerreform auf die Bewertung bei Übertragungen im 1. Halbjahr 2016

Das ErbStG in der neuen Fassung gilt rückwirkend zum 01.07.2016, sodass für Zeiträume vom 01.01.2016 bis zum 30.06.2016 weiterhin die alte Rechtslage einschließlich des damals vorzunehmenden Verwaltungsvermögenstest zu berücksichtigen ist. Die Änderungen des BewG und damit des Kapitalisierungsfaktors gelten hingegen rückwirkend ab dem 01.01.2016.

Bei sinkendem Kapitalisierungsfaktor sinken ceteris paribus der Unternehmenswert beim steuerlichen vereinfachten Ertragswertverfahren und damit auch der „Nenner" im Verwaltungsvermögenstest. Das (konstant gebliebene) Verwaltungsvermögen wird somit einer kleineren Basis (Unternehmenswert) gegenübergestellt und die Verwaltungsvermögensquote steigt. Dies kann in Einzelfällen dazu führen, dass durch die Verringerung des Unternehmenswertes (auf Basis des vereinfachten Ertragswertverfahrens) die Grenze des zulässigen Verwaltungsvermögen überschritten wird und die beabsichtigte Verschonung – mit negativen Effekten aus Sicht des Steuerpflichtigen – nicht mehr erreicht werden kann.

In diesen Fällen können die Steuerpflichtigen einen Antrag auf eine abweichende Steuerfestsetzung stellen mit der Folge, dass ausschließlich für die Ermittlung der Quote des Verwaltungsvermögens die alte Fassung des vereinfachten Ertragswertverfahrens, also mit dem Kapitalisierungsfaktor in Höhe von 17,86, berücksichtigt wird. Zur Ermittlung der Steuerbemessungsgrundlage wird weiterhin der neue Faktor in Höhe von 13,75 verwendet.

Eine fundamentale Unternehmensbewertung nach den Grundsätzen des IDW S 1, die unabhängig von den Änderungen im BewG ist, kann die bisher angewandten Verschonungsregeln stützen. Dies kann insbesondere dann der Fall sein, wenn ceteris paribus nach einer Unternehmensbewertung auf Basis des IDW S 1 Eigenkapitalkosten ermittelt werden, die bei identischen Zahlungsströmen zum vereinfachten Ertragswertverfahren kleiner als 7,3% (= 1 / Faktor 13,75) sind oder die für die Fundamentalbewertung maßgeblichen Prognoseergebnisse im Durchschnitt höher liegen, als auf Basis des bei vereinfachtem Ertragswertverfahren berücksichtigten Durchschnitts der Vergangenheitsjahre.

Auswirkungen der Erbschaftsteuerreform auf die Bewertung bei Übertragungen ab dem 01.07.2016

Die neuen Regelungen des ErbStG sehen zum einen vor, dass die Optionsverschonung nur dann möglich ist, wenn das begünstigungsfähige Vermögen nicht zu mehr als 20% aus Verwaltungsvermögen besteht. Zum anderen ist nunmehr geregelt, dass die Verschonung bei Überschreitung einer 90 prozentigen Verwaltungsvermögensquote versagt wird.

Im ersten Fall kann es daher für den Steuerpflichtigen vorteilhaft sein, dass der Wert des begünstigungsfähigen Vermögens (Wert des Unternehmens) höher ausfällt als unter Berücksichtigung des vereinfachten Ertragswertverfahrens, um die 20%-Quote zu unterschreiten.

Im zweiten Fall ergibt sich eine Vorteilhaftigkeit für den Steuerpflichtigen daraus, wenn vermieden werden kann, dass grundsätzlich begünstigungsfähiges Vermögen nicht begünstigt wird, weil das Verwaltungsvermögen mehr als 90% des begünstigungsfähigen Vermögens beträgt.

Die Empfehlung der Durchführung einer Unternehmensbewertung nach den Grundsätzen des IDW S 1 gilt ohnehin vor dem Hintergrund, dass Unternehmensbewertungen nach IDW S 1 aufgrund des Zukunftsbezugs und der Berücksichtigung der individuellen Unternehmenssituation dem vereinfachten Ertragswertverfahren konzeptionell überlegen ist. Zudem besteht beim vereinfachten Ertragswertverfahren unverändert die Gefahr, dass sich per se realitätsferne Unternehmenswerte ergeben, da der Basiszinssatz im bisherigen Jahresverlauf 2016 auf deutlich unter 1% gesunken ist, während bei Anwendung des vereinfachten Ertragswertverfahrens ein für das Jahr fest vorgegebener Kapitalisierungsfaktors vorgegeben wurde.

Fazit

Die neu gefassten steuerlichen Regelungen in Bezug auf das ErbStG und das BewG erlauben weiterhin grundsätzlich sowohl die Anwendung des vereinfachten Ertragswertverfahrens sowie die Unternehmensbewertung nach IDW S 1.

Die Anpassungen des BewG mit ihrer Rückwirkung zum 01.01.2016 können trotz aufgrund des reduzierten Kapitalisierungsfaktors sinkender Unternehmenswerte zu negativen Auswirkungen für Übertragungen im ersten Halbjahr 2016 führen, wenn die entsprechenden Verwaltungsvermögensquoten ungünstig ausfallen. Hier muss geprüft werden, ob ein Handlungsbedarf für die betroffenen Steuerpflichtigen besteht. Die Anpassungen des ErbStG gelten rückwirkend zum 01.07.2016. Nicht zuletzt für eine fundierte Inanspruchnahme der Verschonungsregelegungen sollte für die sachgerechte Ermittlung des Unternehmenswerts als Basis für die Bemessungsgrundlage der Erbschafts- beziehungsweise Schenkungsteuer nicht nur das vereinfachte Ertragswertverfahren angewandt, sondern auch eine Bewertung nach IDW S 1 durchgeführt werden.

6 Der Schritt über die Grenzen – steuerliche Konsequenzen eines Wegzugs

Vor dem Hintergrund der gestiegenen internationalen Mobilität der Anteilseigner von Unternehmen gilt es, die steuerlichen Folgen für den Anteilseigner bei einem Wegzug ins Ausland zu kennen. So kann beispielsweise ein eigentlich nur vorübergehend geplanter Auslandsaufenthalt zum „unbemerkten" Wegzug werden, wenn die planmäßige Rückkehr nach Deutschland nicht erfolgt. In einer solchen Situation wird häufig die Wegzugsbesteuerung nach § 6 AStG vergessen, die zu einer erheblichen einkommensteuerlichen Belastung führen kann. Im Rahmen eines Wegzugs können auch erbschaftssteuerliche Konsequenzen durch das Risiko einer Doppeltbesteuerung entstehen. Idealerweise sollte vor Wegzug ins Ausland versucht werden, durch eine sorgfältige Analyse etwaigen Risiken entgegenzuwirken.

Hintergründe zur Wegzugsbesteuerung nach § 6 AStG

Egal ob jung oder alt, immer häufiger erfüllen sich Deutsche den langersehnten Traum, ein neues Leben im Ausland zu starten. Sei es vorübergehend im Rahmen der Ausbildung, einer beruflichen Chance in einem internationalen Unternehmen oder zwecks Ruhestand im sonnigen Süden oder ursprünglichen Norden. Bevor jedoch das Eigenheim verkauft und der Haushalt in Deutschland aufgelöst wird, ist es ratsam, sich zuvor mit einem Steuerberater auszutauschen, sofern Anteile an Unternehmen gehalten werden. Ansonsten besteht das Risiko, dass aufgrund eines Umzugs „Wegzugsteuern" zu zahlen sind, zum Beispiel in Form von Steuern auf einen fiktiven Veräußerungsgewinn von Gesellschaftsanteilen, die man gar nicht beabsichtigt zu veräußern.

Damit dem deutschen Fiskus das Besteuerungsrecht an den in der Beteiligung gebildeten stillen Reserven durch einen Wegzug in einen Staat, mit dem ein DBA abgeschlossen wurde, nicht verloren geht, wurde § 6 AStG in das Außensteuergesetz aufgenommen.

Gemäß § 6 Abs. 1 S. 1 AStG wird eine entgeltliche Veräußerung von Unternehmensanteilen unterstellt, sobald eine natürliche Person ihre unbeschränkte Steuerpflicht durch Wohnsitzverlegung beendet. Die Wegzugsbesteuerung soll sicherstellen, dass die in Deutschland angewachsenen stillen Reserven, die ohne Wegzug ins Ausland im Falle einer Veräußerung der Beteiligung zu realisieren wären, auch weiterhin in Deutschland versteuert werden.

Zu einer Entschärfung führte das Urteil des EuGH im Streitfall „Lasteyrie du Saillant", in dem die französische Wegzugsbesteuerung, die – analog zur alten Rechtslage in Deutschland – eine sofortige Besteuerung von stillen Reserven im Falle eines Wegzugs vorsah, als unvereinbar mit der in der EU geltenden Niederlassungsfreiheit erklärt wurde. Dies führte dazu, dass im Rahmen der Neuerung des § 6 AStG eine Stundungsregelung im Falle eines Wegzugs innerhalb der EU oder des EWR vorgesehen wurde.

Voraussetzungen der Wegzugsbesteuerung

Für das Wirksamwerden der Wegzugsbesteuerung nach § 6 AStG müssen persönliche und sachliche Voraussetzungen erfüllt werden. Zu den persönlichen Voraussetzungen zählt das Bestehen einer unbeschränkten Steuerpflicht im Inland gemäß § 1 Abs. 1 EStG für einen Zeitraum von mindestens zehn Jahren. Dabei ist nicht ausschlaggebend, ob die unbeschränkte Steuerpflicht über zehn aufeinanderfolgende Jahre bestand, vielmehr ist das zehnjährige Bestehen der unbeschränkten Steuerpflicht in Summe maßgebend.

Der sachliche Anknüpfungspunkt ist die Beteiligung an einer in- oder ausländischen KapG nach § 17 EStG. Demnach ist eine innerhalb der letzten fünf Jahre mindestens 1-prozentige Beteiligung für das Wirksamwerden der Wegzugsbesteuerung notwendig. Ebenfalls kann die Beteiligung an einer PersG mit etwas anders gelagerten Voraussetzungen die Wegzugsbesteuerung auslösen. Voraussetzung hierfür ist, dass sich durch den Wegzug das Besteuerungsrecht nach dem jeweiligen DBA auf den ausländischen Wohnsitzstaat verlagert.

Rechtliche Folgen

Sind diese Voraussetzungen gegeben, wird zum Zeitpunkt des Wegzugs eine Veräußerung der Beteiligung unterstellt. Die Bemessungsgrundlage für die Besteuerung ist der fiktive Veräußerungsgewinn. Um diesen zu ermitteln, ist eine Unternehmensbewertung zum Zeitpunkt, zu dem die Voraussetzungen der Wegzugsbesteuerung erfüllt sind, vorzunehmen und der anteilige Wert ist den jeweiligen Anschaffungskosten gegenüberzustellen. Auf den anteiligen Vermögenszuwachs ist sodann das Teileinkünfteverfahren anzuwenden, welches eine Besteuerung der Veräußerungsgewinne zu 60% vorsieht. Fiktive Veräußerungsverluste werden einkommensteuerlich außer Betracht gelassen. Aber auch gerade diesen Fall sollte man mit seinem Steuerberater besprechen, zum Beispiel könnte dieser Verlust steuerwirksam realisiert werden.

Weiterhin unterscheidet das Gesetz zwischen Fällen der Wohnsitzverlegung innerhalb des EU-/EWR-Gebiets und dem Wegzug in Drittstaaten (zum Beispiel USA oder Schweiz). Dabei wird die Wegzugssteuer in Fällen der Wohnsitzverlagerung innerhalb des EU-/EWR-Gebiets zinslos und unbefristet bis zum Zeitpunkt einer tatsächlichen Anteilsveräußerung gestundet, während bei dem Wegzug in einen Drittstaat die Wegzugssteuer im Grundsatz sofort zur Zahlung fällig ist.

Der Steueranspruch kann unter bestimmten Bedingungen auch entfallen. Dies ist beispielsweise der Fall, wenn die Beendigung der unbeschränkten Steuerpflicht auf vorübergehender Abwesenheit beruht oder der Steuerpflichtige innerhalb von fünf Jahren seit der Beendigung der unbeschränkten Steuerpflicht wieder unbeschränkt steuerpflichtig wird. Ferner besteht die Möglichkeit – beispielsweise durch Umstrukturierungsmaßnahmen im Vorfeld des Wegzugs – die Wegzugsbesteuerung nach § 6 AStG zu vermeiden.

Erbschaftsteuerliche Konsequenzen eines Wegzugs

Bei einem Wegzug ins Ausland sind neben dem § 6 AStG auch mögliche erbschaftsteuerliche Konsequenzen zu berücksichtigen. Im Vorfeld eines Wegzugs gilt es, die im Ausland geltenden erbschaftsrechtlichen Anforderungen zu bedenken, insbesondere wenn mehrere Länder von einem Erbfall betroffen sind.

In Deutschland liegt eine unbeschränkte Steuerpflicht vor, wenn der Erblasser und/oder der Erbe Steuerinländer sind oder aber sogenannte Inlandsvermögen im Sinne des BewG übertragen werden. Als Steuerinländer sind dabei Personen, die ihren Wohnsitz beziehungsweise ihren gewöhnlichen Aufenthalt im Inland haben, zu verstehen. Auch nach Wegzug ins Ausland bleibt für weitere fünf Jahre eine (erweiterte) unbeschränkte Steuerpflicht bestehen, sodass das gesamte Vermögen auch weiterhin den Vorschriften des deutschen ErbStG unterworfen ist. Sollte somit der Erblasser im Inland ansässig sein, so wird der gesamte Erbanfall – das heißt sowohl das Auslands- als auch das Inlandsvermögen – von der unbeschränkten Steuerpflicht erfasst. Ist wiederum nur der Erwerber im Inland ansässig, so gelten nur für das auf ihn entfallende Vermögen die Vorschriften des deutschen ErbStG. Immer steuerpflichtig als Inlandsvermögen ist daneben inländisches Betriebsvermögen, Anteile an einer deutschen PersG oder Anteile an einer deutschen KapG, wenn der Gesellschafter und seine Familie zusammen mindestens 10% des Kapitals halten.

In bestimmten Fallkonstellationen kann das Risiko einer Doppelbesteuerung für einzelne Nachlassgegenstände aufgrund gegebener Situation in zwei Staaten entstehen. So tritt dies häufig infolge der Ausdehnung der unbeschränkten Steuerpflicht auf fünf Jahre nach dem Wegzug ein. Dabei ist zu beachten, dass europäische Erbschaftsteuersätze teilweise deutlich höher ausfallen als in Deutschland und somit ein nicht unwesentlicher Steueraufwand entstehen kann. Das deutsche ErbStG ermöglicht zwar auf Antrag eine Anrechnung der ausländischen Erbschaftsteuer auf die deutsche Steuer, allerdings sind hierfür mehrere Bedingungen zu erfüllen.

Ermittlung des Unternehmenswerts

Ist ein Wegzug ins Ausland geplant, sollten stets steuerliche Konsequenzen im Vorfeld bedacht werden. So sollte idealerweise versucht werden, das Auslösen der Wegzugsbesteuerung nach § 6 AStG bereits im Vorfeld durch eine sorgfältige Planung oder durch Umstrukturierungsmaßnahmen im Rahmen des Möglichen zu vermeiden.

Es kann jedoch auch Situationen geben, in denen es Sinn macht, ganz bewusst eine Art „Schlussbesteuerung" in Deutschland im Wegzugszeitpunkt auszulösen, um erwartete künftige Wertsteigerungen einer günstigeren Besteuerung im Zuzugsstaat zu unterwerfen.

In jedem Fall ist jedoch die Dokumentation des Unternehmenswerts der Beteiligung durch eine fundamentale Unternehmensbewertung geboten. Denn – sollte der Anteilseigner im Falle eines Wegzugs keinen Unternehmenswert nachweisen können – so wird die Bewertung der Anteile von dem zuständigen Finanzamt übernommen. Dieses zieht dafür in der Regel das sogenannte „Vereinfachte Ertragswertverfahren" §§ 199 bis 203 BewG heran. Demnach setzt sich der vereinfachte Ertragswert aus dem Ertragswert des betriebsnotwendigen Vermögens sowie dem gemeinen Wert des nicht betriebsnotwendigen Vermögens zusammen.

Der Ertragswert des betriebsnotwendigen Vermögens lässt sich durch Multiplikation des „nachhaltig erzielbaren Jahresertrags" mit einem Kapitalisierungsfaktor errechnen. Der Jahresertrag entspricht dabei dem Durchschnitt des um vorgegebene Korrekturposten bereinigten steuerlichen Betriebsergebnisses der letzten drei Geschäftsjahre. Damit basiert das vereinfachte Ertragswertverfahren ausschließlich auf Vergangenheitswerten und lässt die zukünftige Ertragskraft des Unternehmens völlig außer Acht.

Hinsichtlich des Kapitalisierungsfaktors ist zudem anzumerken, dass dieser für alle Unternehmen und alle Übertragungen ab dem 01.01.2016 verbindlich vom Gesetzgeber auf 13,75 festgeschrieben wurde. Dadurch bestehen keinerlei Möglichkeiten, die individuelle Risikosituation, zum Beispiel hinsichtlich des Verschuldungsgrads, einer Branche oder einer Währungsabhängigkeit zu berücksichtigen.

Diese pauschalen Annahmen können schnell zu einer Überbewertung führen, mit der entsprechend eine (zu) hohe Steuerlast einhergeht.

Es ist daher ratsam, die eigene Situation durch einen erfahrenen Steuerberater prüfen und ein durch einen externen Bewerter ein Wertgutachten erstellen zu lassen, sobald ein Wegzug denkbar wird. Gängig und von Finanzämtern anerkannt ist zum Beispiel eine Unternehmensbewertung nach den allgemein anerkannten Grundsätzen des IDW S 1. Anders als das vereinfachte Ertragswertverfahren berücksichtigt es über die Anwendung von DCF-Verfahren ausschließlich den Zukunftserfolg, in dem künftig erwartete Zahlungsströme mit einem unternehmensindividuellen Kapitalkostensatz kapitalisiert werden, der die individuelle Risikosituation des Unternehmens abbildet.

Dadurch können deutliche Wertunterschiede gegenüber den Berechnungen des Finanzamts entstehen. Zwar erfordert die Erstellung einer solchen Bewertung spezifisches Know-how und sollte in die Hände von erfahrenen Bewertungsexperten gelegt werden, jedoch wird effizient eine sachgerechte Besteuerungsbasis ermittelt und dokumentiert. Nur dies ermöglicht eine fundierte Nachweismöglichkeit gegenüber der Finanzverwaltung über einen steuerpflichtigen Gewinn und die damit verbundene Steuerbelastung.

Falls keine Bewertung im Zeitpunkt des Wegzugs durchgeführt wurde, muss bei Materialisierung des Wegzugs eine rückwirkende Bewertung auf den dann viele Jahre zurückliegenden Bewertungsstichtag vorgenommen werden. In der Praxis führt eine nachträgliche Bewertung häufig zu Schwierigkeiten bei der Informationsbeschaffung (dokumentierte Planungsrechnung, Marktdaten) und der Darlegung des Kenntnisstandes zum Bewertungsstichtag gegenüber dem Finanzamt. Daher sollte, wenn ein Wegzug im Sinne des § 6 AStG absehbar beziehungsweise ein mögliches Szenario ist, zeitnah eine Bewertung vorgenommen werden oder zumindest die Zusammenstellung der bewertungsrelevanten Informationen als geeignete Dokumentationsgrundlage erfolgen.

Kapitel D

RECHNUNGSLEGUNGSBEZOGENE BEWERTUNG

1 Fair-Value-Hierarchie – Verwendung von Preisen Dritter

Im Januar 2015 hat das Interpretations Committee des IASB eine finale „agenda decision“ hinsichtlich einer ihm vorgelegten Frage getroffen. Gegenstand waren die Bedingungen, unter denen Preise, die von Dritten zur Verfügung gestellt werden, als Level 1-Inputfaktor im Sinne der Fair-Value-Hierarchie des IFRS 13 gelten. Vorausgegangen waren eine entsprechende Eingabe des DRSC sowie eine Diskussion innerhalb verschiedener Verbände der Kreditwirtschaft. Im Vordergrund stand dabei die Anwendung der Fair-Value-Hierarchie auf dem OTC-Markt gehandelter Finanzinstrumente wie Anleihen oder Schuldverschreibungen unter besonderer Würdigung der Verwendung sogenannter Konsensus-Preise. Das IFRIC hat zwar keine Notwendigkeit zu einer Interpretation oder Anpassung des Standards gesehen, hat aber die Prinzipien der Fair-Value-Ableitung bezogen auf die Fair-Value-Hierarchie in seiner Entscheidung nochmals klarstellt.

Viele Finanzinstrumente werden nicht an Börsen, sondern ausschließlich OTC gehandelt. In diesen Fällen ist der OTC-Markt der Hauptmarkt, der zur Bestimmung des Fair Value zugrunde zu legen ist. Der OTC-Markt ist ein Händler-Markt, auf dem Broker ihre Angebotspreise stellen, ohne jedoch eine rechtliche Verpflichtung zu haben, auch tatsächlich zu diesen zu kontrahieren. Informationen über die Abschlüsse auf dem Markt sowie das Handelsvolumen sind nur eingeschränkt öffentlich verfügbar, sodass Auswertungen und Analysen über Abfragen notwendig sind, da sie nicht zentral über eine Börse zur Verfügung gestellt werden können. Damit liegt zwar ein Markt vor, dennoch kann der OTC-Markt nicht automatisch als aktiv im Sinne von IFRS 13 bezeichnet werden.

Die oben beschriebene Informationslücke bezüglich der Abschlüsse wird durch sogenannte Preis-Service-Agenturen wie zum Beispiel Bloomberg oder Thomson Reuters geschlossen, die entweder die (unverbindlichen) Preisstellungen von Brokern oder Konsensus-Preise sowie berechnete Preise regelmäßig veröffentlichen. Dabei bezeichnen Konsensus-Preise den gewichteten durchschnittlichen Preis, basierend auf den gemeldeten Preisstellungen von unterschiedlichen Anbietern, und beinhalten daneben weitere Inputfaktoren, die von den Agenturen für relevant gehalten werden. Je nach angebotenen Konsensus-Preisen (zum Beispiel Bloomberg Generic – BGN, Bloomberg CBBT oder R RICs von Thomson Reuters) können diese aufgrund unterschiedlicher Inputfaktoren und Herleitungsmethoden voneinander variieren. Bei sogenannten evaluated-Preisen werden direkt beobachtbare Preise mit rein modellbasierten Preisen in einem Modell miteinander kombiniert (zum Beispiel Bloomberg Valuation oder Reuters Evaluated Price). Letztlich steht sowohl hinter Konsensus- als auch berechneten Preisen ein vollumfänglich nur dem jeweiligen Anbieter bekannter Modellalgorithmus. Der auf dieser Basis vom Drittanbieter veröffentlichte Preis ist folglich kein tatsächlicher Ausübungspreis auf einem Markt, zu dem Marktteilnehmer eine Transaktion ausführen könnten.

Viele Unternehmen in der Kredit- und Versicherungswirtschaft, aber auch große Industrieunternehmen halten zahlreiche OTC-gehandelte Schuldverschreibungen, die regelmäßig im Konzernabschluss nach IFRS zum Fair Value zu bewerten sind. Sie bedienen sich dabei regelmäßig der Informationen, die von Dritten über Preise zur Verfügung gestellt werden. Im Anhang sind diese Preise sowie die daraus resultierenden Fair Values gemäß der Fair-Value-Hierarchie des IFRS 13 als Level 1, 2 oder 3 einzuordnen. Diese Unterscheidung ist von Standardsetzer bewusst gewählt, da sie die Informationsgüte des Fair Values widerspiegelt. Während Level 1 Werte reine Marktpreise signalisieren und damit die höchste Güte aufweisen, sind Level 3 Werte die Ergebnisse aus überwiegend nicht beobachtbaren Faktoren und somit von geringerer Güte. Entsprechend stellt sich die grundlegende Frage, ob die vorstehend beschriebenen Preisinformationen Dritter als Level-1-Inputfaktor qualifiziert werden können.

Hierzu hatten sich auf Basis des Wortlauts des Standards zwei unterschiedliche Sichtweisen herausgebildet. Nach der Sichtweise A können die von Dritten angebotenen Preise nur dann als Level 1 angesehen werden, wenn die zur Verfügung gestellten Preise ausschließlich auf nicht angepassten Preisen auf aktiven Märkten beruhen (IFRS 13.76, IFRS 13.A). Sämtliche modellbasierten Preise – seien es Konsensus- oder berechnete Preise – können maximal als Level 2 oder sogar nur als Level 3 eingestuft werden, da sie angepasste Preise darstellen. Die Einstufung als Level 2 oder 3 hängt von der Wesentlichkeit der Anpassung und der Beobachtbarkeit anderer verwendeter Inputfaktoren ab. Damit könnte ein Unternehmen von Dritten zur Verfügung gestellte Preise nicht ungeprüft für eine Level-1-Einstufung übernehmen, sondern muss sich im Prinzip davon überzeugen, dass die vom Dritten verwendeten Inputfaktoren ihrerseits als Level 1 einzustufen sind und keine Anpassungen vom Dritten vorgenommen wurden (IFRS 13.B45), wozu auch das Berechnungsmodell bekannt sein muss.

Die alternative Sichtweise B fokussiert vorrangig auf die Marktaktivität, da diese ein Maß dafür ist, wie sicher ein Exit-Preis zur Fair-Value-Ermittlung bestimmt werden kann. Solange die Marktaktivität nachweisbar hinreichend hoch ist, sollen gewisse Anpassungen Dritter akzeptabel sein und stünden damit einer Einstufung als Level 1 nicht entgegen. Da außerdem bereits Berechnungen erforderlich sind, um den Fair Value innerhalb der Bandbreite zwischen An- und Verkaufspreisen festzulegen und hierfür auch Marktkonventionen zulässig sind (IFRS 13.70 f.), könnte umgekehrt geschlossen werden, dass nicht jede Anpassung bereits automatisch eine Level-1-Einstufung ausschließe. Auch sei es nicht einzusehen, warum die Verwendung von Preisen von einem einzigen Händler bei einer OTC-gehandelten Schuldverschreibung auf einem aktiven Markt zu einer Level-1-Einstufung führt, während die Verwendung von Konsensus-Preisen, die Preise einer möglichst großen Zahl von Händlern verwendet, dagegen maximal nur Level 2 sein soll. Solange in dem Konsensus-Preis überwiegend tatsächliche Preise aus ausführbaren Transaktionen Eingang gefunden haben und damit ein robustes Preismodell aufgestellt werden kann, kann nach der Sichtweise B insgesamt eine Level-1-Einstufung erfolgen.

Die „agenda decision" des IFRIC schließt sich klar der Meinung A an. Es sieht tatsächlich keinen weiteren Klärungsbedarf, da sich die Auffassung A bereits unmittelbar aus dem Wortlaut des Standards ergäbe. Aufgrund der Verwendung unterschiedlicher Inputparameter in den Modellen der Anbieter, kommt der Nutzer damit nicht umhin, sich Klarheit über die Art der verwendeten Parameter zu verschaffen. So können in derartigen Modellen nicht nur tatsächliche Transaktionspreise, sondern auch unverbindliche Angebots- und Nachfragepreise oder sogar rein indikative Preise Eingang finden, denen ein geringeres Gewicht beigemessen werden sollte als Transaktionspreisen. Da unterschiedliche Faktoren im Sinne der Fair-Value-Hierarchie in den Modellen Eingang finden, muss die gesamthafte Einschätzung des derart abgeleiteten Preises von der Einschätzung der Wesentlichkeit dieser Inputfaktoren abhängen. Sobald wesentliche Anpassungen auf Basis nicht beobachtbarer Faktoren vorgenommen werden, kann das Ergebnis nicht mehr als Level 1 qualifiziert werden. Die Liquidität eines Marktes ändert an dieser Überlegung entgegen der Auffassung B nichts.

Obwohl sich die Entscheidung unmittelbar nur auf OTC-gehandelte Finanzinstrumente bezieht, werden die wesentlichen Aspekte der Umsetzung der Fair-Value-Hierarchie nochmals verdeutlicht. So setzt eine Level-1-Einstufung nicht nur beobachtbare Informationen voraus, sondern die Verfügbarkeit tatsächlich ausgeführter oder ausführbarer Transaktionspreise auf einem aktiven Markt. Lediglich gerechnete oder geschätzte Preise sind – nur weil sie jedem zugänglich und damit beobachtbar sind – für eine Level-1-Klassifizierung somit nicht zulässig. Entsprechend können auch direkt oder indirekt beobachtbare Level-2-Inputfaktoren nur dann vorliegen, wenn sie am Markt beobachtbar sind und somit tatsächlich auf Marktdaten, das heißt ausgeführten oder ausführbaren Transaktionspreisen beruhen. Erwartungen und Meinungsäußerungen von Marktteilnehmern (wie z. B. Analystenschätzungen oder Branchenstudien) stellen somit keine Level-2-Inputfaktoren dar (vergleiche hierzu auch IDW RS HFA 47, Einzelfragen zur Ermittlung des Fair Value nach IFRS 13, Tz. 81–85).

2 PPA-Benchmarking – Vermögenswerte und Goodwill im Rahmen von Unternehmenszusammenschlüssen

Eine erste Analyse der zu erwartenden immateriellen Vermögenswerte und die Abschätzung der Höhe des Goodwill im Rahmen einer Transaktion oder die Plausibilisierung von Bewertungsergebnissen – das sind nur zwei Beispiele aufgrund derer die Studien zu PPA von KPMG aus den Jahren 2009 und 2017 auf großes Interesse gestoßen sind. Mittlerweile werden sämtliche neu verfügbaren Transaktionsdaten laufend erfasst und erweitern so permanent die KPMG PPA-Benchmarking-Datenbank. Damit können Analysen nunmehr zu jedem beliebigen Zeitpunkt vorgenommen werden.

Grundlagen einer PPA

Für alle nach IFRS bilanzierenden Unternehmen ist die bilanzielle Abbildung eines Unternehmenszusammenschlusses im IFRS 3 geregelt. Demnach liegt ein solcher immer dann vor, sobald die erworbenen Vermögenswerte und übernommenen Schulden einen Geschäftsbetrieb darstellen. Jeder Unternehmenszusammenschluss ist dann anhand der sogenannten Erwerbsmethode zu bilanzieren. Im Rahmen der Erwerbsmethode sind die beizulegenden Zeitwerte von sämtlichen erworbenen materiellen und immateriellen Vermögenswerten sowie von den übernommenen Schulden und Eventualschulden des erworbenen Unternehmens zum Erwerbszeitpunkt zu bestimmen. Unter Gegenüberstellung des sich so ergebenden anteiligen Nettovermögens zu Zeitwerten des erworbenen Unternehmens und der übertragenen Gegenleistung (zum Beispiel Zahlungsmittel, sonstige Vermögenswerte, übernommene Schulden des ehemaligen Eigentümers, bedingte Gegenleistungen) ergibt sich nach Berücksichtigung latenter Steuern in der Regel ein Geschäfts- oder Firmenwert (Goodwill).

Zentrale Herausforderungen bei einer PPA sind zum einen, die vor der Transaktion in der Regel nicht bilanzierten – da selbst geschaffenen – immateriellen Vermögenswerte wie beispielsweise Auftragsbestand, Kundenbeziehungen, Markenrechte und Technologien zu identifizieren, und zum anderen, sämtliche erworbenen Vermögenswerte und übernommenen Schulden zum jeweiligen beizulegenden Zeitwert zu bewerten.

Durch die PPA wird nach dem Unternehmenszusammenschluss sowohl das Bilanzbild des Konzernabschlusses des Erwerbers als auch dessen zukünftige Konzern-Ertragslage signifikant beeinflusst. Die Höhe und zeitliche Verteilung der zukünftigen Abschreibungsbelastung hängen maßgeblich von der Art und der Höhe des beizulegenden Zeitwerts der jeweils angesetzten Vermögenswerte und Schulden ab. Je nachdem, ob und über welchen Zeitraum und nach welcher Methode zum Beispiel immaterielle Vermögenswerte abgeschrieben werden, ergeben sich unterschiedliche

Effekte auf das EBIT. Somit kann eine PPA auch Auswirkungen auf zuvor in Kreditverträgen festgelegte Kennzahlen (Covenants) haben.

Umso wichtiger ist es, sich bereits frühzeitig mit den möglichen bilanziellen Auswirkungen einer Unternehmenstransaktion auseinanderzusetzen, idealerweise noch in der Anbahnungsphase der Transaktion. Da in dieser Phase der Datenzugang oft limitiert ist und wichtige Informationen über die einzelnen erworbenen Vermögenswerte, wie beispielsweise Patentschutz, Laufzeiten oder relevante Ergebnisströme, nicht zur Verfügung stehen, können Erfahrungswerte aus früheren PPAs einen wichtigen Anhaltspunkt darstellen. Solche Erfahrungswerte – sie dienen auch der Plausibilisierung und Verifizierung von PPA-Ergebnissen nach einem Unternehmenszusammenschluss – werden in der PPA-Benchmarking-Datenbank aufgenommen und systematisch ausgewertet.

Aufbau und Struktur des PPA-Benchmarkings und Analysen

Ein PPA-Benchmarking verfolgt, bezogen auf die bilanzielle Abbildung ausgewählter Unternehmenszusammenschlüsse, folgende Ziele:

- Ermittlung des relativen Anteils der identifizierten immateriellen und wesentlichen materiellen Vermögenswerte sowie des Goodwill am jeweiligen Unternehmensgesamtwert
- Branchenspezifische Auswertung des relativen Anteils identifizierter Kategorien immaterieller Vermögenswerte am Unternehmensgesamtwert
- Erläuterung der erfassten wesentlichen branchenspezifischen immateriellen Vermögenswerte anhand typischer Wertschöpfungsketten in den einzelnen Branchen
- Auswertung bewertungsspezifischer Parameter wie Nutzungsdauer und Lizenzraten

Insgesamt wurden mehr als 700 Transaktionen aus 15 Branchen untersucht. Die Studie basiert im Wesentlichen auf Transaktionen aus dem Zeitfenster von 2008 bis heute.

Automotive	Building, Construction & Real Estate	Chemicals	Pharmaceutical, Biotechnology & Life Sciences	Communications & Media
Electronics, Software & Services	Energy, Natural Resources & Utilities	Financials	Healthcare	Hospitality, Travel & Leisure
Retailing	Transportation	Food, Drink & Consumer Goods	Diversified Industrials	Services

Abb. D-1: Betrachtete Branchen

Die hierbei gesondert betrachteten Branchen sind in der obenstehenden Grafik aufgeführt. Die Branchen können in weitere Unterkategorien untergliedert und auch auf dieser Ebene analysiert werden. Beispielsweise kann im Bereich Automotive nach den Unterkategorien OEMs und Automobilzulieferer oder im Bereich Chemicals nach den Unterkategorien Commodity Chemicals, Fertilizers and Agricultural Chemicals, Industrial Gases und Specialty Chemicals unterschieden werden.

Die Mindestanforderung zur Berücksichtigung einer Transaktion im Rahmen der Studie ist das Vorhandensein von Informationen zum erworbenen Goodwill und zumindest der Summe der erworbenen immateriellen Vermögenswerte. Für rund 550 der untersuchten Transaktionen waren Informationen zu den immateriellen Vermögenswerten (beispielsweise marketing-, technologie-, kunden- oder vertragsbezogen) verfügbar.

Der regionale Fokus der Studie liegt auf dem europäischen und nordamerikanischen Raum, sowohl was den Erwerber als auch das Zielunternehmen angeht. Die Datenbasis setzt sich aus öffentlich verfügbaren Informationen (PPA-Daten aus öffentlich zugänglichen Geschäftsberichten) und eigenen Beobachtungen zusammen. Die Datenbasis des PPA-Benchmarkings wird laufend um neue Transaktionen erweitert und damit permanent aktualisiert.

Ausgewählte Analysen

Im Folgenden werden ausgewählte Analysen zusammengefasst.

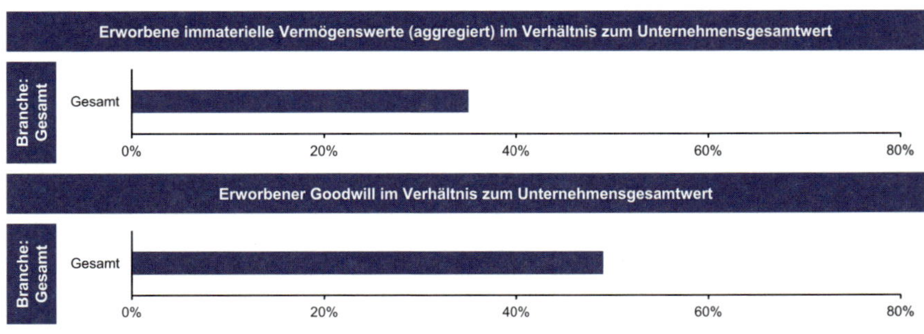

Abb. D-2: Überblick – alle Branchen gesamt

Im Durchschnitt über die ausgewerteten Transaktionen ergibt sich ein prozentualer Anteil des Goodwill zum Gesamtwert des erworbenen Unternehmens von knapp 50%.

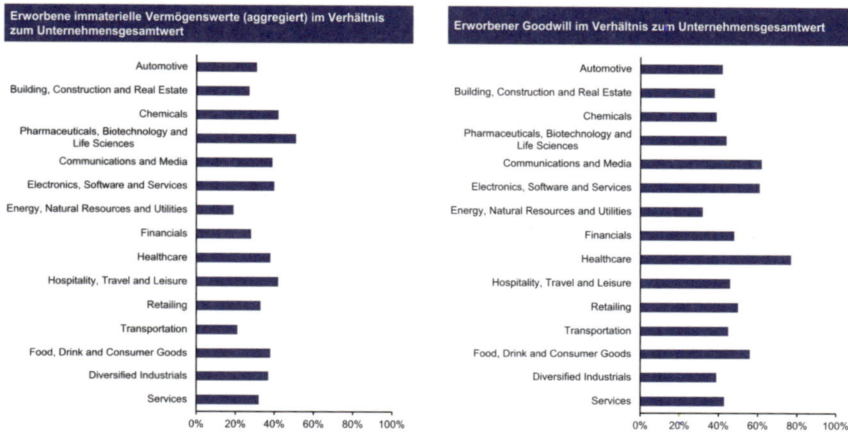

Abb. D-3: Überblick – alle 15 Branchen

Dieser durchschnittliche Wert schwankt jedoch deutlich in Abhängigkeit von der Branche. So weisen anlagenintensive Branchen wie Energy, Natural Resources & Utilities mit rund 32% und Chemicals mit rund 39% eine relativ geringe Goodwillquote auf. Dagegen liegt die Branche Healthcare mit einer Goodwillquote von rund 77% am oberen Ende der Bandbreite, da dort regelmäßig wesentliche Wertkomponenten, wie das Know-how der Mitarbeiter, der Zugang zu Märkten oder regionale Präsenz nicht einzeln ansatzfähig sind und somit im Goodwill erfasst werden.

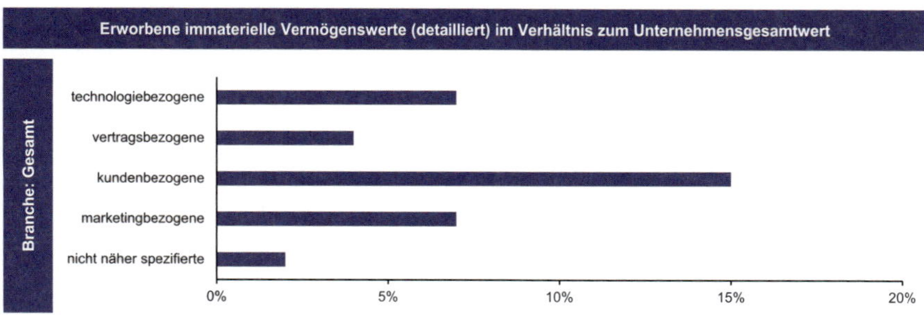

Abb. D-4: Verteilung erworbene immaterielle Vermögenswerte – alle Branchen gesamt

Die Analyse der Verteilung der erworbenen immateriellen Vermögenswerte (ohne Goodwill) im Detail zeigt, dass kundenbezogene immaterielle Vermögenswerte im Durchschnitt über alle Branchen hinweg den größten Anteil am Unternehmensgesamtwert ausmachen, während technologiebezogene und marketingbezogene immaterielle Vermögenswerte im Durchschnitt jeweils einen halb so hohen Anteil aufweisen. Deutliche sektorale Unterschiede konnten allerdings auch bei dem relativen Anteil der identifizierten immateriellen Vermögenswerte am jeweiligen Unternehmensgesamtwert festgestellt werden. So nehmen beispielsweise in der Branche Pharmaceuticals, Biotechnology & Life Science technologiebezogene immaterielle Vermögenswerte mit rund 21% am Unternehmensgesamtwert den größten Anteil der immateriellen Vermögenswerte ein.

3 Pre-Deal PPA – mehr Transparenz für klare Kaufentscheidungen

Über Unternehmenstransaktionen wird oftmals in sehr kurzen Zeiträumen entschieden, in denen das avisierte Zielunternehmen umfassend zu analysieren ist. Ebenso sollen bereits die Auswirkungen der Transaktion abgeschätzt werden. Anhand einer sogenannten Pre-Deal PPA können seitens des Erwerbers etwaige Risiken hinsichtlich der erwarteten Bilanzstruktur des Zielunternehmen sowie Auswirkungen auf die künftige Profitabilität antizipiert werden. Neben der Herausforderung eines lediglich kurzen Zeitrahmens für die Erstellung einer Pre-Deal PPA spielt auch die Datenverfügbarkeit für eine aussagekräftige Analyse eine entscheidende Rolle. Tatsächlich liegen mittlerweile so viele Erfahrungen und Daten vor, dass Anwender mittels bestehender Online Solutions in kurzer Zeit selbstständig eine Pre-Deal PPA durchführen und so die Transaktionssicherheit erhöhen können.

Die Pre-Deal PPA sollte integraler Bestandteil einer jeden Due Diligence sein

Bei einer Pre-Deal PPA („vorläufige Kaufpreisallokation") handelt es sich um ein wertvolles Instrument, um Informationen über das Zielunternehmen zu gewinnen und bilanzielle Risiken zu identifizieren. In vielen Fällen werden für einen Erwerber die bilanziellen Auswirkungen erst nach dem Closing im Rahmen der im Konzernabschluss nach IFRS und HGB verpflichtenden PPA sichtbar. Über eine Pre-Deal PPA können indes bereits vor einem Erwerb etwaige Auswirkungen abgeschätzt und Unsicherheiten reduziert werden. Die Ergebnisse einer Pre-Deal PPA sind seitens eines Erwerbers vielseitig verwendbar:

- Eine Pre-Deal PPA gibt dem Erwerber die Möglichkeit, bislang noch nicht identifizierte Chancen oder Synergiepotenziale zu identifizieren. Dies umfasst zum Beispiel die Berücksichtigung bislang beim Zielunternehmen noch nicht bilanzierter immaterieller Vermögenswerte (insbesondere Markenrechte, Technologien/Patente oder Kundenbeziehungen). Diese neu gewonnenen Erkenntnisse erklären einerseits, wofür der Kaufpreis bezahlt werden soll und können andererseits möglicherweise sogar ein höheres Kaufangebot rechtfertigen.
- Ein niedrigerer Kaufpreis kann im Rahmen einer Pre-Deal PPA durch identifizierte wesentliche Eventualverbindlichkeiten und unvorteilhafte Verträge begründet werden.
- Eine PPA kann erhebliche Auswirkungen auf wesentliche Bilanz- und GuV-Kennzahlen im Konzernabschluss des Erwerbers haben. Im Wege der Pre-Deal PPA können diese PPA-Effekte bereits antizipiert werden, um etwaige Risiken frühzeitig zu identifizieren:

- Auswirkungen auf die Bilanzstruktur: Höhe des zu aktivierenden Goodwill und daraus folgende Werthaltigkeitsrisiken.
- Abschätzung des aus der Hebung von stillen Reserven resultierenden Abschreibungspotenzials (zum Beispiel aus neubewerteten Vorräten oder immateriellen Vermögenswerten) und Identifizierung der Auswirkungen auf relevante Kennzahlen (zum Beispiel EBIT-Marge oder Gewinn je Aktie). Im Zuge dessen können sich auch Erfordernisse bei der Kapitalmarktkommunikation ergeben.
- Die Annahmen einer PPA unterliegen einer nicht vermeidbaren Unschärfe, aus der sich Ermessenspielräume des Bilanzierers ergeben. Im Rahmen des Zulässigen kann der Bilanzierer diese Spielräume aufgrund der Informationen der Pre-Deal PPA entsprechend seiner bilanzpolitischen Zielsetzungen ausnutzen.
- Die bilanziellen Folgen einer Akquisition sind frühzeitig zu identifizieren, um unter anderem deren Effekt auf die Unternehmensplanung, Kapitalstruktur, Covenants und Anreizsysteme abzuschätzen.
- Mittels einer Pre-Deal PPA ist es möglich, eine zielgerichtete und damit effizientere Post-Deal PPA vorzunehmen, da die Grundlagen der Analyse bereits existieren.
- Sollte zum Abschlussstichtag des erwerbenden Unternehmens noch keine finale Kaufpreisallokation vorliegen, könnte als bester Schätzer für die Post-Deal PPA auf die Ergebnisse der Pre-Deal PPA für die Abschlusserstellung zurückgegriffen werden.

Die Durchführung einer PPA folgt klaren prozessualen Schritten mit besonderen Herausforderungen vor der Transaktion

Die Vorgehensweise bei der Durchführung einer Kaufpreisallokation ist grundsätzlich in vier Prozessschritte unterteilbar und der nachfolgenden Abbildung zu entnehmen. Eine Pre-Deal PPA weist gegenüber einer Post-Deal PPA einige Besonderheiten auf, die sich wie folgt zusammenfassen lassen:

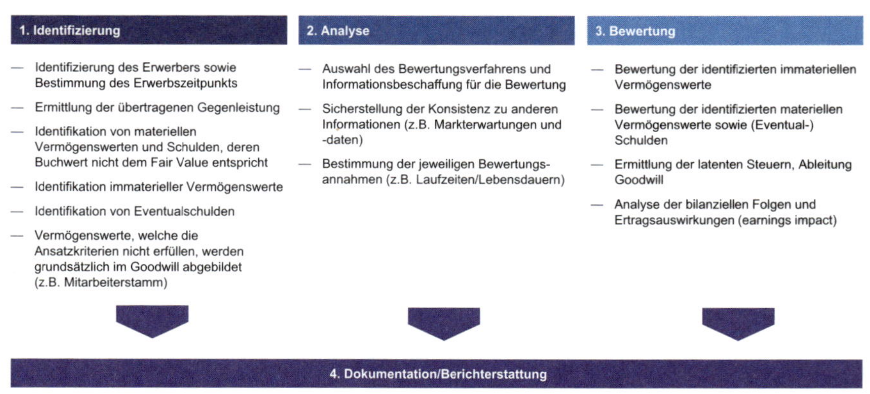

Abb. D-5: Prozess der Kaufpreisverteilung im Überblick

- Zeitpunkt: Eine Pre-Deal PPA findet vor einer Transaktion, in den meisten Fällen im Rahmen der Due-Diligence-Phase statt, wohingegen die Post-Deal PPA im Nachgang zu einer Transaktion (nach dem sogenannten Closing) durchgeführt wird.
- Zeitrahmen: Während die Pre-Deal PPA in einer kurzen Zeitspanne fertigzustellen ist, kann die Erstellung einer Post-Deal PPA, abhängig vom Komplexitätsgrad, mehrere Monate dauern.
- Datenverfügbarkeit und -qualität: Bei einer Pre-Deal PPA gibt es Restriktionen bei der Verfügbarkeit von Informationen. Im Grundsatz kann lediglich auf die Daten im Datenraum und auf öffentlich verfügbare Informationen zurückgegriffen werden. Die Qualität der Daten ist abhängig vom Zielunternehmen. Managementinterviews zu diesem Thema finden nur teilweise statt. Bei einer Post-Deal PPA gibt es Zugang zu sämtlichen Informationen in der notwendigen Detailtiefe und zu allen Ansprechpartnern.
- Rechnungslegungsvorschriften: Die Durchführung einer Pre-Deal PPA ist fakultativ und dient im Wesentlichen der Entscheidungsfindung. Eine Post-Deal PPA hat hingegen den einschlägigen Rechnungslegungsstandards zu entsprechen, dient in erster Linie Bilanzierungs- und Dokumentationszwecken und durchläuft einen aufwendigen Prüfungsprozess durch den Abschlussprüfer.

Aufgrund des kurzen Zeitrahmens in Verbindung mit einer eingeschränkten Datenverfügbarkeit und -qualität sind den Erstellern einer Pre-Deal PPA hohe Hürden auferlegt. In der Folge ist es sachgerecht, einen Fokus auf die wesentlichen Themen zu setzen und Vereinfachungen bei den Bewertungen vorzunehmen.

Eine digitale Lösung, um mehr Transparenz für klare Kaufentscheidungen zu bekommen

Um die vorstehend beschriebenen Herausforderungen besser bewältigen zu können, kann der Anwender beispielsweise auf die Online-Solution von KPMG zurückgreifen. Der Anwender hat die Möglichkeit, unter der Annahme vorliegender Daten und Informationen (zum Beispiel aus dem Datenraum), eine Pre-Deal PPA innerhalb eines sehr kurzen Zeitraums selbst durchzuführen. Die Online-Solution umfasst für 40 Sub-Sektoren erste Einschätzungen für die notwendigen wesentlichen Bewertungsparameter. Diese Einschätzungen gehen auf Sektorexperten zurück und sind als repräsentativer beziehungsweise erster allgemeiner Schätzer anzusehen. Um indes dem Anwender Flexibilität zu ermöglichen, sind die wesentlichen Bewertungsparameter veränderbar. Somit ist eine jederzeitige gezielte Einstellung der Parameter möglich, um der Individualität des jeweiligen Zielunternehmens Rechnung zu tragen. Nachstehend ist exemplarisch die Bewertung von technologiebezogenen immateriellen Vermögenswerten dargestellt.

Abb. D-6: Beispielhafte Ansicht für die Bewertung von Technologien

Über die „Key Results“ bekommt der Anwender einen schnellen Überblick zur überschlägigen Höhe des erwarteten Goodwill aus der angedachten Transaktion sowie eine Überleitung vom Buchwerteigenkapital zur erwarteten Kaufpreiszahlung. Überdies wurde eine PPA-Studie durchgeführt, im Zuge derer für verschiedene Sub-Sektoren eine typische Bandbreite des Anteils der immateriellen Vermögenswertkategorien am Unternehmenswert bestimmt wurde (vergleiche den Beitrag zu „PPA-Benchmarking – Vermögenswerte und Goodwill im Rahmen von Unternehmenszusammenschlüssen“). Für eine bessere Einordnung der vom Anwender ermittelten Werte bekommt dieser eine Übersicht, die die von ihm ermittelten Werte der immateriellen Vermögenswertkategorien innerhalb der typischen Bandbreite eines Sub-Sektors aufzeigt.

Abb. D-7: Beispielhafte Ansicht der wesentlichen Pre-Deal PPA-Ergebnisse

Die im Rahmen einer PPA mit dem Fair Value bewerteten Vermögenswerte und Schulden können einen wesentlichen Einfluss auf die künftig auszuweisende Profitabilität des Erwerbers – zum Beispiel gemessen am EBIT – ausüben. Um sich hieraus ergebende Risiken abschätzen zu können, bekommen die Anwender im Wege einer tabellarischen Übersicht eine Indikation, welche Abschreibungen aus der PPA zu erwarten sind. Überdies ist den „Key Results“ der Gesamteffekt auf das EBIT zu entnehmen.

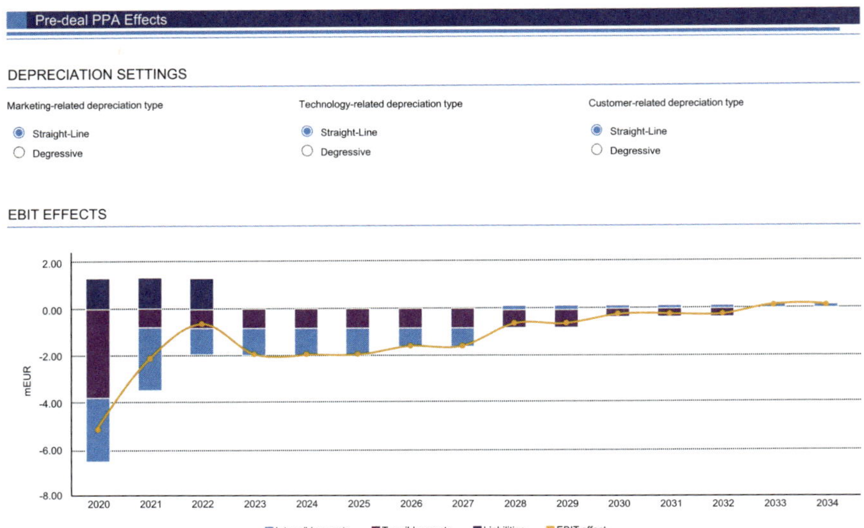

Abb. D-8: Beispielhafte Ansicht der Auswirkungen der Pre-Deal PPA auf die Profitabilität

Über eine digitale Lösung ist es für einen Erwerber möglich, innerhalb kurzer Zeit mehr Transparenz für eine klare Kaufentscheidung zu bekommen. Über die Ergebnisse der Pre-Deal PPA sind die Auswirkungen auf Profitabilität und Bilanzbild überschlägig ermittelbar, um etwaige Chancen und Risiken im Vorfeld einer Transaktion abschätzen zu können und die Transaktionssicherheit zu erhöhen. Sämtliche Annahmen können jederzeit an einen neuen Kenntnisstand angepasst werden, der sich im Transaktionsprozess einstellt.

4 Der Ansatz von Kundenbeziehungen im Rahmen eines Unternehmenszusammenschlusses – Unterschiede zwischen IFRS und HGB

Entsprechend den Bilanzierungsvorschriften nach IFRS und HGB sind bei der Bilanzierung im Rahmen eines Unternehmenszusammenschlusses erworbene identifizierbare Vermögenswerte mit dem Fair Value beziehungsweise beizulegenden Zeitwert anzusetzen. Auf Grund der zunehmenden Bedeutung immaterieller Vermögenswerte im Rahmen des Wertschöpfungsprozesses stehen insbesondere deren Identifikation und Bewertung im Fokus bei der bilanziellen Abbildung eines Unternehmenszusammenschlusses. Der Beitrag beleuchtet die Frage, inwieweit die Vorschriften nach den IFRS und dem HGB bei einem Unternehmenszusammenschluss dazu führen, dass beim Ansatz von Kundenbeziehungen Unterschiede zwischen den beiden Rechnungslegungssystemen entstehen.

Rechnungslegungsvorschriften

Nach den IFRS sind bei einem Unternehmenszusammenschluss immaterielle Vermögenswerte, unabhängig davon, ob sie bisher in der Bilanz des erworbenen Unternehmens enthalten waren oder nicht, stets anzusetzen, sofern diese die Definition des IAS 38.8 erfüllen. Die Definition umfasst unter anderem die Identifizierbarkeit des Vermögenswerts, das heißt, dass der Vermögenswert entweder einzeln veräußerbar ist (separability criterion), oder auf einem vertraglichen oder gesetzlichen Recht beruht (contractual-legal criterion). Überdies setzen die IFRS bei einem Unternehmenszusammenschluss stets voraus, dass ein wahrscheinlicher zukünftiger Nutzenzufluss gegeben sowie eine zuverlässige Fair-Value-Ermittlung möglich ist. Hingegen liegt nach dem HGB ein Vermögenswert vor, wenn dieser nach der Verkehrsauffassung gegenüber Dritten einzeln verwertbar ist (vergleiche DRS 24.17-22). Der Gesetzgeber verfolgt mit dieser Definition sowie mit dem handelsrechtlichen Abschluss das Ziel, in die Bilanz nur solche Vermögenswerte aufzunehmen, die den Gläubigern auch als Schuldendeckungspotenzial dienen können. Ein weiteres Kriterium nach dem HGB zur Beurteilung, ob ein Vermögenswert vorliegt, ist die selbstständige und verlässliche Bewertbarkeit.

Kundenbeziehungen

In IFRS 3.13 ist die Kundenbeziehung („customer relationship") beispielhaft als ein immaterieller Vermögenswert genannt, der im Rahmen eines Unternehmenszusammenschlusses zu identifizieren und somit künftig in der Bilanz des Erwerbers separat vom Goodwill zu aktivieren ist. Die illustrierenden Beispiele („illustrative examples") zu IFRS 3, die selbst kein Bestandteil des Standards und im Normensystem des IASBs von untergeordneter Bedeutung sind, enthalten weiterführende Beispiele für kundenbezogene immaterielle Vermögenswerte (vergleich hierzu IFRS 3.IE23).

Hier wird weitergehend zwischen Kundenlisten („customer lists"), Auftrags- oder Produktionsbestand („order or production backlog"), Kundenverträgen und damit in Beziehung stehenden Kundenbeziehungen („customer contracts and related customer relationships") sowie nichtvertraglichen Kundenbeziehungen („non-contractual customer relationships") unterschieden.

Die wichtigsten Formen von Kundenbeziehungen, welche im Folgenden auch im Mittelpunkt der weiteren Diskussion stehen sollen, stellen in der praktischen Anwendung der Auftrags- oder Produktionsbestand sowie Kundenverträge und damit in Beziehung stehende Kundenbeziehungen dar.

Auftrags- oder Produktionsbestand

Grundsätzlich verbirgt sich hinter einem Auftrags- oder Produktionsbestand der noch nicht erfüllte Teil eines zum Bewertungsstichtag erteilten Kundenauftrags (zum Beispiel Kauf- oder Werkvertrag). Insofern basiert der Auftrags- oder Produktionsbestand auf einer rechtlich fixierten Vereinbarung.

- Nach den IFRS ist die Identifizierbarkeit über das contractual-legal criterion gegeben, da über den Vertrag ein Anspruch auf rechtlich durchsetzbare Zahlungsmittelzuflüsse vorliegt. Ein Ausweis separat vom Goodwill ist somit vorzunehmen.
- Der Ansatz eines Auftragsbestands nach dem HGB als ein eigenständiger immaterieller Vermögenswert wird im handelsrechtlichen Schrifttum überwiegend befürwortet. Als Aktivierungsvoraussetzung eines Auftragsbestands sind die Kriterien selbstständige Verkehrsfähigkeit im Sinne einer Einzelverwertbarkeit beziehungsweise die selbstständige Bewertbarkeit anzuführen. Findet eine Übertragung eines bereits bestehenden Auftragsbestands in Gestalt eines schwebenden Vertrags statt und wird hierfür ein Entgelt entrichtet, so lässt sich argumentieren, dass eine Bestätigung der Werthaltigkeit über den Markt existiert, unabhängig davon, ob es sich um Gewinnaussichten aus einem Einzelschuldverhältnis handelt. Teilweise wird die Aktivierung eines Auftragsbestands mit der Begründung abgelehnt, es würde sich dabei um die Abgeltung von Auftragserlangungskosten handeln. Als solches weist das Entgelt den Charakter von Handelsvertreterprovisionen auf, weshalb aufgrund des Aktivierungsverbots für künftige Vertriebskosten ein Einbezug in den Goodwill vorzuziehen ist. Im Ergebnis mag es Einzelfälle geben, im Zuge derer ein erworbener Auftragsbestand von einer wirtschaftlichen Betrachtungsweise eher einer Handelsvertreterprovision entspricht und in der Folge ein separater Ansatz unterbleiben sollte. Aufgrund des vorliegenden juristischen Vertrags sowie der selbstständigen Bewertbarkeit ist indes im Zuge einer widerlegbaren Vermutung von einer Einzelverwertbarkeit und somit einer Aktivierung separat vom Goodwill auszugehen.

Kundenverträge und damit in Beziehung stehende Kundenbeziehungen

Kundenverträge und damit in Beziehung stehende Kundenbeziehungen lassen sich im Wesentlichen in drei Grundformen aufteilen:

- Rahmenverträge umfassen bestimmte, gestaltbare Parameter einer Kundenbeziehung. Diese können zum Beispiel mittels einer festen Abnahmeverpflichtung oder in Form von Konditionenverträgen vorliegen. Im Vergleich zu Rahmenverträgen mit fester Abnahmeverpflichtung enthalten Konditionenverträge üblicherweise lediglich Preisinformationen und/oder Lieferbedingungen. Es gibt keine Verpflichtung zur Abnahme seitens des Kunden, weshalb kein Anspruch auf Zahlungsmittelzuflüsse entsteht.
- Verträge, bei denen sich Unternehmen verpflichten, über einen gewissen Zeitraum Leistungen an ihre Kunden zu erbringen.
- Laufende, regelmäßig wiederkehrende Verträge, bei denen in kurzer zeitlicher Abfolge Leistung und Gegenleistung miteinander in Verbindung stehen (sogenannter Kundenstamm).

Entsprechend der Auslegung der Regelungen nach den IFRS erfüllen sämtliche drei vorstehend genannten Formen das für eine Identifizierung notwendige contractual-legal criterion. Dieses Ergebnis mag auf den ersten Blick verwunderlich für regelmäßig wiederkehrende Kaufverträge erscheinen, da zum Bewertungsstichtag gerade kein juristischer Vertrag vorliegt.

Es handelt sich dabei um eine (sehr weite) Auslegung des Kriteriums, welche nach IFRS 3.IE28 darüber begründet wird, dass es zumindest eine Historie für regelmäßig erfolgende Vertragsabschlüsse gibt. Somit sind grundsätzlich sämtliche Kundenverträge nach den IFRS bei einem Unternehmenszusammenschluss in der Bilanz anzusetzen.

Die Ansatzfähigkeit von Kundenverträgen im Rahmen eines Unternehmenszusammenschlusses nach dem HGB lässt sich wie folgt beurteilen:

- Rahmenverträge in Form von Konditionenverträgen: Aus Konditionenverträgen, bei denen lediglich Preisinformationen und Lieferbedingungen ohne Verpflichtung zur Abnahme vereinbart wurden, ergeben sich für Kunden keine unmittelbaren rechtlichen Abnahme- beziehungsweise Leistungsverpflichtungen. In der Folge dürfte es sich im Allgemeinen nicht um Rechte und immaterielle Vorteile handeln, die rechtlich so gesichert sind, dass sie dem Berechtigten nicht mehr gegen seinen Willen entzogen werden können. Eine Einzelverwertbarkeit ist auszuschließen. Folglich erscheint es sachgerecht, etwaige Vorteile aus Rahmenverträgen in Form von Konditionenverträgen nicht separat vom Goodwill anzusetzen.

- Verträge: Auf Basis der vertraglichen Beziehung mit den Kunden zum Übernahmestichtag ist von einer Einzelverwertbarkeit auszugehen und somit ein separater Ansatz als Vermögenswert im Wege eines Unternehmenszusammenschlusses sachgerecht. Folglich sind bei der Bewertung die gesicherten Wertbeiträge der Kunden für die in den Verträgen festgelegten Restlaufzeiten zu erfassen. Fraglich erscheint, inwieweit Wertbeiträge aus (potenziellen) Vertragsverlängerungen der Kunden bei der Bewertung zu berücksichtigen sind. Es besteht grundsätzlich die Möglichkeit, dass die Wertbeiträge aus Prolongationen dem Berechtigten gegen seinen Willen entzogen werden können. Auf Basis dieser fehlenden rechtlichen Absicherung der möglichen wirtschaftlichen Vorteile aus Prolongationen ist davon auszugehen, dass diese den Schuldnern nicht als Schuldendeckungspotenzial dienen. Somit erscheint es aus der Zweckbestimmung des HGB folgerichtig, dass diese Wertbeiträge sodann im Goodwill aufgehen.
- Kundenstamm: Zum Stichtag des Unternehmenszusammenschlusses existiert zwar eine Beziehung zu den Kunden, indes wird diese zu diesem Zeitpunkt nicht durch einen rechtlichen Vertrag unterlegt. Im Rahmen der Bilanzierung nach HGB ist es fraglich, inwieweit eine Separierbarkeit beziehungsweise Einzelverwertbarkeit für einen Kundenstamm gegeben ist und so auch den Gläubigern als Schuldendeckungspotenzial dienen kann. Eine rechtliche Sicherung, die dazu führt, dass die Vorteile dem Berechtigten nicht mehr gegen seinen Willen entzogen werden können, liegt nicht vor. Als widerlegbare Vermutung wäre daher anzunehmen, dass mit diesen Kunden zwar Ertragsaussichten verbunden sind, indes es sich um wirtschaftliche Gegebenheiten handelt, für die keine Einzelverwertbarkeit existiert. Die Wertbeiträge aus einem Kundenstamm sollten in der Folge im Goodwill aufgehen.

Nach den IFRS und HGB ist eine Laufkundschaft jeweils nicht separat vom Goodwill als immaterieller Vermögenswert zu aktivieren, da bei Laufkundschaft davon auszugehen ist, dass der Kunde sowie seine Daten unbekannt und somit eine gezielte individuelle, beiderseitige Kommunikation nicht möglich ist. Es gibt zwar juristische Kaufverträge auf Basis historischer Transaktionen, diese sind aber aufgrund der Anonymität nicht durch eine Vertragshistorie nachweisbar. Indes könnte sich die Einschätzung nach IFRS ändern, das heißt eine Kundenbeziehung im bilanziellen Sinne angenommen werden, sobald die Kunden sich für ein Kundenbindungsprogramm anmelden und es dadurch zu einer Aufhebung der Anonymität kommt. In diesem Fall ist allerdings zu prüfen, inwieweit die Weitergabe derart gesammelter Kundendaten unter Datenschutzgesichtspunkten möglich ist.

Zusammenfassung

Im Wege der Abbildung eines Unternehmenszusammenschlusses nach IFRS und HGB ist eine Prüfung des Ansatzes von Kundenbeziehungen vorzunehmen. Ein Auftrags- oder Produktionsbestand sollte nach beiden Rechnungslegungssystemen zu einem separaten Ansatz Goodwill führen. Lediglich in begründeten Ausnahmefällen unterbleibt nach HGB eine eigen- ständige Aktivierung. Die Ausgestaltung von Kundenverträgen und damit in Beziehung stehenden Kundenbeziehungen kann verschiedene Formen annehmen (unter anderem Rahmenverträge, Kundenstamm). Die IFRS berücksichtigen beim Ansatz eine weite Auslegung des contractual-legal criterions für zum Beispiel Prolongationen von existierenden Kundenverträgen oder wiederkehrenden Kaufverträgen. Diese Interpretation beziehungsweise Auslegung geht über eine rein rechtliche Betrachtungsweise hinaus zu einer weiter gefassten wirtschaftlichen Betrachtung. Nach HGB sind beim Ansatz stets die Kriterien der Einzelverwertbarkeit sowie der verlässlichen Bewertbarkeit zu berücksichtigen, sodass etwaige Vorteile beziehungsweise Wertbeiträge aus Prolongationen von zum Stichtag existierenden Verträgen, einem Kundenstamm und Konditionenverträgen im Goodwill aufgehen sollten. Der nach den IFRS vorgenommene Brückenschlag von einer rechtlichen zu einer wirtschaftlichen Betrachtungsweise wird in dieser Form nach dem HGB nicht nachvollzogen, sodass dem Gläubigerschutzgedanken folgend traditionell der rechtlichen Ebene der Vorzug zu geben ist. Die Aktivierung von Laufkundschaft wird nach beiden Rechnungslegungsnormen grundsätzlich abgelehnt.

5 IFRS 16 – Welcher Zinssatz ist sachgerecht?

Für Geschäftsjahre, die am oder nach dem 01.01.2019 begonnen haben, ist IFRS 16 für die Bilanzierung von Leasingverhältnissen anzuwenden. Bei Leasingnehmern führt dies zu einer Erfassung einer Leasingverbindlichkeit und einem Nutzungsrecht am Leasinggegenstand in der Bilanz. Die Leasingverbindlichkeit wird dabei als Barwert der künftigen Leasingzahlungen ermittelt. Zur Ermittlung des Barwerts bedarf es eines sachgerechten Diskontierungszinssatzes. Dessen Ermittlung stellt eine praktische Herausforderung für viele Unternehmen dar. Seine Höhe hat signifikanten Einfluss auf die Höhe der Leasingverbindlichkeit.

Die Einführung von IFRS 16 für Geschäftsjahre, die am oder nach dem 01.01.2019 begonnen haben, stellt viele Unternehmen vor neue Herausforderungen. Im ersten Schritt stand und steht die vollständige und kontinuierliche Erfassung der relevanten Daten im Vordergrund. Dazu wurde auch die Anpassung der entsprechenden Geschäftsprozesse evaluiert. Aus der konkreten Abbildung der bestehenden Verträge nach den Regelungen des IFRS 16 im Rahmen der praktischen Anwendung des neuen Standards resultieren nun zunehmend Detailfragen.

Zur Ermittlung der Leasingverbindlichkeit sind die zukünftigen Leasingzahlungen mit einem Zinssatz zu diskontieren. Dieser Zinssatz ist der implizite Leasingzinssatz („interest rate implicit in the lease“, IFRS 16.26), sofern dieser ohne Weiteres verfügbar ist. Ist dies nicht der Fall, soll der Leasingnehmer auf seinen Grenzfremdkapitalzinssatz („lessee‘s incremental borrowing rate“) zurückgreifen. Da der implizite Leasingzinssatz der Zinssatz aus der Perspektive des Leasinggebers ist, ist er für den Leasingnehmer häufig nicht ohne Weiteres verfügbar. In vielen Fällen wird daher auf die IBR zurückgegriffen werden müssen. Gegebenenfalls werden Leasingnehmer bei Abschluss von neuen Leasingverträgen darauf drängen, dass der Leasinggeber ihnen gegenüber den impliziten Leasingzinssatz offenlegt, um den Anforderungen des IFRS 16 einfacher nachkommen zu können. Der in einem Leasingvertrag angegebene Zinssatz ist dann kritisch zu hinterfragen.

Der KPMG Global Lease Accounting Survey im Jahr 2019 hat gezeigt, dass die Bestimmung einer sachgerechten IBR eine der größten Herausforderungen für die über 800 teilnehmenden Unternehmen bei der Einführung des neuen Leasingstandards darstellt.

Die IBR ist ein unternehmensspezifischer und im Grundsatz für den einzelnen Leasingvertrag spezifischer Zinssatz. Ein Unternehmen wird daher mit mehreren IBR konfrontiert sein. Dabei können zum Beispiel vergleichbare Leasinggegenstände zu Gruppen zusammengefasst werden, wie beispielsweise Leasingvereinbarungen von vergleichbaren Kraftfahrzeugen zu vergleichbaren Konditionen in einem vergleichbaren Umfeld.

- Die Laufzeit des Leasingvertrages
- Die Währung, in der dieser abgewickelt wird
- Die Kreditwürdigkeit des Leasingnehmers
- Der Kreditbetrag
- Das ökonomische Umfeld, in dem der Leasinggegenstand zum Einsatz kommt
- Die Besicherung durch den Leasinggegenstand
- Spezifika des Leasinggegenstands
- Der Bewertungsstichtag

Abb. D-9: Wesentliche Determinanten zur Bestimmung der IBR

Die Frage ist nun, inwieweit sich die Bestimmung der IBR vor dem Hintergrund dieser vertragsspezifischen Komponenten in ein standardisiertes, nachprüfbares und insbesondere auch ein praktisch handhabbares Vorgehen transferieren lässt. Einen Ausgangspunkt hierfür bietet eine Clusterung der Leasingverhältnisse nach Land, Währung, Laufzeit, Vermögenswertklasse und Sicherheitenstatus, um dann den jeweiligen Clustern einheitliche IBR zuzuweisen.

Eine IBR kann grundsätzlich anhand des sogenannten Build-up Approach bestimmt werden. Dabei wird der Zinssatz aus verschiedenen Komponenten zusammengesetzt. Dies geschieht vor allem vor dem Hintergrund der häufig nur beschränkt verfügbaren belastbaren empirischen Daten für unmittelbar passende Fremdkapitalzinssätze. Zudem kann so eine einheitliche Vorgehensweise und Datenbasis über verschiedene Leasingverhältniscluster sichergestellt werden.

Für das Modell sowie seine Inputparameter sind bestimmte Annahmen und Schätzungen notwendig. Bei wesentlichen Beständen an Leasingverhältnissen sind das IBR-Modell gemäß IAS 1.117 sowie gegebenenfalls die damit verbundenen Schätzunsicherheiten gemäß IAS 1.125 zu beschreiben.

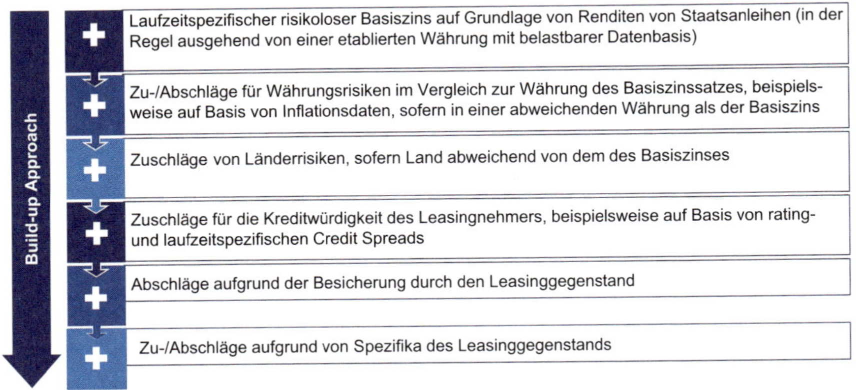

Abb. D-10: IBR gemäß Build-up Approach

Bei der Bestimmung des laufzeitspezifischen Basiszinssatzes ist zu beachten, dass hierbei nicht unreflektiert Renditen von laufzeitgleichen Staatsanleihen zur Anwendung kommen können, da diese durch die Zinszahlungen während der Laufzeit und Rückzahlung des Nominalbetrags am Ende der Laufzeit eine andere Zahlungsstruktur aufweisen als das typische Leasingverhältnis mit einer konstanten Zahlung in jedem Jahr der Laufzeit. Hier müssen entsprechende Anpassungen, beispielsweise auf Basis von Analysen zur Duration oder durch die Anwendung von laufzeitspezifischen Nullkuponrenditen für die einzelne Leasingzahlung und Verdichtung dieser zu einem einheitlichen Basiszinssatz für eine spezifische Laufzeit, vorgenommen werden.

Zur Bestimmung von laufzeitspezifischen Credit Spreads zur Berücksichtigung der Kreditwürdigkeit des Leasingnehmers kann, wenn Daten für das spezifische Unternehmen aus aktuellen Finanzierungen nicht vorliegen, auf Daten von vergleichbaren Unternehmen zurückgegriffen werden. Dazu müssen Ratings als Vergleichsbasis vorliegen. Im Fall prohibitiver Kosten der Erhebung kann auf Modelle zurückgegriffen werden, anhand derer ein solches Rating zumindest vereinfacht abgeleitet werden kann. Zudem ist abhängig von den Verhältnissen im Einzelfall bezüglich einer Garantie des Mutterunternehmens für Leasingzahlungen oder ähnlichem zu berücksichtigen, dass statt eines unternehmensspezifischen Credit Spreads auch ein konzerneinheitlicher Credit Spread in Frage kommt.

Insbesondere bei der Bemessung der Zu- und Abschläge für den Grad der Besicherung und die Spezifika des Leasinggegenstands bestehen erhebliche Ermessensspielräume und vergleichsweise wenig belastbare empirische Daten. Für die Besicherung von Immobilien kann zumindest auf verfügbare Marktdaten von Hypothekenpfandbriefen unter Beachtung der Beleihungsgrenze zurückgegriffen werden. In der Praxis auf breiter Front anerkannte Vorgehensweisen müssen sich noch weiter sukzessive etablieren. Umso wichtiger ist die transparente, sachgerechte Anwendung existierender ökonomischer Konzepte bei der Ableitung dieser Zu- und Abschläge. Die getroffenen Annahmen und damit verbundenen Schätzunsicherheiten sind gegebenenfalls gemäß IAS 1.125 im Anhang zu erläutern.

Die Bestimmung einer IBR ist folglich mit einer Vielzahl von Einschätzungen und Entscheidungen verbunden, die transparent, gut begründet und dokumentiert werden sollten. Zudem ist darauf zu achten, dass im Rahmen der Bestimmung einer IBR verwandte Parameter (beispielsweise Basiszinssatz, Zuschläge für Länderrisiken und Währungsrisiken) konsistent zu vergleichbaren Parametern für andere Zinssätze zum selben Stichtag, beispielsweise Kapitalisierungszinssätze im Rahmen des Impairment Tests nach IAS 36, gewählt werden. Es ist davon auszugehen, dass die Bilanzierung von Leasingverhältnissen unter besonderem Augenmerk des Enforcements, beispielsweise der DPR stehen wird. Für die bestehenden Herausforderungen bei der Bestimmung einer IBR sind jedoch praktikable Lösungen verfügbar.

Eine Vielzahl von Herausforderungen beinhaltet auch die Berücksichtigung des neuen Bilanzierungsstandards für Leasingverhältnisse bei Unternehmensbewertungen (vergleiche den Beitrag zu „IFRS 16 – Auswirkungen des neuen Leasingstandards auf die Unternehmensbewertung"). So sind beispielsweise die Auswirkungen auf den Business Plan mit Veränderungen in der Gewinn- und Verlustrechnung und Bilanz einerseits und den bewertungsrelevanten Cashflows andererseits sachgerecht zu berücksichtigen. Zudem verändern sich auch die unverschuldeten Eigenkapitalkosten und der WACC im Bewertungskalkül. Dabei stellt die Verfügbarkeit belastbarer und nachvollziehbarer Daten zur sachgerechten Ableitung dieser die größte, jedoch lösbare Herausforderung für den Bewerter bei der praktischen Umsetzung dar.

6 IFRS 9 – Praktische Umsetzung der Bewertung von Klein(st)beteiligungen zum Fair Value

Im Zuge einer Änderung der einschlägigen Bilanzierungsvorschriften für sonstige Beteiligungen (im Folgenden auch „Klein(st)beteiligungen") vom IAS 39 zum IFRS 9 sind diese seit dem Jahr 2018 im Grundsatz und ohne Ausnahmeregelung zum Fair Value zu bilanzieren. Der IAS 39 hatte den Anwendern in der Vergangenheit noch die Möglichkeit eröffnet, sonstige Beteiligungen „at cost" anzusetzen und diesen Ansatz bei der Folgebewertung auch beizubehalten. Der Ansatz zum Fair Value wurde in der praktischen Anwendung nur vereinzelt gewählt. Diese regulatorische Änderung stellt die Anwender vor die Herausforderung, auch für Klein(st)beteiligungen, wie zum Beispiel Venture Capital-Beteiligungen, ohne maßgeblichen Einfluss eine Bewertung zum Fair Value vorzunehmen. In den meisten Fällen scheiden sowohl Börsenpreise auf Grund mangelnder Börsennotierung der Anteile als auch die ‚adjusted net asset method' als Basis für die Wertfindung bei der Bewertung der Vermögenswerte aufgrund mangelnder Informationen auf Vermögenswertebene aus. Insofern wird eine Großzahl der Fair-Value-Ermittlungen über Finanzierungsrunden, Multiplikatoren oder das DCF-Verfahren vorzunehmen sein. Der Rückgriff auf eine dieser Methoden ist dabei insbesondere vom Lebenszyklus beziehungsweise der Historie der Klein(st)beteiligung sowie dem Zugang von Informationen abhängig. Der vorliegende Beitrag umfasst neben einer kurzen Erläuterung der neuen Rechnungslegungsvorschrift auch Hinweise für die Fair-Value-Ermittlung von Klein(st)beteiligungen.

Rechnungslegungsvorschriften

Entsprechend der IFRS werden Beteiligungen ohne maßgeblichen Einfluss (sogenannte sonstige Beteiligungen) grundsätzlich den Finanzinstrumenten zugeordnet. Die einschlägigen Regelungen beinhaltet seit dem 01.01.2018 der IFRS 9 (vormals IAS 39). Die erstmalige Klassifizierung ist maßgeblich für die Folgebewertung. Gemäß IAS 39 wurden sonstige Beteiligungen üblicherweise als „available for sale" eingeordnet. Entsprechend dem IFRS 9 haben die Anwender nunmehr die beiden nachstehenden Klassifizierungsmöglichkeiten, welche als Wahlrecht fallweise in Anspruch genommen werden können:

- Fair Value through other comprehensive income (im Folgenden „FVOCI")
- Fair Value through profit or loss (im Folgenden „FVPL").

In der Praxis ist oftmals die Klassifizierung als FVPL zu beobachten, da die Klassifizierung FVOCI den Anwendern keine Möglichkeit einer Realisierung eines Veräußerungserfolgs über die Gewinn- und Verlustrechnung ermöglicht. Dividenden beziehungsweise Beteiligungserträge werden sowohl nach IAS 39 als auch IFRS 9 direkt über die Gewinn- und Verlustrechnung erfasst. Eine eventuelle Wertminderung für sonstige Beteiligungen wird nach IFRS 9 implizit im Rahmen einer kontinuierlichen Fair-Value-Bewertung berücksichtigt. Maßgeblicher Standard für die Ermittlung eines Fair Values ist IFRS 13.

Sollte für eine Fair-Value-Ermittlung nach IFRS 9 keine ausreichende Informationsbasis vorliegen, so kann die Folgebewertung theoretisch auch zu Anschaffungskosten als bester Schätzer für den Fair Value erfolgen. Im Vergleich zu IAS 39 ist die Anwendung der Ausnahmeregelung nach IFRS 9 jedoch deutlich restriktiver einzuschätzen, da eine Fair-Value-Ermittlung auf Basis „at cost" nach IFRS 9 nicht vorgesehen ist. Der zu berücksichtigende Wertmaßstab ist weiterhin der Fair Value. Anwender, die bislang die Ausnahmeregelung des IAS 39 in Anspruch genommen haben, müssen sich infolgedessen mit einem Übergang auf eine Bilanzierung zum Fair Value auseinandersetzen.

Eine synoptische Gegenüberstellung der wesentlichen Regelungen entsprechend IAS 39 und IFRS 9 ist der nachfolgenden Tabelle zu entnehmen.

	IAS 39 (anwendbar bis 31. Dezember 2017)	IFRS 9 (anwendbar ab 1. Januar 2018)
Klassifizierung/ Ansatz	Grundsätzlich „available for sale"	Wahlrecht: FVOCI oder FVPL
Bewertung	Grundsatz: Fair Value (IAS 39.43)	Fair Value (IFRS 9.5.1.1)
Folgebewertung	— IAS 39.55b: Wertschwankungen werden grundsätzlich im other comprehensive income („OCI") erfasst. — Erfolgswirksame Berücksichtigung von Wertminderungen, sofern objektive Hinweise vorliegen. Im Falle von Wertaufholungen sind diese über das OCI zu erfassen (IAS 39.67).	— Abhängig von der Klassifizierung: Erfassung von Wertänderungen entweder im OCI oder ergebniswirksam. Dividenden- und Beteiligungserträge unterliegen stets einem erfolgswirksamen Ausweis. — Kein separater Ausweis von Wertminderungen. Diese werden mittels der Fair-Value-Bewertung erfasst.
Ausnahmeregelung	Eine „at cost"-Bewertung für Finanz-investitionen in Eigenkapitalinstrumente ist möglich, sofern für diese kein auf einem aktiven Markt notierter Preis vorliegt und bei denen der Fair Value nicht verlässlich ermittelbar ist (IAS 39.46(c)).	Ansatz zu Anschaffungskosten als bester Schätzer für den Fair Value bei der Folgebewertung möglich, sofern keine ausreichende Informationsbasis gegeben ist.

Abb. D-11

Bewertung

Für die Ermittlung eines Fair Values legt IFRS 13 für die Verwendung von Bewertungsverfahren keine Rangfolge fest. Vielmehr existiert eine Priorisierung der Inputfaktoren (Daten und Marktparameter) mittels einer sogenannten dreistufigen Hierarchie. Demzufolge ist das Bewertungsverfahren anzuwenden, für das zur Ermittlung des Fair Values die meisten beobachtbaren Inputfaktoren verfügbar sind. Die vorhandenen Inputfaktoren determinieren somit das der Bewertung zugrunde liegende Bewertungsverfahren, wobei die IFRS zwischen drei Verfahren unterscheiden:

- marktpreisorientierte Verfahren (zum Beispiel Börsenpreise, Finanzierungsrunden, Multiplikatoren),
- kapitalwertorientierte Verfahren (zum Beispiel Barwertkalküle),
- kostenorientierte Verfahren (zum Beispiel Reproduktionskosten, Wiederbeschaffungskosten).

Aufgrund der Charakteristika von Klein(st)beteiligungen ist die über die Rechnungslegungsvorschriften geforderte Bewertung zum Fair Value mit Herausforderungen verbunden, die insbesondere darin begründet sind, dass die Informations- und Datenbasis für die Durchführung der Bewertung oftmals sehr eingeschränkt ist. Die Eignung des marktpreis- und kapitalwertorientierten Verfahrens sowie der ‚adjusted net asset method' für die Fair Value-Ermittlung von Klein(st)-beteiligungen ist nachfolgend dargestellt:

Marktpreisorientiertes Verfahren

Ein an einem aktiven Markt festgestellter Börsenkurs entspricht nahezu dem Ideal eines Fair Values. Indes wird dieser lediglich in den wenigsten Fällen dem Anwender für die Bewertung zur Verfügung stehen. In der Folge ist im Normalfall auf andere Methoden zurückzugreifen.

Finanzierungsrunden können einen Anhaltspunkt für die Bewertung von Klein(st)-beteiligungen liefern, bei welcher der Unternehmenswert anhand des Preises für die Erstinvestition oder auf Basis des Preises basierend auf nachfolgenden (wesentlichen) Investitionen in das Unternehmen, herangezogen wird. Bei Finanzierungsrunden könnten auch Finanzierungsrunden von Vergleichs-unternehmen als eine Vergleichsbasis dienen, um etwaige Verzerrungen von spezifischen Finanzierungsrunden (aufgrund von Ab- oder Zuschlägen) zu identifizieren. Spezialisierte Finanzinformationsanbieter stellen diesbezüglich bereits Daten zur Verfügung. Die Anwendung dieser Methode erscheint für noch sehr junge Unternehmen sachgerecht, sofern zum Beispiel, noch keine historischen Daten vorliegen, die Klein(st)beteiligung nur geringe Umsatzerlöse erzielt oder negative Cashflows generiert. In der Folge sind andere Verfahren und Methoden nur eingeschränkt anwendbar. Ein Übergang der Bewertungsmethodik zu Multiplikatoren oder DCF-Verfahren sollte mit einer fortschreitenden Lebensdauer der Klein(st)beteiligung erfolgen. Zudem ist bei Finanzierungsrunden zu berücksichtigen, dass die Investitionen nur für einen beschränkten Zeitraum nach der Finanzierungsrunde einen geeigneten Vergleichsmaßstab für den Fair Value darstellen können, da ältere Runden an Aussagekraft für den aktuellen Fair Value verlieren. Die Preise für Finanzierungsrunden sind im Regelfall auf Grund einer fehlenden Notierung der Unternehmensanteile weder beobachtbar noch existiert ein aktiver Markt, auf dem die Anteile gehandelt werden. Insofern sind Finanzierungsrunden als Level 2- oder 3-Inputfaktoren einzuschätzen. (vergleiche den Beitrag zu „Fair-Value-Hierarchie – Verwendung von Preisen Dritter")

Die Ermittlung des Fair Values für Klein(st)beteiligungen über Multiplikatoren kann entweder auf Basis von Daten vergleichbarer, börsennotierter Unternehmen (sogenannte Trading Multiples) oder auf Grundlage von gezahlten Preisen von Transaktionen mit vergleichbaren Unternehmen (sogenannte Transaction Multiples) vorgenommen werden. Für letzteren Sachverhalt gelten die Ausführungen zu den vorstehend genannten Finanzierungsrunden. Die Anwendbarkeit dieser Methode ist abhängig von der zugrunde liegenden verfügbaren Datenbasis sowie dem aktuellen Stand der Klein(st)beteiligung beziehungsweise dem Geschäftsmodell im Lebenszyklus. Eine gute Anwendbarkeit dieser Methode liegt vor, sofern für die Klein(st)beteiligung passende Vergleichsunternehmen beziehungsweise Vergleichstransaktionen identifizierbar sind sowie die Klein(st)beteiligung über ein profitables Geschäftsmodell (zum Beispiel positives EBITDA/EBIT) verfügt. Eine zumindest schwächere Eignung dieser Methode ist gegeben, wenn eine nur eingeschränkte Vergleichbarkeit existiert oder profitabilitätsbezogene Multiplikatoren nicht anwendbar sind. In diesem Fall verbleibt lediglich die Anwendung eines Umsatzmultiplikators oder operativer Kennzahlen (wie zum Beispiel Kundenzahl oder Anzahl Nutzer), welche hohe Bandbreiten aufweisen können und eine starke Vereinfachung darstellen.

Kapitalwertorientiertes Verfahren

Dem kapitalwertorientierten Verfahren liegt die Annahme zugrunde, dass sich der Fair Value der Klein(st)beteiligung aus dessen Eigenschaft ergibt, künftige Erfolgsbeiträge in Form von Cashflows zu erwirtschaften. Der Fair Value ergibt sich sodann aus der Summe der Barwerte der künftig erzielbaren Cashflows mit beziehungsweise aus der Klein(st)beteiligung zum Bewertungsstichtag (DCF). Wesentliche Informationen, die der Anwender für eine Wertermittlung benötigt, sind eine integrierte Planungsrechnung (bestehend aus Gewinn- und Verlustrechnungen, Bilanzen und Cashflow-Rechnungen) sowie eine Aufsatzbilanz, um eine Prognose der bewertungsrelevanten Cashflows vorzunehmen. Überdies ist ein Kapitalisierungszinssatz zu ermitteln, welcher das Risiko der zu bewertenden Klein(st)beteiligung reflektiert. Eine Anwendung dieses Verfahrens kommt insbesondere dann in Betracht, wenn sich das Unternehmen in einem etablierten beziehungsweise fortgeschrittenen Zustand mit vorliegender notwendiger Informationsbasis befindet. Aufgrund des nicht maßgeblichen Einflusses beziehungsweise der geringen Beteiligungsquote an der Klein(st)beteiligung ist allerdings nicht auszuschließen, dass für die Ermittlung des Fair Values die notwendigen Informationen für das DCF-Verfahren häufig nicht vorliegen und in der Folge dieses Verfahren nicht oder nur in einer sehr vereinfachten Form anwendbar ist.

Adjusted Net Asset Method

Das vom Klein(st)unternehmen bilanzierte Eigenkapital ist oftmals nicht aussagekräftig für den Fair Value des Unternehmens. Die ‚adjusted net asset method' (vergleich IFRS Foundation, Measuring the fair value of unquoted equity instruments within the scope of IFRS 9 Financial Instruments, 2013) bestimmt den Fair Value der Klein(st)-beteiligung, das heißt den Marktwert des Eigenkapitals, mittels einer Berücksichtigung der individuellen Fair Values der im Jahresabschluss der Klein(st)beteiligung bilanzierten und noch nicht bilanzierten Vermögenswerte und Schulden. Im Grundsatz können alle drei zur Verfügung stehenden Bewertungsverfahren (marktpreis-, kapitalwert- und kostenorientiertes Verfahren) für die Ermittlung der Fair Values der einzelnen Vermögenswerte und Schulden herangezogen werden. In der Folge ist die ‚adjusted net asset method' auch nicht direkt einem der drei Verfahren zuordenbar. Die Anwendung dieser Methode erscheint sachgerecht für Unternehmen, die eine reine Holdingfunktion ausüben (zum Beispiel Verwaltung von Immobilien oder Beteiligungen), eine Ertragsschwäche aufweisen oder über eine kurze finanzielle Historie verfügen. In der praktischen Anwendung scheidet die ‚adjusted net asset method' im Regelfall auf Grund der für die Bewertungen notwendigen Informationen auf der Vermögenswertebene für die Fair-Value-Ermittlung einer Klein(st)beteiligung aus. Im Falle, dass die Klein(st)beteiligung über wesentliche stille Reserven bei den immateriellen Vermögenswerten verfügt und die Informationen zur Durchführung der Bewertungen auf Vermögenswertebene vorliegen, ist grundsätzlich eine direkte Ermittlung des Fair Values der Klein(st)beteiligung über das DCF-Verfahren vorzugswürdig, da anzunehmen ist, dass in diesem Fall auch die dafür erforderlichen Informationen vorliegen.

Zusammenfassung

Im Zuge der Anwendung des IFRS 9 sind seit dem 01.01.2018 sogenannte Klein(st)beteiligungen bei der Folgebewertung mit dem Fair Value anzusetzen (entweder FVOCI oder FVPL). Aufgrund mangelnder Informationsrechte beziehungsweise -möglichkeiten, die auch über die geringen Beteiligungsquoten bedingt sind, beziehungsweise einer gegebenenfalls jungen Historie der Unternehmen, wird der Anwender bei der Ermittlung der Fair Values allerdings vor Herausforderungen gestellt. Börsenpreise werden für eine Fair-Value-Ermittlung nur in den wenigsten Fällen vorliegen. Die ‚adjusted net asset method' scheidet im Regelfall aufgrund der eingeschränkten Informationslage auf der Vermögenswertebene aus. Insofern ist davon auszugehen, dass eine Wertermittlung entweder über Finanzierungsrunden, Multiplikatoren oder das DCF-Verfahren zu erfolgen hat. Der Rückgriff auf eine dieser Methoden ist im hohen Maße abhängig vom Lebenszyklus beziehungsweise von der Historie der Klein(st)-beteiligung und dem Zugang von Informationen. Ausgehend vom Lebenszyklus einer Klein(st)beteiligung wäre davon auszugehen, dass diese nach Gründung und erster Etablierung im Markt über Finanzierungsrunden zu bewerten wäre. Sobald eine gewisse Profitabilität erreicht wurde erscheint es sachgerecht, eine Bewertung über Multiplikatoren vorzunehmen. Ab einem bestimmten Reifegrad und einer aussagefähigen Historie sollte die Bewertung mittels der DCF-Methode erfolgen. Zu berücksichtigen ist stets, dass die zur Verfügung stehenden Informationen beziehungsweise Inputparameter die zu wählende Bewertungsmethode vorgeben.

7 Werthaltigkeitstest von Beteiligungen nach IDW RS HFA 10 – Berücksichtigung von Synergien

Die Berücksichtigung von Synergien im Rahmen der Bewertung von Beteiligungen nach HGB mit ihrem beizulegenden Wert gemäß IDW RS HFA 10 folgt einerseits dem Gedanken des subjektiven Unternehmenswerts aus Sicht des Bilanzierenden (Mutterunternehmen), ist aber andererseits konzeptionell bedingt begrenzt. Dabei sind im Grundsatz solche Synergien und Sachverhalte bei der Bewertung zu berücksichtigen, die dem Bilanzierenden tatsächlich auch unmittel- oder mittelbar zufließen. Vorteile, die oberhalb der gesellschaftsrechtlichen Sphäre des Bilanzierenden oder parallel dazu (Schwestergesellschaft des Bilanzierenden) anfallen und damit quasi am Bilanzierenden vorbeilaufen, sind nicht berücksichtigungsfähig. Synergien und ähnliche Sachverhalte dürfen im Konzernkreis nur einmal berücksichtigt werden; jeder Zurechnung zu einer Beteiligung steht eine entsprechende Kürzung bei einer anderen Beteiligung beziehungsweise gegebenenfalls bei einem anderen Vermögensgegenstand des Bilanzierenden gegenüber.

Grundlagen

IDW RS HFA 10 betrifft die Bilanzierung nach HGB und behandelt unmittelbar die (Gesamt-)Bewertung von Unternehmen oder Anteilen an Unternehmen im Zusammenhang mit der Ermittlung des beizulegenden Werts von Beteiligungen nach § 253 Abs. 3 Sätze 5 und 6 HGB und konkretisiert, wie die betriebswirtschaftlichen Grundsätze des IDW S 1 zur Ermittlung des Ertragswerts bei diesen handelsbilanziellen Bewertungsanlässen zu berücksichtigen sind. Beteiligungen sind nach § 253 Abs. 1 Satz 1 HGB mit ihren Anschaffungskosten zu bewerten. Ist einer Beteiligung am Abschlussstichtag ein niedrigerer Wert beizulegen, so darf gem. § 253 Abs. 3 Satz 5 HGB eine außerplanmäßige Abschreibung auf diesen beizulegenden Wert vorgenommen werden; sie muss vorgenommen werden, wenn die Wertminderung voraussichtlich dauerhaft ist (§ 253 Abs. 3 Satz 6 HGB). Zur Festlegung der Bewertungsperspektive und des sich daraus ergebenden relevanten Wertkonzepts ist nach IDW RS HFA 10 zunächst zu unterscheiden, ob die Beteiligung dauerhaft gehalten wird oder eine Veräußerung geplant oder aus anderen Gründen anzunehmen ist. In Abhängigkeit davon ist dann entweder ein subjektiver oder objektivierter Unternehmenswert für die Beteiligungsgesellschaft zu ermitteln.

Liegt der Bewertung eine dauerhafte Beteiligungshalteabsicht zugrunde, so ist der Wert der Beteiligung aus der Perspektive des die Beteiligung haltenden Unternehmens zu ermitteln. Entsprechend sind für die Bewertung nach IDW RS HFA 10 einzelne Aspekte des subjektiven Unternehmenswerts in die Ermittlung des beizulegenden Werts der Beteiligung einzubeziehen. Diese berücksichtigen die individuellen Möglichkeiten und Planungen aus der Sicht des Bilanzierenden. Sie sind jedoch unter anderem beschränkt auf die Berücksichtigung von Synergieeffekten, die mittel- oder unmittelbar zu finanziellen Erfolgen beim bilanzierenden Unternehmen führen.

Berücksichtigungsfähige Synergien – Grundgedanke

Der konzeptionelle Ansatz zur Abgrenzung der berücksichtigungsfähigen Synergien ergibt sich aus dem subjektiven Unternehmenswert einerseits sowie dem Gläubigerschutzprinzip andererseits. Die bilanzierende Gesellschaft hat die auf Werthaltigkeit zu prüfende Beteiligung, sofern sie nicht von ihr gegründet wurde, in der Vergangenheit erworben. Dazu wird sie ihre Preisobergrenze – also den subjektiven Käufergrenzpreis – ermittelt haben, in den alle Zu- und Abflüsse für sie aus dem Erwerb reflektiert waren, so zum Beispiel insbesondere erwartete Zuflüsse aus Synergien, aber auch Effekte aus noch nicht eingeleiteten, sondern nur beabsichtigten wertsteigernden Maßnahmen. Häufig wird die bilanzierende Gesellschaft im Ergebnis einen niedrigeren Kaufpreis als ihren Käufergrenzpreis bezahlt und damit auch darunter liegende Anschaffungskosten haben. Aber in diesen Anschaffungskosten werden vielfach im bestimmten Umfang zum Beispiel Synergien mitvergütet worden sein. Es wäre bilanziell fragwürdig, wenn die bilanzierende Gesellschaft im Rahmen der Folgebewertung diese Synergien, sofern sie sich als berechtigt erweisen, nicht mehr berücksichtigen könnte und somit rein konzeptionell zu einer Abschreibung der Beteiligung gezwungen wäre. Daher wird bei bestehender Halteabsicht der Beteiligung konsequent auf den subjektiven Unternehmenswert inklusive Synergien abgestellt. Tatsächlich erstreckt sich diese Betrachtung damit auch auf alle anderen den Grenzpreis beeinflussenden Sachverhalte, unabhängig davon, ob sie den Synergien zu zuordnen sind. Insofern ist der Begriff nur exemplarisch zu sehen.

Der Grundgedanke bezüglich der Berücksichtigungsfähigkeit ist wie folgt: Die bilanzierende Gesellschaft hat aus der Beteiligung einen ihr unmittelbar zustehenden Zahlungsstrom aus den erwarteten Ausschüttungen, der bei Identität von Beteiligungsquote und Gewinnbeteiligung dem anteiligen Beteiligungswert entspricht. Sofern in den Ausschüttungen der Beteiligung bereits sämtliche Synergien und den Grenzpreis beeinflussende Sachverhalte reflektiert sind, gibt es keine (gesondert) berücksichtigungsfähigen Synergien und Sachverhalte. Sollte dies nicht der Fall sein, sind sie gesondert zu erfassen.

Inhaltlich ist bei den Synergien an die klassischen Vorteile zu denken, die in einem Unternehmensverbund möglich sind. Dazu zählen beispielsweise.

- Kostensynergien: Preisvorteile aus gemeinsamem Einkauf, Ersparnis von Zentralfunktionen durch gemeinsame Nutzung (unter anderem Accounting, Steuern, Controlling, allgemeine Verwaltung), bessere Finanzierungskonditionen im Konzernverbund, geringere Kapitalhinterlegung aus regulatorischen Vorschriften, wie beispielsweise bei Kreditinstituten.
- Ertragssynergien: Gemeinsamer Marktauftritt, Angebot komplementärer Produkte/ Dienstleistungen.

Ein grundlegendes Beispiel hierzu wäre, wenn eine erworbene Beteiligung ein komplementäres Produkt fertigt und das Mutterunternehmen zukünftig mehr eigene Produkte am Markt absetzen kann, da sie diese den Käufern der Produkte der Beteiligung mit anbieten kann. Sofern das Mutterunternehmen diese Verkaufssynergie im Kaufpreis mit vergütet hat, werden die Ausschüttungen aus der Beteiligung die Anschaffungskosten nicht rechtfertigen, da die Mehrerlöse aus der Synergie nicht bei der Beteiligung, sondern bei dem Mutterunternehmen direkt anfallen. Das Mutterunternehmen kann daher im Rahmen des Werthaltigkeitstests der Beteiligung die zusätzlichen Überschüsse aus den Komplementärverkäufen miteinbeziehen.

Synergien können auch über interne Leistungsbeziehungen von der bilanzierenden Gesellschaft an die Beteiligungsgesellschaft weitergegeben werden. Würde beispielsweise das Mutterunternehmen nach dem Erwerb einer Beteiligung deren Accounting-Aufgaben übernehmen und dadurch die eigene Accounting-Abteilung des Tochterunternehmens abbauen, so könnte sie die zusätzlichen Kosten auf ihrer Ebene ihrer Beteiligung in Rechnung stellen. Wenn diese Kosten unterhalb der Kosten der eigenen Accounting-Abteilung der Beteiligung liegen, würden die im Verbund entstehenden Synergien an die Beteiligung unmittelbar weitergereicht: Das Ergebnis der Beteiligung wird durch die geringeren Kosten entlastet. Die Ausschüttungen an das Mutterunternehmen sind zukünftig entsprechend höher, was zu einem höheren subjektiven Unternehmenswert für die Beteiligung führt. Würde dagegen das Mutterunternehmen denselben Betrag, wie er vorher bei der Beteiligung stand-alone für die Accounting-Abteilung angefallen ist, weiterverrechnen, würde sich die Synergie nicht in den Ausschüttungen aus der Beteiligung niederschlagen. Auf der Ebene des Mutterunternehmens entstünde dennoch ein Vorteil aus der Synergie, da sie über die Verrechnung der Leistungen einen höheren Zufluss erhält, als bei ihr ein zusätzlicher Abfluss aus der Übernahme der Accounting-Funktion entsteht. Entsprechend wäre hier die Synergie gesondert im Werthaltigkeitstest der Beteiligung zu berücksichtigen, sodass sich insgesamt wieder derselbe subjektive Unternehmenswert ergibt.

Die gesonderte, aber begrenzte Zurechnung der Synergie für Zwecke des Werthaltigkeitstests ergibt sich aus dem Gläubigerschutzprinzip. Es sind diejenigen Synergien einzubeziehen, die zum Schuldendeckungspotenzial der bilanzierenden Gesellschaft beitragen. Dies ist so zu verstehen, dass im Rahmen der Beurteilung des Beteiligungsansatzes durch die bilanzierende Gesellschaft diejenigen Beiträge zum Schuldendeckungspotenzial der bilanzierenden Gesellschaft einzubeziehen sind, die sich auf die Beteiligung zurückführen lassen. Dies ergibt sich daraus, dass trotz des Abstellens auf das Schuldendeckungspotenzial der bilanzierenden Gesellschaft dennoch der Einzelbewertungsgrundsatz gilt und damit der zutreffende Wert für die Beteiligung gesucht ist. Das Ziel des IDW RS HFA 10 liegt darin, dass im Rahmen des Werthaltigkeitstests für eine Beteiligung sämtliche Synergien, wie sie auch im Rahmen der Bestimmung des Käufergrenzpreises für diese Beteiligung Berücksichtigung gefunden haben beziehungsweise bei einem fiktiven Neuerwerb Berücksichtigung finden würden, mit erfasst werden und zwar unabhängig davon, ob diese sich unmittelbar in den Ausschüttungen der Beteiligung widerspiegeln oder auf anderem Wege bei der bilanzierenden Gesellschaft ankommen

Berücksichtigungsfähige Synergien und interne Leistungsverrechnung

Dabei ist zu beachten, dass Synergien zutreffend abgegrenzt werden. Viele der vorstehend genannten Faktoren, die zu Synergien führen, sind im Konzernverbund Gegenstand interner Leistungsverflechtungen und Konzernumlagen (in Form von Service Fees, Handling Fees, Verrechnungspreisen). Die Festlegung der Konzernumlagen folgt jedoch regelmäßig anderen Erwägungen als denen der Weitergabe von Synergievorteilen aus dem Konzernverbund. Im Vordergrund stehen häufig steuerliche Überlegungen unter Beachtung steuerlich akzeptierter Verrechnungspreise. Die steuerlichen Vorschriften verlangen eine Festsetzung von Konzernumlagen nach dem at-arm‘s-length-Prinzip, stellen also auf eine Marktüblichkeit ab. Zum einen ist die beobachtbare Bandbreite steuerlich akzeptierter Verrechnungspreise relativ groß und zum anderen zeigt das obige Beispiel, dass selbst eine marktübliche Gestaltung nicht automatisch Synergiepotenziale ausschließt. So wäre im obigen Beispiel die Verrechnung derjenigen Kosten, die der Beteiligung in einem stand-alone Szenario für eine eigene Accounting-Abteilung entstünden, durch das Mutterunternehmen durchaus oder vielleicht gerade als marktüblich zu bezeichnen. Daher wäre für den Werthaltigkeitstest trotz steuerlicher Akzeptanz des Verrechnungspreises eine gesonderte Hinzurechnung des Synergievorteils erforderlich.

Eine besondere Problematik entsteht daraus, dass interne Leistungsvergütungen auch unabhängig von dem Bestehen von Synergien aus dem Beteiligungserwerb abgeschlossen werden und die Vereinbarungen sich auf das Ergebnis von Mutter- und Tochterunternehmen auswirken. So wäre es denkbar, dass ein Mutterunternehmen für den Erwerb einer für sie wichtigen Vertriebsgesellschaft bereit ist, im Kaufpreis eine EBIT-Marge von 8% für die Beteiligung zu vergüten, später aber der Beteiligung im Rahmen der internen Verrechnungspreise eine im Marktvergleich übliche EBIT-Marge von nur 4% zugesteht. Entsprechend ließe sich die Höhe des Beteiligungsbuchwerts nicht allein aus den zukünftigen Ausschüttungen rechtfertigen. Obwohl es sich um keine Synergie im eigentlich Sinne handelt, sondern um eine vertraglich fixierte Gestaltung im Konzernverbund, die nicht konsistent zum subjektiven Unternehmenswert der Beteiligung für das Mutterunternehmen ist, ist im Rahmen des Werthaltigkeitstests die Differenz in der EBIT-Marge mitzuberücksichtigen, da sich an dem subjektiven Unternehmenswert und dem Schuldendeckungsbeitrag der Beteiligung für das Mutterunternehmen nichts geändert hat.

Das vorstehende Beispiel untermauert, dass der Standard nicht allein auf die zutreffende Erfassung von Synergien abstellt, sondern auf die zutreffende Erfassung des tatsächlichen Beitrags der Beteiligungsgesellschaft zum Schuldendeckungspotenzial der bilanzierenden Gesellschaft, wie diese es auch im Rahmen des subjektiven Unternehmenswerts reflektieren würde. Ein zentraler Aspekt dieser Vorgehensweise ist jedoch, dass derartige fiktive Zurechnungen eine entgegengerichtete Kürzung bei einem anderen Vermögensgegenstand erfordern. Im Falle des Bestehens von zwei Beteiligungsunternehmen unter einem Mutterunternehmen ist dies unmittelbar einsichtig, da beispielsweise eine Synergie nur einmal der Beteiligung 1 oder 2 oder anteilig den Beteiligungen 1 und 2, aber nicht doppelt zugerechnet werden kann. Dies gilt aber ebenso im obigen Beispiel für die übrigen Vermögensgegenstände (neben der Beteiligung) des Mutterunternehmens. Sofern nämlich die Vertriebsmarge im Rahmen des Werthaltigkeitstests der Beteiligung auf fiktiv 8% angehoben wird, muss fiktiv die Produktionsmarge des Mutterunternehmens gekürzt werden. Auf dieser Basis wäre beispielsweise zu überprüfen, ob das bei der Mutter bilanzierte Anlagevermögen noch werthaltig ist (Prüfung der sogenannten ökonomischen Obsoleszenz). Dies ist immer nur insoweit möglich, sofern entsprechende Vermögensgegenstände auch bilanziert sind.

Vom IDW RS HFA 10 nicht explizit genannt, aber ebenso relevant sind „negative" Synergien beziehungsweise Gestaltungen, die die bilanzierende Gesellschaft treffen oder von dieser bewusst in Kauf genommen werden. So kann das Mutterunternehmen interne Dienstleistungen für ihre Beteiligung erbringen, die diese tatsächlich benötigt, die aber nicht in Rechnung gestellt werden. Dadurch entsteht bei der Beteiligung ein höheres Ergebnis als im stand-alone Fall und folglich eine höhere Ausschüttung an das Mutterunternehmen. Die zusätzlich durch die Dienstleistung für die Beteiligung entstehenden Kosten der Leistungserbringung des Mutterunternehmens sind im Rahmen des Werthaltigkeitstests der Beteiligung zusätzlich in Abzug zu bringen. Anders wäre der folgende Fall zu beurteilen: Das Mutterunternehmen betreibt eine Online-Plattform und übernimmt einen Konkurrenten. Nach dem Erwerb werden sämtliche Daten der neuen Beteiligung auf die Plattform des Mutterunternehmens migriert, da diese leistungsfähiger ist und keine Systembrüche in den Datenstrukturen gewollt sind. Die zusätzlichen Kosten hieraus für das Mutterunternehmen sind zu vernachlässigen. Das Mutterunternehmen verlangt für die Nutzung ihrer Plattform durch die Beteiligung keine Umlage. In diesem Fall reflektieren die zukünftig höheren Ausschüttungen an das Mutterunternehmen aufgrund der entfallenden Kosten für Wartung, Pflege und Unterhalt der Plattform eine tatsächliche Synergie aus dem Verbund. Eine Korrektur im Rahmen des Werthaltigkeitstests kommt daher, anders als im vorherigen Beispiel, nicht in Betracht, da dem Mutterunternehmen keine (zusätzlichen) Kosten entstehen.

Dies führt dazu, dass letztlich alle wesentlichen Leistungsverflechtungen zwischen der bilanzierenden Gesellschaft und ihrer Beteiligungsgesellschaft darauf hin zu analysieren sind, ob sie zum einen bestehende Synergien im Verbund angemessen reflektieren und zum anderen, ob sämtliche anderen Leistungsbeziehungen, die keine Synergien betreffen, den subjektiven Wert für die bilanzierende Gesellschaft reflektieren und zwar unabhängig von der jeweiligen steuerlichen Anerkennung. Gleiches gilt auch für alle anderen regelmäßigen Zahlungen im Konzernverbund, hinter denen nicht einzeln zuordenbare Leistungen stehen. Zu denken ist beispielsweise an (Mitglieds-)Beiträge oder beitragsähnliche Zahlungen. In diesen Fällen ist zu würdigen, inwieweit hinter solchen Zahlungen tatsächlich eine Leistung des Empfängers steht (zum Beispiel für Öffentlichkeitsarbeit, Aus- und Fortbildung, Interessenvertretung, Zugang zu bestimmten Kundengruppen, Haftungsverbund) und inwiefern hierin gegebenenfalls positive Synergien weitergegeben werden. Es gelten dieselben oben dargestellten Grundsätze.

Reichweite der Synergien (Synergiekreis)

Von zentraler Bedeutung ist daneben die Reichweite berücksichtigungsfähiger Synergien im Konzernverbund, der sogenannte Synergiekreis. Die Festlegung erfolgt streng aus dem allgemeinen Grundgedanken des Gläubigerschutzprinzips aus der Perspektive der jeweils bilanzierenden Gesellschaft (relativer Synergiebegriff): Es sind alle Synergien zu berücksichtigen, die auf der Ebene der bilanzierenden Gesellschaft tatsächlich final ankommen (also zu ihrem Schuldendeckungspotenzial beitragen) und der jeweils im Rahmen des Werthaltigkeitstests betrachteten Beteiligung zuzurechnen sind (Einzelbewertungsgrundsatz). Dies lässt sich am einfachsten an dem folgenden Schaubild einer einfachen Konzernstruktur veranschaulichen:

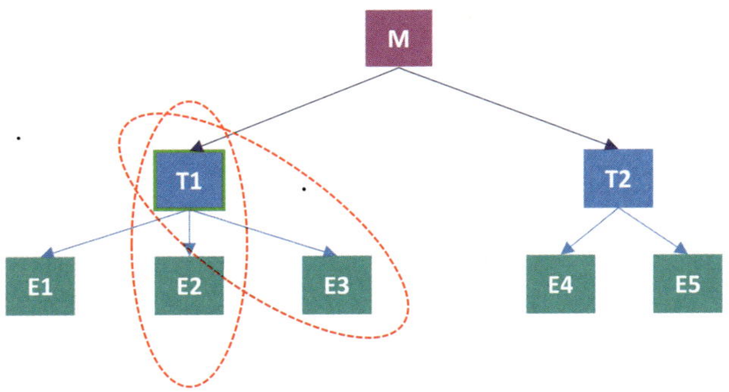

Abb. D-12

Bilanzierende Gesellschaft sei T1. Im Fokus steht der beizulegende Wert der Beteiligung von T1 an E1. Berücksichtigungsfähig sind:

- Synergien aus E1 in T1, aber auch
- Synergien aus E1 in E2 und/oder E3, da diese sich final in T1 auswirken.
- Alle Synergien aus mittel- und/oder unmittelbaren Tochtergesellschaften von T1

Für den zweiten vorstehenden Fall wäre die folgende Konstellation beispielhaft: E1 fertigt ein komplementäres Produkt zu dem von E2. Durch den Erwerb von E1 durch T1 kann E2 mehr Produkte am Markt absetzen, was T1 wiederum über die Beteiligungserträge aus E2 zugutekommt, ohne dass sich dieser Vorteil auf E1 auswirkt. Im Rahmen der Bestimmung des beizulegenden Werts der E1 aus Sicht von T1 sind folglich auch Synergien aus dem zusätzlichen Absatz von Produkten durch E2 zu berücksichtigen. Wichtig ist wiederum, dass Synergien nur einmal berücksichtigt werden dürfen. Wenn im vorstehenden Beispiel somit Synergien aus dem zusätzlichen Absatz von Produkten durch E2 im Rahmen der Beurteilung des Werts der Beteiligung an E1 Berücksichtigung finden sollen, dann führt diese Zurechnung zu einer korrespondierenden Kürzung bei der Beurteilung des Beteiligungsbuchwerts von T1 an E2.

Nicht berücksichtigt werden dürfen hingegen Synergien auf der Ebene

- des Gesellschafters M von T1: Wenn im vorherigen Beispiel also E1 ein komplementäres Produkt zu dem von M fertigt; in diesem Fall entsteht der Vorteil bei M und nicht beim Bilanzierenden T1 im Verhältnis zu E1.
- von Schwestergesellschaften (T2): selbiges Beispiel hinsichtlich eines Produkts von T2
- von Tochterunternehmen von Schwestergesellschaften (E4): Wenn zum Beispiel M T1. veranlasst, die Beteiligungsgesellschaft E1 zu erwerben, da hierdurch Ertragssynergien bei E4 anfallen; die bei E4 anfallenden Synergien können nicht im Werthaltigkeitstest von T1 bezogen auf E1 berücksichtigt werden.

8 COVID-19 – Folgen in der Bewertung

Die Folgen der COVID-19-Krise wirken in einem ersten Schritt auf die unmittelbar beobachtbaren Preise, zum Beispiel auf die Aktienkurse. Modellbasierte Unternehmenswerte greifen zum Teil auf Marktdaten als bewertungsrelevante Parameter wie zum Beispiel Kapitalkosten zurück und werden regelmäßig mit beobachtbaren Preisen plausibilisiert. Möglich wird dies durch die Annahme, dass die Bandbreiten beobachtbarer Preise und berechneter Unternehmenswerte normalerweise einen hohen Überschneidungsbereich aufweisen. Diese Annahme ist in Krisenzeiten kritisch zu hinterfragen, da Preise gegebenenfalls von Übertreibungen beeinflusst sein können, die in Abhängigkeit vom jeweiligen Bewertungsanlass in der Regel nicht auf abgeleitete Unternehmenswerte übertragen werden sollten. Nachfolgend ist dargestellt, wie die aktuelle Krise sachgerecht in Bewertungskalkülen berücksichtigt wird, und welche Besonderheiten sich bei Impairment- und Werthaltigkeitstests sowie beim Stichtagsprinzip ergeben.

Wert und Preis

Abgeleitete Werte, wie beispielsweise objektivierte beziehungsweise subjektive Unternehmenswerte gemäß IDW S 1 oder ein Value in Use gemäß IAS 36, schauen ausschließlich auf den Nutzen und somit auf die langfristige Fähigkeit des Unternehmens, Erträge und damit Ausschüttungen an die Anteilseigner zu generieren.

Fair Values gemäß IFRS 13 oder gemeine Werte gemäß BewG hingegen orientieren sich an beobachtbaren Preisen. Preise stellen im ersten Schritt das Ergebnis von Angebot und Nachfrage dar. Die zuvor genannten Fair Values und gemeinen Werte versuchen entsprechend im ersten Schritt, einen (Markt)Preis direkt abzulesen beziehungsweise am Markt beobachtbare Input-Parameter zu verwenden, sofern diese belastbar sind. Erst im zweiten Schritt, wenn belastbare (Markt)Preise oder Input-Parameter nicht vorliegen, versuchen auch sie über modellgestützte Kalküle solche (Markt) Preise abzuschätzen.

Preise für Unternehmen und Unternehmensanteile in Form von Börsenkursen orientieren sich zwar grundsätzlich an genau der beschriebenen Fähigkeit des Unternehmens zu zukünftigen Ausschüttungen, entkoppeln sich aber über den Aktienhandel immer wieder davon, so dass sie um die dem Grunde nach stabileren Werte schwanken. Die Schwankungsbreite ist dabei von vielen Einflussfaktoren abhängig wie unter anderem der Geldpolitik der Notenbanken, Liquiditätsbedürfnissen oder der Informationseffizienz. In Zeiten hoher Unsicherheit mit einer größeren Bandbreite von Einschätzungen von Investoren zur zukünftigen Entwicklung von Unternehmen und Märkten nimmt die Amplitude dieser Schwankung der Preise um den Wert zu.

Cashflows in wertbasierten Kalkülen

In einer Bewertung ist Unsicherheit an zwei Stellen korrespondierend zu berücksichtigen. Zum einen in den Erwartungen künftiger Überschüsse der Unternehmen, zum anderen hierzu äquivalent in der Risikoprämie, die Investoren für das Tragen der Unsicherheit fordern (Grundsatz der Risikoäquivalenz).

Bei der Planung der künftigen Überschüsse sind zunächst die unmittelbaren kurzfristigen Folgen der Pandemie sowie der eingeleiteten Maßnahmen zu ihrer Bekämpfung zu beachten. Diese führen häufig zu einer deutlichen Einschränkung oder gar zum Einstellen der operativen Tätigkeit des Unternehmens. Dies kann zum Beispiel durch die Unterbrechung der internationalen Lieferketten ausgelöst sein, gefolgt von Personalausfällen durch Erkrankungen von Mitarbeitern sowie das Erfordernis vorsorglicher Quarantäne. Auf der Nachfrageseite ist die Nachfrage aus dem Ausland in den vom Virus betroffenen Ländern eingebrochen. Die angeordneten Geschäftsschließungen und Reiseverbote haben diese schließlich auch im Inland drastisch reduziert. Aufgrund der von den Unternehmen – getrieben vom Versuch, ihre Fixkosten abzubauen – vorgenommenen Stellenstreichungen sowie der Kurzarbeit kommt es zusätzlich zu einem Rückgang der Kaufkraft bei den Privathaushalten, was die Nachfrage noch weiter reduziert.

Es ist nach derzeitigem Kenntnisstand davon auszugehen, dass die durch das Virus sowie die eingeleiteten Notfallmaßnahmen ausgelösten Auswirkungen zeitlich begrenzt sind. Offen ist dabei aber, wie lange die regionalen Notfallmaßnahmen andauern und damit das finanzielle Ausmaß der kurzfristigen Auswirkungen ist. Öffentlich verfügbare Prognosen für Deutschland sprechen aktuell (Stand 31.07.2020) von einem Zeitraum von bis zum Frühjahr 2021. Eine zentrale Einschätzung und Vorgabe dieses Zeitraums wären sicherlich wünschenswert, allein es fehlt für diese eine belastbare Entscheidungsbasis. Zwar bestehen mittlerweile Erfahrungswerte aus mehreren Ländern mit einem sukzessiven Anlaufen der Regelprozesse nach dem Shutdown, allerdings mit sehr uneinheitlichen Verläufen. Es besteht weiterhin die Befürchtung, dass es mit dem bevorstehenden Herbst auf der Nordhalbkugel zu nachfolgenden Pandemiewellen kommt, während in einigen Ländern das Ende der ersten Welle noch gar nicht absehbar ist. Die zu berücksichtigende Krisenphase wird zudem von den Regionen und Branchen abhängig sein, in denen das Bewertungsobjekt tätig ist.

Idealerweise sind die Auswirkungen der Krise bereits in vorliegenden Planungsrechnungen reflektiert. Soweit dies nicht der Fall ist, sind die krisenbedingten Effekte vollständig und sachgerecht zu berücksichtigen und diese möglichst mit Szenario- und Sensitivitätsanalysen zu untermauern. Ein wesentlicher Fokus dieser Analysen sollte die Liquiditätssituation sein. Dabei sind die vielfältigen staatlichen und nicht-staatlichen Maßnahmen zur Vermeidung von Liquiditätsengpässen sowie zur Linderung der Krise zu berücksichtigen. Hieran anschließend sind die mittelfristigen Folgen nach Ende beziehungsweise zumindest überwiegender Rücknahme der Notfallmaßnahmen und weitgehender Wiederaufnahme der operativen Tätigkeit des Unternehmens zu beurteilen. Hier stellt sich zunächst die Frage nach der Geschwindigkeit der eintretenden Erholung. Diese kann unmittelbar („V-förmiger Verlauf“) oder aber erst mit einer Verzögerung („U-förmiger Verlauf“) eintreten oder gar auf unbestimmte Zeit ausbleiben („L-förmiger Verlauf“). Die Erholung kann gegebenenfalls auch zu temporären Aufholeffekten führen. Nach derzeit vorherrschender Auffassung wird wohl von einem V- bis U-förmigen Verlauf ausgegangen, es ist aber im Einzelfall zu berücksichtigen, dass dieser Verlauf ebenfalls branchen- und geschäftsmodellabhängig sein wird. Des Weiteren ist zu analysieren, ob sich am Kunden- und Produktportfolio nachhaltige Änderungen ergeben. Beispielsweise, weil sich das Verhalten und die Gewohnheiten von Kunden über die COVID-19-Krise hinaus geändert haben oder weil Produkte des Unternehmens substituiert wurden, sei es durch gleiche Produkte von Wettbewerbern, die lieferfähig waren, sei es durch gänzlich andere Produkte und Dienstleistungen. Gegebenenfalls können verlorene Marktanteile zurückgewonnen werden.

Dabei ist zu beachten, dass die COVID-19-Krise bereits vorher bestandene Trends wie beispielsweise die Digitalisierung oder Globalisierung sowohl beschleunigen wie auch abbremsen oder gar umkehren kann. Zudem können sich mittelfristige oder dauerhafte Änderungen an den Lieferketten und dem Wertschöpfungsprozess des Unternehmens ergeben, beispielsweise, weil Lieferanten ersetzt werden müssen oder das Unternehmen diese künftig breiter verteilen möchte. Hier stellt sich dann auch die Frage, ob dies Änderungen der Kostenstruktur und Margen nach sich zieht. Allgemeingültige Lösungen, die auch schon vor der Krise hinsichtlich zahlreicher unternehmensindividueller Geschäftsmodelle nur auf einem stark aggregierten Level passend waren, gibt es leider nicht. Einmal mehr kommt es auf ein tiefes Verständnis des Geschäftsmodells und der Werttreiber sowie der Markt- und Wettbewerbssituation an. Auch hier sollten mehrwertige Planungen in Form von Szenario- und Simulationsanalysen betrachtet werden.

Im dritten Schritt sind dann aufbauend auf den Analysen zu kurz und mittelfristigen Auswirkungen der COVID-19-Krise die langfristigen und nachhaltigen Veränderungen im Bewertungskalkül zu berücksichtigen. Auch wenn es sicherlich viele Geschäftsmodelle gibt, bei denen sich keine nachhaltigen Veränderungen ergeben werden, sollte dies nicht unreflektiert als Standardannahme gesetzt werden. Szenario- und Simulationsanalysen liefern natürlich auch hier einen Mehrwert in der Analyse und bei der Transparenz der Überlegungen.

Unternehmen, die langfristig über keine hinreichende Ertragskraft verfügen oder bereits vor der COVID-19-Krise gefährdete Geschäftsmodelle hatten, sollten auch bereits in den früheren Unternehmensphasen und bei der Annahme von Finanzierungshilfen und dem Aussetzen von Insolvenzantragspflichten kritisch betrachtet werden. Nicht zu vergessen ist, dass nicht alle Unternehmen negativ von der Krise betroffen sind, sondern es auch Unternehmen gibt, deren Geschäft von der Krise profitiert, beispielsweise der Online-Handel oder Unternehmen für Medizinbedarf. Die vorherigen Überlegungen gelten hier jeweils umgekehrt.

Kapitalkosten in wertbasierten Kalkülen

Neben den Effekten auf die Planung und somit Cashflows des Bewertungsobjekts sind auch die Auswirkungen auf die Kapitalkosten zu beachten. An der grundsätzlichen Vorgehensweise zur Bestimmung der Parameter ändert sich zunächst nichts.

Es ist zu erwarten, dass aufgrund der „Flucht in sichere Häfen" der Basiszins für Deutschland zunächst zurückgeht. Dabei sind auch negative Werte für den unendlichen einheitlichen Basiszins nicht mehr unrealistisch. Methodisch spricht auch nichts dagegen, diese zu verwenden, sofern der barwertäquivalente Basiszins in der von KPMG verfolgten Gesamtrenditeschau eingebettet bleibt. Die beobachtbaren impliziten Gesamtrenditen sind nach einer leicht rückläufigen Tendenz in den letzten Jahren dagegen aktuell aufgrund der Kurseinbrüche wieder steigend. Dabei ist jedoch zu erwarten, dass die Kapitalmärkte auch Übertreibungsphasen aufweisen werden. Es gibt durchaus Stimmen am Kapitalmarkt, die die Phase unmittelbar vor der Krise als Übertreibung „nach oben", das heißt mit Preisen deutlich oberhalb der Werte, sehen. Die COVID-19-Krise wäre dann „nur" ein Katalysator zur Bereinigung dieser Übertreibung. Des Weiteren ist zu beachten, dass auch Analystenschätzungen, die die COVID-19-Krise berücksichtigen, erst sukzessive verfügbar sein werden.

Die langfristige Ausrichtung einer modellgestützten Bewertung erlaubt und erfordert es, Kapitalmarktdaten langfristig zu beurteilen und kurzfristige Ausschläge und mögliche Übertreibungen der Börse als momentanen und nicht zwingend langfristigen Stimmungsindikator einzuordnen. So gibt es bisher keinen Anlass, von dem vom FAUB jüngst kommunizierten Korridor für die Gesamtrendite von etwa 7 bis 9% abzuweichen. Im Ergebnis erwarten wir daher gleichzeitig zum rückläufigen Basiszins steigende Marktrisikoprämien. Derzeit sind diese durch die Obergrenze der FAUB-Empfehlung auf 8% (vor persönlichen Steuern) begrenzt. Wie in den vergangenen Jahren auch wird der FAUB seine Empfehlung zur Höhe der Marktrisikoprämie regelmäßig überprüfen.

Bei der Ableitung von Betafaktoren sind die Einflüsse der COVID-19-Krise zu analysieren. Analog zu den Beobachtungen in der Finanzkrise 2008/2009 und der Staatsschuldenkrise 2012 sind hier im Einzelfall hohe temporäre Volatilitäten zu erwarten, was ihre Eignung für Bewertungszwecke einschränkt. Ungeachtet dessen hat sich an der Grundüberlegung zur Betaableitung nichts geändert: Was ist ein guter Schätzer für das operative Risiko eines Unternehmens? Beobachtbare Betafaktoren werden auch weiterhin ein guter Ausgangspunkt für die Bestimmung des nachhaltigen operativen Risikos sein, soweit sich das Risikoprofil eines Unternehmens nicht signifikant verändert.

Allerdings sind die aktuellen Kapitalmarktvolatilitäten in diesem Zusammenhang kritisch zu beurteilen. So ist davon auszugehen, dass die auf den aktuellen Preisvolatilitäten basierenden Verwerfungen der Betafaktoren regelmäßig kein Signal für eine signifikante zukünftige Veränderung des individuellen Geschäftsmodells sind, sondern Ergebnis temporär krisenbedingter Überlagerungseffekte. Unter dieser Annahme kann es sich bei im Jahr 2020 liegenden Bewertungsstichtagen gegebenenfalls anbieten, neben dem letzten Quartalsstichtag vor dem Bewertungsstichtag auch die Betafaktoren zum 31.12.2019 als letzten von der COVID-19-Krise weitgehend unbeeinflussten Quartalsstichtag zu analysieren. Zudem sollten auch die Rolling Betas analysiert werden. Potenziell identifizierte Unterschiede sind daraufhin zu beurteilen, ob sie kurzfristige Ausreißer darstellen oder Anzeichen eines Strukturbruches sind. Aufgrund der nur wenigen Datenpunkte seit Ausbruch der Krise sollten Betafaktoren vor dieser grundsätzlich als aussagekräftiger beurteilt werden. Begründete Abweichungen im Einzelfall sind – analog zu Nichtkrisenzeiten – jedoch denkbar, wenn sich eine Änderung im Geschäftsmodell abzeichnet. Inwieweit auf kurzfristige Sicht der Krisen/Post-Krisenphase bei unveränderten Geschäftsmodellen höhere operative Risiken zum Beispiel durch höhere Ergebnisschwankungen und -korrelationen zum Markt erwartet werden können, lässt sich nur schwer abschätzen. Viel wichtiger ist hierbei, zunächst den richtigen (im Vergleich zum krisenfreien Szenario in den meisten Fällen temporär reduzierten) Erwartungswert der Unternehmensergebnisse abzuleiten. Gleiches gilt für etwaige Ausfallszenarien, die ebenfalls simulativ auf der Zeitschiene abzubilden wären. Da hierdurch der wesentliche Teil krisenbedingter Werteffekte auf kurze Sicht erfasst sein wird, sollte sich auch der Betafaktor für die aktuellen Planphasen vereinfachend am nachhaltigen operativen Unternehmensrisiko, für das in der Regel belastbare Daten aus Vorkrisenzeiten vorliegen, orientieren. Nicht unterlegbare pauschale Anpassungen von Betafaktoren sind daher abzulehnen.

Bei Länderrisikoprämien ist grundsätzlich ein Anstieg zu erwarten. Bei Ländern mit erheblichem Einfluss der COVID-19-Pandemie und gegebenenfalls relevanten Folgeeffekten (zum Beispiel Italien) kann es bei der Annahme von Strukturbrüchen angebracht sein, statt eines Zweijahresdurchschnitts auf kürzere Zeiträume abzustellen. Ein ähnliches Vorgehen haben wir seinerzeit auch bei den besonders von der Staatsschuldenkrise betroffenen Ländern (zum Beispiel Griechenland) empfohlen. Für die nachhaltige Wachstumsrate gelten die bisherigen Empfehlungen auch weiterhin. Hier ist unverändert wichtig, die Konsistenz bezüglich der Inflationsannahmen sicherzustellen. Im Basiszins ist nach wie vor eher ein gesamtwirtschaftliches Niedriginflationsumfeld reflektiert, sodass für die Ableitung der Wachstumsrate in der Regel nicht von einem unternehmensspezifischen Hochinflationsszenario ausgegangen werden kann. Denn weiterhin gilt neben den Überlegungen zur allgemeinen konsumorientierten Inflationsrate (in den Kapitalkosten) unverändert die unternehmensspezifische Inflationsrate als maßgebende Größe zur Ableitung der Wachstumsrate.

Die üblichen Plausibilisierungen des ermittelten modellgestützten Werts mit anderen Wert- und Preismaßstäben sollten natürlich weiterhin durchgeführt werden. Es mag nun aber vermehrt Gründe geben, die dafürsprechen, dass Preise (beispielsweise auf Basis von beobachteten aktuellen Multiplikatoren) unterhalb der ermittelten Werte liegen.

Preisbasierte Kalküle

Zunächst sind hier die entsprechenden Level-Hierarchien gemäß IFRS 13 bezüglich der verwendeten Inputfaktoren unverändert zu beachten. Grundsätzlich ist zu erwarten, dass der Rückgang der Kapitalmärkte sich in preisorientierten Kalkülen reflektiert.

Die Ausführungen zur Planung der bewertungsrelevanten Cashflows bei wertorientierten Kalkülen treffen auch auf preisorientierte Kalküle zu. Allerdings ist hier immer die Sicht eines typischen Marktteilnehmers einzunehmen. Anhaltspunkte hierfür können Analystenberichte liefern, die die COVID-19-Krise bereits berücksichtigen. Die in normalen Zeiten vertretbare Prämisse von gleichen Kapitalkosten bei Value in Use und Fair Value ist im aktuellen Umfeld kritisch zu hinterfragen. Da das Ziel des Fair Values ist, (auch) kurzfristige beobachtbare Preise entsprechend zu reflektieren, sind in Krisenzeiten mit starken Marktschwankungen auch die Kapitalkosten an den aktuellen (impliziten) Kapitalmarktrenditen zu orientieren. Während bei der Ableitung des Basiszinssatzes keine weiteren Anpassungen in der bisherigen Vorgehensweise notwendig sind, werden sich Marktrisikoprämien – orientiert an aktuellen impliziten Marktrisikoprämien – gegebenenfalls auch oberhalb bisheriger Bandbreiten wie zum Beispiel den FAUB-Bandbreiten einstellen können. Bei preisorientierten Kalkülen können sich somit andere Risikoprämien als bei wertorientierten Kalkülen ergeben. Soweit von keiner signifikanten Veränderung des operativen Geschäftsmodells auszugehen ist, empfiehlt sich ein Rückgriff auf Betafaktoren, die aus Vorkrisenzeiten abgeleitet wurden. Bei Länderrisikoprämien sind eher kurzfristige Durchschnitte zu betrachten.

Multiplikator-Analysen sind weiterhin ein wichtiges, wenngleich aktuell gegebenenfalls eingeschränktes Instrument für preisorientierte Kalküle. Denn davon ausgehend, dass ein Multiplikatoransatz konzeptionell quasi einem Terminal-Value-Kalkül entspricht, resultieren stark volatile Ergebnisse in Abhängigkeit von der Vergleichbarkeit zwischen Bewertungsobjekt und Peer Group insbesondere in der oft zu Grunde gelegten Detailplanungsphase. So kommt es bereits in Nichtkrisenzeiten zu wenig belastbaren Ergebnissen, soweit zum Beispiel aufgrund einer Restrukturierung große Unterschiede zwischen Bewertungsobjekt und Peer Group im Detailplanungsverlauf resultieren. Gleiches gilt beispielsweise auch hinsichtlich der eingeschränkten Verwendbarkeit von Multiplikatorenverfahren bei Start-ups.

Diese Überlegungen können auf die aktuelle Situation übertragen werden. Bei Trading-Multiplikatoren ist unverändert auf den Bewertungsstichtag abzustellen. Dabei ist darauf zu achten, inwieweit die Multiplikatoren bereits krisenbedingte Anpassungen bei den Umsatz-/Ergebnisgrößen berücksichtigen. Sie können gegebenenfalls nur eingeschränkt verwendbar sein, soweit die krisenbedingten Anpassungen bei Peer Group und Bewertungsobjekt nicht vergleichbar sind. Grundsätzlich sind Multiplikatoren korrespondierend auf entweder vergleichbare krisenbedingt angepasste oder eben nicht angepasste Umsatz-/Ergebnisgrößen des Bewertungsobjekts äquivalent anzuwenden. Analog zu der Bestimmung der aktuellen impliziten Marktrisikoprämie basierend auf bislang noch nicht angepassten Analystenschätzungen und unveränderten Terminal-Value-Annahmen korrespondieren hierzu Multiplikatoren aus nicht angepassten Planungsrechnungen.

In der aktuellen Vorgehensweise heißt das möglicherweise, dass zunächst nur Analystenschätzungen für die Peer Group vor der breiteren Reflektion der COVID-19-Krise an den Kapitalmärkten (um den 24.02.2020) mit ebenso unbeeinflussten Ergebnissen des Bewertungsobjekts verwendet werden können, da momentan eine Unterscheidung für die Analystenschätzungen, ob sie mit oder ohne COVID-19-Effekte rechnen, für eine gewisse Zeit schwierig darstellbar ist. Im weiteren Zeitverlauf kommen dann mit der sukzessiven Verfügbarkeit aktueller Analystenschätzungen nur Daten in Betracht, welche die COVID-19-Krise berücksichtigen. Diese sind zunehmend auf ihre Eignung für die Multiplikatorenbewertung kritisch zu hinterfragen.

Die Verwendbarkeit von Transaktions-Multiplikatoren aus Transaktionen aus Vor-Krisen-Zeiten für ein aktuelles preisorientiertes Kalkül ist ebenfalls kritisch zu überprüfen.

Impairment Test/Werthaltigkeitstest

Die aktuelle Situation stellt überwiegend ein Triggering Event für den Impairment Test dar (siehe auch IDW, Auswirkungen der Ausbreitung des Coronavirus auf die Rechnungslegung und deren Prüfung, Teil 2). Auch bisherige Empfehlungen zur Überleitung zur Marktkapitalisierung et cetera gelten unverändert. Ähnliches gilt auch für den Werthaltigkeitstest nach IDW RS HFA 10, da die COVID-19-Krise für den nächsten Bilanzstichtag ein Anlass sein wird, den Bilanzansatz kritisch zu würdigen. Aufgrund der großen Unterschiede von Umfang und Ausmaß der Folgen der Pandemie in den unterschiedlichen Ländern können sich gerade bei den ausländischen Beteiligungen große Unterschiede ergeben.

International wurde bereits eine (weiche) Präferenz für den „expected cashflow approach“ ausgesprochen. Die nunmehr diskutierte Unterscheidung zwischen „traditional approach“, „expected cashflow approach“ und „certainty equivalent approach“ ist unseres Erachtens aus einer eher praxisorientierten Sichtweise zu interpretieren.

Denn konzeptionell betrachtet sind grundsätzlich zunächst marktorientierte Gleichgewichts- von individuellen Grenzpreiskalkülen und anschließend „rechentechnisch“ lediglich Sicherheitsäquivalenz- von Risikozuschlagsmethode zu unterscheiden. (Eine marktorientierte Sicherheitsäquivalenzmethode basiert notwendigerweise auf den gleichen bewertungsrelevanten Parametern wie die entsprechende und üblicherweise angewendete Risikozuschlagsmethode.)

Wird der Traditional Approach als bekannter praxisorientierter Ansatz interpretiert, bei dem eine einwertige Planungsrechnung, die nicht zwingend den Erwartungswert der Cashflows widerspiegelt, ihr Korrektiv in sogenannten „Alpha“-Faktoren im Nenner des Bewertungskalküls findet, was insbesondere im internationalen Bewertungsumfeld eine durchaus gebräuchliche Vorgehensweise darstellt, zeigt sich rasch, dass der „expected cash-flow approach“ dem in Deutschland grundsätzlich verfolgten Ansatz einer unmittelbaren Ableitung des Erwartungswertes der bewertungsrelevanten Cashflows entspricht. Die genannte Empfehlung zur Berücksichtigung wahrscheinlichkeitsbasierter Szenarien geht hierbei in der von KPMG präferierten Vorgehensweise der Ermittlung von Erwartungswerten mittels simulationsorientierter Verfahren wie zum Beispiel Monte Carlo-Analysen auf. Hierfür haben wir entsprechende Analyseerfahrungen sowie das entsprechende Instrumentarium. Die hiermit verbundene Empfehlung, bisherige pauschale Risikozuschläge durch dezidierte Cashflow-Analysen zu ersetzen, korrespondiert mit unserem Bewertungsverständnis und auch den Empfehlungen des IDW.

Stichtag und Wurzeltheorie

Bei Bewertungsstichtagen in der Vergangenheit stellt sich die Frage, ab wann die Auswirkungen der COVID-19-Krise in der Bewertung zu berücksichtigen sind. Eine stichtagsgenaue Differenzierung wird nur sehr schwer möglich sein. Es zeichnet sich jedoch ab, dass für Bewertungsstichtage bis zum 31.12.2019, die COVID-19-Krise nicht in der Wertermittlung zu berücksichtigen ist (so auch IDW „Auswirkungen der Ausbreitung des Coronavirus auf die Rechnungslegung zum Stichtag 31.12.2019 und deren Prüfung“, nach dem sich Berichtspflichten und notwendige Anhangsangaben auch bereits zum 31.12.2019 ergeben können). Auch wenn allererste Fälle in China um Weihnachten 2019 herum auftraten, waren die Folgen zu diesem Zeitpunkt noch nicht absehbar und möglicherweise bei rechtzeitiger Erkennung noch umkehrbar.

Unter einer Orientierung an der Kapitalmarktentwicklung erscheint es geboten, für Bewertungsstichtage nach dem 24.02.2020 (massiver Kurseinbruch an den Aktienmärkten) die COVID-19-Krise im Bewertungskalkül zu berücksichtigen. Für Bewertungsstichtage zwischen dem 31.12.2019 und 24.02.2020 ist grundsätzlich eine Einzelfallwürdigung zu empfehlen.

Kapitel E

BRANCHEN- UND UNTERNEHMENSSPEZIFISCHE BEWERTUNGSFRAGEN

1 Digitale Transformation in der Telekommunikationsindustrie – Konsequenzen für die Beurteilung von wertorientierten Entscheidungen

Digitalisierung und Vernetzung bieten insbesondere für Unternehmen in der Telekommunikationsindustrie Wachstumschancen. Dabei gilt es innovative Geschäftsmodelle mit branchenübergreifenden Lösungen zu entwickeln, die klassische Wertschöpfungsketten aufbrechen und über die Kooperation mit branchenfremden Wettbewerbern oder strategischen Partnern neue Märkte erschließen. Eine solche Veränderung von Wertschöpfungsketten hat jedoch auch Auswirkungen auf das Risikoprofil von Unternehmen in der Telekommunikationsbranche. Insofern ist die finanzielle Bewertung von Wachstumschancen aus der digitalen Transformation unmittelbar mit Fragen eines geänderten Risikoprofils von Telekommunikationsunternehmen verknüpft. Bei der Entscheidung für die Umsetzung eines neuen digitalen Geschäftsmodells stehen die Unternehmen regelmäßig vor der Frage: Welches Geschäftsmodell und welcher strategische Partner lässt die größte Wertsteigerung unter Berücksichtigung von Performance- und Risikoaspekten erwarten?

Charakteristika der digitalen Transformation in der Telekommunikationsindustrie

Durch Digitalisierung und Vernetzung verschwimmen bisherige Branchengrenzen. Für die Unternehmen in der Telekommunikationsindustrie bedeutet dies, dass neue Wettbewerber auftreten und sich gleichzeitig neue Wachstumschancen eröffnen. Die Wachstumschancen bestehen insbesondere in der Etablierung innovativer digitaler Geschäftsmodelle. Die Besonderheit besteht darin, dass die Entwicklung und Umsetzung eines neuen Geschäftsmodells oft nicht durch das Telekommunikationsunternehmen allein erfolgt. Vielmehr sind es branchenübergreifende Kooperationen, die zur Generierung neuer Umsatz- und Ergebnisbeiträge aus wechselseitigen Verknüpfungen von Kernkompetenzen über Branchen hinweg führen sollen. Beispiele hierfür sind Kooperationen von Telekommunikationsunternehmen mit Unternehmen aus dem Automobil-, Energie- oder Gesundheitssektor. Auf diesem Weg sollen neue Geschäftsmodelle und Märkte durch das Internet der Dinge und die Industrie 4.0 erschlossen werden. Das innovative Geschäftsmodell beruht auf der Kombination von strategischen Assets der jeweiligen Partner, die mit oder ohne Kapitalverflechtungen einhergehen können. Bei der Entscheidung für die Umsetzung eines neuen digitalen Geschäftsmodells sind vom Telekommunikationsunternehmen alternative strategische Partner zu validieren. Gleichzeitig hat das innovative Geschäftsmodell selbst durch die neuartige Wertschöpfungskette aus der Kooperationsbeziehung eher den Charakter eines Start-up-Unternehmens. Durch die strukturelle Veränderung der Wertschöpfungskette findet mit jeder Entscheidung für eine Kooperationsbeziehung auch eine Transformation des Risikoprofils des Telekommunikationsunternehmens statt. Neben den Performance-Aspekten einer Kooperation muss auch die hiermit einhergehende Veränderung des Risikoprofils und damit verbundene Renditeforderung (Kapitalkosten) in die Beurteilung der Entscheidung eingehen. Dadurch nehmen für Telekommunikationsunternehmen die Art und der Umfang der Validierung strategischer Handlungsoptionen und deren Komplexität unter wertorientierten Fragestellungen zu.

Abb. E-1

Charakteristika der finanziellen Bewertung von innovativen digitalen Geschäftsmodellen aus branchenübergreifenden Kooperationen

Für die Beurteilung der Kooperationslösung aus finanzieller Sicht ist die Performance-/Risiko-Analyse von zentraler Relevanz. Grundlage für eine finanzielle Bewertung des digitalen Geschäftsmodells mit dem strategischen Partner ist ihr jeweiliger Nettokapitalwert.

Im Hinblick auf die Beurteilung des mit der Kooperationslösung verbundenen operativen Risikos scheiden aufgrund der Besonderheiten bisherige, in der Praxis weit verbreitete Lösungsansätze aus. Die Bestimmung von Kapitalkosten für das neue Geschäftsmodell auf Basis von beobachtbaren Risikomaßen (Betafaktoren) für Telekommunikationsunternehmen selbst oder für die potenziellen Kooperationspartner (zum Beispiel im Automobil- oder Energiesektor) ist nur begrenzt möglich, weil es sich bei den Unternehmen in den jeweiligen Sektoren um etablierte Geschäftsmodelle handelt und aus der Kombination von Geschäftsaktivitäten gerade ein neuartiges Geschäftsmodell resultiert.

Ein neuartiges digitales Geschäftsmodell kann vom Charakter her einerseits als Start-up-Unternehmen beschrieben werden. Andererseits sind diese Geschäftsmodelle mit dem bestehenden Geschäftsmodell der Telekommunikationsunternehmen und der potenziellen Kooperationspartner verknüpft, was ebenfalls Einfluss auf die Bestimmung des Risikomaßes hat. Konzepte aus der Bewertung von Start-up-Investments haben daher ebenso nur eine begrenzte Aussagekraft.

Während den herkömmlichen Nettokapitalwertkalkulationen häufig der Stand-alone-Charakter des Geschäftsmodells zugrunde liegt, bildet sich bei den innovativen digitalen Geschäftsmodellen in Kooperationsbeziehungen ein weiterer wertbestimmender beziehungsweise risikodiversifizierender Faktor ab. So kann es durch Kooperationen zum Hedging des Bestandsgeschäfts für das Telekommunikationsunternehmen kommen. Dieser Wertbeitrag resultiert aus dem Portfolioaspekt der Etablierung des neuen Geschäftsmodells: Stand-alone würde sich möglicherweise aus der Kooperation keine lohnende Investition realisieren lassen, erst durch die Kombination mit dem Bestandsgeschäft ergibt sich aus erwarteten Markt- und technologischen Entwicklungen eine ökonomische Vorteilhaftigkeit.

Wertorientierte Beurteilung als Entscheidungshilfe

Vor dem Hintergrund der Charakteristika in der finanziellen Bewertung der Geschäftsmodelle ist der Lösungsweg in mehrwertigen Simulationsanalysen zu sehen, die es erlauben, gleichzeitig Performance- und Risikotreiber zu identifizieren, zu analysieren und konsistent im Bewertungskalkül zu berücksichtigen. Solche Analysen erlauben moderne Lösungsansätze zur Entscheidungsunterstützung, wie zum Beispiel CEDA.

Zunächst sind zentrale Performancetreiber der Geschäftsmodelle, das heißt, die operativen Treiber entlang des Wertschöpfungsmodells, zu identifizieren und in Planungen (Business Cases) zu verarbeiten. Hier kann als Orientierung auf die strategischen Analysen der Machbarkeitsstudien für die Beurteilung digitaler innovativer Geschäftsmodelle aus Kooperationslösungen zurückgegriffen werden. Häufig sind es eher qualitative Machbarkeitsstudien, welche die erwarteten Markt- und technologischen Entwicklungen umfassen. Besondere Relevanz haben sowohl die erwartete Adaption des Geschäftsmodells durch die Kunden und die Time-to-Market-Strategie.

Hier liegen gleichzeitig große Chancen wie auch Risiken. Aus diesem Grund werden in diesem ersten Analyseschritt die möglichen Ausprägungen der operativen Werttreiber als Bandbreiten erfasst.

Im zweiten Schritt ist eine finanzielle Bewertung vorzunehmen. Die Analyse stellt dabei auf die Performancetreiber des innovativen digitalen Geschäftsmodells ab und ermittelt das korrespondierende operative Risiko des Geschäftsmodells auf der Grundlage der Bandbreiten der operativen Treiber, welches als geschäftsmodellspezifische Kapitalkosten oder Renditeforderung aus „stand-alone" Sicht in die Ermittlung des Nettokapitalwerts des neuen Geschäftsmodells einfließt. Mittels der Analyse der gegenseitigen Abhängigkeiten des neuen Geschäftsmodells mit dem Telekommunikationsunternehmen in Gänze können darüber hinaus mögliche Diversifikationseffekte gegenüber den operativen Einzelrisiken abgeleitet und bei der finanziellen Bewertung einbezogen werden.

Auf diese Weise findet ein Vergleich des Performance- und Risikoprofils der einzelnen Geschäftsmodelle mit dem bestehenden Geschäft des Telekommunikationsunternehmens statt. Der zukünftige relative Ergebnisbeitrag von alternativen Geschäftsmodellen kann in eine Performance-/Risiko-Matrix eingeordnet und mit dem Status quo des Telekommunikationsunternehmens verglichen werden. Kooperationslösungen, die eine hohe Wachstumschance bei hohem Risiko versprechen, können mit Alternativlösungen verglichen werden. Bei der Beurteilung fließen Performance, operatives Geschäftsrisiko und Diversifikation als jeweilige Wertbeiträge ein.

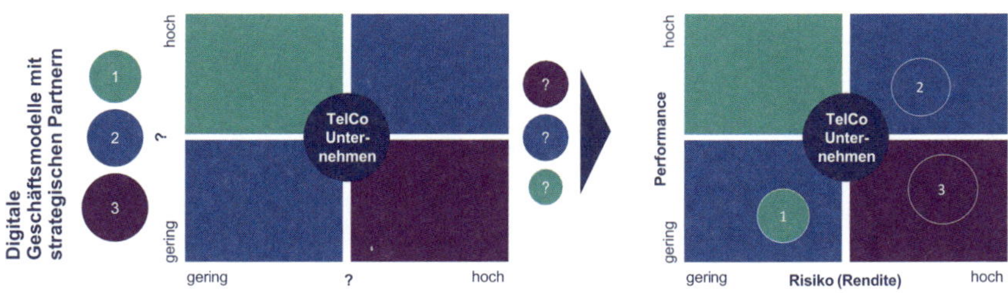

Abb. E-2: Einordnung des Ergebnisbeitrags alternativer digitaler Geschäftsmodelle unter Performance- und Risikoaspekten

In Abhängigkeit von der jeweiligen Risikoeinschätzung können geschäftsmodellspezifische Kapitalkosten und hierauf basierend der Nettokapitalwert jedes Geschäftsmodells bestimmt und die Investitionsentscheidung transparent auf Basis einer quantitativen Analyse getroffen werden. Die Anwendung eines lösungsorientierten Entscheidungsansatzes dient somit der Transparenz in der Entscheidungsfindung für die Entwicklung und Umsetzung innovativer digitaler Geschäftsmodelle von Telekommunikationsunternehmen mit strategischen Partnern unter der wertorientierten Optimierung des Performance-/Risiko-Verhältnisses.

2 Investitionsentscheidungen auf Basis mehrdimensionaler Entscheidungsmodelle – am Beispiel der Consumer Markets & Retail Branche

Die Unternehmen der Konsumgüterindustrie und des Handels müssen seit einigen Jahren durch zielgerichtete und vorausschauende Investitionen auf die unverändert hohe Branchendynamik reagieren, um erfolgreich wachsen zu können. Geschäftspolitische Fragestellungen wie die optimale Kombination und Vernetzung von On- und Offline, die umsatz- oder ergebnissteigernde Nutzung der Kundendaten und natürlich auch „klassische" Themen wie vertikale Integration, Internationalisierung und Markenmanagement beherrschen – teilweise beschleunigt durch die aktuellen Auswirkungen der COVID-19 Pandemie – die operative und strategische Ausrichtung der Unternehmen in diesen Branchen. Durch die Vielfältigkeit der einzelnen Themenstellungen und deren Verbundenheit untereinander ergibt sich eine Mehrdimensionalität der zu treffenden Investitionsentscheidungen, die nur durch komplexe, zukunftsgerichtete Modelle abgebildet werden kann. Neben den individuellen Performance- und Risikoparametern der einzelnen Handlungsalternativen müssen zudem exogene Faktoren – wie die demografische Entwicklung, der deutliche Anstieg der Immobilienpreise oder das Finanzierungsumfeld – abgebildet werden, um eine optimale Entscheidung treffen zu können.

Der Margendruck im deutschen Einzelhandel – und insbesondere im Lebensmitteleinzelhandel – besteht unverändert fort. Bei der Suche nach Kostensenkungspotenzialen durch eine Vertiefung der Wertschöpfung haben die Handelsunternehmen einen „alten Bekannten" wiederentdeckt: Die vertikale Integration. Während sich die erste Welle der Akquisitionen in den 2000'er Jahren zunächst auf Logistiker, Einkaufsgesellschaften und Produzenten, wie Bäckereien, Brunnen und fleischverarbeitende Unternehmen, gerichtet hatte, standen in den letzten Jahren auch Dienstleister und Start-ups aus Nachbarsegmenten des Handels im Fokus. Interesse an Akquisitionen oder Joint Ventures besteht vor allem bei Unternehmen, die dem Handel Technologien, darunter WiFi-Sensoren, Beacons, Kamera-, Kassen- und CRM-Systeme, zur Verfügung stellen. Diese Technologien bilden die Grundlage für eine möglichst individuelle Auswertung und Nutzung von Kundendaten, welche in den nächsten Jahren ein entscheidender Erfolgsfaktor für Produzenten und Händler gleichermaßen sein wird.

Mit der demografischen Entwicklung und zunehmenden Individualisierungstendenzen der Konsumenten ist auch eine Veränderung der bisherigen Kundenstrukturen verbunden. Bisher gängige Segmentierungen nach Altersgruppen (Babyboomer, Generation X, Y, Z) oder nach Lebensstil, wie LOHAs (Live of health and sustainabilty), DINKs (Double income, no kids) und Yollies (Young old leisure living people), auf die das Marken-Management bisher ausgerichtet ist, werden künftig allein nicht mehr greifen. Entscheidend für die Kundenclusterung wird vielmehr eine Klassifizierung nach grundlegenden Wertvorstellungen der Konsumenten und nach Technologie-Akzeptanz sein. Diese sogenannten "Personas" werden einen Effekt auf das Zielgruppenmanagement und damit die Bedeutung von Marken, die einzelne Produktsegmente repräsentieren, haben. Bisher waren zum Beispiel im Lebensmitteleinzelhandel ein breiter Preiseinstiegsbereich, ein Standardbereich in der Mitte und ein kleiner Premiumbereich zu beobachten. Zum Beispiel arbeiten Handelsunternehmen daran, das Premiumsegment durch Luxus-Eigenmarken, die noch stärker in Wettbewerb zu den Top-Markenprodukten treten sollen, auszubauen. Hierbei wird es wesentlich für den Erfolg einer solchen Marke sein, dass sie nicht nur als „Premium" von der Masse der Konsumenten akzeptiert wird, sondern zusätzlich für die spezielle Identität des einzelnen Kunden steht – hierfür ist eine individuelle Ansprache der Kunden erforderlich, die nicht über massenkompatible Technologien erfolgen kann, sondern die persönlichen Wertvorstellungen und Einkaufsgewohnheiten des einzelnen Kunden berücksichtigen muss. Der Standard-Bereich in der Mitte steht zusätzlich unter Druck, da sich die Masse der Konsumenten im Preiseinstiegsbereich einfinden wird, in dem hauptsächlich das Preis-Leistungs-Verhältnis von Bedeutung ist. Letztlich werden Herstellermarken nur noch im Premiumsegment und in eingeschränktem Umfang im Standardbereich, zum Beispiel als „hippe" Start-up-Marke eine wesentliche Rolle spielen. Im Preiseinstiegsbereich und insbesondere für technologieaffine Konsumenten werden hingegen Marken von Dienstleistern, die den Kunden on- und offline mit der Ware vernetzen oder Produkte finden, prüfen und empfehlen, entscheidend sein. Denn der Einkauf dieser Käuferschicht basiert eher auf dem Vertrauen in die Marke des Dienstleisters oder Händlers – aber nicht auf der Marke des Produktes selbst. Die DNA dieser Dienstleister und Handelsplattformen ist fest mit der rasanten Entwicklung, die Smartphone, Multimedia & Co. in den vergangenen Jahren gemacht haben, verbunden.

Die Herausforderung für die Optimierung des Vertriebsnetzes der Produzenten und Händler besteht unverändert darin, nicht einfach beide Vertriebswege parallel zu nutzen, sondern bestmöglich zu kombinieren. Um dieses Ziel zu erreichen, ist es jedoch erforderlich, sich mit dem Kern des eigenen Geschäftsmodells auseinanderzusetzen und den optimalen Kundennutzen für das spezifische Produkt unter Berücksichtigung der individuellen Kundenbasis zu erreichen. Bei der Ausrichtung des Zusammenwirkens von On- und Offline ist die Frage letztlich „Wer dient wem?". Gingen in den ersten Jahren des Onlinezeitalters zunächst Stationärhändler und auch Hersteller – insbesondere Modelabels – zusätzlich zu ihren Dependancen online, kann man zunehmend einen „Gegentrend" beobachten: Bisher reine Onlinehändler, wie zum

Beispiel mymuesli.de, haben Ladengeschäfte eröffnet und damit den Stationärhandel zu einem festen Bestandteil ihrer Vertriebsstrategie gemacht. Sie nutzen die Läden häufig dazu, Produkte zu testen, Kunden zu gewinnen, die allein online nicht erreicht werden könnten, und die Markenpräsenz in frequenzstarken Lagen zu stärken. Denkbar ist sogar, dass ein Ladengeschäft primär der Online-Wertschöpfung dienen soll. So ist beispielsweise das „Showroom-Konzept" ein denkbares Modell für die Online-Möbelbranche – ohne direkten Verkauf, aber mit umfassender Beratung und Online-Bestellterminals. Für viele dieser „Onliner" hat sich gezeigt, dass im Umkreis von Ladengeschäften auch der Online-Umsatz gestiegen ist. In der Modebranche, dem Marktsegment mit der höchsten Onlineakzeptanz, sind die Kombinationsmöglichkeiten der Verflechtung nahezu unbegrenzt: Bestellung online von zuhause, per Smartphone von unterwegs oder über ein Terminal im Laden bestellen – abholen im Laden oder der Paketstation, nach Hause liefern lassen, anprobieren zu Hause oder in der Paketstation, Retouren zurücksenden oder bei der nächsten Shoppingtour zurückgeben.

Das Internet bietet zudem auch neue Möglichkeiten, ein Wachstum durch Internationalisierung zu realisieren, welches im reinen Stationärhandel aufgrund des intensiven Verdrängungswettbewerbs und der abnehmenden Flächeneffizienz begrenzt war. Daher versprechen sich viele Unternehmen durch eine Internationalisierung ihrer Online-Handelsgeschäfte zusätzliche Wachstumschancen. Mit der Expansion der Händler ist zudem eine parallel verlaufende Internationalisierung der Dienstleister verbunden. Die Erarbeitung und Umsetzung einer internationalen Strategie ist aber auch im Onlinehandel mit einer Reihe von Herausforderungen verbunden, mit denen sich die Stationärhändler in den vergangenen Jahrzehnten bereits auseinandersetzen mussten: Rechtliche Fragestellungen, kulturelle Unterschiede und transportlogistische Themen müssen landesspezifisch berücksichtigt werden, um eine erfolgreiche Geschäftsausweitung zu erreichen. Hinzu kommen geopolitische Risiken und Währungsthematiken, die vor Investitionen in die einzelnen Länder ebenfalls berücksichtigt und in das Entscheidungskalkül einbezogen werden müssen.

Zusammengefasst stehen die Unternehmen der Consumer Markets & Retail Branche vor einer Vielzahl von Themenstellungen, die sie bei ihrer strategischen Ausrichtung berücksichtigen müssen. Veränderte Kundenwünsche sowie neue Player aus dem Online-Segment in einem zunehmend wettbewerbsintensiven Markt erfordern Investitionen in die Markenstrategie, die Optimierung des Vertriebsnetzes, neue Technologien des Daten-, Logistik-, Order-, Category- und Bezahlmanagements und gegebenenfalls Akquisitionen zur vertikalen und/oder internationalen Expansion. Aufgrund der Fülle der Handlungsalternativen ergibt sich eine Mehrdimensionalität zum „Ob" und „Wann" einer Investitionsentscheidung. Dies kann nur durch mehrdimensionale, zukunftsgerichtete Planungs- und Bewertungsmodelle abgebildet werden, die nicht nur den potenziellen künftigen Zahlungsstrom aus der Investition, sondern auch das hiermit verbundene individuelle Risiko berücksichtigen. Modelle dieser Art, wie zum

Beispiel CEDA, sind in der Lage, sowohl exogene Faktoren (Entwicklungsprognose der Demografie, Konjunktur und Kaufkraft, Finanzierungsumfeld) als auch endogene Parameter (Umsatz je qm, Personal- und Gebäudekosten) im Rahmen einer Simulationsanalyse so miteinander zu verknüpfen, dass wertorientierte Investitionsentscheidungen nachvollziehbar und belastbar getroffen werden können – Entscheidungen, die eben nicht nur „Make or buy“ sondern auch „Neues Bezahlsystem oder Markteintritt China“ sein können.

3 Einfluss von Technologiesprüngen auf die Unternehmensbewertung – am Beispiel der Automobilindustrie

Unabhängig von der aktuellen konjunkturellen Entwicklung ist die Automobilindustrie mit der Herausforderung gleichzeitig auftretender Trends wie Digitalisierung, Fahrzeugvernetzung, emissionsfreien Antrieben, neuen Mobilitätskonzepten und dem autonomen Fahren konfrontiert. Dadurch nimmt das Portfolio an notwendigen Investitions- und Entwicklungsprojekten – und dem entsprechenden Kapitalbedarf – stark zu. Diese Risiken gilt es im Rahmen von Unternehmensbewertungen zu berücksichtigen.

Disruptive Entwicklungen als Auslöser von strategischen Entscheidungen

Die Automobilbranche ist als eine der deutschen Schlüsselindustrien auf ihre hochqualitativen Produkte und die starke Wirtschaftskraft stolz. Der Ausblick auf die kommende Dekade ist für die Automobilindustrie jedoch alles andere als beruhigend. Aktuelle parallel auftretende Trends (wie beispielweise die Fahrzeugvernetzung oder -elektrifizierung) stellen nahezu alle Unternehmen der Branche vor die Aufgabe, wichtige strategische Entscheidungen im Hinblick auf ihre künftige Ausrichtung zu treffen. Dies betrifft unter anderem die Entwicklung von Dienstleistungen und Applikationen, bei denen die Hersteller und Zulieferer nicht mehr die alleinigen Innovationstreiber sind. Für diesen Teil der Wertschöpfungskette benötigt die Branche nicht nur signifikante finanzielle Ressourcen, sondern auch Mitarbeiter, die bisher in anderen Branchen tätig waren. Zudem ist der Entwicklungsprozess für Dienstleistungen und Applikationen ein anderer, als der für Fahrzeuge oder Fahrzeugkomponenten.

Wesentliche strategische Entscheidungen finden derzeit parallel an verschieden Stellen der Wertschöpfungskette statt. Insgesamt ergibt sich daher ein sehr komplexes Bündel an Entscheidungen über Investitionen und auch Desinvestitionen, welches auf das Risiko und die Rendite (und somit auf den Wert) eines Unternehmens mittel- und langfristig einen erheblichen Einfluss haben wird.

Finanzielle Bewertung als Teil der strategischen Entscheidungsfindung

In Abhängigkeit von der finanziellen Leistungsfähigkeit eines Unternehmens, können unter Umständen nicht alle Investitionen, die strategisch sinnvoll sind, verfolgt werden. Daher muss das Management eine Entscheidung im Hinblick auf die Allokation von Investitionsbudgets auf Projekte treffen, die sich an der langfristig größtmöglichen Wertsteigerung des Unternehmens orientiert.

In der automobilen Welt haben diese Entscheidungen eine weitreichende Wirkung, da Investitionen zum einen häufig sehr anlagen- und damit kapitalintensiv sind und zum anderen für einen vergleichbar langen Zeitraum (zwischen sechs bis zehn Jahren) getroffen werden. Die Entscheidungsgrundlage bildet in den meisten Fällen eine finanzielle Bewertung über die zu erwartenden künftigen Rückflüsse aus einer Investition. Das Management muss darüber entscheiden, welche Investition oder welche Kombination aus Investitionsalternativen langfristig die höchste Wertsteigerung für das Unternehmen unter Berücksichtigung des entsprechenden Risikos erzielt.

Die Herausforderung bei der finanziellen Bewertung von Investitionsentscheidungen besteht daher darin, Erwartungswerte für künftige Zahlungsströme zum Beispiel im Hinblick auf Investitionen in neue Antriebstechnologien zu prognostizieren, bei denen sich sowohl der Anwendungsbereich noch ändern als auch das Marktpotenzial noch nicht konkret prognostiziert werden kann.

Da häufig mehrere Investitionsentscheidungen zum selben Zeitpunkt zu treffen sind und diese gegebenenfalls nicht unabhängig voneinander sind, erhöht sich die Komplexität für die Entscheidungsfindung weiter. Das Management benötigt daher ein Instrument, welches den Entscheidungsprozess sowie die Annahmen nachvollziehbar dokumentiert, die zu einer Unternehmenswertsteigerung führen sollen.

Lösungsansatz und Auswirkung auf die Bewertung von Unternehmen

Unternehmensbewertungen basieren im Normalfall auf einer integrierten Planungsrechnung, die einen Zeitraum zwischen drei und fünf Jahren umfasst. Die Geschäftsjahre nach dem letzten Planjahr werden über ein sogenanntes normalisiertes Jahr abgebildet, in dem sich das Unternehmen typisiert in einem eingeschwungenen Zustand befinden soll. Das normalisierte Jahr hat insofern eine besondere Bedeutung, als es im Regelfall den höchsten Wertbeitrag im Rahmen einer Bewertung hat. Die für diese Periode getroffenen Annahmen sind daher zentral für die Bewertung eines Unternehmens.

Vergleicht man nun die oben beschriebenen Investitionszyklen mit den Anforderungen an eine Unternehmensbewertung wird offensichtlich, dass mögliche Rückflüsse aus in dem Planungszeitraum getätigten Investitionen – insbesondere in neue Technologien – noch nicht oder nur in Teilen berücksichtigt sein können. Es gilt daher diese strategisch wichtigen und langfristigen Projekte – gegebenenfalls unter Berücksichtigung einer Grobplanungsphase – in ein normalisiertes Jahr zu überführen.

Für eine sachgerechte Bewertung von Investitionen müssen neben der Prognose der Zahlungsströme auch risikoäquivalente Kapitalisierungszinssätze ermittelt werden, um den Unternehmenswert beziehungsweise den Nettokapitalwert – und somit die Vorteilhaftigkeit – einer Investition zu ermitteln. Zur Ermittlung des Kapitalisierungszinssatzes wird in der Bewertungstheorie und -praxis auf das CAPM zurückgegriffen. Mittels des CAPM werden in der Praxis die Kapitalkosten über aktuelle Kapitalmarktdaten (unter anderem aus Daten wie Aktienkursrenditen börsennotierter Unternehmen) ermittelt. Für die Bewertung eines Unternehmens ist das die übliche Praxis. Für den Fall der Bewertung einer einzelnen oder auch mehrerer Investitionen erscheint es nicht immer angemessen, da gleich mehrere Äquivalenzprinzipien nicht erfüllt sind und somit die Vergleichbarkeit nicht gegeben ist.

In der Praxis werden dann häufig Adjustierungen der Kapitalkosten anhand von „Erfahrungswerten" vorgenommen, was zwar zunächst nachvollziehbar erscheint, bei einer genaueren Betrachtung jedoch keiner fundierten Überprüfung standhält. Unbenommen bleibt aber die Möglichkeit, derartige Adjustierungen für eine persönliche Entscheidungsfindung trotz der bekannten Aussagegrenzen heranzuziehen oder sie für Zwecke einer strategischen Argumentation im Verhandlungsprozess zu nutzen.

Ein Lösungsansatz, der sowohl zur Prognose von einzelnen Zahlungsströmen, die Schätzung einer ewigen Rente, als auch für die Ermittlung von Kapitalkosten eingesetzt werden kann, sind Simulationsanalysen. Die grundlegende Idee der Simulationsanalyse ist die Nutzung von bestehenden integrierten Planungs- und Bewertungsmodellen, indem eine Variation ausgewählter Werttreiber innerhalb einer definierten Bandbreite und auf Basis einer definierten Verteilungsfunktion ermöglicht wird. Das Simulationsergebnis repräsentiert somit den Erwartungswert aus einer endlichen Wiederholung an Prognosedurchläufen, bei denen die Parameter jeweils auf Basis der vorgegebenen Bandbreite und Verteilungsfunktion zufällig ausgewählt werden. Die der Prognose der Werttreiber (und somit der Zahlungsströme) zugrunde liegende Unsicherheit wird somit in das Bewertungsergebnis integriert.

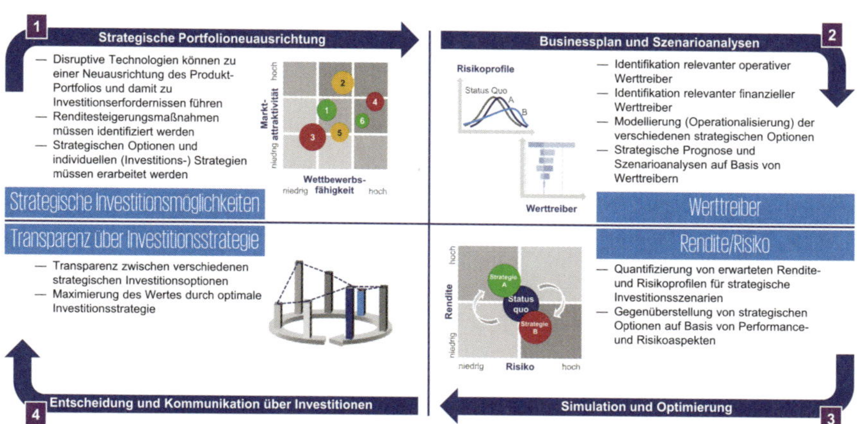

Abb. E-3: Technologiesprünge als Auslöser für eine Portfolioausrichtung

Simulationsanalysen gehören inzwischen für diese Art der Bewertungen zum Standard und sind, dank moderner leistungsfähiger Computer, nicht nur Universitäten vorbehalten. Ihr Ablauf gliedert sich in mehrere Schritte.

Zunächst werden die Werttreiber identifiziert, die variiert werden sollen. Hierbei kann es sich beispielweise um erwartete Marktanteile, Markteintrittszeitpunkte, Preisgestaltungen, ausgewählte Kostenquoten oder das langfristig erwartete Wachstum handeln. Die gewählten Parameter müssen in der Modellierung der künftigen Zahlungsströme explizit aufgegriffen werden, zum Beispiel indem der Umsatz nicht als exogene Größe, sondern als Produkt aus Preis, Marktanteil und Volumen des Gesamtmarktes modelliert wird. Im zweiten Schritt wird für jeden Werttreiber ein Startwert der Simulation festgelegt sowie eine Bandbreite, innerhalb derer der Parameter schwanken kann. Im dritten Schritt muss für diese Schwankungen eine Wahrscheinlichkeitsverteilung festgelegt werden. Hierbei sollte so gut wie möglich die erwartete wirtschaftliche Entwicklung (zum Beispiel einer künftigen Technologie) abgebildet werden. Wenn beispielsweise zu erwarten ist, dass ausgehend vom gewählten Startwert ein hohes Upside-Potenzial für eine Technologie besteht und dieses auch mit einer höheren Wahrscheinlichkeit zu erwarten ist, bietet sich eine sogenannte „rechts-schiefe“ Verteilung an. Ohne derartige Tendenzen kann die Annahme einer Normalverteilung sinnvoll sein. Auf Basis dieser Vorüberlegungen wird im vierten Schritt die Simulation mit einer beliebig großen Anzahl an Durchläufen, in denen die Zufallszahlen generiert werden, durchgeführt. Hierbei gilt, je höher die Anzahl, desto aussagekräftiger das Ergebnis. Als Ergebnis erhält man bei jedem Durchlauf der Simulation eine Zahlungsstromprognose, die am Ende der Durchläufe zu einer Wahrscheinlichkeitsverteilung des Zahlungsstroms verdichtet wird. Daraus lässt sich zum einen ein guter Schätzer für das normalisierte Jahr ableiten und zum anderen, mit Hilfe der Wahrscheinlichkeitsverteilung, eine Volatilität des Zahlungsstroms ermitteln, die dann in ein operatives Risiko bei der Ermittlung der Kapitalkosten übergeleitet werden kann. Mit den Ergebnissen können daher die skizzierten Sachverhalte geschlossen gelöst werden und man erhält insbesondere eine investitions- und unternehmensspezifische Risikoäquivalenz, die für die Beurteilung von strategischen Entscheidungen notwendig ist.

Dieses Vorgehen ist Teil von modernen entscheidungsorientierten Ansätzen wie CEDA und ermöglicht die Ermittlung von Projektprofilen und/oder unternehmensspezifischen Rendite-/Risikoprofilen. Diese Ansätze nehmen dem Management selbstverständlich nicht die Entscheidung (unter Unsicherheit) ab; sie erhöhen jedoch die Transparenz und somit die Qualität bei der Entscheidungsfindung. Insbesondere vor dem Hintergrund, langfristige strategische Entscheidungen im Hinblick auf Ressourcenallokation treffen zu müssen, dokumentieren diese Ansätze nachvollziehbar den Prozess und die Annahmen.

4 Bewertung von Energieversorgungsunternehmen: Kraftwerke, Netze und Kunden – die Anlässe sind zahlreich

Bewertungen von Energieversorgungsunternehmen und deren Vermögenswerten sind derzeit besonders anspruchsvoll. Die Energiewirtschaft befindet sich seit einiger Zeit im Umbruch. So stellen integrierte Energieversorger ihre Erzeugungsparks auf regenerative Energien um. Die entsprechenden Investitionen können jedoch nicht ohne weiteres über höhere Strompreise auf die Kunden abgewälzt werden. Gleichzeitig ändern Energieversorger ihre Unternehmensstruktur, spalten sich auf oder trennen sich von Nicht-Kerngeschäften, um sich auf definierte Zielmärkte zu konzentrieren. Neue Wettbewerber wie Automobilunternehmen oder IT-Dienstleister treten in traditionelle Energiemärkte ein. Die Zukunftsaussichten und somit auch der Wert eines Energieversorgungsunternehmens hängen dabei im Wesentlichen vom politisch-regulatorischen Rahmen, vom Fokus auf die Wertschöpfungskette, von der Vermögensstruktur, von Innovationen und vom Wettbewerb ab.

Anlässe für Bewertungen

In einer Branche wie der Energiewirtschaft gibt es zahlreiche Anlässe für Bewertungen: Unternehmenserwerbe und -verkäufe, Spaltungen, Wirtschaftlichkeitsanalysen, Controlling, Rechnungslegung/Berichterstattung, Kapitalstrukturüberlegungen, Cashflow-Prognosen oder Insolvenzrisiken. Ein weiterer bedeutender Anlass ist jüngst hinzugekommen: Kapitalallokation unter Performance-/Risikogesichtspunkten. Die teilweise Knappheit an freien Investitionsmitteln führt zu einer Kapitalrationierung und somit zu einer notwendigen Auswahl von Projekten innerhalb mehrerer Investitionsalternativen.

In Europa und speziell in Deutschland befindet sich die Energiebranche in einem existenziellen Umbruch. Über die gesamte energiewirtschaftliche Wertschöpfungskette hinweg ändern sich gesetzliche Rahmenbedingungen, das regulatorische Umfeld, der Wettbewerb und als Folge daraus die Geschäftsmodelle. Dieser Transformationsprozess wird sich voraussichtlich noch über Jahrzehnte hinziehen – bis die Klimaschutzziele der Regierungen erreicht sind und die Märkte sich neu geordnet haben. Fortschritte durch neue Technologien und die Digitalisierung überholen derzeit die etablierten Geschäftsmodelle: Batteriespeicher, dezentrale Erzeugung, Smart Homes, Smart-Grids, virtuelle Kraftwerke, Blockchain-Technologien – um nur einige zu nennen.

In Deutschland besteht das spezielle Problem des Ausstiegs aus der Kernenergie bis zum Jahr 2022 sowie aus der Kohleverstromung bis spätestens 2038. Die Rücknahme der Laufzeitverlängerung der Kernkraftwerke und der – wenn auch über viele Jahre gestreckte – Ausstieg aus Kernenergie und Kohleverstromung an sich stellen einen existenziellen Einschnitt in das kapitalintensive Geschäft der Versorger dar. Der schon seit Jahrzehnten bevorstehende Kernenergieausstieg ist jedoch nicht die Ursache für Marktverzerrungen. Vielmehr wurde die Menge an Stromerzeugung aus Erneuerbaren Energien nicht in diesem Volumen erwartet. Die Infrastruktur (insbesondere Transport- und Verteilnetze) sowie die Regulierung müssen dafür Sorge tragen, dass ein stabiles System aus konventioneller Backup-Erzeugung, Speichersystemen sowie Regelenergie aus Erneuerbaren Energien entsteht. Ergänzend kommen steigende Volumina aus dezentraler Energieerzeugung hinzu, die einen weiteren Netzausbau erforderlich machen. Konventionelle Erzeugungsanlagen konkurrieren nun um Einsatzzeiten mit sehr viel volatileren Erzeugungstechnologien.

Die Ertragslage der Energieerzeuger litt zunächst unter den Subventionsmechanismen für Erneuerbare Energien. Mit Einspeisevorrang ausgestatteter grüner Strom drängte die konventionellen Kraftwerke aus dem Markt – mit der Folge, dass den Unternehmen eine sehr profitable Geschäftsgrundlage genommen wurde. Neubauprojekte für diese Kraftwerke rechnen sich derzeit nicht und werden auch kaum mehr finanziert. Der vorgezogene Kohleausstieg und insbesondere die anstehenden Abschaltungen von Kernkraftwerken lassen derzeit jedoch die Erwartungen an wieder profitable Gaskraftwerke steigen.

Die Unternehmen reagieren mit konsequenten Sparprogrammen und der Neuausrichtung ihrer Strategie weg von sachanlagenintensiven, kapitalbindenden Geschäften hin zu hocheffizienten Energiedienstleistern mit einem ausgewogenen Erzeugungsportfolio und einer auf Kundenbedürfnisse zugeschnittenen Vertriebsstrategie. Dies führt jedoch dazu, dass mit zunehmender Beratung von Energieeffizienz- und Contracting-Lösungen Energiedienstleister ihre eigenen Margen aus der Erzeugung und dem Vertrieb von Energie mindern und kompensieren müssen, während es gleichzeitig kaum Möglichkeiten gibt, Investitionen über steigende Strompreise an Endkonsumenten weiterzugeben. Folglich sind Innovationen in Hinblick auf Kundenservice notwendig.

Die Relevanz des Themas Wertmanagement zeigt sich an den Wertkorrekturen, die die Branche erlitten hat, welche über Jahre an den Kapitalmärkten zu beobachten waren. Die Unternehmen haben die Wertansätze, insbesondere der Erzeugungsanlagen sowie der Geschäfts- und Firmenwerte in ihren Bilanzen um Milliardenbeträge signifikant korrigiert. Die Erwartungen an die Profitabilität ihrer Geschäfte wurden in vielen Bereichen nicht erfüllt. Freiwerdende Investitionsmittel konkurrieren um Reservenbildung, Ersatzinvestitionen, Innovationen, Erzeugungsanlagen, IT-Infrastruktur und Dividenden für die Anteilseigner.

Grundsätzlicher Bewertungsansatz

Methodisch ergeben sich keine grundlegenden Neuerungen. Der Wert eines Energieerzeugers und/oder -dienstleisters hängt unverändert von den Zukunftserwartungen ab. Die Vergangenheit ist in diesen Umbruchszeiten nur in eingeschränktem Umfang als repräsentativ zu erachten. Auf zwei Besonderheiten ist jedoch hinzuweisen:

Mit einer zunehmenden Fokussierung auf strategisch definierte Geschäftsfelder werden integrierte Energieversorger zu Spezialdienstleistern. Auf der einen Seite entstehen Energie-Erzeugungsunternehmen mit mehr oder weniger ausgeprägtem Fokus auf regenerative oder auf konventionelle Erzeugung und einem europa- oder weltweiten Handelsgeschäft. Andererseits bilden sich Energieversorger mit überwiegend reguliertem Netzgeschäft sowie Vertriebseinheiten für Industrie- und Privatkunden heraus. Diese Entwicklung ist insbesondere in Deutschland zu beobachten. In anderen Ländern bleiben integrierte Versorger, die die gesamte Wertschöpfungskette abbilden, noch im Markt. Ein Vergleich dieser Unternehmen untereinander wird deutlich erschwert, so dass Marktmultiplikatoren oder Peer Group-Vergleiche in den Hintergrund rücken.

Die Investitions- und Nutzungsdauerzyklen im Bereich der konventionellen Erzeugung aber auch der Stromverteilung sind sehr lang und betragen mitunter Jahrzehnte. Für eine Bewertung sind daher Annahmen über die künftige Erlössituation aus Strommengen und -preisen wie auch zur Entwicklung des gesetzlichen und regulatorischen Umfelds notwendig.

Kernwertbildende Faktoren

Die grundlegenden kernwertbildenden Faktoren im Erzeugungsbereich, unbeachtlich der Erzeugungsart, sind Einsatzzeiten und Strompreise beziehungsweise regulatorische Vergütungen. Die Kombination aus Grenzkosten (im Wesentlichen Rohstoffpreise für konventionelle Erzeugung, CO2-Zertifikatpreise) einerseits sowie die Nachfrageseite andererseits ergeben für den Strommarkt ein Angebots- und Nachfragemodell, das die Simulation einer Merit-Order (Einsatzzeiten der unterschiedlichen Kraftwerke) und von Strompreisen erlaubt. Die Einschätzung einer solchen Erlöskurve über die Restnutzungsdauer der jeweiligen Anlagen ist für die Bewertung entscheidend. Instandhaltungsmaßnahmen, Personal- oder Finanzierungsaufwendungen sind wichtig, aber letztlich weniger kernwertbildend. Strompreise werden aber auch von den politischen Rahmenbedingungen geprägt. Die Diskussion um das Strompreisniveau im internationalen Vergleich bei gleichzeitiger Versorgungssicherheit spielt eine ebenso wichtige Rolle.

Im Netzbereich ist die von den Regulierungsbehörden eingeräumte Eigenkapitalrendite von entscheidender Bedeutung. Hier sind Prämissen über weitere Regulierungsperioden und Investitionsmaßnahmen erforderlich.

Im B2C-Bereich konnten in Deutschland in der jüngeren Vergangenheit hohe Margen erzielt werden. Dies wird sich entscheidend verändern. Mit weiteren technologischen Entwicklungen werden Endkunden in der Lage sein, ihren Energieverbrauch zu optimieren, Gebäudesanierungen werden zu verringertem Wärmeeinsatz führen, Smart-Home-Technologien lassen Branchengrenzen aufbrechen und der Markt für Elektromobilität hat sich noch nicht herausgebildet. Die Vergangenheit ist kein geeigneter Maßstab mehr.

Im B2B-Bereich stellt sich die Situation differenziert dar. Zwar führen Unternehmen seit längerem Kostensenkungsprogramme durch, jedoch gelingt es Energieversorgern nicht automatisch zu Energieservicepartnern zu werden, um intelligente Energiekonzepte als Dienstleister anzubieten. Die Preissensitivität ist hoch, Unternehmen übernehmen solche Funktionen teilweise selbst und einige Versorger haben ihr Großkundengeschäft einstellen müssen.

Prognoseunsicherheit und Risikoäquivalenz

Bei allen Anlässen stellt sich die Frage nach der Prognosesicherheit oder vielmehr -unsicherheit und wie damit umgegangen werden kann. So können langfristig relevante Werttreiber nur über Annahmen hinsichtlich des künftigen regulatorischen Regimes und der politischen Rahmenbedingungen getroffen werden, wie zum Beispiel für den Strommarkt:

- Für den konventionellen Erzeugungspark sind Einsatzzeiten auf Basis von Grenz- oder Vollkostenrechnungen zu simulieren. Hierbei ist entscheidend, inwieweit das Vorhalten von Erzeugungskapazitäten durch einen sogenannten Kapazitätsmarktmechanismus oder ähnliche Missing-Money-Marktregeln abgegolten werden kann. Viele Energieversorger rechnen mit einer gewissen Wahrscheinlichkeit mit einem solchen Szenario und der Prämisse.
- Für die Erneuerbaren Energien wurden Ausbauziele und Ausschreibungsverfahren gesetzlich eingeführt. In wenigen Jahren wird die Pflicht zur Selbstvermarktung gelten, die keine Einspeisevergütungsgarantie mehr ermöglicht. Die Novelle des Erneuerbare-Energien-Gesetzes hat in diesem Bereich hinreichend Sicherheit geschaffen.
- Unsicherheit besteht über die Menge von dezentral erzeugtem Strom. Hier sind Annahmen über die künftigen Erzeugungsmengen zu treffen, die nicht von Energieerzeugern produziert werden, sondern von Anlagen, die im Bundesgebiet in das Stromnetz einspeisen können.
- Die Kombination dieser Überlegungen führt zu Annahmen über einen mittel- bis langfristigen Energiemix, aus dem sich unter anderem Strompreise, Grenzkosten pro Erzeugungsart sowie Einsatzzeiten ableiten lassen. Diese Prämissen fließen als Input wieder in sogenannte fundamentale Marktmodelle ein, die den Gesamtstrom- und Gasmarkt simulieren.

Im Hinblick auf die Risikoäquivalenz und die anzulegenden Kapitalkosten sind valide Vergleiche gefragt. Während integrierte Energieversorger von gewisser Größe börsennotiert sind und sich Risikoparameter – wie etwa Betafaktoren – historisch beobachten lassen, ist dies bei kleineren Regionalversorgern oder Stadtwerken nur eingeschränkt möglich. Mit der zurückliegenden Aufspaltung der großen deutschen Energieversorger waren einerseits konventionelle Erzeuger mit globalen Handelsaktivitäten und andererseits Erneuerbare Energien-Entwickler und -Betreiber, kombiniert mit einem bedeutsamen Netz- und Vertriebsgeschäft, am Kapitalmarkt gelistet. Dies hat sich mit dem großen Tauschgeschäft zwischen RWE und E.ON in jüngster Vergangenheit wieder grundlegend verändert, die Konzerngrenzen verlaufen jetzt – vereinfacht gesagt – zwischen konventioneller und erneuerbarer Erzeugung sowie Handelsgeschäft einerseits und der regulierten Strom- und Gasverteilung und dem Vertriebsgeschäft andererseits. Die Auswahl der Gruppe von Vergleichsunternehmen wird zukünftig eher schwerer, da Energieversorger je nach Schwerpunkt deutlich unterschiedliche Risikoprofile haben und dieses Risikoprofil in den letzten Jahren oft signifikanter Veränderungen unterlegen war – was entsprechende Zeitreihenanalysen für einzelne Unternehmen erschwert.

Versorger wie Stadtwerke haben zudem in der Regel keine wesentlichen eigenen Erzeugungskapazitäten, sondern beschaffen Strom und Gas über langfristige Verträge. Auch ist die Eigentümerstruktur und Verschuldungskapazität verglichen zu großen Energiewirtschaftsunternehmen unterschiedlich. In der Bewertungspraxis sind in vielen Fällen regulatorische Kapitalkosten ein hilfreicher Ankerpunkt, die dann über entsprechende Gewichtung oder Scoring-Überlegungen das Risikoprofil der gesamten Zahlungsströme äquivalent abbilden lassen.

Reine Erzeugungs- oder Vertriebsgesellschaften sind nicht am Kapitalmarkt gelistet. In der Vergangenheit wurden Scoring-Modelle angewendet, um Risikomaße integrierter Versorger im Hinblick auf beispielsweise regulatorische oder politische Risiken anzupassen. Die Ermittlung spezifischer Kapitalkosten mittels Simulationsanalysen, also die bewertungsobjektspezifische Risikoquantifizierung mittels Analyse der Reagibilität der individuellen künftigen Zahlungsströme auf Unsicherheiten, stellt eine theoretisch fundierte Alternative zu den aus Peer Groups oder Scoring-Modellen abgeleiteten Kapitalkosten dar.

Ein weiterer Gesichtspunkt bezüglich der Risikoäquivalenz sind unter anderem Kapitalkosten im Bereich der Erneuerbaren Energien, insbesondere bei Neubauprojekten. In den einzelnen Phasen solcher Projekte ist ein reger M&A-Markt zu verzeichnen, da Errichtung, Finanzierung und Betrieb in vielen Fällen getrennt werden. In diesen Phasen geht es neben operativen Risiken um die Berücksichtigung von Genehmigungsunsicherheiten, zeitlichen Verzögerungen sowie Bau- oder finanzielle Risiken. In der Phase des operativen Betriebs der Parks ist zwischen den Jahren regulierter Erlöse, in denen der Betrieb je nach Förderregime im internationalen Vergleich teilweise äußerst geringen Risiken unterlegen ist, und den sich meist noch anschließenden Jahren, in denen der erzeugte Strom frei vermarktet wird und damit hohen Risiken unterliegt, zu unterscheiden. Ein transparenter Markt fehlt hierbei und somit stellt sich erneut die Frage nach einer validen Vergleichsmöglichkeit vor dem Hintergrund der subjektiven Risikoneigung und -einschätzung. Auch hier sind Scoring-Modelle ein mögliches Mittel, um Risiken zu messen und zu gewichten und sie in die Berechnung des Projektwertes eingehen zu lassen. Dies kann zum Beispiel auf Basis vergleichbarer Projekte – etwa der Beobachtung von Projektverzögerungen – erfolgen. Ausgangspunkt wären Kapitalkosten einer operativen Anlage. Alternativ bietet sich auch hier die simulationsbasierte spezifische Kapitalkostenbestimmung an.

Ausblick

Die regulatorischen, politischen und vermögenswertspezifischen Risikoprofile von Energieversorgern ändern sich in einem sich im Wandel befindlichen Markt kontinuierlich. Die Frage nach der sachgerechten Bewertung stellt sich insbesondere vor dem Hintergrund der Vergleichbarkeit im Allgemeinen und im Zeitablauf, der Unsicherheiten von Cashflow-Planungen sowie der Ableitung von geeigneten Risikomaßen.

Energieversorger müssen geschickt investieren, um ihre Geschäftsgrundlage zu transformieren, sich an Kundenbedürfnissen anzupassen und Technologien zu entwickeln sowie nutzbar zu machen. Dabei konkurrieren Ausschüttungen und Investitionen um freiwerdende Cashflows.

Eine effektive Kapitalallokation für das unternehmensindividuelle Portfolio an Geschäftsbereichen und Investitionsgelegenheiten ist erforderlich, um eine Gesamtoptimierung der Ziele zu erreichen, insbesondere die aufeinander abgestimmte Performancesteigerung und Risikoverminderung für die Steigerung des Unternehmenswerts. Hierfür werden sowohl eine Planung auf Basis der kernwertbildenden Faktoren als auch spezifische Risikomaße benötigt. Moderne Steuerungskonzepte, wie zum Beispiel CEDA, können auf Basis des Konzeptes spezifischer Kapitalkosten das Problem der immer schwieriger werdenden Vergleichbarkeit mit Peer Groups und die Berücksichtigung individueller Risikoprofile lösen. Diese Konzepte berücksichtigen gleichzeitig die Kapitalmarktsicht, verdeutlichen Unterschiede von Wert und Preis und liefern nachvollziehbare Argumentationen. Sie vereinen als integriertes Konzept Bewertungsanlässe wie Kauf- und Verkaufstransaktionen, Impairment Tests, Kapitalallokation und Investitionsmonitoring.

5 Finanzielle Bewertung von Forschungs- und Entwicklungsprojekten – am Beispiel der Pharmaindustrie

Die finanzielle Bewertung von F&E-Projekten unter der Einbeziehung von Unsicherheiten ist für Pharmaunternehmen eine wichtige Grundlage für die Entscheidung, ob weitere Investitionen in die Entwicklung eines Wirkstoffes getätigt werden sollen oder Alternativen in Form von strategischen Allianzen oder sogar Abbruchentscheidungen gewählt werden. Darüber hinaus ist die finanzielle Analyse ein wichtiges Instrumentarium, um den Projektwert beziehungsweise erwartete Wertsteigerungen bei erfolgreichem Passieren wichtiger Meilensteine gegenüber Investoren kommunizieren zu können. Aus diesen Gründen ist eine regelmäßige, sachgerechte und dokumentierte Bewertung von F&E-Projekten unerlässlich.

Charakteristik des F&E-Prozesses

Der F&E-Prozess von Arzneimitteln von der Findung geeigneter Molekülstrukturen über die präklinische und klinische Entwicklung bis zur Zulassung und Markteinführung erstreckt sich bei Pharmaprojekten häufig über einen Zeitraum von zehn bis zwölf Jahren. Davon nimmt die präklinische und klinische Entwicklung normalerweise rund sieben Jahre in Anspruch. Der gesamte Prozess ist mit einem sehr hohen personellen, zeitlichen und finanziellen Aufwand verbunden. Für die Entwicklung der Darreichungsform, als wichtiger Bestandteil des Entwicklungsprozesses, stellen sich ferner entsprechende Anforderungen an die Investitionen in die Produktionsanlagen und an die notwendigen Entwicklungszeiten für deren Umsetzung. Am Ende des F&E-Prozesses ist es das Ziel, die Wirksamkeit des Wirkstoffes, die Unbedenklichkeit und die Qualität entsprechend den Anforderungen der jeweiligen Zulassungsbehörden dokumentieren zu können, um die Zulassung des neuen Medikamentes zu erhalten. In der Realität erreicht allerdings nur ein ganz geringer Anteil der entwickelten (potenziellen) Wirkstoffe dieses Ziel. Die meisten Projekte werden im Laufe der Entwicklungszeit aufgrund technischer oder wirtschaftlicher Ursachen abgebrochen. Schließlich gelingt es nur zirka 10% der zugelassenen Medikamente, den Status eines „Blockbuster“ zu erreichen und durch ihren ökonomischen Erfolg die Aufwendungen für die Forschung und Entwicklung neuer Wirkstoffe zu finanzieren.

Finanzielle Bewertung als Überwachungsinstrument und Entscheidungshilfe

Der finanzielle Verlust im Falle eines Scheiterns eines entwickelten Wirkstoffes ist meist erheblich und kann – abhängig vom Fortschritt der Entwicklung – bis zu einer Milliarde Euro betragen. Daher ist in regelmäßigen Abständen und in Abhängigkeit des Entwicklungsstandes neu zu beurteilen, ob die Finanzierung und die Entwicklung des Wirkstoffes fortgeführt werden soll. Ausgangspunkt für die finanzielle Beurteilung ist die Bewertung des F&E-Projektes im aktuellen Entwicklungszustand. Die Bewertung erfolgt in Form der Ermittlung eines Nettokapitalwertes, wobei die Unsicherheiten eines erfolgreichen Entwicklungsprozesses in Form von wahrscheinlichkeitsgewichteten zukünftigen Zahlungsströmen berücksichtigt werden. Zusätzlich werden weitere für das Pharmaunternehmen zentrale Werttreiber ermittelt. Von hoher Aussagekraft ist die Risiko-/Rendite-Analyse, also die Beantwortung der Frage, mit welchem Risiko ein bestimmtes Renditeniveau überhaupt für das Pharmaunternehmen erzielbar erscheint. Die Ergebnisse bilden neben der qualitativen Würdigung die Grundlage für die unternehmerische Entscheidung, ob weitere Investitionen in den Wirkstoff getätigt werden sollen.

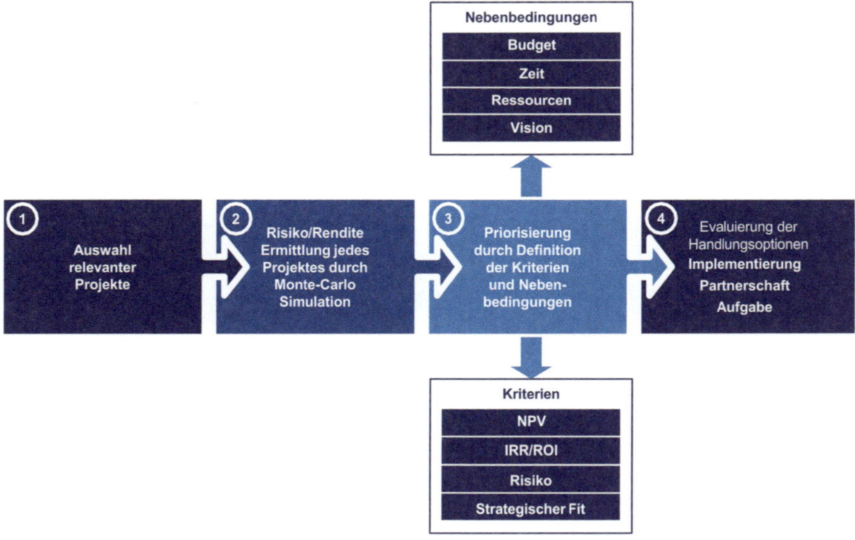

Abb. E-4: Finanzielle Beurteilung von F&E-Projekten

Vor dem Hintergrund der finanziellen Risiken für das Pharmaunternehmen werden im Rahmen der Fortführungsentscheidung immer häufiger strategische Allianzen in Form von Forschungs- oder Vertriebsallianzen, Ein- und Auslizensierungen beziehungsweise geeignete Kombinationsformen angestrebt. In einer strategischen Allianz werden die Renditeerwartungen des zu entwickelnden Wirkstoffes zwar geteilt, finanzielle Risiken dafür aber erheblich reduziert. Darüber hinaus erhöht sich regelmäßig die Erfolgswahrscheinlichkeit der Marktzulassung durch die Bündelung von Forschungskompetenzen mit dem strategischen Partner, oder es eröffnen sich mögliche Synergiepotenziale aus komplementären Vertriebsstrukturen.

Ausgangspunkt für die Beurteilung der wirtschaftlichen Attraktivität einer Allianz ist die Ableitung des Nettokapitalwertes des F&E-Projektes, auf dessen Basis ein Vergleich des Wertbeitrages des Hingegebenen mit dem Wertbeitrag der erhaltenen Gegenleistung vorgenommen wird. Regelmäßig stehen in diesem Zusammenhang der Barwert von Vorab- und Meilenstein Zahlungen (upfront and milestone payments) des Allianzpartners im Vergleich zu dem Barwert der erwarteten Cashflows, welche dem Allianzpartner zukünftig zustehen.

Der hohe Innovationsdruck für die Entwicklung neuer Wirkstoffe führt ferner zunehmend zu Kaufentscheidungen von F&E-Projekten, entweder als Asset Deal (zum Beispiel durch den Kauf eines Wirkstoffes) oder im Rahmen des Erwerbs ganzer Unternehmen. Auch zu diesem Zweck ist die finanzielle Beurteilung neben der qualitativen Würdigung eine zentrale Grundlage für die strategische Entscheidungsfindung und für die anschließende bilanzielle Abbildung im Rahmen des Einzel- und Konzernabschlusses.

Charakteristika der finanziellen Bewertung von Wirkstoffen

Die in der Bewertungspraxis vorherrschende Bewertungsmethodik für F&E-Projekte basiert auf der DCF-Methode und berücksichtigt grundsätzlich die Ein- und Auszahlungen über den gesamten Lebenszyklus des Wirkstoffes, somit bis zum Patentablauf beziehungsweise einer sich anschließenden generischen Vermarktungsphase. Zur Ableitung des Nettokapitalwertes werden die periodischen Überschüsse beziehungsweise Verluste mit risikoäquivalenten Kapitalkosten auf den Bewertungsstichtag diskontiert.

Bei der Entwicklung neuer Wirkstoffe ist dabei das Risiko von negativen Entwicklungsergebnissen, verknüpft mit den weiter zu tätigenden Investitionen, von großer Bedeutung. Die Unsicherheiten der Ergebnisse der präklinischen und klinischen Studien sind in den Bewertungsmodellen zu berücksichtigen. Für diesen Zweck werden die einzelnen Entwicklungsphasen bis zur Marktzulassung methodisch regelmäßig mit Hilfe von Entscheidungsbäumen geplant; diese berücksichtigen Entscheidungszeitpunkte beziehungsweise Meilensteine, in denen neue wesentliche medizinisch-technische Ergebnisse, wie zum Beispiel Studienergebnisse erwartet und anschließende Investitionsentscheidungen verknüpft werden. Dem erfolgreichen beziehungsweise nicht erfolgreichen Passieren der geplanten Meilensteine werden jeweils entsprechende Wahrscheinlichkeiten zugrunde gelegt, sodass die geplanten zukünftigen Zahlungsströme probabilistisch in der finanziellen Bewertung berücksichtigt werden. Aufgrund der Individualität des jeweiligen Wirkstoffes liegt die zentrale Herausforderung regelmäßig in der Prognose der erwarteten Wahrscheinlichkeiten, die entsprechend des spezifischen Indikationsgebietes sehr unterschiedlich sein können. Unternehmensspezifische Erfahrungswerte und öffentliche Daten, insbesondere aber die Einschätzung der projektverantwortlichen

Experten bilden hierbei eher die Grundlage für eine Bandbreite an Eintrittswahrscheinlichkeiten als einen exakten Punktwert.

Mit der Marktzulassung sind Prognosen für den kommerziellen Verlauf des Wirkstoffes zu treffen. Hierzu sind für die jeweiligen Zulassungsterritorien die Umsätze und Kostenverläufe zu planen. Im Vergleich zu sehr frühen F&E-Projekten nimmt die Unsicherheit der Planung hierbei mit fortschreitendem Entwicklungsstadium ab, da sich die Eigenschaften des Wirkstoffes zunehmend konkretisieren und der medizinische Bedarf beziehungsweise die Patientenanzahl, Wettbewerbsverhältnisse sowie das gesundheitspolitische Umfeld und somit die Preismodalitäten in den Zielländern konkreter zu prognostizieren sind. Dennoch ergeben sich hieraus für die Kommerzialisierungsphase Prognosebandbreiten für die zentralen Werttreiber, wie Patientenpenetration, Marktanteil und Preisentwicklung. Bei der Planung der Kostenverläufe stehen im Wesentlichen Studienkosten, Marketingaufwendungen und Produktionskosten im Blickpunkt. Während die Studienkosten stark abhängig von dem Indikationsgebiet und der Behandlung der Probanden sind, ist die Einbeziehung des eigenen Vertriebsnetzes oder die notwendige Inanspruchnahme eines Vertriebspartners eine wichtige Planprämisse.

Die Berücksichtigung von ausgewählten Szenarien mit Hilfe von Entscheidungsbäumen verdeutlicht dem Unternehmen eine mögliche Wertbandbreite in Form von einzelnen Bewertungsergebnissen für das F&E-Projekt. Aufgrund der hohen Sensitivität und Unsicherheit der wesentlichen Planprämissen bietet sich weiter eine Verknüpfung des Bewertungsmodells mit einer Monte-Carlo-Simulation an. Hierzu sind für die zentralen Planprämissen für die einzelnen Werttreiber und für die Simulation der Kombinationsmöglichkeiten geeignete Schätzbandbreiten und Wahrscheinlichkeitsverteilungen (beispielsweise Triangulär-, PERT-Verteilung) festzulegen. Im Ergebnis bildet die Monte-Carlo-Simulation dann die Auswirkungen aller definierten Unsicherheiten ab und beantwortet die Frage, mit welcher Wahrscheinlichkeit und unter welchen Prämissen welches Bewertungsergebnis erzielbar ist. Mit der Ermittlung von Minimum-, Mean- und Maximalwerten über die Bandbreite an Simulationen bietet die Analyse weitere wichtige Orientierungspunkte für die Wertbandbreite des F&E-Projektes. Darüber hinaus lassen sich Erkenntnisse ableiten, welche Planprämissen bei einer Sensitivierung einen wesentlichen Einfluss auf das Bewertungsergebnis ausüben und welche eine eher unwesentliche Auswirkung haben.

In Verbindung mit der qualitativen Würdigung des Entwicklungsprojektes liefert die finanzielle Bewertung schließlich mit der Ableitung aussagekräftiger Wertbandbreiten und finanzieller Kennziffern eine fundamentale Grundlage für zukünftige Investitions- beziehungsweise Alternativentscheidungen sowie zu der Wertentwicklung des Portfolios. Dies ist nicht nur für das Management von strategischer Bedeutung, sondern auch für eine zielgerichtete Kommunikation an Investoren beziehungsweise den Kapitalmarkt.

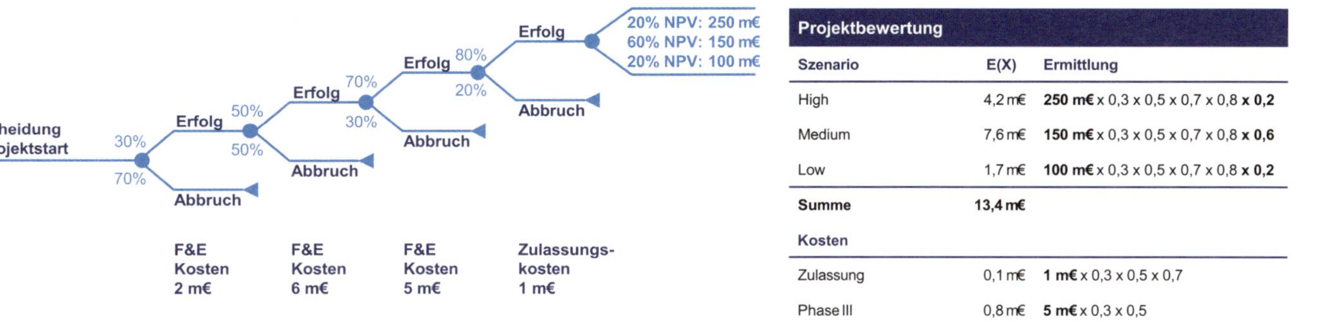

Projektbewertung		
Szenario	**E(X)**	**Ermittlung**
High	4,2 m€	**250 m€** x 0,3 x 0,5 x 0,7 x 0,8 **x 0,2**
Medium	7,6 m€	**150 m€** x 0,3 x 0,5 x 0,7 x 0,8 **x 0,6**
Low	1,7 m€	**100 m€** x 0,3 x 0,5 x 0,7 x 0,8 **x 0,2**
Summe	**13,4 m€**	
Kosten		
Zulassung	0,1 m€	**1 m€** x 0,3 x 0,5 x 0,7
Phase III	0,8 m€	**5 m€** x 0,3 x 0,5
Phase II	1,8 m€	**6 m€** x 0,3
Phase I	2,0 m€	**2 m€**
Summe	**4,7 m€**	
E(X)	**8,8 m€**	

Abb. E-5: Beispiel für einen Entscheidungsbaum

6 Bewertung von Immobiliengesellschaften – führen Bewertungen nach dem Ertragswert- bzw. DCF-Verfahren und dem Net-Asset-Value-Verfahren zu übereinstimmenden Ergebnissen?

Der deutsche Immobilienmarkt erfreut sich trotz oder gerade wegen einer Vielzahl globaler Krisen in den letzten Jahren gerade bei ausländischen Investoren großer Beliebtheit. Transaktionen großer Immobilienportfolien konnten insbesondere als sogenannte Share Deals beobachtet werden. Nicht zuletzt vor dem Hintergrund weiterer geplanter Transaktionen und Börsengänge von Immobiliengesellschaften stellt sich die Frage nach dem „fairen" Wert des Immobilienunternehmens. Die in der Praxis beobachtbaren Preis- oder Wertvorstellungen der Parteien basieren regelmäßig auf unterschiedlichen Bewertungsverfahren. Die Bewertung einer Immobiliengesellschaft sollte daher immer nach dem Ertragswert-/DCF-Verfahren auf der einen Seite und dem NAV-Verfahren auf der anderen Seite erfolgen. Auftretende Wertunterschiede sollten analysiert und vor dem Hintergrund des Bewertungsanlasses gewürdigt werden.

Die in Deutschland börsennotierten Immobilien-AGs weisen Börsenkapitalisierungen auf, die sich zwischen 70% und 130% ihres NAV bewegen. Ähnliche Differenzen sind auch im Rahmen einer Unternehmensbewertung bei der Gegenüberstellung des nach den Grundsätzen des IDW S 1 ermittelten Ertrags-/DCF-Werts und dem NAV nicht selten.

Unternehmenswerte nach dem IDW S 1 können nach unterschiedlichen Bewertungsansätzen ermittelt werden. In der Bewertungspraxis sind gerade im Transaktionsbereich in Deutschland die DCF-Verfahren sehr verbreitet. Bei gesetzlichen Bewertungsanlässen ist entsprechend der Rechtsprechung das Ertragswertverfahren üblich. Bei konsistenter Anwendung führen beide Bewertungsverfahren zum gleichen Ergebnis.

Unternehmensbewertungen nach dem Ertragswert- oder dem DCF-Verfahren erfolgen zukunftsorientiert. Dies setzt das Vorhandensein von aussagefähigen Planungsrechnungen sowie einen geeigneten Kapitalisierungszinssatz voraus, mit dem die für die Unternehmenseigner verfügbaren Überschüsse auf den Bewertungsstichtag zu diskontieren sind. Zur Ableitung nachvollziehbarer Kapitalisierungszinssätze wird üblicherweise das sogenannte CAPM herangezogen. Dies erfordert zur Festlegung des Risikozuschlags im Kapitalisierungszinssatz den mit der MRP zu gewichtenden unternehmensspezifischen Betafaktor. Da in vielen Bewertungsfällen das zu bewertende Unternehmen nicht börsennotiert ist (zum Beispiel Ein-Objekt-Gesellschaften, kommunale Wohnungsunternehmen) und damit die für das CAPM erforderlichen Betafaktoren (unternehmens- und branchenbezogenes Risiko) nicht direkt verfügbar sind, wird der Betafaktor traditionell auf Basis von börsennotierten Vergleichsunternehmen (sogenannte „Peer Group“) abgeleitet. Alternativ sind auch neuere Ansätze, wie die Ableitung von Betafaktoren aus einer Simulation der erwarteten Überschüsse, möglich.

Diese Anforderungen aus der Unternehmensbewertung verbunden mit einer teilweise bestehenden unzureichenden Informationslage zum Bewertungsobjekt führen in der Praxis oft dazu, den Wert eines Immobilienunternehmens (vereinfacht) über das NAV-Verfahren ermitteln zu wollen. Daher stellt sich die Frage, ob die Bewertung mit einem NAV-Verfahren eine Unternehmensbewertung nach den vorgenannten Grundsätzen ersetzen kann.

Gemäß Empfehlung der EPRA basiert die Ermittlung des NAV eines Immobilienunternehmens auf einem mehrstufigen Konzept, das drei verschiedene NAV-Kennzahlen vorsieht. Vereinfacht dargestellt, entspricht die Ermittlung des NAV dem Marktwert der Immobilien, zuzüglich des Buchwerts sonstiger Vermögenswerte, abzüglich des Buchwerts der Verbindlichkeiten. Die sogenannten Double- beziehungsweise Triple-NAV berücksichtigen darüber hinaus einen Korrekturposten für latente Steuern sowie für den Marktwert der langfristigen Verbindlichkeiten statt deren Buchwert.

Unter der Annahme, dass sämtliche zukünftigen Zahlungsströme entweder bereits zum Ansatz einer Forderung oder Verbindlichkeit geführt haben oder in der Bewertung der Immobilie berücksichtigt sind, ähnelt diese Bewertungsmethodik dem Konzept des angepassten Barwerts (APV-Ansatz) im Sinne des IDW S 1. Der Marktwert der Immobilie entspricht in dieser Betrachtung dem Wert des unverschuldeten Unternehmens. Nach Addition der sonstigen Vermögenswerte und Subtraktion der Verbindlichkeiten ergibt sich der Marktwert des Eigenkapitals (Unternehmenswert).

Sofern für die Ermittlung des Marktwertes der Immobilien (als Ausgangsgröße für Ableitung des NAV) ebenfalls ein DCF-Verfahren zum Ansatz kommt, ist unmittelbar erkennbar ob, beziehungsweise dass, sich die immobilienspezifischen Cashflows auf Unternehmens- und Immobilienebene gleichen. Dennoch ergeben sich – auch bei methodischer Konsistenz – in der Praxis zwischen dem Ertrags-/DCF-Wert nach IDW S 1 und dem NAV häufig materielle Unterschiede. Einige Gründe seien hier beispielhaft genannt:

- **Bewertungsperspektive:** Der NAV stellt nicht auf die tatsächlich den Anteilseignern der zu bewertenden Unternehmen zufließenden Nettoeinnahmen ab.
- **Bewertungsgegenstand**: Neben dem Bestandsmanagement erbringen Immobilienunternehmen regelmäßig weitere Leistungen wie beispielsweise die Entwicklung von Immobilienprojekten, die Verwaltung von Drittbeständen oder Grundstückshandel, die bei der Ermittlung des NAV möglicherweise unberücksichtigt bleiben.

- **Wachstum und Qualität der operativen Geschäftsführung:** Während die Unternehmensplanung diese Effekte (zum Beispiel Kauf und Entwicklung von Immobilien) abbildet, spielen sie bei einer typisierten Bewertung der Immobilien keine Rolle.
- **Immobilienwert:** Der Marktwert des Immobilienbestandes basiert unter Umständen (zum Beispiel bei Anwendung des Ertragswertverfahrens nach der ImmoWertV) auf typisierten und damit nicht unternehmensspezifischen Aufwandsquoten. Im Gegensatz dazu fließen in den Marktwert einer Immobilie konkrete Objekt- und Lagemerkmale ein. So kann die Berücksichtigung von (nicht zahlungswirksamen) Rechten und Belastungen oder sonstigen städteplanerischen Aspekten im Rahmen der Ertragswertermittlung nach IDW S 1 schwierig sein.
- **Steuern:** Im Gegensatz zu einer Unternehmensbewertung werden bei der Ermittlung des Marktwertes der Immobilien keine Unternehmenssteuern und Steuern auf Ebene des Anteilseigners berücksichtigt.
- **Verschuldung:** Während in der Unternehmensbewertung das Risikokalkül, der Verschuldungsgrad und die Zinskosten des spezifischen Unternehmens je Periode Berücksichtigung finden, so abstrahiert die Immobilienbewertung auf marktübliche Größen. Mit dem Abzug des Marktwerts der Verbindlichkeiten im Rahmen der NAV-Ermittlung wird dieser Unterschied nur teilweise kompensiert.
- **Kapitalisierungszinssatz:** Der Unternehmensbewertung werden aktuelle, aus dem Kapitalmarkt abgeleitete Kapitalisierungszinssätze zugrunde gelegt. Veränderungen des Zinsniveaus und sonstiger wirtschaftlicher Rahmenbedingungen wirken sich aufgrund der eingeschränkten Weiterbelastung von Zinsänderungen auf den Mieter vor dem Hintergrund mietvertraglicher und gesetzlicher Regelungen beim NAV nur stark zeitversetzt aus.

Zusammenfassend ist festzuhalten, dass vor dem Hintergrund der vorgenannten Gründe für Wertabweichungen die Bewertung von Immobiliengesellschaften grundsätzlich auf Basis des Ertragswert- oder DCF-Verfahrens gemäß IDW S 1 vorzunehmen ist. Darüber hinaus ist eine Plausibilisierung mittels NAV obligatorisch. Auftretende Wertunterschiede sollten analysiert, hinterfragt und vor dem Hintergrund des Bewertungsanlasses gewürdigt werden. Bei hoher Komplexität des Bewertungsgegenstands (zum Beispiel weitere Geschäftsbereiche neben dem reinen Halten der Immobilien) kann es sich anbieten, zunächst den Bewertungsgegenstand fiktiv aufzuteilen, den Geschäftsbereich Immobilien getrennt von den anderen Geschäftsbereichen zu bewerten und anschließend die Werte zum Unternehmenswert zusammenzufassen (sogenannte „Sum of the parts“-Bewertung). In bestimmten Fällen, wie zum Beispiel für die Bewertung von Ein-Objekt-Gesellschaften, die nur das Halten eines Objektes zum Zweck haben, ist dagegen der NAV eine sinnvolle (vereinfachende) Alternative zur Ermittlung eines Ertrags- oder DCF-Werts, die im Einklang mit den allgemeinen Grundsätzen der Unternehmensbewertung steht.

7 Bewertung von Unternehmen in der Restrukturierung – Grundlagen und Besonderheiten

Für die Bewertung von Unternehmen in der Restrukturierung gelten zahlreiche Besonderheiten – abhängig davon, in welchem Krisenstadium sich das jeweilige Unternehmen befindet. Die unterschiedlichen Stadien einer Unternehmenskrise sind im IDW S 6 geregelt. Eine unabhängige Bewertung der strategischen Handlungsalternativen unterstützt das Management des betroffenen Unternehmens dabei, die unterschiedlichen Sichtweisen zur künftigen Unternehmensausrichtung objektiv zu evaluieren. Auch kann eine solche Unternehmensbewertung zu mehr Transparenz in den Verhandlungen mit dritten Parteien beitragen, etwa den finanzierenden Banken. Eine fundierte Analyse und Gegenüberstellung von Fortführungswerten, Liquidationswerten sowie des Werteinflusses von Restrukturierungsmaßnahmen auf den Gesamtunternehmenswert stärkt die Verhandlungsposition des Managements gegenüber Anteilseignern und Stakeholdern. Im Ergebnis bildet die Bewertung eines Unternehmens, das sich in der Krise befindet, einen integralen Bestandteil bei der angestrebten Insolvenzvermeidung.

In der Bewertungspraxis hat sich der DCF-Ansatz als Methode zur Bewertung von Unternehmen auch in Restrukturierungsfällen etabliert. Die Ergebnisse der DCF-Bewertung werden regelmäßig über eine ergänzende Bewertung anhand von Multiplikatoren plausibilisiert. Im Rahmen der DCF-Methode werden zukünftige Zahlungsströme sowohl für einen Detailplanungszeitraum, der in der Regel drei bis fünf Jahre beträgt, als auch für ein nachhaltiges Jahr in der ewigen Rente, prognostiziert. Der traditionellen DCF-Bewertung liegt somit die Fortführungsprämisse zugrunde. Sie impliziert, dass das zu bewertende Unternehmen unbefristet am Markt agiert. Im Falle einer Unternehmensrestrukturierung ist jedoch – abhängig vom jeweiligen Krisenstadium – diese Fortführungsprämisse nicht mehr uneingeschränkt gültig.

Eine strategische Krise lässt sich in der Regel auf Unklarheiten seitens des Managements bezüglich der zukünftigen Geschäftsausrichtung zurückführen. Das Management sieht sich mit verschiedenen strategischen Handlungsalternativen konfrontiert. Diese Unklarheit über die strategische Ausrichtung kann zum Beispiel durch eine fehlerhafte Einschätzung der aktuellen oder zukünftigen Marktpositionierung, einer radikalen Veränderung der Marktstruktur oder durch das Außerachtlassen industriespezifischer Trends verursacht sein. Das Ergebnis ist eine geringe Verlässlichkeit langfristiger Prognosen, welche insbesondere Einschränkungen in Bezug auf die Ableitung des nachhaltigen Jahres (der ewigen Rente) nach sich zieht. Um der Unsicherheit hinsichtlich der künftigen strategischen Ausrichtung Rechnung zu tragen, sollte in einer solchen Unternehmenssituation die Modellierung von Zahlungsströmen beispielsweise auf Basis von Szenarioanalysen oder mehrwertigen Simulationen erfolgen.

Eine strategische Krise zieht in der Regel eine Produkt- und Absatzkrise nach sich. So kann zum Beispiel die Nichtbeachtung von Konsumentenpräferenzen in Bezug auf Produktpositionierungen infolge einer unklaren Unternehmensstrategie zu einem Umsatzeinbruch führen. In einer länger andauernden Produkt- und Absatzkrise beginnt das Unternehmen schließlich Verluste zu schreiben, die sich negativ auf dessen Eigenkapital auswirken und in der Regel erhöhten Finanzierungsbedarf nach sich ziehen. In der Konsequenz sinkt damit die Kreditwürdigkeit des Unternehmens. Im Ergebnis ist die Prognose der erwarteten Zahlungsströme im Detailplanungszeitraum mit erheblichen Unsicherheiten behaftet. Diese werden in der Unternehmensbewertung dadurch berücksichtigt, dass der Detailplanungszeitraum auf mehr als die üblichen drei bis fünf Jahre ausgedehnt wird. Hierbei muss insbesondere der Abschätzung der Anzahl an Verlustperioden sowie dem Einfluss der Verluste auf die Ausschüttungs- sowie Schuldentilgungsfähigkeit des Unternehmens Rechnung getragen werden. Eine Analyse wesentlicher Finanzkennzahlen als Bestandteil der integrierten Unternehmensplanung ermöglicht es, die Dauer des Verlustzeitraums zu quantifizieren. Zudem kann auf diese Weise der Wertbeitrag von Restrukturierungsmaßnahmen messbar gemacht werden.

Erwirtschaftet das Unternehmen über einen gewissen Zeitraum Verluste, kann es schließlich in eine Liquiditätskrise geraten. Kennzeichen einer Liquiditätskrise sind beispielsweise die Ausdehnung von Zahlungszielen, die Inanspruchnahme hochpreisiger Finanzierungsinstrumente (zum Beispiel Factoring), die Einstellung von Tilgungen und Zinszahlungen auf Fremdkapital sowie die Verzögerung oder gar Einstellung von Gehaltszahlungen aufgrund des deutlich reduzierten Zahlungsstroms aus dem operativen Geschäft. Die Folgen sind eine weitere Bonitätsverschlechterung und ein signifikanter Anstieg der Finanzierungskosten, wodurch sich die Liquiditätskrise zusätzlich verschärfen kann. In diesem Krisenstadium sind sämtliche Komponenten des bewertungsrelevanten Zahlungsstroms durch Restrukturierungsmaßnahmen beeinflusst. Für Zwecke der Bewertung muss die Planung zeitlich so lange verlängert werden, bis die definierten strategischen und operativen Restrukturierungsmaßnahmen greifen und schließlich wieder eine realistische Eigen- und Fremdfinanzierung des sanierten Unternehmens möglich ist. Dabei ist vor allem die Verfügbarkeit finanzieller Mittel in jeder Planungsperiode beziehungsweise kurzfristig sogar in jedem Planungsmonat kritisch zu hinterfragen.

Je nach Grad, Dauer und Art der Unternehmenskrise sowie der damit verbundenen grundsätzlichen Beurteilung der Sanierungsfähigkeit muss die Fortführungsprämisse aufgrund des erhöhten Insolvenzrisikos grundsätzlich infrage gestellt werden. Unter Umständen ist alternativ die Bewertung mit dem Liquidationswert der einzelnen weiter veräußerbaren Vermögenswerte in Erwägung zu ziehen.

Art der Krise

Stakeholderkrise	Strategiekrise	Produkt- und Absatzkrise	Erfolgskrise	Liquiditätskrise	Insolvenz
Krisenanzeichen					
— Konflikte zwischen Stakeholdern (u.a. Management) — Kein eindeutig definiertes strategisches Leitbild — Blockaden innerhalb der Führungs- und Überwachungsebene	— Unzureichende Innovationspolitik hinsichtlich Produktportfolio — Fehlinvestitionen — Falsch angelegte Diversifikationen — Fehler in der Standortwahl — Strategische Lücken in der Marktbearbeitung — Strukturelle Defizite der Organisation	— Nachfragerückgänge nach den Hauptumsatz- und Erfolgsträgern — Schrumpfende Märkte — Hohe Produktvielfalt und -komplexität — Unterauslastungen — Verlust von Marktanteilen — Steigende Personalkosten	— Renditeverfall — Problematische Beschaffung der zur Sanierung erforderlichen Mittel — Starke Gewinnrückgänge bzw. Verluste bis zum Verzehr des Eigenkapitals — Krisenverschärfende Finanzierungsstruktur — Unzureichender Fixkostenabbau	— Zahlungsschwierigkeiten — Absehbare Liquiditätslücke — Unzureichende Kapitaldienstfähigkeit — Warenlieferung gegen Vorkasse — Insolvenzrisiko — Finanzierungslücke	— Zahlungsunfähigkeit — Drohende Zahlungsunfähigkeit — Überschuldung — Keine Sicherung des Fortbestands

Abb. E-6: Festlegung des Krisenstadiums

Die wesentliche Herausforderung bei der Bewertung von Unternehmen in Restrukturierungsfällen besteht darin, die Unsicherheiten und Risiken im Zusammenhang mit finanziellen Prognosen und den veränderten Konditionen finanzieller Restriktionen adäquat zu berücksichtigen. Die Bewertung kann nicht mehr anhand des Geschäftsmodells der Vergangenheit erfolgen. Vielmehr ist sie prospektiv aus dem Leitbild des (zukünftig) sanierten Unternehmens vorzunehmen. Die Risiken dieses Wandels müssen gleichermaßen bei der Ableitung der zukünftigen Zahlungsströme sowie risikoäquivalent im Kapitalisierungszinssatz berücksichtigt werden. Simulationsbasierte Planungs- und Bewertungsmodelle bilden hierfür die Basis. Mit ihrer Hilfe können zudem die der Bewertung zugrunde liegenden Parameter kritisch auf ihre Nachhaltigkeit hinterfragt werden.

8 Bewertung von Unternehmen in der Restrukturierung – Beurteilung von Gegenmaßnahmen und deren Auswirkung auf den Unternehmenswert mit Hilfe eines Simulationsansatzes

Joseph A. Schumpeter wies in seinem Werk „Kapitalismus, Sozialismus und Demokratie" bereits darauf hin, dass der fundamentale Impuls, welcher den evolutorischen Prozess im Kapitalismus am Laufen hält, auf neuen Formen des Konsums, neuen Produktionsformen, neuen Wegen der Kommunikation, der Entstehung neuer Märkte und neuen Formen der industriellen Organisation beruht.[3] Dieser Prozess der „kreativen Zerstörung" wird insbesondere bei Unternehmen, die sich in Krisensituationen befinden, sichtbar. Zur Krisenbewältigung ist es zunächst entscheidend, die Krisenursachen zu erkennen, um entsprechende Gegenmaßnahmen ableiten zu können. Durch die Nutzung eines geeigneten Bewertungskonzepts ist es möglich zu beurteilen, wie sich diese Maßnahmen auf den Wert des Unternehmens auswirken. Dies schafft Transparenz bei der Evaluierung von Handlungsoptionen zur Neuausrichtung des Unternehmens und beschleunigt den zur Krisenbewältigung erforderlichen Einigungsprozess zwischen Unternehmen und Stakeholdern.

Ursachenforschung als erster Schritt aus der Krise

Wenn ein Unternehmen in Schieflage gerät, kann dies unterschiedliche Ursachen haben. Der IDW S 6 unterscheidet zwischen unterschiedlichen Arten der Krise: So zeichnet sich zum Beispiel eine Stakeholderkrise durch Unklarheiten im Management in Bezug auf das strategische Leitbild des Unternehmens aus. Eine Produkt- und Absatzkrise entwickelt sich in der Regel infolge einer Strategiekrise. So kann beispielsweise die Nichtbeachtung von Kundenpräferenzen in Bezug auf Produktpositionierungen zu einem Umsatzeinbruch infolge einer unklaren Unternehmensstrategie führen.

In einer andauernden Produkt- und Absatzkrise beginnt das Unternehmen, Verluste zu erwirtschaften, was sich zunächst in einer Erfolgskrise und bei anhaltenden Verlusten in einer Liquiditätskrise niederschlagen kann. Im Falle andauernder Zahlungsschwierigkeiten kann eine Liquiditätskrise bis zu einer Insolvenz führen. In der Unternehmenspraxis treten unterschiedliche Arten der Krise oftmals parallel auf und bedingen sich gegenseitig.

3 vergleiche Joseph A. Schumpeter, 1950, „Capitalism, Socialism, and Democracy", 3. A., Harper & Row, Publishers, Inc.

Die Krisenursachen zu erkennen, ist entscheidende Voraussetzung, um entsprechende Gegenmaßnahmen zur Krisenbewältigung ableiten zu können. Dies ist Aufgabe eines Sanierungskonzeptes mit dem Ziel, neben der objektiven Ursachenermittlung, die zu der Krise geführt haben, eine Unternehmensplanung mit quantifizierbaren strategischen, operativen und finanziellen Restrukturierungsmaßnahmen zu erarbeiten, einen zeitlichen Umsetzungsplan abzustimmen und personelle Verantwortlichkeiten zur Umsetzung des Sanierungskonzeptes festzulegen.

Bewertung als integraler Bestandteil der Krisenbewältigung

Bei Bewertungen in Restrukturierungsfällen gilt wie generell: „Value is what you get, price is what you pay". Mit Wert ist der subjektive oder intrinsische Unternehmenswert aus Sicht einer bestimmten Interessenspartei, wie zum Beispiel dem Management, den Anteilseignern oder potenzieller Investoren, gemeint. Der Preis hingegen zielt auf den zwischen Vertragsparteien vereinbarten Kaufpreis auf einem Markt ab.

Werte im Sinne subjektiver Wertvorstellungen sowie Preise sind nur in einer idealisierten Welt, in der alle Marktteilnehmer dieselben Erwartungen haben, identisch und weichen dagegen in der realen Welt voneinander ab.

Bei Restrukturierungsfällen ermöglicht erst eine Gegenüberstellung von subjektivem Wert und erzielbarem Preis ein fundiertes Urteil über die Attraktivität und Durchführbarkeit von Restrukturierungsmaßnahmen, Re- oder Umfinanzierungen oder Kauf- beziehungsweise Verkaufsentscheidungen. So bietet sich eine Gegenüberstellung von Fortführungswerten des unsanierten und sanierten Unternehmens mit dem Liquidationswert sowie dem langfristig erzielbarem Preispotenzial an. Zusätzlich kann der Werteinfluss bestimmter Restrukturierungsmaßnahmen auf den Unternehmenswert und die Entwicklung des Unternehmenswerts im Zeitablauf zur Beurteilung der Entwicklung des Schuldendeckungspotenzials abgebildet werden.

Die nachfolgende Darstellung ist illustrativ und verdeutlicht den Mehrwert der Gegenüberstellung von unterschiedlichen Zukunftszuständen bei Unternehmen in Krisensituationen; die Bandbreite des Liquidationswerts basiert auf unterschiedlichen Verwertungsquoten im Liquidationsfall; Fortführungswerte sind Unternehmenswerte; Bandbreiten der Fortführungswerte basieren auf einer simulationsabhängigen Variation der Werttreiber beziehungsweise des Einflusses von Restrukturierungsmaßnahmen auf die Vermögens-, Finanz- und Ertragslage des Unternehmens; das langfristige Preispotenzial wird für den Unternehmenswert anhand des Multiplikatorverfahrens ermittelt und basiert auf einer langfristig simulierten erzielbaren Ergebnisgröße des sanierten Unternehmens und einer risikoäquivalenten Multiplikatorableitung.

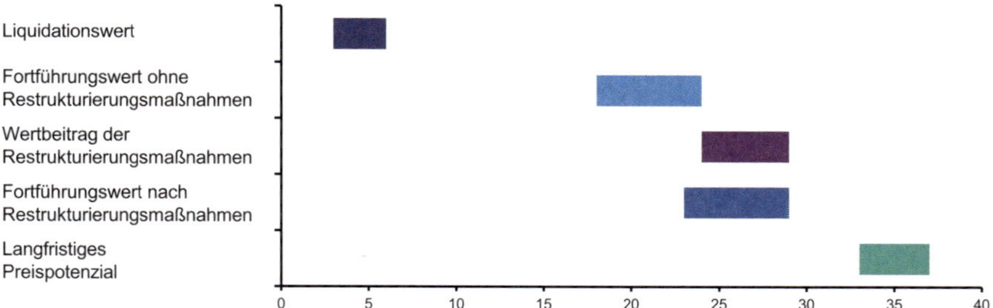

Abb. E-7: Exemplarische Gegenüberstellung von Liquidationswert, Fortführungswert und langfristigem Preispotential

Der Einsatz eines geeigneten Bewertungskonzepts kann Transparenz über Wert- und Preisrelationen der einzelnen Gegenmaßnahmen aber auch der Sanierung in Gänze schaffen und somit die Entscheidungsprozesse während der Sanierung und den erforderlichen Einigungsprozess zwischen Unternehmen und Stakeholdern zur Krisenbewältigung beschleunigen.

Abbildung unterschiedlicher Zukunftszustände auf Basis einer Bewertungssimulation

Zur Ableitung von Werten hat sich auch bei Restrukturierungsfällen der DCF-Ansatz als Bewertungsmethode etabliert. Der DCF-Ansatz beruht grundsätzlich auf der Fortführungsprämisse, das heißt, dass das zu bewertende Unternehmen unbefristet am Markt agiert. Im Fall einer länger anhaltenden Liquiditätskrise oder im Fall der Insolvenz ist die Fortführungsprämisse jedoch nicht mehr uneingeschränkt gültig, sodass der Bewerter in solchen Fällen (auch) auf einen Liquidationswert mittels Zerschlagungswerten zurückgreift. Zur Ableitung von Preisen beziehungsweise Preispotenzialen bietet sich auch in Restrukturierungsfällen die Anwendung des Multiplikatorverfahrens an – auch zur Plausibilisierung beziehungsweise Verprobung der auf Basis des DCF-Ansatzes ermittelten Wertbandbreiten.

Basis der DCF-Bewertung bildet die im Rahmen des Sanierungskonzeptes erarbeitete Unternehmensplanung. Eine vollständig integrierte Unternehmensplanung – als notwendige Voraussetzung – ermöglicht es, auf Basis finanzieller Prognosen unterschiedliche Zukunftszustände abzubilden und miteinander vergleichen zu können. Eine integrierte Planung sollte in diesem Zusammenhang neben einer Plan-Gewinn- und Verlustrechnung auch eine Plan-Bilanz sowie eine Plan-Cashflow-Rechnung für die kommenden Jahre umfassen. Hierbei ist es unstrittig, dass die wesentliche Herausforderung bei der Bewertung in Restrukturierungsfällen in der adäquaten Berücksichtigung der Unsicherheit im Zusammenhang mit finanziellen Prognosen und den veränderten Finanzierungskonditionen liegt. Neue Ansätze wie zum Beispiel CEDA stellen auch bei Bewertungen im Restrukturierungsumfeld die Risikoäquivalenz zwischen den finanziellen Prognosewerten und der risikoäquivalenten Verzinsung des eingesetzten Kapitals sicher. Sie quantifizieren auf Basis integrierter Planungsmodelle durch die Simulation der Werttreiber beziehungsweise der Ausprägung einzelner Restrukturierungsmaßnahmen in bestimmten Planszenarien simultan die in den finanziellen Prognosen enthaltenen inhärenten Risiken und macht diese transparent. Finanzielle Prognosen und Kapitalkosten werden konsistent abgeleitet, da diese auf derselben einheitlichen Datenbasis sowohl unternehmensindividueller als auch marktorientierter Risiko- und Ertragstreiber basieren. Somit werden die beiden wesentlichen Einflussgrößen in der Wertfindung auf Basis des DCF-Ansatzes – Zahlungsströme und Kapitalkosten – auf Basis eines simultanen, konsistenten und transparenten Konzeptes abgeleitet und ein Vergleich unterschiedlicher Zukunftszustände in einer konsistenten Ertrags-/Risiko-Matrix ermöglicht.

Der Nutzen im Fokus: Mehrwert der Bewertung für Unternehmen, Kapitalgeber und Investoren

Im Ergebnis leistet die Bewertung von Unternehmen in Restrukturierungsfällen, insbesondere auf Basis einer Simulation, einen entscheidenden Beitrag zur Krisenbewältigung: Der Nutzen für die betroffenen Unternehmen liegt in der Schaffung einer transparenten Verhandlungsbasis mit Stakeholdern, beschleunigt den Verhandlungs- und Entscheidungsprozess bei den Kapitalgebern und ermöglicht einen Preisfindungsprozess für die Aufnahme von frischem Kapital.

Der Nutzen für Kreditinstitute und andere Kapitalgeber liegt in der Erkenntnis über die Entwicklung und Rentabilität des gesamten eingesetzten Kapitals sowie der Schaffung eines objektiven Indikators für einen Beleihungswert und damit für die unter Umständen notwendige Um- beziehungsweise Entschuldung. Potenzielle Investoren erhalten eine objektive und belastbare Einschätzung zu einem erzielbaren Exit-Multiplikator und eine Orientierungshilfe für die Höhe der tragbaren zusätzlichen Verschuldung im Falle eines Weiterverkaufs.

9 Bewertung kleiner und mittelgroßer Unternehmen – Parallelen und Besonderheiten im Vergleich zu großen Unternehmen

Der HFA des IDW hat 2014 den IDW Praxishinweis 1/2014 nach Verabschiedung durch den FAUB gebilligt. Da sich bei der Ermittlung des objektivierten Unternehmenswerts von KMU in Anwendung des IDW S 1 regelmäßig Fragen bei der praktischen Umsetzung des Standards ergeben, wurde eine Konkretisierung des IDW S 1 durch einen solchen Praxishinweis für notwendig erachtet. Ein wesentliches Element der Konkretisierung stellt die Abgrenzung der übertragbaren Ertragskraft dar, welche in zahlreichen Fällen zu endlichen Bewertungsmodellen führen kann. Gleichzeitig wird dadurch auch der Zusammenhang zur Bewertung immaterieller Vermögenswerte nach IDW S 5 aufgezeigt. Schließlich werden pauschale Zuschläge zum Kapitalisierungszinssatz aufgrund der Größe oder Struktur von KMU weiterhin als nicht zulässig angesehen.

Die Frage nach den Besonderheiten bei der Bewertung von KMU wurde lange intensiv in der Bewertungstheorie und -praxis diskutiert. Die praktische Bedeutung liegt in der großen Anzahl dieser Gruppe von Unternehmen, die nicht nur für Transaktionszwecke beziehungsweise den Einstieg oder Ausstieg von Gesellschaftern, sondern regelmäßig auch für erbschaft-, schenkung- und ertragsteuerliche Zwecke zu bewerten sind. So ist der gemeine Wert von Anteilen an nicht börsennotierten KapG, an PersG sowie von Einzelunternehmen nach einer „anerkannten, auch im gewöhnlichen Geschäftsverkehr für nicht steuerliche Zwecke üblichen Methode" (§ 11 Abs. 2 Satz 2 Halbsatz 1 BewG) zu ermitteln. Hierzu wird nach in Theorie und Praxis vorherrschender Auffassung eine Bewertung nach dem Ertragswertverfahren oder nach dem DCF-Verfahren als sachgerecht angesehen. Folgerichtig hat sich neben den gesellschaftsrechtlich und durch Transaktionen veranlassten Bewertungen auch in der steuerlichen Praxis der objektivierte Unternehmenswert nach IDW S 1 durchgesetzt. Es ergeben sich jedoch in der Anwendung auf KMU regelmäßig Besonderheiten, die im Standard selbst nicht explizit behandelt werden, sondern in der Vergangenheit in den „Fragen und Antworten: Zur praktischen Anwendung der Grundsätze zur Durchführung von Unternehmensbewertungen nach IDW S 1 (F&A zu IDW S 1 in der Fassung 2008)" teilweise aufgegriffen wurden. Letztere wurden in den Praxishinweis integriert, um die Besonderheiten bei der Bewertung von KMU geschlossen darzustellen.

Losgelöst von der inhaltlichen Abgrenzung von KMU ergeben sich die Besonderheiten bei der Anwendung unabhängig von der konkreten Größe des Unternehmens. Tatsächlich resultieren die Fragestellungen nicht notwendigerweise aus der Größe sondern aus bestimmten qualitativen Merkmalen, die allerdings bei KMU besonders häufig erfüllt sind. So weisen KMU anders als große Unternehmen vielfach kein von den Unternehmenseignern unabhängiges Management auf, sondern die Eigner führen das operative Geschäft selbst und stellen nicht selten sogar einen wesentlichen Erfolgsfaktor aufgrund ihrer eigenen Fähigkeiten oder Beziehungen für das Unternehmen dar. Im Unterschied zu einem kapitalmarktorientierten Unternehmen, bei denen ein Eigentümerwechsel grundsätzlich keinen Einfluss auf das operative Geschäft des Unternehmens hat, welches durch ein angestelltes Management für den jeweiligen Eigentümer geführt wird, wirkt das Ausscheiden des Eigners bei KMU häufig unmittelbar auf die Geschäftspotentiale und damit auf den Gegenstand der Bewertung selbst zurück. Auch darüber hinaus ist die Sphäre der Unternehmenseigner mit der Sphäre des Unternehmens eng verknüpft. Dies betrifft zum Beispiel die in vielen Fällen nicht notwendigerweise marktgerechte Vergütung operativ tätiger Gesellschafter beziehungsweise deren naher Angehöriger. Ebenso kommt es vielfach zu einer betrieblichen Überlassung im Privatbesitz befindlicher Vermögenswerte, die entsprechend nicht beim KMU bilanziert werden, aber dennoch zentrale betriebliche Grundlagen für diese darstellen können. Weit verbreitet ist auch die private Haftung für betriebliche Finanzierungen durch das Stellen von Sicherheiten oder Bürgschaften von den Gesellschaftern, ohne die eine Finanzierung oftmals gar nicht oder zumindest nicht zu den Konditionen möglich wäre. Hier stellt sich unmittelbar die Frage, von welchen Annahmen im Rahmen des Bewertungskalküls für die Ermittlung des objektivierten Unternehmenswerts auszugehen ist, also ob diese Beziehungen einfach unreflektiert übernommen oder typisierend angepasst werden. Eine weitere Gruppe von Merkmalen von KMU betrifft die für jede Bewertung erforderliche Datengrundlage. Im Mittelpunkt steht dabei die mittel- bis langfristige Unternehmensplanung, welche häufig bei KMU entweder nur sehr grob, überhaupt nicht oder zumindest nicht dokumentiert vorliegt. Häufig sind bereits die Vergangenheitsdaten nicht verlässlich, da keine geprüften Jahresabschlüsse vorhanden sind. Schließlich können gerade KMU eine geringere Diversifikation des Unternehmens aufweisen, wobei dies ebenso bei großen Unternehmen der Fall sein kann.

Der Praxishinweis stellt klar, dass die Bestimmung objektivierter Unternehmenswerte von KMU uneingeschränkt den allgemeinen Grundsätzen der Unternehmensbewertung, wie sie im IDW S 1 kodifiziert sind, folgt. Dies bedeutet unter anderem, dass auch bei KMU der Wert des Eigenkapitals durch den Barwert der mit dem Eigentum an dem Unternehmen verbundenen Nettozuflüsse an die Unternehmenseigner (Zukunftserfolgswert) bestimmt wird. Hierzu kommen alternativ das Ertragswert- oder die DCF-Verfahren in Betracht. Voraussetzung hierfür ist eine integrierte Planungsrechnung, welche aufeinander abgestimmte Plan-Bilanzen, Plan-Gewinn- und Verlustrechnungen sowie Finanzplanungen umfasst. Liegt eine solche zunächst nicht vor, ist diese von dem KMU entweder für den Bewertungsanlass selbst zu erstellen oder mithilfe des mit der Bewertung beauftragten Gutachters zu entwickeln. Die möglicherweise schlechtere Datengrundlage ist folglich keine Rechtfertigung für eine Abkehr von dem theoretischen richtigen Bewertungsansatz.

Ferner erfolgt die Bewertung wie bei großen Unternehmen auf Basis eines kapitalmarkttheoretischen Modells. Hierzu bietet sich auch für KMU insbesondere das CAPM oder das Tax-CAPM an. Dies bedeutet eine klare Absage an die in der Praxis teilweise zu beobachtenden Ansätze, pauschale Zuschläge auf den Kapitalisierungszinssatz anzuwenden, um ein vermeintlich höheres Risiko von KMU (sogenannte Small-size Premium) oder die geringere Fungibilität der Anteile an KMU abzubilden. Hinter der Ablehnung solcher Zuschläge steht die Überlegung, dass zwei Zahlungsströme, die sich in ihren wesentlichen Merkmalen – nämlich der Höhe, der zeitlichen Struktur sowie dem Risikogehalt – nicht unterscheiden, auch zu demselben Unternehmenswert führen müssen, unabhängig, ob sie von einem großen Unternehmen oder einem KMU stammen. Das operative Risiko von KMU ist per se nicht höher als von großen Unternehmen. Daher bietet eine Ableitung des unternehmensspezifischen Risikos über eine börsennotierte Peer Group einen guten Startpunkt. Sofern das operative Risiko der Peer Group mit dem des KMU nur eingeschränkt vergleichbar ist, können (gutachtliche) Anpassungen in Betracht kommen. Letzteres gilt jedoch für jede Bewertung eines nicht börsennotierten Unternehmens unabhängig von seiner Größe. Dieser Gleichbehandlung von KMU mit großen Unternehmen steht nicht entgegen, dass im Rahmen von Preisverhandlungen bei KMU die unterschiedlichsten Anpassungen beziehungsweise Argumentationen zu beobachten sind. Der objektivierte Unternehmenswert ist ein typisierter Wert des Unternehmens auf einem idealisierten Markt, ähnlich einem Aktienmarkt, bei dem subjektive Elemente der einzelnen Marktakteure sich über die große Zahl neutralisieren. Ein einzelner Preis ist dagegen Ausdruck einer Zahlungsbereitschaft eines Käufers zu einem bestimmten Zeitpunkt und von vielen Faktoren bestimmt, die mit den Zahlungsströmen des Unternehmens selbst nichts zu tun haben müssen. Daher sind Preise auch keine Erklärungsmodelle, sondern empirische Fakten und kommen damit für Zwecke der Ermittlung eines objektivierten Unternehmenswerts allenfalls für Plausibilisierungszwecke in Betracht. Diese Typisierung durch den objektivierten Unternehmenswert ist gerade bei steuerlichen Bewertungsanlässen durch die Rechtsprechung vorgegeben, da letztlich gleiche Sachverhalte (hier: gleiche zukünftige Zahlungsströme) auch vor dem Gesetz gleich behandelt (also gleich besteuert) werden sollen und sich Unterschiede auf der subjektiven Ebene des Empfängers des Zahlungsstrom gerade nicht auf die Besteuerung auswirken sollen.

Der zentrale und konzeptionell herausragende Punkt des Praxishinweises ist die Ermittlung der übertragbaren Ertragskraft. Im Rahmen der üblicherweise in der Praxis angewandten Unternehmensbewertung wird grundsätzlich ein unendlicher Bewertungszeitraum angesetzt. Das unterstellt implizit, dass im Rahmen einer Übertragung eines Unternehmens angenommen wird, dass die zum Stichtag vorhandene Ertragskraft dem neuen Eigentümer zeitlich unbeschränkt zur Verfügung steht und lediglich mit Ersatzinvestitionen sowie gegebenenfalls bereits eingeleiteter sowie in der Unternehmensplanung dokumentierter Erweiterungsinvestitionen auch zukünftig unbefristet aufrecht erhalten werden kann. Bei der Bewertung von KMU kann dies jedoch in vielen Fällen nicht ohne Weiteres angenommen werden. Häufig sind bei KMU zentrale Erfolgsfaktoren unmittelbar mit der Person des bisherigen – operativ mitwirkenden – Anteilseigners verbunden, welche zukünftig zum Beispiel im Falle der Veräußerung nicht mehr zur Verfügung stehen. Die vom Kapitalmarktmodell unterstellte vollständige Trennung zwischen dem Eigentum am und dem Management vom Unternehmen trifft bei KMU häufig gerade nicht zu. Dabei ist beispielsweise an den Freiberufler oder Inhaber eines Handwerksbetriebs zu denken, dessen Know-how und Beziehungen zu den Kunden ein wesentlicher Erfolgsfaktor für den Fortbestand des Unternehmens sind. Ein Erwerber kann zwar mit dem Erwerb eines KMU eine verbesserte Ausgangsbasis gegenüber einer Geschäftsneueröffnung erwerben, aber nicht das Wissen, die Fähigkeiten und die Beziehungen des Veräußerers selbst. Der Geschäftsbetrieb ist zwar bereits in materieller Hinsicht eingerichtet, das heißt, dass die notwendigen Maschinen, das Grundstück, Vorräte und auch geeignete Mitarbeiter vorhanden sind. Ebenso existiert möglicherweise eine gewisse Bekanntheit am Markt sowie ein potenzieller Kundenstamm aus der Vergangenheit. Das allein ist aber für den wirtschaftlichen Erfolg nicht ausreichend. Der Erwerber muss vielmehr durch seine eigenen Fähigkeiten oder hilfsweise auch durch die hinzugekauften Fähigkeiten eines Dritten die Ertragskraft, soweit sie auf immaterielle Vermögenswerte entfällt, aufrechterhalten.

Je nach Einzelfall sind Fälle denkbar, in denen außer den vorhandenen materiellen Vermögenswerten überhaupt keine Ertragskraft übertragbar ist, weil niemand außer dem bisherigen Inhaber das Unternehmen in der bisherigen Form fortführen kann. In vielen Fällen wird dagegen zumindest eine beschränkt übertragbare Ertragskraft in Form immaterieller Vermögenswerte wie zum Beispiel von Kundenbeziehungen vorliegen, welche über einen bestimmten Zeitraum auf einen Wert von Null abschmelzen werden. Analog zu der Bewertung immaterieller Vermögenswerte gemäß IDW S 5 wären diese einzeln zu bewerten und abzuschmelzen. Dahinter steht die Überlegung, dass der neue Eigentümer von den vom Verkäufer aufgebauten Kundenbeziehungen durchaus profitieren kann, und zwar dergestalt, dass beispielsweise eine Bereitschaft der Kunden vorhanden ist, dem neuen Eigentümer einen gewissen Vertrauensvorschuss einzuräumen. Nicht umsonst ist die Abwicklung der Übergabe zwischen Verkäufer und Käufer gegenüber den Kunden der zentrale Erfolgsfaktor bei dem Verkauf von KMU. Mit der Zeit wird sich dann erweisen, ob der neue Eigentümer die Kundenerwartungen erfüllt oder nicht. Entsprechend wird es tatsächlich zu Abwanderungsbewegungen der Kunden kommen oder der neue Eigentümer hat die Kundenbeziehung auf sich selbst übertragen können. Beides rechtfertigt ein typisierendes Abschmelzen des Werts der Kundenbeziehung zum Übertragungsstichtag. Allerdings wird man vielfach aus Vereinfachungsgründen bei KMU auf eine Differenzierung zwischen verschiedenen immateriellen Werteinflussfaktoren verzichten können.

Folglich kommt der Länge des der Bewertung zugrunde liegenden Zeitraums eine zentrale Bedeutung zu. Die Bestimmung muss für den jeweiligen Einzelfall erfolgen und wird sich an Faktoren wie den Vertragslaufzeiten mit Kunden und erwarteten Vertragsverlängerungen, Produktlebenszyklen, voraussichtlichem Verhalten von bestehenden und potenziellen Wettbewerbern, Dauer einer faktischen wirtschaftlichen, rechtlichen oder technischen Abhängigkeit des Kunden sowie der Kundenstruktur orientieren. Eine pauschale Aussage ist nur eingeschränkt möglich, allerdings kann man auf Basis von Erfahrungswerten bei der Bewertung immaterieller Vermögenswerte erwarten, dass die Mehrzahl der Fälle auf einen Zeitraum von drei bis sieben Jahren entfallen wird.

Analog zum Grundsatz der Übertragbarkeit der Ertragskraft ist auch die Finanzierungsstruktur der KMU dahingehend zu untersuchen, inwieweit diese ohne die Stützung durch den/die (bisherigen) Gesellschafter möglich wäre. Dies betrifft unter anderem den hohen Verschuldungsgrad, da viele KMU eine zu geringe Eigenkapitalausstattung aufweisen, die im Falle einer üblichen Finanzierung über Dritte nicht ausreichend wäre. Entsprechend ist im Rahmen der Bewertung von einer Zuführung von Kapital durch Kapitalerhöhung oder Gewinnthesaurierungen auszugehen, die zu einer im Fremdvergleich angemessenen Eigenkapitalausstattung führen. Ebenso sind beispielsweise private Bürgschaften der Gesellschafter durch die Berücksichtigung angemessener Avalprovisionen zu berücksichtigen.

Bezüglich der Tätigkeitsvergütung operativ mitarbeitender Gesellschafter oder anderer nahestehender Personen ist von den vertraglichen Vereinbarungen zum Stichtag für die Zeit nach dem Bewertungsstichtag auszugehen. Danach sind die vertraglich vereinbarten Vergütungen für die voraussichtliche Dauer der Laufzeit zu übernehmen. Anschließend ist von einer marktgerechten Vergütung auszugehen. Dabei können interne Betriebsvergleiche, statistische Untersuchungen von Branchenverbänden oder Veröffentlichungen in Fachzeitschriften eine Orientierung bieten. Der Ansatz von kalkulatorischen Vergütungen hat selbst dann zu erfolgen, wenn dadurch die finanziellen Überschüsse negativ werden.

Vereinfachte Preisfindungsverfahren, wie sie in einzelnen Bereichen wie zum Beispiel den Freiberuflerpraxen angewendet werden, erfüllen nicht die Anforderungen des IDW S 1 und kommen damit auch für KMU nicht in Betracht. Lediglich zur Plausibilisierung des Bewertungsergebnisses können diese Anwendung finden.

10 Start-up Sourcing – das richtige Target zur Lösung digitaler Herausforderungen finden

Der KfW-Gründungsmonitor 2019 registrierte über 500.000 Neugründungen in Deutschland; davon verfolgen 58.000 disruptive Technologien und führen Innovationen in bestehende Märkte ein oder generieren gar neue Märkte. Parallel zu einem stetigen Anstieg des investierten Kapitals aus spezialisierten Fonds in den letzten Jahren nehmen auch Investitionen aus etablierten Unternehmen sowie Kooperationen zu. Gründe hierfür sind zum einen die sehr hohen Liquiditätsbestände bei institutionellen Investoren und Unternehmen und zum anderen die Feststellung, dass häufig die Verbindung zu Start-ups die Veränderung von Geschäftsmodellen sowie die Geschwindigkeit der Produkt- und Prozessinnovationen von (etablierten) Unternehmen voranbringt, die im heutigen Umfeld immer wichtiger wird (sogenanntes time to market). Neben der Attraktivität der Innovation sind bei der Wahl des richtigen Start-ups eine Reihe weiterer Faktoren entscheidend, um das naturgemäß hohe Risiko einer Investition in ein Start-up oder einer Kooperation zu senken. Dabei spielt die Auswahl des richtigen Start-ups, also der Sourcing-Prozess, eine entscheidende Rolle. Im Nachfolgenden wird ein zielgerichteter Sourcing-Prozess für etablierte Unternehmen oder CVC-Fonds beschrieben. Mit dem Ziel, zu einer Investition oder einer Kooperation zu führen, steht dabei der Prozess im Vordergrund.

Etablierte Unternehmen stehen vor der Herausforderung der Digitalisierung. Regelmäßig versuchen sie, ein externes digitales Portfolio für unterschiedliche Lösungen aufzubauen und streben somit die Kollaboration mit Start-ups an. Deren digitale Geschäftsmodelle bieten den etablierten Unternehmen größtenteils hohe Skalierbarkeit und besonders hohe Effizienzvorteile in Prozessen. Hierzu werden in einem ersten Schritt die strategisch relevanten Start-ups identifiziert. Nicht selten steht für etablierte Unternehmen die anschließende Zusammenarbeit im Vordergrund (sogenannter strategischer Fokus). Das Sourcen von Start-ups und der damit verbundene Aufbau eines Portfolios dient auch als Grundlage für künftige eigene „Open Innovation" Initiativen. Da das aufgebaute Portfolio auf die eigenen Suchfelder zugeschnittenen ist, kann es als direkter Zugang zu relevanten Start-ups für Investments oder auch für strategische Partnerschaften (zum Beispiel für den Vertrieb eigener Produkte, die Beschaffung von Innovationen oder die gemeinsame Entwicklung, sogenannte Co-Creation) genutzt werden. Üblicherweise erfolgt das Sourcing über drei Phasen, die die notwendigen Voraussetzungen für einen erfolgreichen Zugang zu Innovationen mit Start-ups schaffen und gleichzeitig das Risiko von Fehlinvestments reduzieren.

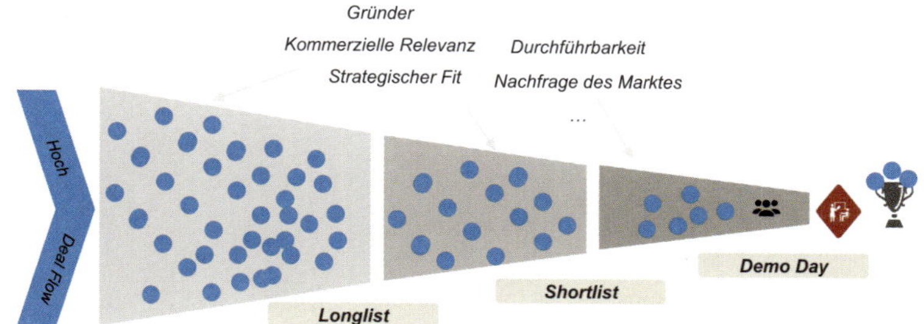

Abb. E-8: Der Sourcing-Prozess in Phasen

- In der 1. Phase („Suchfelder & Assets“) wird definiert, welche Themengebiete für die eigene Suche relevant sind (Definition von sogenannten Suchfeldern). Gleichzeitig werden jeweilige strategische Mehrwerte identifiziert, die etablierte Unternehmen den Start-ups bieten können (sogenannte Assets). Grundlage hierfür bildet die aus der Unternehmensstrategie abgeleitete Digital- und Innovationsstrategie.
- In der 2. Phase („Scouting“) werden relevante Profile von Start-ups basierend auf den vorher definierten Suchfeldern und Kriterien identifiziert und selektiert. Es erfolgt eine finale Auswahl der Start-ups, die für eine Transaktion oder gemeinsame Projekte geeignet sind.
- Die 3. Phase endet mit dem sogenannten Demo-Day, bei dem ausgewählte Start-ups den entsprechenden Unternehmen beziehungsweise den relevanten Fachabteilungen ihre Lösungen präsentieren.

Definition von Suchfeldern und eigenen Assets

Grundlage der Definition der Suchfelder bildet die bestehende Digital- oder Innovationsstrategie. Da sich Innovationszyklen verkürzen und damit auch Suchfelder fortlaufend ändern, sollten diese vor dem eigentlichen Sourcing zusätzlich auf ihren Aktualitätsgrad untersucht werden. Gerade in größeren Unternehmen gibt es häufig bestehende Start-up-Initiativen mit entsprechenden Suchfeldern, die dem Sourcing zugrunde gelegt werden können. Die Konsolidierung dieser Suchfelder ist vor dem Hintergrund eines effizienten Sourcing sinnvoll. Bei der Ableitung der Suchfelder steht der wirtschaftliche Nutzen im Vordergrund. Typische Parameter, die bei der Definition der Suchfelder beurteilt werden, sind unter anderem:

- Strategischer Fit: Welchen Stellenwert nimmt das Suchfeld in der Unternehmensstrategie ein? Handelt es sich um eine Folge-, Neu-, Prozess- oder Produktinnovation?
- Kunden-Mehrwert: Welchen Mehrwert bringt die Lösung für bestehende oder künftige Kunden (insbesondere Produktinnovation)?
- Effizienzgewinn: Lassen sich durch die Lösungen Skaleneffekte erzielen oder Prozesseffizienzen generieren (insbesondere Prozessinnovation)?

Erfolgreiches Sourcing setzt voraus, dass auch auf Seiten des Start-ups Interesse für eine Zusammenarbeit erzeugt wird. Gerade für strategische Kooperationen oder Investments ist die Definition von unternehmensspezifischen vorhandenen Assets von hoher Relevanz. Zu den typischen Assets zählen vorhandene Forschungs- und Entwicklungseinrichtungen sowie Kompetenzen, die von Seiten der Start-ups potenziell mitgenutzt werden können. Für Testzwecke kann auch der vorhandene Maschinen- oder Produktionspark genutzt werden; aber auch intellektuelles Know-how, wie Verfahrens- oder Produktionswissen, ist von Relevanz. Die Definition der Suchfelder und Assets erfolgt in enger Abstimmung mit den Fachabteilungen, da sie als Innovationsempfänger die zukünftige Kollaboration führen. Die Sensibilisierung für diese Vorteile aus der Zusammenarbeit zwischen Unternehmen und Start-ups ist hierbei ein positiver Change-Management-Effekt beim Unternehmen, der gegebenenfalls vorherrschenden Ressentiments gegenüber Start-ups entgegenwirkt.

Scouting – über externe Quellen

Auf Grundlage der Suchfelder erfolgt im nächsten Schritt der Scouting-Prozess. Basis hierfür bilden externe Quellen. Die nachfolgende Tabelle stellt mögliche Quellen dar und beschreibt Vor- und Nachteile, die mit diesen jeweils einhergehen:

Quelle	Vorteile	Nachteile
Klassische Datenbanken, wie Pitchbook, Crunchbase oder CB Insights	— Einfacher Zugang — Kostengünstig — Übersichtlich	— Teilweise veraltet — Keine volle Abdeckung von frühphasigen Start-ups — Kein persönlicher Kontakt
Events/Konferenzen, wie Websummit, Slush oder Noah	— Persönlicher Kontakt — Abdeckung von frühphasigen Start-ups	— Sehr aufwendig — Geringe Reichweite — komplexe Auswahl geeigneter Events
Agenturen/Crawler, die im Internet nach neuen Unternehmen suchen, wie Fuel Up, Atomleap oder Leadpicker	— Einfacher Zugang — Abdeckung von frühphasigen Start-ups	— Häufig Fehlmeldungen, da falsche Webseiten identifiziert werden — Kostenintensiv, da Abrechnung pro Fund

Abb. E-9: Vor- und Nachteile von externen Scouting-Quellen

Regelmäßig wird eine Kombination der jeweiligen Quellen sinnvoll sein. Je nach Fokus kann eine entsprechende Gewichtung erfolgen: Die Suche nach Neuinnovationen aus frühphasigen Start-ups ist regelmäßig aufwendiger und erfordert den Einsatz auf Events/Konferenzen und teureren Crawlern, während vorhandene Lösungen etablierter Start-ups aufgrund ihrer Maturität häufig gut in Datenbanken vermerkt sind.

Auswahlkriterien – von der Longlist zur Shortlist

Nachdem auf Grundlage des Sourcing eine sogenannte Longlist abgeleitet wurde, erfolgt in einem nächsten Schritt die Erstellung der sogenannten Shortlist und der Aufbau des potenziellen Portfolios, das für ein weiteres Kennenlernen auch zu einem sogenannten Demo Day eingeladen werden kann. Die Basis für diesen Auswahlprozess bilden im ersten Schritt KPI-basierte Kriterien, die sich regelmäßig in Datenbanken wiederfinden:

- Jahre seit Gründung
- Umsatzhöhe (wiederkehrend und/oder projektbezogen)
- Anzahl der vorherigen Investitionsrunden
- Anzahl der bestehenden Investoren
- Bisher eingesammeltes Kapital

Anschließend kann durch qualitative Kurzinterviews die Shortlist verfeinert werden. Typische Fragen, die abgedeckt werden sollten, sind:

- In welcher Phase des Start-up-Lifecycle befindet sich das Start-up?
- Wie sieht die weitere Entwicklungsstrategie aus?
- Was sind die dahinterstehenden Marktannahmen?
- Welche Anforderungen und Erwartungen bestehen gegenüber einem potenziellen Investor (Assets)?
- Wofür wird das Kapital benötigt?
- Wie sieht die aktuelle finanzielle Lage aus (inklusive Reichweite der bestehenden Mittel)?
- Welche Erfahrungen hat das Gründerteam?

Fallweise sollten für spezifische Fragen oder Suchfelder „Technologieexperten“ aus Fachabteilungen für die Interviews hinzugezogen werden. Mit der Bildung der Shortlist endet der Sourcing-Prozess allerdings nicht.

Wie zuvor beschrieben, treffen mit Start-ups und etablierten Unternehmen zwei Welten aufeinander, die sich „wie Wasser und Öl verhalten“: auf der einen Seite Start-ups mit geringer struktureller oder prozessualer Kenntnis, aber einem hohen Innovationsgrad, und auf der anderen Seite etablierte Unternehmen mit einem tiefen Prozessverständnis, aber einem Bedarf an disruptiven Innovationen. Gegensätze, die es zu überbrücken gilt. Nach dem ersten erfolgreichen Kontakt muss das Fundament für eine langfristige Zusammenarbeit gelegt werden. Am besten werden bestimmte Punkte wie gemeinsame Ziele, Meilensteine und ein Code of Conduct – ein Verhaltenskodex für die Zusammenarbeit, auf den sich beide Parteien einigen – bereits zu Beginn der Kooperation vertraglich festgehalten. Besonders wenn Start-ups mit mehreren Fachabteilungen zusammenarbeiten, sollte die Projektverantwortung geklärt werden – wer hat die übergeordnete Verantwortung und wer ist allgemeiner Ansprechpartner für alle Beteiligten? Die Definition von gemeinsamen Zielen und die Kontrolle/Messbarkeit dieser ist für eine erfolgreiche Investition oder Kollaboration von hoher Relevanz.

Zur Professionalisierung des Sourcing-Prozesses und damit auch zur Erhöhung der Erfolgschancen, das richtige Target zur Lösung der digitalen Herausforderungen zu finden, bietet es sich an, diesen Prozess durch Venture Services Teams unterstützen oder organisieren zu lassen. Diese bereichern das Vorhaben mit umfassendem Start-up-Know-How und unterstützen dabei, dass die neuesten Erkenntnisse zu Ihrem Vorteil in dem Prozess umgesetzt werden.

11 Start-up-Bewertungen – auf die Transparenz kommt es an

Volatile Kapitalmärkte aufgrund krisenbedingter Korrekturen wirken auch auf Transaktionen im Start-up-Umfeld. Neben die ohnehin bestehenden Start-up-spezifischen Risiken treten die allgemeinen Marktrisken verstärkt hinzu. Dies kann von Investoren zum Anlass genommen werden, den Gründern im Exit-Fall nicht das volle Wertpotenzial zu vergüten, soweit nicht hinreichend Transparenz über bestehende Risiken besteht. Neben der Risikotransparenz stellt sich zudem die Fragen, wie diese im Bewertungskalkül Berücksichtigung findet und ob die Besonderheiten von Start-ups besondere Bewertungsverfahren benötigen.

Bewertung von Start-ups – (k)eine Frage der Bewertungsmethodik

Auch Start-ups sind wirtschaftlich betrachtet nur Investitionen, in die heute eingezahlt wird – zum Beispiel in Form von Arbeitskraft der Gründer, Einbringung von Geschäftsideen oder finanziellen Mitteln, mit der Erwartung, zu einem späteren Zeitpunkt, beispielsweise bei einem Verkauf, (höhere) finanzielle Mittel herauszubekommen. Wie hoch die Erwartung an die zukünftigen Cashflows sein sollte, hängt auch in diesem Fall davon ab, wie hoch die Risiken sind, die die Beteiligten mit der Investition eingehen. Es liegt in der Natur der Sache, dass sich insbesondere bei Start-ups nicht nur die zukünftigen Erwartungen der jeweilig Beteiligten hinsichtlich der zukünftigen Zuflüsse unterscheiden. Vielmehr gehen auch bereits die Ansichten, welchen Beitrag Gründer und Investoren jeweils einbringen sollten und welche Anteile am Start-up den einzelnen Beteiligten dementsprechend zustehen, weit auseinander. Infolge zahlreicher Finanzierungsrunden und Anteilsveränderungen, gerade zu Beginn ihres Lebenszyklus, sind Start-ups somit mit der Fragestellung der richtigen Verteilung von Performance und Risiko zwischen den Beteiligten vermutlich häufiger konfrontiert als etablierte Unternehmen. Fehlende beziehungsweise unzureichende Informationen erschweren die Bildung der richtigen Erwartungen. Vor dem Hintergrund der zusätzlich erst noch nachzuweisenden Performance-Fähigkeit stellt sich vor allem bei Start-ups die Frage: Wer zahlt für die Risiken?

Unabhängig von Bewertungsanlass und Bewertungsobjekt basiert bei unternehmerischen Entscheidungen ein Unternehmenswert immer auf der Erwartung künftiger unsicherer Zahlungen – gleichgültig, ob es sich hierbei um zukünftige Ausschüttungen oder einen Exit-Erlös handelt. Jeder Gründer und jeder Investor erwartet für sein eingesetztes Kapital eine adäquate zukünftige Vergütung. Hierbei bilden Start-ups keine Ausnahme. Der Prognose der zukünftigen Rückflüsse kommt somit auch bei der Bewertung von Start-ups eine zentrale Rolle zu. Hierbei sind der Zuflusszeitpunkt (in der Regel der Exit-Zeitpunkt eines Beteiligten), die absolut erwartete Höhe (sie reflektiert die Performance) und die erwartete Bandbreite (sie reflektiert das Risiko) möglicher Rückflüsse relevant. Auch hierin unterscheiden sich Start-ups grundsätzlich nicht von anderen Investitionen. Aus dieser investitionsorientierten Betrachtung wird deutlich, dass auch für die Bewertung von Start-ups kapitalwertorientierte Bewertungsmethoden, wie zum Beispiel auf zukünftigen Cashflows basierende DCF-Methoden, die zu bevorzugende Bewertungsmethodik sind.

Auch wenn die nachfolgend diskutierten „Besonderheiten" von Start-ups auf den ersten Blick eine unmittelbare Anwendbarkeit etablierter Cashflow-orientierter Bewertungsverfahren nicht vermuten lassen, zeigt sich, dass nicht die Methoden selbst, sondern vielmehr ihre mangelhafte Ausgestaltung in der Bewertungspraxis die Ursache für die Verwendung „alternativer" Verfahren ist. Zudem gelingt rasch eine konsistente Transformation der „alternativen" Verfahren in die DCF-orientierten Verfahren.

Tatsächliche Ursache sogenannter besonderer Start-up-Bewertungsmethoden

Ursächlich für „besondere" Start-up-Bewertungsverfahren sind regelmäßig die in der Bewertungspraxis häufig bestehenden Limitationen im Rahmen der Prognose der zukünftigen Cashflows sowie die Start-up-spezifische hohe Anzahl an Bewertungsanlässen aufgrund anfänglicher Investorenwechsel. „Alternative" Bewertungsverfahren bieten jedoch regelmäßig keine Problemlösung, sondern abstrahieren durch starke Vereinfachungen von dem eigentlichen Problem. Im Ergebnis nehmen sie somit – bewusst oder unbewusst – zum Teil hohe Unschärfen der Bewertung in Kauf oder vermischen infolge anfänglich eher kurzfristiger Anlagehorizonte langfristig orientierte Unternehmenswerte mit kurzfristig erzielbaren Unternehmenspreisen. Zwar liegt vielen dieser vereinfachten Methoden im Kern ein DCF-orientiertes Verfahren zugrunde, sie können diese jedoch nicht ersetzen. So versuchen insbesondere Verfahren, die sich stark an rein operativen Kennzahlen (wie zum Beispiel Kundenzahlen, Klickraten) orientieren, fehlende Informationen bezüglich des operativen Geschäftsmodells des Start-ups (Organisations- und Kostenstruktur) zu kompensieren. Verfahren auf der Basis finanzieller Kennzahlen (zum Beispiel Umsatz) sollen das Problem negativer Ertragsgrößen in der anfänglichen Verlustphase umgehen. Diesen sogenannten (operativ beziehungsweise finanziell KPI-orientierten) Multiplikatorverfahren liegt die Annahme zugrunde, dass aus vergleichbaren Unternehmen gewonnene Kennzahlen zur Preisfindung auf ein Start-up übertragen werden können. Sie sind technisch rasch anwendbar, ersetzen die subjektiven Preisvorstellungen der Beteiligten durch die vermeintliche Objektivität des Marktes und sparen scheinbar Zeit und Kosten. Im Ergebnis liefern sie jedoch allenfalls eine erste, sehr überschlägige Preisabschätzung. Hierin unterscheidet sich die Anwendung eines Multiplikatorverfahrens auf ein Start-up in Hinblick auf die Bewertungstechnik in keiner Weise von der Anwendung auf etablierte Unternehmen. Denn auch bei diesen nehmen multiplikatororientierte Verfahren zwar einen wichtigen Platz für eine erste überschlägige Preisschätzung auf der Basis limitierter Informationen ein; sie können eine entscheidungsorientierte Bewertung auf der Basis zukünftiger Rückflüsse jedoch nicht ersetzen.

Bei Start-ups tritt jedoch zusätzlich erschwerend hinzu, dass aufgrund der geringeren empirischen Basis, die für neue Geschäftsmodelle noch nicht vorliegen kann, die grundsätzlich beschränkte Anwendung von Multiplikatoren nochmals stark begrenzt wird. Zudem beinhalten beobachtbare Kaufpreise von Vergleichsunternehmen regelmäßig unternehmensspezifische Komponenten, wie etwa Synergien, beteiligtenspezifische Rechte und unterschiedliche Stellungen im Lebenszyklus, die so nicht auf das zu bewertende Unternehmen übertragen werden dürfen. Gerade bei Start-ups können diese Komponenten jedoch einen hohen Anteil am Preis ausmachen.

Der Nachteil anfänglich fehlender beziehungsweise unzureichender finanzieller Informationen bei Start-ups relativiert sich jedoch oft, da die erste Fokussierung auf die operativen Treiber eine starke Auseinandersetzung mit dem operativen Geschäftsmodell bedeutet. Jede Bewertung hat auf dem operativen Geschäftsmodell aufzusetzen und nicht lediglich auf den daraus resultierenden finanziellen Kennzahlen. Dies wird bei der Bewertung etablierter Unternehmen oftmals vergessen beziehungsweise mit der Annahme gerechtfertigt, dass sich etablierte Geschäftsmodelle in konsistenten Zahlenwerken reflektieren lassen. Da finanzielle KPIs lediglich das Ergebnis eines Transformationsprozesses von operativen Geschäftsmodellen in einheitliche Finanzkennzahlen sind, können sie keine wertorientierten Treiber sein. Vielmehr sind die operativen Treiber des Geschäftsmodells und ihre Entwicklung originär maßgeblich für die Wertentwicklung eines Unternehmens. Die Transformation des operativen Geschäftsmodells in Planungs- und DCF-Bewertungsrechnungen, auf deren Basis die zukünftigen Rückflüsse prognostiziert und bewertet werden, generiert eine transparente Verbindung zwischen den operativen Treibern und dem Unternehmenswert. Der naturbedingte Fokus auf die operativen Treiber eines Start-ups schafft somit tatsächlich ideale Voraussetzungen für die Anwendung etablierter Bewertungsverfahren.

Besonderes Transparenzbedürfnis bei Start-up-Bewertungen

Der Adressat einer Bewertung sollte sich stets bewusst sein, wofür die Bewertung verwendet wird und welchen Belastungen sie standhalten soll. Wer für ein ganz bestimmtes Start-up sprachfähig hinsichtlich der individuellen Entwicklung des operativen Geschäftsmodells und der damit verbundenen Wertentwicklung sein will, wird um eine transparente Transformation der operativen Entwicklung in – anfänglich überschaubare und sukzessive komplexer werdende – Financial Models nicht herumkommen. Denn erst diese Transformation schafft Möglichkeiten zur konsistenten Kommunikation über die Entwicklung der Unternehmensperformance und insbesondere das Unternehmensrisiko. Während die Performance grundsätzlich durch finanzielle KPIs messbar ist, stellt sich – insbesondere für Start-ups – die Frage nach einer sachgerechten Messung der Risiken. Wer nicht in der Lage ist, seine Risiken richtig zu messen, dem wird es schwerfallen, diese Risiken angemessen auf alle Beteiligten zu allokieren. „Angemessen" bedeutet in diesem Kontext äquivalent zur allokierten Performance.

Hier schließt sich der Kreis zur anfangs beschriebenen Besonderheit bei der Bewertung von Start-ups, wo – im Vergleich zu etablierten Unternehmen und deren Stakeholdern – die Ansichten, welchen Beitrag Gründer und Investoren jeweils einbringen sollten und welche Anteile am Start-up hieraus den einzelnen Beteiligten zustehen, oft besonders weit auseinandergehen. Fehlende beziehungsweise unzureichende oder intransparente Informationen erschweren nicht nur die Bildung der richtigen Erwartungen hinsichtlich der zukünftigen Performance. Sie lassen vielmehr kaum entscheidungsrelevante Aussagen zum übernommenen Risiko zu. Genau hier versagen die „alternativen" Bewertungsverfahren. Für Start-ups wiegt dieser Punkt doppelt schwer, stellt doch der finanzielle Input eines Investors oftmals die dringend benötigte Finanzierung des Geschäftsmodells dar. Können die Gründer nicht transparent Aussagen zu den Risiken ihres Geschäftsmodells aufzeigen, werden Investoren nur dann bereit sein zu investieren, wenn sie entweder einen geringeren als den fairen Preis (bei gegebenen erwarteten Rückflüssen) zahlen müssen oder – und das ist bei Start-ups der relevantere Fall, für einen notwendigen Investitionsbetrag mehr als den fairen zukünftigen Rückfluss versprochen bekommen.

In der Finanzierungstheorie gilt im Zusammenhang mit der fairen Verteilung von Anteilen unter mehreren Stakeholdern grundsätzlich „More pieces – but not more pizza." Die Finanzierung führt – von steuerlichen Effekten einmal abgesehen – nicht zu einer Wertsteigerung („more pizza"), sondern nur zu einer Verschiebung der Ansprüche der Stakeholder („more pieces"). Bekommt eine Gruppe von Stakeholdern mehr als eine adäquate Performance-/Risiko-Position, geht dies zwangsläufig zulasten der anderen Stakeholder – bei Start-ups somit oft zulasten der Gründer. Diese zahlen den Preis für die Risiken dergestalt, dass sie aufgrund mangelnder Risikotransparenz mehr vom Gesamtrisiko übernehmen (müssen), als ihnen in Relation zu ihrem Performanceanteil zugewiesen werden würde. Ursächlich hierfür sind oftmals fehlende Instrumentarien, um allen Beteiligten transparent und konsistent nicht nur über die Entwicklung der Unternehmensperformance, sondern insbesondere über die Entwicklung des Risikoprofils des Start-ups zu berichten. Grundlage für ein solches Instrumentarium bilden die in Financial Models transformierten Geschäftsmodelle, die ebenfalls Basis jedes DCF-Modells sind. Sollen Start-up-Bewertungen belastbare Grundlagen für eine sachgerechte Verteilung der Anteile der Stakeholder sein, müssen sie die beiden wesentlichen Fragestellungen – Was ist für mich drin? Welche Risiken gehe ich ein? – transparent und konsistent beantworten können. Diese Fragestellungen reflektieren die jeder Investitionsentscheidung zugrunde liegende Performance-/

Risiko-Relation, die vollständig nur mit etabliertem Bewertungsinstrumentarium abzubilden ist. Hierbei bilden Start-ups keine Ausnahme: die bestehende Bewertungsliteratur muss folglich nicht umgeschrieben werden.

Die mit der Bewertung von Start-ups einhergehenden Besonderheiten sind vielmehr stringent in die etablierten Bewertungsmethoden zu integrieren. Hierbei existieren infolge fehlender Historie oder schlechterer Prognosemöglichkeiten jedoch nicht nur Herausforderungen. Basierend auf „alternativen" Bewertungsverfahren, die sich stark auf die Verwendung operativer Treiber fokussieren, resultiert aus der notwendigen Analyse des operativen Geschäftsmodells eine ideale Grundlage für die notwendige Transformation von operativen KPIs in finanzielle KPIs beziehungsweise der Transformation des Geschäftsmodells in ein Financial Model. Hierdurch gelingt eine direkte Verbindung zwischen der Entwicklung des Geschäftsmodells – gemessen anhand seiner operativen Treiber und der Entwicklung der wertrelevanten Performance – und des wertrelevanten Risikos gemessen mittels etablierter Bewertungs- und Steuerungsmodelle. Soweit eine Performance-Orientierung bei Start-ups infolge anfänglicher Verluste eher einen eingeschränkten Aussagegehalt besitzt, bedeutet das natürlich nicht, dass die Unternehmensentwicklung nur eingeschränkt beurteilt werden kann. Vielmehr werden sich bei Start-ups gerade zu Beginn ihres Lebenszyklus signifikante Veränderungen beim Unternehmensrisiko und somit bei der Beurteilung der Unternehmenswertentwicklung ergeben. So lässt sich zeigen, dass die hohen Ausfallwahrscheinlichkeiten junger Unternehmen insbesondere in den ersten Lebenszyklusphasen signifikant abnehmen und geforderte Renditeerwartungen mit abnehmenden Risiken sinken.

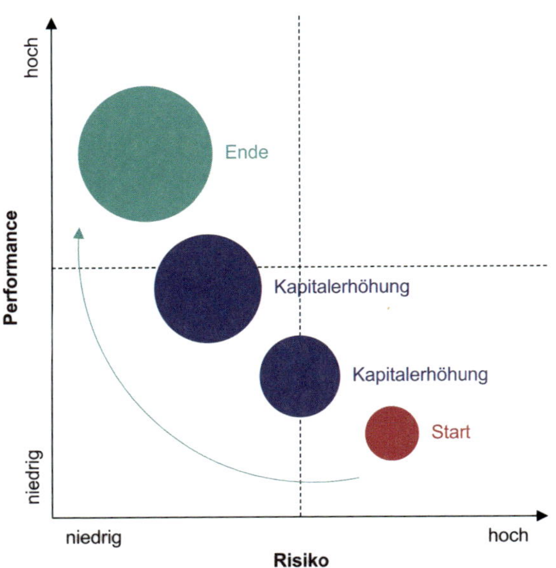

Abb. E-10: Entwicklung von Performance und Risiko bei Start-ups

Entscheidungsrelevante Bewertungs- und Steuerungsmodelle wie CEDA müssen folglich den Performance- und Risikoeinfluss der operativen Treiber transparent und konsistent messen können. Sie schaffen die Verbindung zwischen etablierten Bewertungsmethoden und den Besonderheiten von Start-ups und integrieren „alternative" Methoden und ihre Vorteile bei gleichzeitiger Vermeidung ihrer Nachteile. Mit ihrer Hilfe wird nicht nur das tatsächliche Wertpotenzial eines Start-ups konsistent und widerspruchsfrei ermittelt. Sie leisten durch die transparente Darstellung der relevanten Performance- und Risikobeiträge einen wertvollen Beitrag zur Stakeholder-Kommunikation, zur Reduzierung etwaiger Erwartungslücken sowie einer fairen Wertallokation zwischen Gründern und Investoren. Zu guter Letzt ist darauf hinzuweisen, dass – wie überall auf kompetitiven Märkten – Transparenz aus Sicht eines einzelnen Stakeholders immer dann hilfreich ist, wenn sie den Anwender in eine bessere Verhandlungsposition versetzt. Preise auf realen Märkten bilden sich nicht auf der Basis von Theorien, sondern in erster Linie auf der Basis von Verhandlungen. Verhandlungsvorteile wird derjenige generieren, der über Informationsvorteile verfügt oder der die teilweise auch gewollten Intransparenzen, die regelmäßig als Rechtfertigung für Preisabschläge angeführt werden, reduziert.

12 Start-up-Bewertungen – anerkannte Bewertungsverfahren richtig anwenden

Fragen der Unternehmensbewertung werden neben dem generellen Fokus auf die Steigerung des Unternehmenswerts für Unternehmensgründer spätestens dann relevant, wenn externe Partner zur Finanzierung mit an Bord geholt werden. So bestimmt der Unternehmenswert im Vergleich zu der in Aussicht gestellten Kapitalerhöhung den Anteil am Unternehmen, den der potenzielle Investor als Gegenleistung erhält. Die Bewertung eines Start-ups ist eine Wertableitung unter erheblicher Unsicherheit. Aufgrund der mit hohen Volatilitäten verbundenen Geschäftsmodelle junger Unternehmen und der vielen Annahmen, die zu treffen sind, können die Unternehmenswerte folglich innerhalb besonders großer Bandbreiten liegen. Vor dem Hintergrund der großen wirtschaftlichen Relevanz für den Gründer und die Investoren ist eine nachvollziehbare und belastbare Bewertung des Start-ups anhand anerkannter Bewertungsverfahren unerlässlich.

Bewertungsverfahren in der Praxis

Unabhängig von der gewählten Bewertungsmethodik basiert ein Unternehmenswert auf der Erwartung künftiger unsicherer Zahlungsströme. Diese werden je nach Vorgehen auf unterschiedliche Art und Weise zu einem bestimmten Zeitpunkt (Bewertungsstichtag) in einen Unternehmenswert transformiert. Grundlage jeder Unternehmensbewertung ist ein fundierter Business Plan zur Ableitung der künftig erwarteten Zahlungsströme. Die in der Praxis für Start-ups üblichen Bewertungsverfahren werden nachfolgend kurz skizziert. Anschließend stellen wir ein Konzept zur Berücksichtigung der Besonderheiten von jungen Unternehmen im Rahmen zahlungsstromorientierter Bewertungsverfahren vor.

Besonderheiten bei der Bewertung eines Start-ups

Start-ups weisen im Vergleich zu etablierten Unternehmen besondere Merkmale auf:

- Eingeschränkter Informationsumfang: Naturgemäß liegt keine oder nur eine kurze Unternehmenshistorie zur Beurteilung der „Zukunftsfähigkeit“ vor.
- Innovationsfähigkeit und Herrschaftswissen: Der Unternehmensgründer selbst bildet meist den wichtigsten Erfolgsfaktor im Hinblick auf die Innovationsfähigkeit. Damit verbunden ist eine hohe Abhängigkeit vom Know-how des Unternehmensgründers.
- Hohe Chancen und Risiken: Zum Zeitpunkt der Bewertung stehen häufig geringe Umsätze bei gegebenenfalls operativen Verlusten und unsicheren Ergebnissen beträchtlichen Potenzialen hinsichtlich der absoluten Höhe und des erwarteten Wachstums gegenüber.

- Abhängigkeit von externem Eigenkapital: Zur Deckung des Liquiditätsbedarfs sind Start-ups auf externes Eigenkapital in Form von Wagniskapital (Förderinstitute, Venture Capital, Private Equity) angewiesen. Die Innenfinanzierungspotenziale der Gründer sind oftmals bereits in der Gründungsphase erschöpft. Aufgrund der hohen Risikoaufschläge kommt eine Fremdkapitalfinanzierung selten infrage.

Multiplikatorenbewertung

Eine Unternehmensbewertung beziehungsweise zutreffend ausgedrückt eine Unternehmensbepreisung mittels Multiplikatoren ist rein marktorientiert. Durch den Vergleich mit aktuellen Transaktionspreisen für vergleichbare Unternehmen liefert die Methode im Ergebnis einen potentiellen Preis für das zu bewertende Unternehmen. Mit Anwendung der Multiplikatorbewertung wird davon ausgegangen, dass gewisse Ertragszahlen und operative Kennzahlen die maßgeblichen Erklärungsgrößen für die Preisbestimmung sind. Durch die Verwendung beobachtbarer marktorientierter Multiplikatoren auf die Kennzahlen des Unternehmens werden die subjektiven Preisvorstellungen der Beteiligten teilweise durch die Objektivität des Marktes ersetzt. Eine Multiplikatorbewertung kann Zeit und Kosten sparen, zumindest wenn in einem ersten Schritt auf eine (tiefere) Plausibilisierung der maßgeblichen Planungsrechnung des Bewertungsobjekts und eine intensive Analyse hinsichtlich der den Multiplikatoren zugrunde liegenden Vergleichsunternehmen verzichtet wird. So abgeleitete erste überschlägige Preisabschätzungen sind allerdings mit entsprechend hohen Unsicherheiten verbunden. Sie können durch weiterführende Analysen hinsichtlich der Planungsrechnungen und der Vergleichsunternehmen (teilweise) reduziert werden. Eine besondere Herausforderung stellt die Identifikation einer geeigneten zum Start-up vergleichbaren Peer Group oder vergleichbarer Transaktionen dar. Hinzu tritt, dass beobachtbare Kaufpreise und damit auch die daraus abgeleiteten Multiplikatoren stets auch unternehmensspezifische Komponenten beinhalten, wie etwa konkrete Risiken der Erlangung der Marktreife sowie Synergien zum Geschäftsmodell des Investors, die auf das zu bewertende Unternehmen regelmäßig nicht übertragen werden dürfen. Für nicht börsennotierte Unternehmen sind außerdem realisierte Kaufpreise als Vergleichsobjekte nur sehr schwer am Markt ermittelbar.

Discounted Cashflow-Bewertung

Die DCF-Bewertung baut auf dem finanzmathematischen Konzept der Abzinsung von Zahlungsströmen zur Ermittlung des Kapitalwerts künftiger Zahlungsströme auf. Die Summe der diskontierten Zahlungsüberschüsse ergibt den Unternehmenswert. Die Renditeforderungen umfassen hierbei regelmäßig eine Vergütung für die temporäre Überlassung von Kapital (Basiszinssatz) sowie eine Prämie für die Übernahme unternehmerischen Risikos. Diese Risikoprämie ist vor allem für Start-ups sehr hoch. DCF-Bewertungen sind grundsätzlich, unabhängig vom Bewertungsanlass, von der Betriebswirtschaftslehre und der Rechtsprechung anerkannt. Bei der Bewertung von

Start-ups nach diesem Verfahren sind jedoch Besonderheiten zu beachten, die nachfolgend dargestellt werden.

Venture-Capital-Bewertung

Die VC-Methode ist eine Kombination aus dem DCF- und dem Multiplikatorverfahren. Sie findet in der Praxis häufig Anwendung, um den Unternehmenswert eines Start-ups vor dem Einstieg eines VC-Investors zu ermitteln. In einem ersten Schritt werden künftige Umsatz- und Ergebniszahlen bis zum Ausstieg des Investors durch Verkauf (Exit) anhand einer Unternehmensplanung ermittelt. Auf Basis der erwarteten Umsatz- und Ergebnisgrößen zum angenommenen Verkaufszeitpunkt wird der Exit-Erlös bei Verkauf (oder Börsengang) des Unternehmens mithilfe eines relevanten Multiplikators ermittelt. Der sich ergebende Exit-Erlös wird mit der vom Investor erwarteten Rendite abgezinst. Auf diese Weise wird der sogenannte Post-Money-Unternehmenswert zum heutigen Tag ermittelt. Nach Abzug des ursprünglichen Kapitaleinsatzes des Investors ergibt sich der Pre-Money-Wert des Unternehmens.

Vorteile der VC-Methode liegen vor allem in der stark vereinfachten Vorgehensweise und der Kombination von Multiplikator- und DCF-Bewertung für erste überschlägige Preisabschätzungen. Allerdings teilt das Verfahren dabei auch die genannten Nachteile insbesondere der Multiplikator-Bewertung. Verlässliche Ergebnisse lassen sich auch hier nur durch detaillierte Analysen sowohl auf Planungs- als auch auf Kapitalkostenebene ermitteln. Folglich kann die VC-Methode bei der Preisfindung ebenfalls nur als grobe Orientierung dienen.

Bewertung eines Start-ups mit der DCF-Methode

Eine Unternehmensbewertung anhand der DCF-Methode für Start-ups ist trotz beziehungsweise gerade wegen hoher Unsicherheiten in der Planungsrechnung vorzugswürdig, da nur auf diese Weise eine intensive Auseinandersetzung mit den Planungsprämissen und dem Geschäftsmodell erfolgt. Die dabei entwickelte Sicht auf die wesentlichen Performance- und Risikotreiber des Geschäftsmodells ist eine Grundvoraussetzung für Diskussionen zum Beispiel mit potenziellen Investoren.

In Anbetracht der Anlaufphase eines Start-ups empfiehlt sich ein verlängerter Planungshorizont für den Business Plan. Vor allem angesichts der hohen Ausfallwahrscheinlichkeit in den ersten Jahren sollte dieser – abhängig vom zugrunde liegenden Geschäftsmodell – auf etwa zehn Jahre angelegt sein. Doch gerade bei einem Start-up sind verlängerte Planungshorizonte aufgrund der jungen und damit noch sehr unsicheren Geschäftsmodelle deutlich herausfordernder als bei Unternehmen mit einer langjährigen Historie, deren künftig erwartete Zahlungsüberschüsse in der Regel mit höherer Sicherheit prognostiziert werden können. Um die signifikant größeren Unsicherheiten in der Planung eines Start-ups vollständig berücksichtigen zu können, sind zum einen integrierte und flexible Planungsmodelle zur systematischen Erfassung der relevanten Performance- und Risikotreiber heranzuziehen. Zudem sollten mehrwertige strategische Planungsszenarien angewendet werden. So bieten sich zur Plausibilisierung und Analyse mehrwertiger Planungsrechnungen Monte-Carlo-Simulationen sowie weitere, speziell für diese Belange entwickelte Ansätze wie CEDA zur konsistenten Erfassung und Untersuchung der Performance und der Risiken an. Mithilfe solcher Modelle werden die maßgeblichen Performance- und Risikotreiber hinsichtlich ihrer Relevanz sowie ihrer möglichen Ausprägungsbandbreite analysiert. Tornado-Diagramme zeigen hierbei die Relevanzreihenfolge, die Verteilungsfunktion, die Volatilität und den Erwartungswert des gesuchten Unternehmenswerts auf. Im Ergebnis lässt sich auf der Basis einer Vielzahl denkbarer Szenarien der Erwartungswert der geplanten Größen explizit quantifizieren. Dieser kann dann mit den Werten einer einwertigen Basisplanung verglichen werden. Auch kann er mit Einschätzungen bezüglich des besonderen Risikoniveaus der Planungsrechnung eines Start-ups unterlegt werden.

Die genannten Simulationsrechnungen können zudem helfen, empirisch beobachtbare Ausfallwahrscheinlichkeiten des konkreten Einzelfalls zu plausibilisieren und gegebenenfalls anzupassen. Neben der Insolvenz eines Start-ups aus wirtschaftlichen Gründen, zum Beispiel aufgrund eines nicht erfolgreichen Geschäftsmodells oder einer nicht ausreichenden Finanzierung, lässt sich ein bemerkenswert hoher Anteil von Schließungen junger Unternehmen ohne unmittelbaren wirtschaftlichen Zwang beobachten. Ein Teil der Start-ups beendet ihre Geschäftstätigkeit unter anderem, wenn der Unternehmer keine für sich ausreichende Entlohnung erzielt, zu hohen Stress empfindet, die Unternehmertätigkeit als zu riskant ansieht oder auch eine neue Geschäftsidee hat. In der Praxis führen diese wirtschaftlichen und nicht wirtschaftlichen Charakteristika in Summe zu einer hohen Ausfallwahrscheinlichkeit von Start-ups. Diese liegt innerhalb der ersten Dekade eines Unternehmens in der Regel deutlich über dem Ausfallrisiko etablierter Unternehmen. Empirisch lässt sich überschlägig feststellen, dass im siebten Jahr nach der Gründung nur noch rund 30% bis 40% aller Jungunternehmen existieren.

Um die besonderen Ausfallwahrscheinlichkeiten von Start-ups zu berücksichtigen, eignen sich zwei Vorgehensweisen. Zum einen können zusätzliche Ausfallrisiken als Zuschlag zum Kapitalisierungszinssatz erfasst werden (siehe VC-Bewertung). So erwarten beispielsweise VC-Gesellschaften pro Jahr von ihren Beteiligungen in der Regel eine hohe Verzinsung bis zum Exit (circa 25% bis 70%). Diese beruht auf der großen Ausfallwahrscheinlichkeit eines Start-ups. Zum anderen können zur Ermittlung die besonderen Ausfallrisiken durch Abschläge unmittelbar in den erwarteten Zahlungsströmen berücksichtigt werden. Eine mittelbare Berücksichtigung der Ausfallwahrscheinlichkeit von Start-ups in den Zahlungsströmen ist dergestalt möglich, dass die Zahlungsströme mit Eintrittswahrscheinlichkeiten multipliziert und mit Renditeerwartungen börsennotierter Unternehmen (Kapitalkosten aus dem Kapitalmarktmodell CAPM) diskontiert werden.

Durch mehrwertige Planungsanalysen auf Basis der relevanten Performance- und Risikotreiber einerseits und die Berücksichtigung der höheren Ausfallwahrscheinlichkeiten von Start-ups andererseits können nachvollziehbar und belastbare Unternehmenswerte oder -wertbandbreiten für Start-ups ermittelt werden, die sowohl für den Unternehmensgründer als auch für einen Investor eine geeignete Entscheidungsgrundlage zum Beispiel im Fall einer Transaktion darstellen können.

Kapitel F

BEWERTUNG EINZELNER VERMÖGENSWERTE

1 Bewertung von Immobilien – der Klassiker unter den Bewertungen von einzelnen Vermögensgegenständen

Transaktionen, Finanzierungen, Bilanzierung, Besteuerung, rechtliche Auseinandersetzungen oder Zwangsversteigerungen erfordern häufig eine detaillierte und belastbare Ermittlung von Immobilienwerten. Die subjektiven Wertvorstellungen von Eigentümern und Investoren, finanzierenden Banken und Leasinggesellschaften, Steuerbehörden, Eigennutzern und Mietern zu den jeweiligen Grundstücken und Gebäuden differieren dabei häufig stark. Eine unabhängige und/oder objektivierte Wertermittlung in Form eines Immobilien-Wertgutachtens kann helfen, unterschiedliche Wertvorstellungen einander anzunähern.

Ein Gutachten zum Wert einer oder mehrerer Immobilie(n) weist in der Regel einen Verkehrswert (Marktwert) gemäß § 194 BauGB aus. Dieser orientiert sich frei von subjektiver Betrachtungsweise allein an den tatsächlichen Merkmalen der Immobilie und am aktuellen Marktgeschehen. Der Wertbegriff des BauGB entspricht inhaltlich den Marktwert-Definitionen der internationalen Fachverbände IVSC, RICS und TEGoVA.

Neben dem BauGB bilden die im Jahr 2010 in Kraft getretene ImmoWertV – auf die auch der IDW S 10 verweist – sowie die weiterführenden Richtlinien (Bodenrichtwert-, Ertragswert-, Vergleichswert- und Sachwertrichtlinie sowie in Teilen die Wertermittlungsrichtlinie 2006) die rechtliche Grundlage für die Immobilienbewertung in Deutschland. Diese regeln unter anderem die verschiedenen Wertermittlungsmethoden, die als Standardmethoden der gutachtlichen Wertermittlung in Abhängigkeit von Bewertungsgegenstand und -anlass zur Anwendung kommen. Perspektivisch ist zu beachten, dass das zuständige Bundesministerium plant, die Vorgaben durch Einführung der ImmoWertV 2021 und entsprechender Anwendungshinweise zu novellieren.

Das (immobilienwirtschaftliche) Ertragswertverfahren wird für alle üblicherweise ertragsgenerierenden Immobilien empfohlen und ist damit das am häufigsten angewandte Verfahren. Es beruht auf den marktüblichen Einnahmen und Ausgaben des Bewertungsgegenstandes und berücksichtigt damit die zukünftigen Erwartungen des Marktes im Hinblick auf die Nutzung der Immobilie. Bestehende Nutzungspotenziale zum Beispiel durch bauliche Verdichtung des Grundstücks sind in den Verkehrswert (Marktwert) einzubeziehen, wenn sie physisch möglich, rechtlich erlaubt und finanziell durchführbar sind. Im Gegensatz dazu stellt das Sachwertverfahren auf die Wiederherstellungskosten unter Berücksichtigung einer Alterswertminderung ab. Es ist zum Beispiel für eigengenutzte Objekte, Gebäude der öffentlichen Infrastruktur oder spezifische Produktionsimmobilien sachgerecht. Dem Sachwertverfahren fehlt der unmittelbare Marktbezug, auch wenn der ermittelte Sachwert abschließend eine Marktanpassung erfährt. Diese erfolgt über den sogenannten Sachwertfaktor, welcher von dem zuständigen lokalen Gutachterausschuss für Grundstückswerte aus der Kaufpreissammlung abzuleiten ist und der daher entscheidenden Einfluss auf den ermittelten Verkehrswert hat. Die dritte Wertermittlungsmethode stellt das Vergleichswertverfahren dar. Es beruht auf Transaktionspreisen, die gegebenenfalls über verschiedene Anpassungen mit dem Bewertungsgegenstand vergleichbar gemacht werden. Hierfür muss eine ausreichende Anzahl an Vergleichstransaktionen vorliegen.

Darüber hinaus gibt es weitere Verfahren, welche nicht in der ImmoWertV normiert, aber durchaus üblich sind. Prominentes Beispiel ist das angelsächsisch geprägte und der Unternehmensbewertung entstammende DCF-Verfahren. Im Gegensatz zum statischen Immobilien-Ertragswertverfahren gemäß ImmoWertV stellt das dynamische DCF-Verfahren nicht auf marktüblich erzielbare, sondern auf voraussichtliche erwartete Überschüsse ab, die mit einem kapitalmarktorientiert abgeleiteten Zinssatz diskontiert werden. Es erfreut sich insbesondere bei ausländischen Immobilieninvestoren großer Akzeptanz; in Deutschland besteht mit dem IDW S 10 ein Standard für die Anwendung des DCF-Modells in der Immobilienbewertung. Im IDW S 10 wird erstmals mit der Risikozuschlagsmethode ein praktikabler Weg zur Ableitung des Diskontierungszinssatzes aufgezeigt. Die fehlende Verfügbarkeit von Marktrenditen zur Anwendung im DCF-Modell kann aber auch dieser Standard nicht lösen. Daher wird eine Verprobung mit am Markt beobachtbaren Renditen (zum Beispiel anhand der Nettoanfangsrendite) und Quadratmeterpreisen empfohlen.

Immobilienwertermittlungen sind – wie alle Bewertungen – stichtagsbezogen. In der Immobilienbewertung wird unterschieden zwischen dem Wertermittlungsstichtag als Zeitpunkt, auf den sich die Wertermittlung hinsichtlich der allgemeinen Verhältnisse auf dem Grundstücksmarkt, sowie dem Qualitätsstichtag als Zeitpunkt, auf den sich der für die Wertermittlung maßgebliche Grundstückszustand bezieht. Letzterer weicht vom Wertermittlungsstichtag ab, falls der Zustand des jeweiligen Bewertungsobjektes zu einem anderen Zeitpunkt maßgebend ist, wie bei Erb- oder Entschädigungsfällen.

Die einzelnen Wertparameter, die in die Wertermittlung einfließen, können – beispielhaft anhand des Ertragswertverfahrens – grundsätzlich in zwei Gruppen unterschieden werden: Die allseits bekannten drei wesentlichen Kriterien „Lage, Lage, Lage“ spiegeln sich in den objektbezogenen Parametern wider. Diese umfassen neben den Merkmalen der Makro- und Mikrolage zum Beispiel Grundstücksflächen, Mietflächen und Nutzungsarten, Ist-Mieten, baurechtliche Gegebenheiten und besondere objektspezifische Grundstücksmerkmale. Die marktbezogenen Parameter beinhalten unter anderem marktübliche Mieten, Kapitalisierungszinssätze (sogenannte Liegenschaftszinssätze) und Bodenrichtwerte. Die Erhebung der Parameter erfolgt im Rahmen einer intensiven Auseinandersetzung mit dem Objekt und dem regionalen Immobilienmarkt und umfasst beispielsweise eine Inaugenscheinnahme im Rahmen einer Begehung des Bewertungsobjektes und seines Umfeldes, die Einholung von Auskünften beim lokalen Gutachterausschuss sowie einen ausführlichen Markt-Research.

Bei der Anwendung der Verfahren ist sämtlichen wertbeeinflussenden Sachverhalten und objektspezifischen Grundstücksmerkmalen Rechnung zu tragen, jedoch ohne diese in der Wertermittlung mehrfach zu berücksichtigen. So darf beispielsweise vorhandener Instandhaltungsstau, dessen notwendige Beseitigung über einen Abschlag in der Wertermittlung erfasst wird, nicht zusätzlich über eine verringerte Restnutzungsdauer, geringere Marktmiete oder einen Zuschlag im Liegenschaftszinssatz berücksichtigt werden. Alle in die Wertermittlung eingehenden Parameter und Sachverhalte sind frei von individuellen Wertvorstellungen zu erheben. Zudem dürfen der Bewertung nur Daten zugrunde gelegt werden, die nicht durch ungewöhnliche oder persönliche Verhältnisse beeinflusst sind. Daher wird mithilfe marktüblicher Daten (zum Beispiel für Betriebs-, Verwaltungs-, Instandhaltungskosten, Mietausfallwagnis) eine typisierte Entwicklungsprognose für den Bewertungsgegenstand entwickelt, die den individuellen Einfluss eines Eigentümers oder seines Asset Managers nicht berücksichtigt.

Dies stellt einen signifikanten Unterschied zur Bewertung von Immobiliengesellschaften dar, die unternehmensindividuelle Sachverhalte über die Unternehmensplanung bewusst einbezieht. Zudem werden hierin weitere Erlöse und Kosten des Unternehmens berücksichtigt, wie beispielsweise Kosten aus Unternehmensführung und -steuerung sowie Unternehmenssteuern. Die Immobilienbewertung bleibt hingegen stets auf die Betrachtungsebene „Grundstück(e) und Gebäude“ fokussiert.

2 Bewertung von Maschinen und Anlagen – die Herausforderung im Umgang mit einer Vielzahl an Vermögenswerten

Der Bedarf an Maschinen- und Anlagenbewertung ist in den vergangenen Jahren in nahezu allen Branchen signifikant gestiegen. Die Gründe für die Bewertung sind dabei vielseitig. Ob im Rahmen von Unternehmenstransaktionen, für Zwecke der Rechnungslegung, bei steuerlichen Umstrukturierungen oder zu Finanzierungszwecken – in den meisten Fällen ist es unerlässlich, eine zuverlässige Wertermittlung der Maschinen und Anlagen vorzunehmen. Die große Herausforderung besteht dabei darin, für die in der Regel große Anzahl an Vermögenswerten einen angemessenen Bewertungsansatz zu finden.

Grundsätzlich existieren für die Bewertung von Maschinen und Anlagen keine einheitlichen Richtlinien oder verbindliche Vorschriften. Gleichwohl haben das IfS, die ASA und das RICS wesentliche Grundlagen erarbeitet, an denen sich Bewertungen regelmäßig orientieren. Für die Wertermittlung von Maschinen und Anlagen werden drei Bewertungsmethoden als Standard definiert: das Vergleichswertverfahren, das Ertragswertverfahren und das Sachwertverfahren.

Die Wahl der Bewertungsmethode orientiert sich zunächst am Zweck der Bewertung, beispielsweise für gutachtliche Zwecke, beratungsorientierte Bewertungen bei An- oder Verkäufen sowie Fair Value-Ermittlung für Rechnungslegungszwecke. Unmittelbar Einfluss auf die Wertermittlungsmethode haben zudem Nutzung und Gebrauch sowie die Wesentlichkeit der betreffenden Sachanlagen. Aus Kosten-Nutzen-Erwägungen wird in der Praxis oft auf eine detaillierte Bewertung sämtlicher Vermögenswerte des Sachanlagevermögens verzichtet. Stattdessen werden gemäß dem Grundsatz der Wesentlichkeit die wertintensiven Vermögenswerte möglichst detailliert und die eher unwesentlichen Vermögenswerte vereinfacht bewertet. Hierfür werden die Gesellschaften oder Standorte, gemessen an ihrem jeweiligen Anteil am Gesamtanlagevermögen, in sogenannte Cluster eingeteilt. Eine weitere Differenzierung innerhalb dieser Cluster kann nach den wesentlichen Anlagenklassen und -unterklassen erfolgen.

Besonders werthaltige Standorte oder Gesellschaften (Prio 1) werden dabei einer detaillierten Bewertung unterzogen. Weniger werthaltige Standorte oder Gesellschaften (Prio 2) werden überschlägig aus bewertet, wobei Erfahrungen und Erkenntnisse aus Prio 1 einfließen. Alle übrigen, als unwesentlich eingestuften Standorte oder Gesellschaften, werden in Prio 3 zusammengefasst. Für ihre Bewertung bietet sich eine Hochrechnung an, beispielsweise auf Basis einer Regressionsanalyse. Teilweise wird jedoch auf eine Bewertung verzichtet und der Buchwert als hinreichender Näherungswert herangezogen.

Für die Bewertung der wesentlichen Maschinen und Anlagen der Cluster Prio 1 und Prio 2 wird auf die drei anerkannten Bewertungsverfahren zurückgegriffen:

- Ein marktpreisorientiertes Verfahren zur Bestimmung des Verkehrswertes des Sachanlagevermögens ist das Vergleichswertverfahren. Es beruht auf Transaktionspreisen, die für vergleichbare Maschinen und Anlagen am Markt tatsächlich bezahlt wurden. Gerade für Spezialmaschinen fehlt es jedoch häufig an einem Markt, auf welchem solche Vermögenswerte regelmäßig gehandelt werden. Da folglich vergleichbare Transaktionsdaten nicht immer vorliegen, ist das Verfahren nur eingeschränkt anwendbar.
- Das Ertragswertverfahren als kapitalwertorientiertes Verfahren basiert hingegen auf der Diskontierung zukünftiger Erträge oder Zahlungsüberschüsse, die ein Vermögenswert über seine verbleibende Restnutzungsdauer generiert. In der Praxis stellt sich hier die Herausforderung, die regelmäßig auf ein größeres Bündel von Vermögenswerten (zum Beispiel eine Gesellschaft, ein Segment, ein Werk oder ein Maschinenpark) entfallenden Erträge oder Zahlungen auf einzelne Maschinen zu allokieren. Daher wird dieses Verfahren für die Zwecke der Maschinen- und Anlagenbewertung nur selten eingesetzt.
- Das Sachwertverfahren als kostenorientiertes Bewertungsverfahren beruht auf dem Prinzip der Neuanschaffung beziehungsweise Wiederbeschaffung einer identischen Maschine oder Anlage. Aufgrund der beschriebenen Restriktionen des Vergleichs- und Ertragswertverfahrens ist es das in der Praxis am häufigsten angewandte Verfahren zur Bewertung von Maschinen und Anlagen.

Die nachstehende Abbildung stellt die Bewertungsmethodik in Abhängigkeit von der Wertintensität dar.

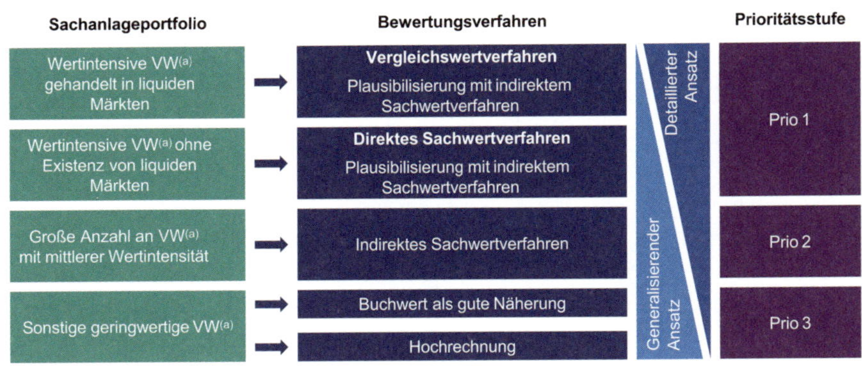

Abb. F-1: Bewertungsmethodik nach Wertrelevanz

Für das Sachwertverfahren werden Wiederbeschaffungsneukosten für die technischen Anlagen entweder direkt bei dem jeweiligen Anlagenbauer eingeholt oder indirekt, auf Basis von historischen Anschaffungs- und Herstellungskosten sowie der Preisentwicklung seit dem Anschaffungszeitpunkt, abgeleitet. Anschließend werden die Wiederbeschaffungsneukosten um physische, technische oder wirtschaftliche Wertminderungen reduziert. Letztere sollten den tatsächlichen Wertverzehr sowie die technisch-wirtschaftlichen Rahmenbedingungen möglichst gut abbilden, weshalb diese anlagenspezifisch sowie unternehmensindividuell anzusetzen sind.

Wesentlichen Einfluss auf die Höhe des abgeleiteten Sachwertes hat die Nutzungsdauer. Diese stellt die Dauer der wirtschaftlich erwarteten Nutzung einer Anlage im Produktionsprozess des Unternehmens dar und dient der Feststellung der physischen Alterswertminderung für gebrauchte Vermögenswerte. Im Rahmen der Bewertung werden dazu für jede Anlagenklasse und in Einzelfällen auch für besonders wertintensive Einzelanlagen branchenübliche Nutzungsdauern ermittelt. Ebenso von Bedeutung ist der Anhaltewert. Ist zu einem Bewertungsstichtag die wirtschaftlich erwartete Nutzungsdauer einer Maschine bereits abgelaufen, würde der rein rechnerisch festgestellte Wert auf Basis der durchschnittlichen Nutzungsdauer Null betragen. Da die wirtschaftliche Nutzungsdauer regelmäßig als empirische Größe über eine Anlagenklasse ermittelt wird, kann diese deshalb im Einzelfall abweichen. Ist demnach eine Maschine weiterhin tatsächlich in Gebrauch und trägt zum betrieblichen Erfolg bei, ist ihr auch ein Wert, der sogenannte Anhaltewert, beizumessen.

Insgesamt üben sowohl die Wahl des Bewertungsansatzes als auch die einzelnen Wertparameter einen erheblichen Einfluss auf das Bewertungsergebnis der Maschinen und Anlagen aus. Der Bewertungsansatz sollte daher nach Wesentlichkeit gewählt werden und Parameter auf jedes Unternehmen individuell abgestimmt werden. Um den hohen Anforderungen an eine Bewertung gerecht zu werden, empfiehlt es sich daher einen Sachverständigen einzubinden. Dieser kann mit seiner Erfahrung sicherstellen, dass die Grundlagen der Wertermittlung und die Methode der Wertfindung ihren angemessenen Niederschlag im Bewertungsgutachten finden. Damit steht dem Auftraggeber ein nachvollziehbares und belastbares Dokument zur Verfügung.

3 Bewertung von Schiffen – Überlegungen zur Fortentwicklung des Long-Term-Asset-Value-Ansatzes

Die Bewertungsanlässe für Schiffe sind vielfältig: Kauf oder Verkauf von Schiffen oder Schifffahrtsunternehmen, Aufnahme von Eigen- oder Fremdkapital an den Kapitalmärkten, Besicherung von schiffs- oder unternehmensbezogenen Darlehen von Kreditinstituten oder Werthaltigkeitsüberlegungen im Rahmen der externen Rechnungslegung. Seit dem Jahr 2009 steht der maritimen Branche mit dem LTAV ein Schiffsbewertungsverfahren auf Basis eines DCF zur Verfügung, welches viele Parallelen zu Bewertungsverfahren in anderen Asset-Klassen (wie Immobilien, Flugzeuge) aufweist. Nicht zuletzt aufgrund der Auswirkungen der erheblichen Tonnageüberkapazitäten im vergangenen Jahrzehnt und der absehbaren Verwerfungen der COVID-19 Krise auf die maritime Wirtschaft sollten bei der Bewertung der Schiffe bestimmte Fortentwicklungen des LTAV-Ansatzes berücksichtigt werden, damit die Akzeptanz dieses Bewertungsansatzes bei allen Stakeholdern weiter steigt.

Große Unsicherheiten auf dem Schiffsmarkt

Die aktuelle Situation in der Schifffahrt ist – insbesondere im Containersegment – weiterhin von einem hohen Angebot an Transportkapazitäten geprägt. In den kommenden Jahren werden zudem, aufgrund der in der jüngeren Vergangenheit getätigten Bestellungen weitere signifikante Transportkapazitäten auf den Markt drängen.

Auch wenn trotz des amerikanischen Protektionismus, des Brexits und anderer destabilisierender Entwicklungen von einem mittel- und langfristigen Wachstum des Welthandels und damit des Ladungsaufkommens ausgegangen werden kann, ist es wahrscheinlich, dass zumindest in den nächsten Jahren ein Überangebot an Transportkapazitäten bestehen wird. Zwar sind die Schiffsverschrottungen seit 2015 erheblich angestiegen, dennoch werden sie voraussichtlich nicht ausreichen, um das Gesamtbild des weltweiten Angebotsüberschusses an Transportvolumen zu verändern. Im vergangenen Jahrzehnt führte das vorhandene Überangebot dazu, dass die Fracht- und Charterraten nahezu kontinuierlich gesunken sind. Erst ein aktives Flottenmanagement der Reedereien in der jüngeren Vergangenheit, indem Tonnagekapazität aus dem Markt genommen wurde, führte wieder zu steigenden Raten, jedoch bei sehr hoher Volatilität.

In der Preisfindung für ein Schiff, welche in der Regel auf eine Verhandlung zwischen zwei Parteien zurückzuführen ist, werden mitunter die langfristigen Perspektiven, aus dem Schiffsbetrieb Überschüsse zu generieren, seitens der Käufer (bewusst) untergewichtet. Dies ist neben strategischem Kalkül auch auf die hohe Unsicherheit langfristiger Planungen in einem volatilen Umfeld zurückzuführen. Da zudem unverändert viele Schiffsverkäufe in Notsituationen durchgeführt wurden, in denen die Eigner nur bedingt auf Augenhöhe mit potenziellen Erwerbern verhandeln konnten, divergierten im letzten Jahrzehnt in vielen Transaktionen die erzielten Schiffspreise und die fundamentalen Werte deutlich voneinander.

Bewertung von Schiffen anhand des Long Term Asset Value-Ansatzes

Wie bei allen anderen Vermögenswerten auch, sollte der Wert eines Schiffes allein anhand der künftigen Ertragskraft ermittelt werden, das heißt der Eigenschaft zur Erwirtschaftung finanzieller Überschüsse. Für die Berechnung wird hierzu in der Regel der sogenannte LTAV-Ansatz verwendet. Hierbei handelt es sich methodisch um einen DCF WACC-Ansatz, der als Bewertungsmaßstab auf die künftigen Free Cashflows abstellt, die das zu bewertende Schiff durch seine Nutzung erzielen kann. Die künftigen Free Cashflows sind mit einem risikoäquivalenten Kapitalisierungszinssatz auf den Bewertungsstichtag zu diskontieren.

Ziel des LTAV-Ansatzes ist eine von kurzfristigen Preisschwankungen unabhängige, am langfristigen Ertragspotential eines Schiffes orientierte Bewertungsgrundlage. Dieser Ansatz ist in der Branche weitgehend anerkannt: „Mit der Entwicklung und Vorlage des LTAV-Konzeptes hat die Wirtschaft ein schlüssiges Konzept vorgelegt, das auch in Krisenzeiten zu belastbaren Ergebnissen führt. Zudem ist nur schwer vermittelbar, warum für Schiffe andere Bewertungsgrundsätze gelten sollen als für Immobilien oder bei der Unternehmensbewertung.“ (Dr. Alexander Geisler, Zentralverband Deutscher Schiffsmakler e.V., 25.07.2013)

Zur Ermittlung der bewertungsrelevanten Cashflows sind alle Einnahmen und Ausgaben im Zusammenhang mit dem Betrieb des Schiffes anhand operativer Werttreiber möglichst realistisch abzuschätzen. Insbesondere die am Markt erzielbaren Charterraten beeinflussen den Wert der Schiffe. Das bestehende Überangebot an Transportvolumen sowie das aktive Flottenmanagement der Reedereien haben die Charterraten in der Vergangenheit in Abhängigkeit von der Schiffsklasse deutlich schwanken lassen:

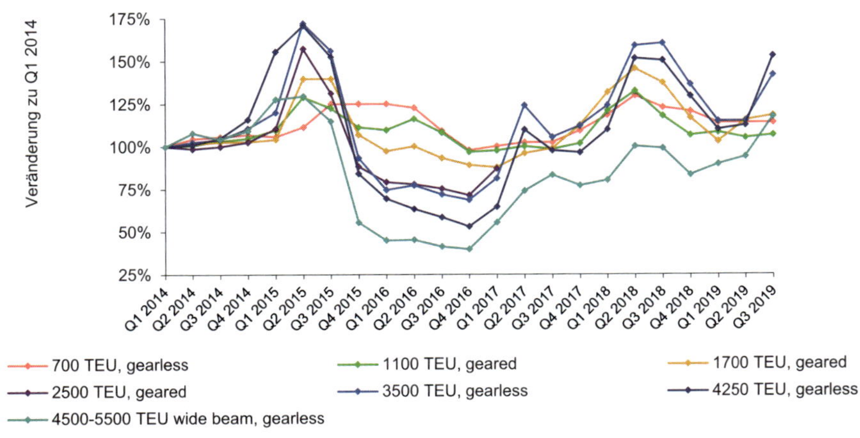

Quelle: Drewry - Container Forecaster Q4 2019, KPMG-Analyse

Abb. F-2: Charterraten im Zeitablauf

Für die Dauer eines bestehenden Chartervertrages sind die Charterraten entsprechend der Regelungen im Vertrag anzusetzen. Für die Zeit nach Auslaufen des Chartervertrages sind zu diesem Zeitpunkt erwartete Anschluss-Charterraten anzusetzen. Ein vereinfachtes Abstellen auf einen möglichen Durchschnitt der letzten (zum Beispiel zehn) Jahre ist aufgrund des geforderten Zukunftsbezuges einer Bewertung und der infolge der Volatilität in den vergangenen Jahren nicht gegebenen Aussagekraft der historischen Entwicklung für die zukünftigen Erwartungen nicht Ziel führend.

Die Charterraten sollten vielmehr anhand der für den jeweiligen Schiffstyp aktuell am Markt vereinbarten Charterraten prognostiziert werden. Hierbei ist zu berücksichtigen, dass bis zu einem Auslaufen der bestehenden Charterverträge häufig noch mehrere Jahre vergehen können. In diesem Fall sind die aktuell erzielbaren Raten in die Zukunft zu projizieren. Grundsätzlich sollte die Prognose der jeweiligen Marktsituation Rechnung tragen. So sollten aufgrund der aktuell bestehenden Überkapazität mögliche Ratensteigerungen nur vorsichtig Berücksichtigung finden.

Da Charterraten in der Regel auf Tagesbasis gezahlt werden, sind die entsprechenden Betriebstage festzulegen. Hierbei sollten nicht die maximal möglichen Jahrestage angesetzt werden, sondern immer eine Liegezeit aufgrund technischer oder anderer Überholungen oder Reparaturen Berücksichtigung finden.

Als wesentliche Aufwendungen sind die Betriebskosten (zum Beispiel Crewing-Aufwendungen) für den laufenden Betrieb des Schiffes zu berücksichtigen. Die Betriebskosten lassen sich regelmäßig gut aus den vergangenen Betriebsjahren des Schiffes, gegebenenfalls unter Berücksichtigung einer Inflationierung, herleiten. Kostensenkende Maßnahmen sollten nur dann berücksichtigt werden, wenn sie hinreichend konkret geplant und die Auswirkungen realistisch sind. Sofern mit solchen Maßnahmen (Vorab-) Auszahlungen verbunden sind, zum Beispiel für Umbauten am Schiff, sind diese ebenfalls zu erfassen.

Zudem sind die Bereederungskosten zu planen. Diese sind je nach Vertragsgestaltung in Abhängigkeit der Chartereinnahmen oder – wie in den letzten Jahren zunehmend der Fall – als feste Gebühr pro Jahr zu kalkulieren. Die Klassekosten für das Schiff, also die Kosten der wiederkehrenden Beurteilung des baulichen Zustands, sind vollumfänglich in der Periode zu erfassen, in der sie anfallen. Hierbei ist zudem zu berücksichtigen, dass in Jahren, in denen die Klasse ansteht, das Schiff weniger Betriebstage hat, so dass in diesen Jahren zusätzlich die Betriebstage reduziert werden müssen.

Schließlich ist der Restwert des Schiffes zum Ende der wirtschaftlichen Nutzungsdauer zu schätzen. Dieser wird anhand des Gewichts des Schiffes und des erwarteten Stahlpreises ermittelt. Häufig wird in der Praxis vereinfachend aufgrund fehlender Informationen hinsichtlich der Stahlpreisentwicklung der aktuelle Stahlpreis verwendet. Auch Fahrtkosten zur Verschrottung sind gegebenenfalls zu berücksichtigen. Die für die Wertermittlung relevanten Perioden sind bei einer Schiffsbewertung durch die restliche Nutzungsdauer des zu bewertenden Schiffes definiert. Es empfiehlt sich aufgrund des Überangebotes an Schiffen bei der Restnutzungsdauer derzeit eher von einer Gesamtnutzungsdauer auszugehen, die unter der technischen Nutzungsdauer liegt.

Der für die Diskontierung zu verwendende durchschnittliche gewichtete Kapitalkostensatz wird als WACC bezeichnet. Gemäß dem CAPM setzt sich dieser aus den

- Eigenkapitalkosten – bestehend aus einem risikolosen Basiszinssatz und einem Risikozuschlag, bestehend aus der allgemeinen Marktrisikoprämie und dem (asset-) spezifischen Betafaktor sowie
- den Fremdkapitalkosten – bestehend aus einem risikolosen Basiszinssatz zuzüglich eines Risikoaufschlages (Spread) zusammen.

Mehrwertige Planungsmodelle

Die oben genannten Wertreiber sind im Rahmen einer Schiffsbewertung über einen vergleichsweise langen Nutzungszeitraum von bis zu 25 Jahren zu prognostizieren. Zudem unterlagen einige dieser Wertreiber in der Vergangenheit erheblichen Schwankungen. Aufgrund der aktuellen Marktsituation ist auch künftig von erheblicher Planungsunsicherheit auszugehen. Die häufig in der Praxis verwendeten einwertigen Planungsmodelle, die lediglich die einmal festgelegten Einnahmen und Ausgaben barwertig aufsummieren, stoßen an ihre Grenzen, der Komplexität der Schiffsbewertungen Rechnung zu tragen, da sie keine Schwankungsbreiten der Werttreiber und keine Verteilungskurven innerhalb dieser Schwankungsbreiten berücksichtigen.

Anstelle von einwertigen Modellen sollten für die Bewertung von Schiffen mehrwertige Planungsmodelle verwendet werden. Insbesondere Monte-Carlo-Simulationen eignen sich dazu, die Schwankungsbreiten der Werttreiber mathematisch abzubilden. Die Bandbreiten der wesentlichen Werttreiber, wie Transportvolumen, Charterraten, Bunkerpreise und Währungskurse, sind hierfür nach eingehender Analyse unternehmensinterner und -externer Informationen abzuschätzen. Aufbauend auf die Analyse der Werttreiber kann zudem eine Verteilungskurve für den jeweiligen Werttreiber innerhalb seiner Wertbandbreite festgelegt werden.

Durch ein mehrwertiges Planungsmodell kann die Planungsunsicherheit umfänglich in der Bewertung berücksichtigt werden und darauf aufbauend eine belastbare Wertbandbreite für das zu bewertende Schiff ermittelt werden. Zudem ermöglichen Monte-Carlo-Simulationen die Separierung des (maximalen) Einflusses einzelner Werttreiber in der Bewertung.

Eine derartig durchgeführte und dokumentierte Schiffsbewertung erhöht die Akzeptanz des LTAV-Ansatzes bei allen Stakeholdern noch weiter. Potenzielle Veräußerer und Erwerber von Schiffen erhalten eine nachvollziehbare Verhandlungsgrundlage für die Festlegung des Kaufpreises, Kapitalgeber eine belastbare Basis für die Besicherung von Darlehen und Bilanzierer Sicherheit über die Wertansätze in den Bilanzen. Ein externer Gutachter kann hierbei aufgrund seiner Neutralität sowie seiner Sachkenntnis sowohl bei der Analyse und Sensitivierung der Planung als auch bei der Bewertung selbst einen wertvollen Beitrag zur Akzeptanz der Bewertungsergebnisse bei allen beteiligten Parteien leisten.

4 Die Bedeutung des Zusammenwirkens von rechtlicher und ökonomischer Perspektive bei der Bewertung von immateriellen Vermögenswerten – am Beispiel von Markenrechten

Marken zählen regelmäßig zu den wertvollsten immateriellen Vermögenswerten: So schätzt jedes zweite Unternehmen den Anteil des Markenwerts am Gesamtunternehmenswert auf bis zu 50%. Bereits die Abbildung der ökonomischen Werttreiber erfordert Sachverstand, da die Inputparameter komplex sind. Bei der Bewertung von Marken spielen daneben auch rechtliche Einflussgrößen eine Rolle. Mit neuartigen Bewertungsansätzen können auch die rechtlichen Aspekte und der mit ihnen verbundenen Chancen und Risiken der zu bewertenden Marken erfasst werden.

Die Ermittlung von Markenwerten kann aus zahlreichen Gründen erforderlich sein. Dazu zählen im Wesentlichen fünf Gruppen von Anlässen:

- Transaktionsbezogene Anlässe, also der Kauf oder Verkauf von Markenrechten (einzeln oder in Verbindung mit anderen immateriellen Vermögenswerten wie zum Beispiel Technologien),
- Rechnungslegungsbezogene Anlässe wie zum Beispiel die Abbildung des Erwerbs von Marken im Einzel- oder Konzernabschluss sowie die nachfolgenden Werthaltigkeitsüberlegungen in der Bilanzierung,
- Steuerliche Anlässe wie die Markenlizenzierung insbesondere über die Grenze, die Funktionsverlagerung oder zum Beispiel die Nutzung stiller Reserven in der Marke im Zusammenhang mit § 8c KStG,
- Rechtliche Anlässe im Zusammenhang mit Markenrechtsverletzungen zur Bestimmung der Höhe des Schadensersatzes sowie
- Interne Anlässe zur wertoptimalen Steuerung von Marken.

Für die Bewertung von Marken existieren von Theorie und Praxis akzeptierte Grundlagen. So hat das IDW mit dem IDW S 5 einen eigenen Standard zur Bewertung immaterieller Vermögenswerte veröffentlicht, der sich in einem eigenen Kapitel mit der Bewertung von Marken beschäftigt. Bereits 2007 hat das Brand Valuation Forum seine „Zehn Grundsätze der monetären Markenbewertung" veröffentlicht und seit 2010 gibt es sogar eine ISO-Norm 10668 zur Markenbewertung. An Grundlagen und Vorschriften zu diesem Thema besteht also kein Mangel. Die Schwierigkeit der Markenbewertung liegt auch nicht in den fehlenden Bewertungsmethoden, sondern in der verlässlichen sowie häufig zeit- und kostenintensiven Ermittlung der grundlegenden Parameter bei der Anwendung dieser Methoden.

Die Praxis hat daher viele Vereinfachungsverfahren wie zum Beispiel die Lizenzpreisanalogiemethode (sogenannter Relief-from-Royalty-Ansatz) entwickelt. Bei dieser Methode wird eine bekannte, zum Beispiel umsatzbezogene, Lizenzrate für die Überlassung einer anderen, aber vergleichbaren Marke auf den Umsatz übertragen, der sich mit der zu bewertenden Marke erzielen lässt. Die bekannte Lizenzrate für die Vergleichsmarke ist quasi der beobachtbare Preis, der nicht als Einmalzahlung, sondern über die Laufzeit des Vertrages für die Nutzung der Marke in Raten zu zahlen ist. In einem Analogieschluss wird angenommen, dass diese Lizenzrate auch für die zu bewertende Marke eine sinnvolle Vereinbarung darstellt. Die Probleme liegen natürlich zum einen in der häufig gerade nicht gegebenen Vergleichbarkeit (Marken sollen sich gerade von anderen Marken abheben) sowie zum anderen in der wenig verlässlichen Datengrundlage, die diese Lizenzraten erfassen (entscheidend ist der gesamte Vertrag mit allen wertrelevanten Parametern und nicht nur der Lizenzrate). Gerade solche Vereinfachungen führen zu erheblichen Wertbandbreiten in der Praxis, die bei vielen Anlässen je nach Auswahl innerhalb der Bandbreite zu weitreichenden Konsequenzen für den Betroffenen führen können.

Eine fundierte monetäre Markenbewertung basiert dagegen auf den mit der Marke erwarteten Zahlungsströmen und beginnt in der Regel mit der Untersuchung der wirtschaftlichen Rahmenbedingungen. Dabei wird typischerweise das Kaufverhalten von Konsumenten untersucht und die individuelle Zahlungsbereitschaft für ein markiertes Produkt abgefragt. Neben der Abschätzung des mit einer Marke verbundenen Umsatzpotenzials umfasst dies insbesondere die Beurteilung der relativen Wettbewerbsfähigkeit einer Marke im Vergleich zu Konkurrenzmarken. Als Beurteilungsmaßstab werden hier regelmäßig das Image und die Bekanntheit einer Marke sowie die grundsätzliche Bedeutung einer Marke in der Kaufentscheidung für ein bestimmtes Produkt oder eine bestimmte Dienstleistung herangezogen. Grundlage ist damit eine Analyse, welche Mehreinnahmen aus der Verwendung der konkreten Marke im Vergleich ohne deren Verwendung entstehen können.

Zu diesen grundlegenden ökonomischen Fragestellungen treten rechtliche Aspekte hinzu. Entscheidend für den Wert ist, dass der Eigentümer der Marke auch den wirtschaftlichen Nutzen tatsächlich für sich reklamieren kann. Dies ist nur dann der Fall, wenn er seine Ansprüche auch rechtlich verteidigen kann. Die Bedeutung von geistigem Eigentum ist immens für den Unternehmenserfolg. Immer mehr Unternehmen gehen dazu über, ihr geistiges Eigentum als strategischen Wettbewerbsvorteil einzusetzen. Für einen effizienten Einsatz der wertvollen immateriellen Vermögenswerte – wie zum Beispiel von Marken – muss ein Unternehmen Klarheit über deren rechtlichen Schutz und deren Wert haben. So bewertet etwa jedes dritte Unternehmen regelmäßig die eigenen Marken.

Daher wird zunehmend gefordert, auch die rechtlichen Grundlagen der zu bewertenden Marke in der Markenbewertung zu analysieren und die mit einer Marke verbundenen rechtlichen Chancen und Risiken zu berücksichtigen. So spielt etwa nach der ISO-Norm 10668 „Markenbewertung – Anforderungen an die monetäre Markenbewertung" der rechtliche Bestand eine signifikante Rolle. Danach ist der konkrete rechtliche Schutzumfang einer Marke/eines Markenportfolios zu identifizieren und die Marke(n) ihrem rechtlichen Eigentum nach zuzuordnen. Schließlich müssen auch weitere rechtliche Parameter, die den Markenwert positiv und negativ beeinflussen können, ermittelt werden. Fehlt es an wesentlichen rechtlichen Voraussetzungen für den Schutz der Marke(n), etwa weil ein Teil der bewertungsrelevanten Marken löschungsreif ist, kann dies erhebliche negative Auswirkungen auf die Markenbewertung haben.

Neuartige Bewertungsansätze tragen diesen Forderungen Rechnung. Nach der Definition des Bewertungsgegenstandes und der rechtlichen Überprüfung des Bestands der Marke(n) ist dabei zunächst der konkrete Schutzumfang der Marken zum Zwecke der Bestimmung der relevanten Markenerlöse zu analysieren. Ohne ausreichende rechtliche Absicherung des konkreten Bewertungsgegenstands (Marke), kann das Recht an der Marke nur auf der Basis von zusätzlichen Annahmen Gegenstand des Bewertungsverfahrens werden. Der Schutzumfang entscheidet dann darüber, in welchem Umfang Erlöse als Grundlage der Bewertung dienen können und zwar differenziert nach dem geschützten Territorium und den geschützten Waren/Dienstleistungen.

In einem zweiten Schritt werden die bestehenden unternehmensspezifischen rechtlichen Risiken im Hinblick auf den Bewertungsgegenstand ermittelt. Hier sind neben inneren Faktoren, wie etwa einem mangelhaften Markenmanagement, äußere Faktoren wie zum Beispiel das Entstehen relevanter Drittmarken im Markt zu unterscheiden.

Im Rahmen der zu überprüfenden inneren Faktoren sind neben der Ermittlung der Benutzungslage, der Kennzeichnungskraft und der Bekanntheit auch etwaige Lasten der zu bewertenden Marken zu beachten. Derartige Lasten können sich beispielsweise aus Verpfändungen oder ähnlichen Belastungen der zu untersuchenden Marke(n) ergeben. Einen erheblichen Einfluss auf den Wert von Marken können auch bestehende Vereinbarungen haben (etwa Lizenzvereinbarungen, Abgrenzungsvereinbarungen, Joint Venture-Verträge). Dies ist etwa vor allem dann der Fall, wenn sich aus diesen Vereinbarungen Beschränkungen der Nutzung von Marke(n) ergeben (etwa bei der Einräumung einer ausschließlichen unbefristeten Lizenz). Darüber hinaus unterliegt die Pflege von Markenrechten dem Markeninhaber selbst. Er muss sich selbst darum kümmern, dass etwa seine Rechte nicht durch die falsche Benutzung der geschützten Zeichen im Markt geschwächt werden.

Daneben müssen auch äußere Faktoren berücksichtigt werden, soweit diese zu einer besonderen Gefährdungslage der zu bewertenden Marken führen können. Als äußere Faktoren können solche Umstände verstanden werden, die – jedenfalls originär – nicht innerhalb des Unternehmens des Markeninhabers entstehen. Vielmehr sind derartige Umstände auf das Verhalten Dritter zurückzuführen, etwa von Konkurrenzunternehmen oder anderer Marktteilnehmer. Typisches Beispiel ist das Entstehen von verwechslungsfähigen Drittrechten, die negative Auswirkungen auf die Kennzeichnungskraft von Marken und damit auch auf deren Wert haben. Dabei hat der Markeninhaber die Verantwortung dafür, dass seine Rechte nicht durch das Entstehen anderer Rechte eingeschränkt werden.

Das Zusammenwirken der ökonomischen und rechtlichen Dimension kann beispielsweise anhand von Szenariorechnungen untersucht werden. Damit fließen die rechtlichen Ergebnisse – einschließlich der inneren und äußeren Faktoren – aus den Untersuchungen unmittelbar in die Bewertung ein. Die Ergebnisse bilden zugleich eine geeignete Grundlage für eine Optimierung des Markenmanagements. Ein effizientes Markenmanagement ist die Gesamtheit aller Maßnahmen zur werterhaltenden oder wertsteigernden Steuerung eines Markenportfolios, das letztlich auf die Steigerung des Unternehmenswerts abzielt. Eine entsprechend abgestimmte individuelle Markenstrategie zielt auf eine intelligente Steuerung des Markenportfolios.

5 Bewertung von Technologie – ein Dauerbrenner

Neue Technologien werden mit einer bislang nicht dagewesenen Geschwindigkeit entwickelt und weltweit verbreitet. Durch das Internet der Dinge und Data Analytics entstehen zudem riesige Mengen an Daten. Facebook, Amazon, Apple, Google, YouTube, Zoom und andere Unternehmen generieren wertvolle Daten im Rahmen ihrer unternehmerischen Aktivitäten. Hieraus ergeben sich für diese Unternehmen nie dagewesene Geschäftschancen. Technologiegetriebene Wachstumsschübe gibt es aber nicht nur heute, sondern gab es bereits vor vielen Jahren. Das Pendant zu der heutigen High Tech Euphorie waren vor etwa 200 Jahren wohl zunächst die ersten Infrastrukturprojekte wie die Eisenbahn gewesen. Ende des 19. Jahrhunderts wurde dann das Automobil entwickelt. Mit dem Telegraphen und dem ersten Unterseekabel in 1860er Jahren gelang die direkte Kommunikation zwischen Europa, England und Amerika. Das Telefon, zunächst noch kritisch beäugt, war der nächste Schritt in einer rasanten Entwicklung, bevor die zunächst allein militärisch genutzte Radiokommunikation aufkam. Allein diese Entwicklungsgeschichte zeigt, dass es mehr als lohnenswert ist, sich damals wie heute mit der Bewertung von Technologie zu befassen.

Technologien sind Prozesse und Methoden, die zur Herstellung von Produkten und zur Erbringung von Dienstleistungen verwendet werden. Sie gründen auf Ideen und/oder Erfindungen. Forschungs- und Entwicklungsaktivitäten schließen sich an, bevor ein Produkt oder eine Dienstleistung marktreif ist und Kunden hieraus direkt oder indirekt Nutzen ziehen können. Der Wert einer Technologie speist sich aus den ihr zugeschriebenen zukünftigen wirtschaftlichen Vorteilen. Diese lassen sich grundsätzlich in Wettbewerbs- oder Differenzierungsvorteile in Bezug auf Produkt oder Dienstleistung unterscheiden. Der Vorteil kann sich über einen höheren Marktanteil, über Preisprämien oder Kosteneinsparungen materialisieren.

Jede Technologiebewertung ist branchen- und fallspezifisch. Einige grundsätzliche Aussagen lassen sich dennoch treffen, ungeachtet, ob es sich zum Beispiel um komplexe Technologien der Informations- und Kommunikationsbranche oder um diskrete Technologien der Chemie-, Pharma- oder Stahlindustrie handelt. Grundsätzlich spielen Art und Umfang der beabsichtigten Kommerzialisierung ebenso eine Rolle wie noch anfallende Entwicklungskosten, die Zeit bis zur ersten Generierung von Erträgen, der Höhe des Vermarktungspotenzials sowie die mit der Technologie verbundenen technologischen wirtschaftlichen und rechtlichen Risiken. Zentrale Fragestellungen sind unter anderem

- Funktioniert die Technologie außerhalb der speziellen Bedingungen eines Labors und kann sie skaliert werden?
- Welche Entwicklungs- und Produktionsaktivitäten sind erforderlich, um die Technologie zur Marktreife zu bringen und welche Kosten sind damit verbunden?
- Auf welchem Technologieniveau bewegen sich die direkten Wettbewerber?
- Welcher Kundennutzen wird durch die Technologie bedient, und welche Zahlungsbereitschaft haben die Kunden?
- Wie groß ist der Markt und welchen Marktanteil sowie welche Profitabilität kann mit den Produkten erzielt werden, denen die Technologie zugrunde liegt?
- Zu welchem Grad kann die Technologie genutzt werden, ohne dass die Rechte Dritter verletzt werden?
- Welchem rechtlichen Schutz unterliegt die Technologie und wie leicht kann dieser umgangen werden?
- Über welche Laufzeit wird die Technologie gegenüber alternativen Technologien und Substitutionsprodukten einen wirtschaftlichen Vorteil vermitteln?

Zur Durchdringung der zumeist komplexen Sachverhalte bietet sich eine strukturierte Erstellung des erwarteten Technologiezyklus an. Eine Einteilung des Technologiezyklus in zumindest die drei Grobphasen – (a) Entwicklung, (b) Markteintritt bei Exklusivität, (c) Kommerzialisierung bei Wettbewerb – schafft Transparenz; sie ist für die Rendite-Risiko-Beurteilung unerlässlich, da sich die Renditen aber insbesondere auch die Risiken von Phase zu Phase unterscheiden. In der Entwicklungsphase ergeben sich – je nach Entwicklungsstand – Risiken bei der Ideenumsetzung, unter anderem während den zeit- und kostenaufwendigen Test- und Bauphasen. Während der Kommerzialisierungsphase stehen die Risiken einer Markteinführung sowie die Unsicherheit über Preise und Margen im Mittelpunkt. Mehr noch als die Qualität der Technologie an sich beeinflusst insbesondere die Absicherung von Produkteigenschaften, für die Kunden eine hohe Zahlungsbereitschaft aufweisen, gegen Kopie oder Umgehung durch Wettbewerber Art und Ausmaß der Unsicherheit während der Kommerzialisierung. Die Absicherung gelingt zum Beispiel mittels bereits während der Entwicklungsphase geschaffener Schutzrechte. Inwieweit die Schutzrechte selbst als Werttreiber in der Technologiebewertung zu berücksichtigen sind, hängt von der Definition des Bewertungsobjekts ab.

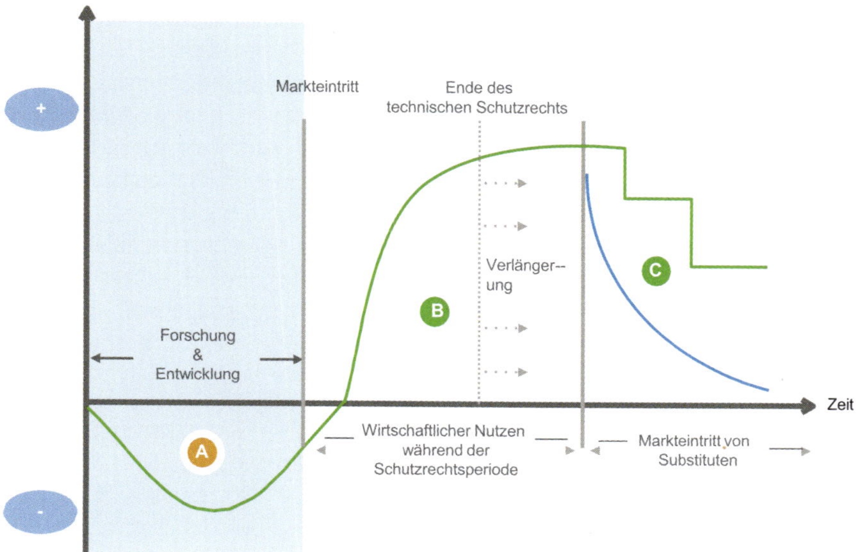

Abb. F-3: Zahlungsströme

Die Abbildung eines Rendite-Risiko-Profils einer neuen Technologie in finanziellen Größen erfolgt in Planungsrechnungen. Die einzelnen Risiko- und Unsicherheitskomponenten können mit Hilfe von Sensitivitätsbetrachtungen und dem Ableiten von Entwicklungspfaden und alternativen Szenarien der Zukunft erfasst werden. Mittels Szenarien lassen sich auch unterschiedliche Verwertungsoptionen abbilden. Grundsätzlich werden Eigennutzung, das heißt, die Nutzung der Technologie innerhalb des Unternehmens zur Umsetzung in marktfähige Produkte, Fremdnutzung durch die Vergabe von Lizenzen an einen Unternehmensfremden oder eine gemischte Nutzung unterschieden. In bestimmten Industrien kann die Verwertung von Technologien auch durch Standardsetzung erfolgen.

Für die Bewertung von Technologien wird in der Praxis häufig die Lizenzpreisanalogiemethode (Relief-from-Royalty) angewandt. Diese Methode fingiert, dass der Inhaber der Technologie nicht der Technologieinhaber ist und Lizenzgebühren an seiner eigenen Technologie zahlen muss. Da diese realiter nicht gezahlt werden, stellen diese fiktiven Lizenzgebühren Ersparnisse dar, die – diskontiert – den Wert der Technologie bestimmen. Aufgrund der aus vergleichbaren Lizenzvereinbarungen abgeleiteten Lizenzraten ist die Methode werttheoretisch jedoch zu berücksichtigen, dass Lizenzen über einen Zeitraum gestreckte Preise sind, die sich aus Verhandlungen ergeben haben und insofern der Methode die generellen Schwächen von Multiplikator-Verfahren inhärent ist. In vielen Fällen wie zum Beispiel den innovativen Technologien des digitalen Zeitalters fehlt bereits per Definition der Vergleichsmaßstab für Lizenzen.

Für fundierte Bewertungen von Technologien, die das Geschäftsmodell eines Unternehmens wesentlich kennzeichnen, werden daher in der Regel die kapitalwertorientierten Methoden der Mehrgewinn- und Residualwertmethode herangezogen. Diese beiden Methoden orientieren sich an dem Beitrag der Technologie für die Wertschöpfung eines Produkts oder einer Dienstleistung. Ihr Name weist auf die jeweilige Technik hin, mit der die technologiespezifischen Zahlungsströme aus den gemeinsam mit anderen Wirtschaftsgütern generierten Zahlungsströmen isoliert werden. Mittels Mehrgewinnmethode werden die der Technologie zuzuschreibenden höheren Umsätze oder eingesparten Kosten abgebildet. Bei Anwendung der Residualwertmethode ist die Technologie absoluter Dreh- und Angelpunkt in der Wertschöpfung, alle anderen Güter haben allenfalls unterstützenden Charakter, und ihre Wertbeiträge lassen sich relativ einfach von denen der Technologie abgrenzen.

Erfolgreiche Unternehmen kennen nicht nur den Wert ihrer Technologien und deren Bedeutung für den Unternehmenserfolg. Sie entwickeln eine konsistente Technologieverwertungsstrategie und betten diese in ihre Unternehmensstrategie. Sie kennen auch den Wert von fremden Technologien für ihr Geschäftsmodell und sichern sich gegebenenfalls frühzeitig die Nutzungsrechte daran. Insbesondere aber sind sie in der Lage, Verschiebungen von Technologiegrenzen zu erkennen und zu begreifen, wie diese nicht nur die technologischen Kernkompetenzen, sondern auch die komplementären Kompetenzen der Kommerzialisierung von Produkten und Dienstleistungen beeinflussen werden, kurz: wie sie ihre Branche transformieren werden. Daten, Software und digitale Hardware sind Kernkompetenzen mit denen Branchengrenzen überwunden werden. So waren beispielsweise die Automobil- und Computerindustrie vor wenigen Jahren noch nicht-konkurrierende und „ein wenig in die Jahre gekommene“ Branchen; mittlerweile ist mit MaaS die Grundlage für einen neuen Technologie-Zyklus gelegt.

6 Optionen in Verträgen – wirtschaftlicher Wert und Risiko

Individuelle und voneinander abweichende Vorstellungen von Vertragsparteien in Bezug auf einen Verhandlungsgegenstand werden in Verträgen häufig durch Optionsrechte umgesetzt. Optionsrechte sind daher regelmäßig Bestandteil von Unternehmenskaufverträgen, Beschaffungs- und Absatzverträgen oder Finanzierungsverträgen. Sie umfassen entweder Wahlrechte der Vertragsparteien, wie beispielsweise das Recht, einen (Minderheiten-)Anteil an einem Unternehmen zu erwerben oder zu veräußern, oder legen Zahlungen abhängig vom Eintreten zukünftiger Ereignisse fest, wie beispielsweise Liquidationspräferenzen in Kapitalinstrumenten, Earn-out-Klauseln in Unternehmenskaufverträgen, Haftungsregelungen oder Preisanpassungsklauseln in Beschaffungs- und Lieferverträgen. Bei der Gestaltung von Verträgen stehen Unternehmen vor den Herausforderungen, (1) den wirtschaftlichen Wert von Optionsrechten in den Preiskonditionen angemessen zu berücksichtigen, (2) die Optionsrechte anreizkompatibel und entsprechend ihrem wirtschaftlichen Wert zu formulieren und (3) die Optionsrechte in der Rechnungslegung standardkonform abzubilden. Wichtige Voraussetzung für einen erfolgreichen Einsatz von Optionsrechten in Verträgen ist daher, sich vor Vertragsschluss Transparenz über deren Wert und deren wirtschaftliche Chancen und Risiken zu verschaffen.

Strategische Fragestellungen

In Vertragsverhandlungen ist der Umgang mit unsicheren zukünftigen Entwicklungen häufig ein wesentlicher Entscheidungsfaktor für das Zustandekommen und die Konditionen einer Übereinkunft. Optionsrechte und ereignisabhängige Vertragsklauseln können dabei helfen, einen Vertragsabschluss zu ermöglichen und eine angemessene Kompensation der Vertragsparteien für die Übernahme beziehungsweise die Übertragung von Chancen und Risiken in den Vertragskonditionen sicherzustellen.

Die Zielsetzung von Optionsrechten kann es dabei sein, Vertragsparteien gegenüber unerwarteten Markt- und Preisentwicklungen, dem Eintreten von Haftungsfällen oder negativen Ergebniseffekten aus unternehmerischen Entscheidungen abzusichern, oder eine angemessene Beteiligung der Vertragsparteien an erwarteten, aber unsicheren zukünftigen Markt- beziehungsweise Unternehmensentwicklungen zu ermöglichen. Der Einsatz von Optionsrechten in Verträgen ist insbesondere dann sinnvoll, wenn zukünftige Markt- und Unternehmensentwicklungen das Entscheidungsverhalten oder die Wertvorstellungen der Vertragsparteien beeinflussen.

Eine verhandlungsbegleitende Wert- und Risikoanalyse zu den Auswirkungen vertraglicher Optionsrechte auf den Gesamtwert einer Transaktion, die Finanzkennzahlen und die Rechnungslegung der Vertragsparteien zählt zu den Grundvoraussetzungen einer zielgerichteten Strukturierung vertraglicher Optionsrechte und ist für die Beurteilung der Konditionengestaltung und Werthaltigkeit vertraglicher Optionsrechte unabdingbar.

Gestaltungsvarianten

Optionen in Verträgen umfassen Wahlrechte, die an spezifische Bedürfnisse oder Interessen einer Vertragspartei ausgerichtet sind und deren Wirkung erst durch die zukünftige Markt- und Unternehmensentwicklung sowie das Verhalten der Vertragsparteien bestimmt wird. Häufig sind in Verträgen Optionsrechte in folgender Form anzutreffen:

- **Earn-out-Optionen** als bedingte Kaufpreiszahlungen bei Erreichen definierter Ziele
- **Close-out-Optionen** regeln den Erwerb oder die Veräußerung von Minderheitenanteilen
- **Exit-Optionen** auf den Verkauf von Unternehmensanteilen
- **Preisindexierungs- beziehungsweise Preisanpassungsklauseln** in Beschaffungs- und Lieferverträgen
- **Liquiditätspräferenzen** von Kapitalinstrumenten bei der Verteilung von Veräußerungserlösen
- Optionen auf Teilnahme an einer **Kapitalerhöhung**
- Optionen auf **Wandlung** eines Finanzierungsinstruments in Eigenkapitalanteile
- Optionen auf Anpassung von **Zinszahlungen** bei Eintreten definierter Bedingungen
- **Präferenzrechte** über die Beteiligung an Unternehmenserlösen
- **Tilgungsrechte** auf vorzeitige Rückzahlung einer Finanzierung oder Kündigung eines Vertrags
- **Variable Ergebnisbeteiligungen** im Rahmen von Finanzierungsinstrumenten

Im Rahmen von Unternehmenskaufverträgen können Optionsrechte den Erwerber einer Unternehmensbeteiligung gegenüber Unsicherheiten in Bezug auf die Geschäftsaussichten wirtschaftlich absichern. Ebenso kann über Optionsrechte eine angemessene Beteiligung eines Verkäufers oder Minderheitsgesellschafters an der zukünftigen Unternehmensentwicklung ermöglicht werden. Weitere in Unternehmensverträgen anzutreffende Optionsrechte umfassen Change-of-Control-Klauseln, Drag-along- und Tag-along-Rechte (Mitveräußerungspflichten beziehungsweise Mitveräußerungsrechte) sowie Kapitalschutzklauseln.

In Beschaffungs- und Lieferverträgen können Preisindexierungen und Preisstaffeln einen langfristigen Güterbezug zu festgelegten Rohstoffpreisen sicherstellen. Entsprechende Preisgleitklauseln werden häufig auch in Zusammenhang mit einem Rohstoffpreisrisikomanagement eingesetzt.

In Finanzierungsverträgen eingebettete Sondertilgungs- und Wandlungsrechte können aus Sicht eines Unternehmens die Kapitalbeschaffung vereinfachen, die Finanzierungskonditionen verbessern und im Rahmen des Kapitalstrukturmanagements zur Optimierung des Finanzergebnisses und des Unternehmenswerts beitragen. Wandlungsrechte und Sicherungsklauseln bieten Fremdkapitalgebern zusätzliche Ertragspotenziale und erhöhte Sicherheit im Fall unerwarteter zukünftiger Unternehmensentwicklungen, während Unternehmen sich neue Finanzierungsmöglichkeiten erschließen können.

Bewertung und Rechnungslegung

In Verträge eingebettete Handlungsoptionen oder Optionsrechte auf ereignisabhängige Zahlungsflüsse besitzen regelmäßig einen wirtschaftlichen Wert. Die Wertentwicklung von Optionsrechten ist dabei durch unsichere zukünftige Markt- und Unternehmensentwicklungen, individuell festgelegte Ausübungsbedingungen und ereignisabhängige Zahlungsflüsse bestimmt. Die Bewertung erfordert daher regelmäßig den Einsatz von Optionspreismodellen, die den Wert der bedingten Ansprüche abhängig von der Entwicklung der Einflussfaktoren bestimmen.

Die Abgrenzung der Wertentwicklung eines in einen Vertrag eingebetteten Optionsrechts von der Wertentwicklung des zugrunde liegenden Vertrags kann dabei eine komplexe Herausforderung darstellen. Zudem ist häufig eine integrierte Bewertung mehrerer Optionsrechte unter Beachtung ihrer gegenseitigen Abhängigkeiten notwendig.

Eine Analyse der Sensitivität des Werts von eingebetteten Optionsrechten in Bezug auf eine Änderung der wertbestimmenden Einflussgrößen kann der Unternehmensführung wertvolle Hinweise auf eine dem Optionswert angemessene, vertragliche Gestaltung eines Optionsrechts geben und zukünftig mögliche Bilanz- und Ergebniseffekte aufzeigen. Im Rahmen der Vertragsgestaltung sollte daher frühzeitig der Wertbeitrag von Optionsrechten ermittelt und dokumentiert werden. Nur auf Basis einer Wert- und Risikoanalyse vertraglicher Optionsrechte ist sichergestellt, dass Entscheider in Vertragsverhandlungen über ausreichende Informationen in Bezug auf mögliche Werteffekte und Finanzmittelabflüsse von vertraglichen Optionsrechten verfügen und Optionsrechte damit zielgerecht und angemessen einsetzen können.

Rechnungslegung

Aufgrund ihres wirtschaftlichen Werts führen Optionsrechte in Unternehmensverträgen häufig im Rahmen der handelsrechtlichen sowie der internationalen Rechnungslegung zu ansatzpflichtigen Vermögenswerten oder Verpflichtungen. Die Behandlung der Optionsrechte in der Bilanz und der Erfolgsrechnung muss dabei aufgrund der regelmäßig individuellen Ausgestaltung der Rechte jeweils im Einzelfall bestimmen werden.

Nach IFRS ansatzpflichtige Optionen sind im Regelfall bei der Ersterfassung des zugrunde liegenden Vertrags zum Fair Value zu erfassen und in der Folgebewertung zum Fair Value erfolgswirksam fortzuführen. Aufgrund der zumeist erfolgswirksamen Bilanzierung der Wertänderungen können Optionsrechte, insbesondere in Zusammenhang mit Unternehmenskäufen sowie Finanzierungsverträgen, erhebliche Auswirkungen auf die künftige Bilanz und Ergebnisrechnung haben. Eine Simulation rechnungslegungsbezogener Effekte sollte daher bei Vertragsverhandlungen ebenfalls Bestandteil der Überlegungen zur Konditionengestaltung von Optionsrechten sein.

Generell gilt: Nur wer bereits bei der Verhandlung um den wirtschaftlichen Wert erlangter oder gewährter Optionsrechte weiß, kann potenziell unangenehme Überraschungen in Bilanz und Ergebnisrechnung verhindern – etwa wenn der „gefühlte" Optionswert des Entscheiders nicht mit dem finanzmathematisch ermittelten und zu bilanzierenden Optionswert übereinstimmt.

7 Bewertung von Fondsanteilen – AIFM-Richtlinie und KAGB schließen regulatorische Lücke bei Berichterstattung und Bewertung

Fondsmodelle stellen in der Vermögensverwaltung eine bewährte Anlageform dar. Im Grundsatz kann zwischen Anteilen an offenen und geschlossenen Fonds unterschieden werden, die den Anlegern entweder öffentlich oder über eine Privatplatzierung angeboten werden. Der öffentliche Vertrieb von Publikumsfonds wurde durch die UCITS-Richtlinien der EU geregelt. Für Anteile an Private Equity-Fonds, Hedgefonds und sogenannte KG-Fonds galten diese Vorgaben des Gesetzgebers bisher nicht. Diese Regulierungslücke wurde mit der europäischen Richtlinie über die Verwalter alternativer Investmentfonds (AIFM-Richtlinie) geschlossen. In Deutschland wurde im Zuge der Umsetzung der AIFM-Richtlinie das bestehende Investmentgesetz aufgehoben und die Regelungen in das KAGB integriert. Mit der AIFM-Richtlinie hat insbesondere die Problematik der Bewertung von Fondsanteilen an geschlossenen Fonds an Bedeutung gewonnen.

Die Vorgaben der UCITS-Richtlinien der EU wurden durch den deutschen Gesetzgeber im Rahmen des InvG für offene Publikumsfonds umgesetzt und dienen in erster Linie dem Schutz der investierten Mittel sowie der Gewährleistung einer standardisierten Berichterstattung durch das Fondsmanagement. Das Gesetz beinhaltet detaillierte Vorschriften zur Verwaltung des Fondsvermögens sowie zur Bewertung von Fondsanteilen, welche die Sicherheit dieser Anlageform für die Vielzahl der Kapitalanleger gewährleisten sollen. Die jederzeitige Rückgabemöglichkeit der Fondsanteile zu Zeitwerten stellt eine grundsätzliche Voraussetzung für die Handelbarkeit der Fondsanteile an öffentlichen Börsen dar.

Die AIFM-Richtlinie beziehungsweise die entsprechenden Regelungen im KAGB bilden gesetzliche Vorgaben ab, die Transparenz der wenig regulierten alternativen Anlageformen – mit im Wesentlichen privat platzierten Anteilen an Private Equity-Fonds, Hedgefonds und der KG-Fonds – zu steigern. Dazu sehen die Regelungen unter anderem vor, dass eine Bewertung der Vermögensgegenstände und die Berechnung des Nettoinventarwertes je Anteil oder Aktie mindestens einmal jährlich sowie eine diesbezügliche Offenlegung gegenüber den Anlegern erfolgen muss (§ 272 KAGB). Die Bewertung kann entweder durch einen vom Fonds oder dem Fondsmanagement unabhängigen externen Bewerter oder durch den Fonds selbst durchgeführt werden. Letzteres setzt voraus, dass fondsintern die Durchführung der Bewertungen von der Portfolioverwaltung und der Vergütungspolitik funktional unabhängig ist und die Vergütungspolitik und andere Maßnahmen sicherstellen, dass Interessenkonflikte gemindert und ein unzulässiger Einfluss auf die Mitarbeiter verhindert werden (§ 216 KAGB).

Bei Beauftragung eines externen Bewerters ist sicherzustellen, dass dieser einer gesetzlich anerkannten obligatorischen berufsmäßigen Registrierung oder Rechts- und Verwaltungsvorschriften oder berufsständischen Regeln unterliegt und ausreichende berufliche Garantien vorweist, um die entsprechende Bewertungsfunktion wirksam ausüben zu können.

Die Bestimmung des Nettoinventarwerts zur Ermittlung des Zeitwerts der Fondsanteile bildete bereits vor der AIFM-Richtlinie einen integralen Bestandteil der auf vertraglichen Regelungen beruhenden Berichterstattung des Fondsmanagements an die Anleger. Dabei orientierten sich die Fondsmanager in diesem Zusammenhang bisher regelmäßig an den einschlägigen Bewertungs- und Berichtsstandards der Industrieverbände, allen voran den Empfehlungen von Invest Europe (vormals: European Venture Capital and Private Equity Association). Dazu zählen vor allem die IPEV-Guidelines. Das KAGB sieht vor, dass der Fonds eine interne Bewertungsrichtlinie erstellt, die geeignete und kohärente Verfahren für die ordnungsgemäße, transparente und unabhängige Bewertung des Fondsvermögens festlegt. Die Bewertungsrichtlinie soll vorsehen, dass vermögensgegenstandspezifisch ein geeignetes, am jeweiligen Markt anerkanntes Wertermittlungsverfahren zugrunde zu legen ist und dass die Auswahl des Verfahrens zu begründen ist (§ 169 KAGB).

Eine Bewertung der Fondsanteile zu Zeitwerten ist für den Anleger unter anderem für die Veräußerung von Fondsanteilen an Dritte aus Gründen der Liquiditätsbeschaffung, der Neuausrichtung des eigenen Anlageportfolios, zur Beurteilung der Performance des Fonds sowie zur Erfüllung regulatorischer oder bilanzieller Vorschriften von besonderer Bedeutung. Die grundlegende Ausgangsbasis zur Bestimmung des Zeitwerts von Fondsanteilen an geschlossenen Fonds bildet zunächst die Bestimmung des Nettoinventarwerts des Fonds als Differenz zwischen den jeweils zu Zeitwerten bewerteten Vermögenswerten des Fonds und seiner Verpflichtungen. Ein wesentliches Merkmal geschlossener Private Equity-Fonds stellen die sukzessiven Kapitalabrufe (Draw Downs) der ursprünglich zugesagten Gelder (Committed Capital) während der Investitionsphase des Fonds dar. In diesem Fall sind neben dem aktuellen Nettoinventarwert des Fonds auch die zukünftigen Zahlungsverpflichtungen der Anleger hinsichtlich Zeitpunkt und Höhe zu beurteilen. Darüber hinaus ist deren Renditeerwartung aufgrund der bisherigen Performance des Fonds in der Bewertung zu berücksichtigen. Schließlich ist die voraussichtliche Restlaufzeit des Fonds bis zum Zeitpunkt der endgültigen Liquidation aller Vermögenswerte abzuschätzen, was insbesondere bei einem volatilen Börsenumfeld selbst für erfahrene Bewerter eine anspruchsvolle Aufgabe darstellt. Die besondere Unsicherheit, die in der Vielzahl der zu treffenden Annahmen und Einschätzungen zum Ausdruck kommt, führt oftmals dazu, dass Käufer von bestehenden Anteilen an Private Equity-Fonds (Secondary Transactions) einen deutlichen Abschlag vom aktuellen Nettoinventarwert des Fonds verlangen.

8 Objektivierte Bewertung von Spielervermögen – nicht nur Tore zählen

Ein objektiviertes Bewertungsverfahren für Spielervermögen kann nicht nur für bilanzielle Bewertungsanlässe bei Sportvereinen eine wertvolle Unterstützungsfunktion leisten, sondern auch die für die Inanspruchnahme von innovativen Finanzierungsinstrumenten notwendige Transparenz wesentlich verbessern sowie als Unterstützung für ein internes Wertmanagement dienen.

Bilanzielle Bedeutung des Spielervermögens und Bewertungsanlässe

Da Fußballunternehmen (und auch andere Sportunternehmen) häufig ein geringes, teilweise sogar ein negatives Eigenkapital aufweisen, erhält das Spielervermögen als potenzieller Träger von stillen Reserven und Lasten beziehungsweise zur Aufstellung eines Überschuldungsstatus eine hohe Bedeutung. Demzufolge nehmen auch die damit zusammenhängenden Rechnungslegungs- und Bewertungsaspekte eine besondere Stellung ein.

Die Bewertungsanlässe für Spielervermögen kann man grundsätzlich in drei Bereiche unterteilen:

- Interne wirtschaftliche Gründe (Steuerungszwecke, Transaktionspreisbestimmung, Aufdeckung stiller Reserven, zum Beispiel bei Ausgliederung des Spielervermögens)
- Externe wirtschaftliche Gründe (unter anderem Beleihung und Besicherung, Leasing, Versicherung)
- Rechnungslegungsbasierte Gründe (Impairment Tests, Prüfung Überschuldungsstatus, Umstellung auf IFRS-Rechnungslegung)

Aus Sicht aller Stakeholder besteht bei allen Bewertungsanlässen die Notwendigkeit eines objektivierten Bewertungsverfahrens von Spielervermögen, da dieses den entscheidenden Werttreiber darstellt und somit erhebliche bilanzielle und finanzielle Wirkung besitzt.

Bilanzierung von Spielervermögen und inhaltliche Interpretation

Sowohl nach HGB wie auch nach IFRS stellt erworbenes Spielervermögen und damit die gezahlte Transferentschädigung zuzüglich der damit zusammenhängenden Nebenkosten, wie Beratungs- und Vermittlungskosten, einen aktivierungsfähigen immateriellen Vermögensgegenstand/-wert dar. „Eigengewächse" sind aus Rechnungslegungssicht dagegen ein selbsterstellter Vermögensgegenstand/-wert und damit nicht aktivierungsfähig. Eine Transferentschädigung besagt somit aus ökonomischer Sicht, dass ein neuer Verein bereit ist, für den wirtschaftlichen Vorteil, der mit der Spielerlaubnis verbundenen Bindung des Spielers an den neuen Verein entsteht, eine entsprechende Vergütung zu zahlen. Vor diesem Hintergrund beinhaltet der aktivierte Wert des immateriellen Vermögensgegenstandes –„Ablösesumme“, „Transferentschädigung“ oder auch „Spielervermögen“ genannt – aus Vereinssicht im Wesentlichen die Nutzung beziehungsweise die Möglichkeit des Einsatzes des Spielers und die damit zusammenhängende Generierung von Cashflows sowie die Möglichkeit, einen wirtschaftlichen Vorteil aus einem möglichen Weiterverkauf zu generieren.

Nachfolgende Abbildung zeigt die zeitliche Wertentwicklung der beiden möglichen inhaltlichen Bestandteile einer Transferentschädigung aus ökonomischer Sicht.

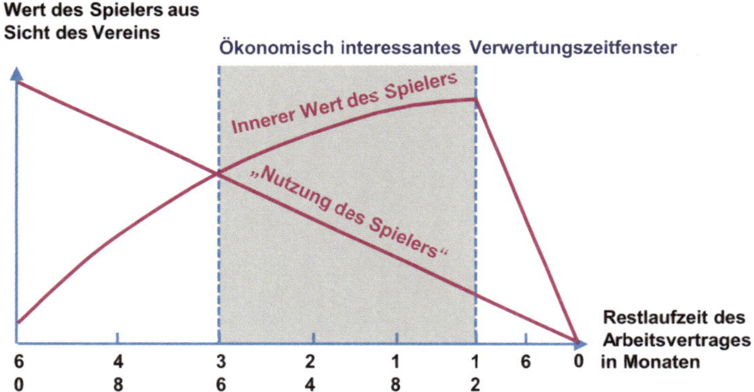

Abb. F-4: Weiterentwicklung der Bestandteile einer Transferentschädigung

Die lineare Abschreibung des Spielervermögens über die Vertragslaufzeit des Spielers stellt ausschließlich auf die Nutzungskomponente ab. Die Abbildung zeigt, dass die Weiterverkaufsmöglichkeiten, die im Wesentlichen von dem „inneren Wert des Spielers“ und den Marktverhältnissen abhängen, nicht zwingend mit der Nutzung des Spielers gesunken sein müssen. Vielmehr ist das Auseinanderlaufen durch das sogenannte „Bosmann-Urteil“ bedingt, sodass man immer zwischen dem Wert des Spielers aus Sicht des Vereins und dem Wert des Spielers aus Sicht des Spielers trennen muss.

Bewertung von Spielervermögen aus Sicht des Vereins

Bewertungsmethoden für Spielervermögen

Die Bewertung von Spielervermögen hat generell nach denselben theoretischen Grundsätzen und Methoden wie die Bewertung von Unternehmen und sonstigen Vermögenswerten zu erfolgen. Werte können somit grundsätzlich auf Basis historischer Anschaffungs- und Herstellungskosten beziehungsweise Entwicklungskosten (kostenorientierter Ansatz), mit Hilfe des DCF-Verfahrens (kapitalwertorientierter

Ansatz) sowie mittels unterschiedlicher Marktpreisverfahren (marktpreisorientierter Ansatz) ermittelt werden.

Der marktpreisorientierte Ansatz

Der kapitalwertorientierte Ansatz ist für Mannschaftsportarten allgemein nicht praktikabel anwendbar, da nicht alle Cashflow-Ströme eines Fußballvereins auf den einzelnen Spieler „heruntergebrochen" werden können (so müsste man zum Beispiel bei den Zuschauereinnahmen Allokationen auf die einzelnen Spieler vornehmen). Der kostenorientierte Ansatz ist ebenfalls nicht geeignet, da auch die jeweiligen Kosten den einzelnen Spielern nicht verlässlich zugerechnet werden können und auch die Kostenhöhe kein valides Kriterium für den Wert eines Spielers ist (ein Spieler, der in der Vergangenheit einen größeren Trainingsaufwand hatte, wäre demnach mehr wert als ein Spieler mit geringerem Trainingsaufwand). In der Praxis ist daher nur der in der Rechnungslegung vorzugsweise anzuwendende marktpreisorientierte Ansatz für die Ermittlung eines Marktwertes von Spielervermögen möglich. Nur bei diesem Ansatz wird auf Marktpreise, die zwischen fremden Dritten in der Vergangenheit realisiert worden sind, abgestellt.

Durch die Definition von Kriterien beziehungsweise Ausprägungsmerkmalen (zum Beispiel Alter, Spielposition, Nationalität, Spieleigenschaft, gewichtete Leistungskriterien) können im Rahmen einer Cluster-Analyse beziehungsweise eines Scoring-Modells Ähnlichkeiten zwischen den Vergleichsspielern, für die bereits eine Transaktion auf dem Markt zustande gekommen ist, und dem Bewertungsobjekt (zu bewertender Spieler) hergestellt werden. Die realisierten Transferpreise der Vergleichsspieler sind im Anschluss an die aktuelle Marktlage hinsichtlich des Preises anzupassen. Darüber hinaus sind bei den zu bewertenden Spielern individuelle Besonderheiten, die sich auf den Wert des Spielers auswirken (zum Beispiel langfristige Verletzung), in Form von Abschlägen beziehungsweise Zuschlägen sowie die individuelle Transferwahrscheinlichkeit (abhängig von der Restvertragslaufzeit) zu berücksichtigen.

Die Ableitung einer Wertvorstellung erfolgt bei dieser marktorientierten Bewertungsmethode durch die Bildung eines repräsentativen Branchendurchschnittes von beobachtbaren Marktpreisen und bildet damit einen Marktkonsens über das Bewertungsniveau von Vergleichsspielern. Somit spiegelt der Marktpreisansatz die Wertvorstellung einer Vielzahl von Marktteilnehmern bei einer Vielzahl von Transaktionen wider und kommt dem Wertgedanken (im Rahmen eines marktorientierten Ansatzes) nahe.

Der marktpreisorientierte Bewertungsansatz kann in der Praxis in solchen Fällen zu Verzerrungen führen, in denen für einen sehr jungen Spieler der wesentliche Anteil des bezahlten Preises offensichtlich durch sein vermutetes Zukunftspotenzial und nicht durch seine bisher erbrachte Leistung gerechtfertigt wird. Es handelt sich um

Spieler, für die eine sogenannte „Talentprämie", also ein Vorschuss auf erwartete zukünftige Leistungen und Ergebnisse, bezahlt worden ist.

Die nachfolgende Abbildung soll verdeutlichen, dass eine eventuelle Transferentschädigung für einen „sehr jungen" Spieler im Wesentlichen auf dem ihm zugeschriebenen Zukunftspotenzial basiert, für welches es noch keine beobachtbare Historie gibt, beziehungsweise welche bisher nicht durch beobachtbare und erbrachte Leistung zu rechtfertigen ist.

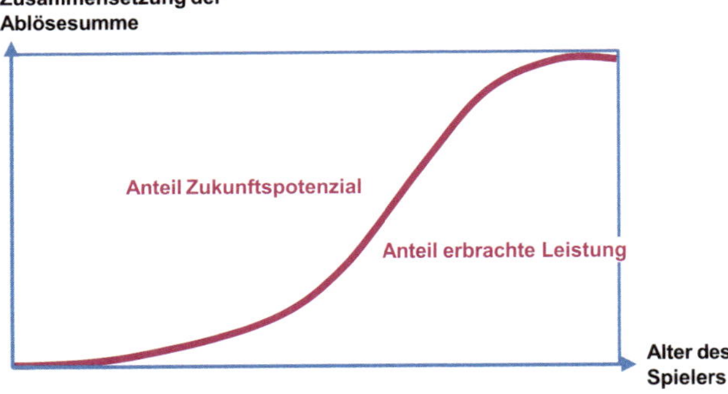

Abb. F-5: Transferentschädigung

Dieses Zukunftspotenzial wird sich vielmehr erst in zukünftigen Leistungen widerspiegeln. Vor diesem Hintergrund muss bei der Bewertung dieses Spielers eine Klassifizierung zum Bewertungsstichtag auf Basis eines Scoring-Modells zu einer sehr niedrigen Anzahl an Scoring-Punkten führen, obwohl eine möglicherweise gezahlte Transferentschädigung einen höheren Wert impliziert. Das heißt zwar nicht, dass der in der Regel gezahlte Preis per se zu hoch ist, aber zumindest, dass ein höheres Risiko der Realisierung durch zukünftige Leistungen des Spielers besteht. In den Fällen, in den eine Talentprämie gezahlt wird, werden von den Vereinen tendenziell längere Vertragslaufzeiten festgesetzt, um an der Realisation des erwarteten Leistungspotenzials der jungen Spieler zu partizipieren und somit potenzielle Wertsteigerungen bei einem Weiterverkauf vergütet zu bekommen.

Eine Transferentschädigung für einen „älteren Spieler" wird dagegen zwar auch für seine zukünftige Leistung bezahlt, diese ist aber im Wesentlichen Spiegel seiner bereits in der Vergangenheit erbrachten Leistung und stellt daher eher auf die Komponente „Nutzung" als auf die Komponente „Wiederverkaufsmöglichkeit" ab.

Ausblick

Das Spielervermögen ist nicht nur aufgrund seines Anteils an der Bilanzsumme der zentrale Vermögenswert von Fußballunternehmen (und anderen Sportvereinen). Denn das Spielervermögen hat einen erheblichen Einfluss auf das Bilanzbild und somit auf die Vermögenssituation der Fußballunternehmen. Damit zusammenhängende Bilanzierungs- und Bewertungsfragen sind im Kontext von diversen Transferreglungen und nationalen sowie internationalen Statuten zu sehen. Während für die Bilanzierung im Wesentlichen einheitliche Standards in der Praxis bestehen und auch angewendet werden, wird die Bewertung des Spielervermögens (bisher noch) nicht einheitlich umgesetzt. Die Bilanzierung und Bewertung von Spielervermögen werden bei Rechnungslegungs- sowie Finanzierungsfragen der Fußballunternehmen und Verbände jedoch eine zunehmend bedeutendere Rolle spielen. Für alle Stakeholder werden Branchenkenntnisse bei der Beurteilung von Sicherheiten immer bedeutender. Die Unsicherheiten aufseiten der Investoren beziehungsweise Fremdkapitalgeber können von den Fußballunternehmen zum Beispiel durch die Einführung eines objektivierbaren Bewertungsmodells für Spielervermögen aktiv gestaltet beziehungsweise reduziert werden.

9 Quantifizierung von Kartellschäden – Bewertungsmethodik und besondere Herausforderungen in der Umsetzung

Ob als Klägerin oder Beklagte, die Quantifizierung eines durch Kartellabsprachen entstandenen Schadens stellt Unternehmen vor zahlreiche Herausforderungen: Datenbeschaffung und -analyse, Transformation in ein wirtschaftliches Konzept, Bewertung des ökonomischen Schadens et cetera. Gleichzeitig verursachen Kartelle oft hohe finanzielle Schäden bei einer Vielzahl von Marktteilnehmern. Die Durchsetzung von Schadensersatzansprüchen ist für die betroffenen Unternehmen daher von großer wirtschaftlicher Bedeutung. Gleiches gilt für die Verteidigung gegen solche Forderungen. Ein ganzheitlicher Lösungsansatz maximiert die Chancen, rechtliche Ansprüche durchzusetzen oder überzogene Forderungen abzuwehren.

Die Herausforderung

Kartellschäden sind für betroffene Unternehmen von großer wirtschaftlicher Bedeutung. Ihre Organe sind daher in der Regel gehalten, diese geltend zu machen. Nach dem Gesetz gegen Wettbewerbsbeschränkungen ist jeder Kartellgeschädigte berechtigt, Schadensersatzansprüche geltend zu machen (§ 33a in Verbindung mit § 33 GWB) und einzuklagen. Hinzu kommt: mit Inkrafttreten der 9. GWB Novelle im Jahr 2017 wurden neue Regelungen umgesetzt, die es Kartellgeschädigten erleichtern, ihre Schadensersatzansprüche durchzusetzen. Sie betreffen insbesondere die Darlegung des Schadens, die Erlangung hierzu benötigter Informationen sowie weitere Haftungs- und Verfahrensregeln. In der Folge stieg die Anzahl der verfolgten und geahndeten Kartellvergehen kontinuierlich an.

Trotz der genannten Erleichterungen stellt die erfolgreiche Durchsetzung der Ansprüche weiterhin eine komplexe Herausforderung dar. Eine Vielzahl rechtlicher, ökonomischer und strategischer Faktoren muss analysiert und aufeinander abgestimmt werden. Gleiches gilt umgekehrt für Unternehmen, die sich gegen eine solche Inanspruchnahme verteidigen müssen. Unternehmen stehen vermehrt vor der Aufgabe, sei es als Klägerin oder Beklagte, den aus dem Kartellverstoß entstandenen Schaden nachvollziehbar und belastbar zu quantifizieren. Eine wesentliche Herausforderung in der Quantifizierung des entstandenen Schadens besteht in der Transformation der rechtlichen Schadensdefinition in ein wirtschaftliches Konzept zur Schadensbewertung.

Die grundlegende Methodik bei Schadensbewertungen – Differenzhypothese

Eine generelle Besonderheit bei der Quantifizierung der Anspruchshöhe aus Schadenersatzforderungen ist die Anwendung der zivilrechtlichen Differenzhypothese. Danach ist der Geschädigte so zu stellen, als sei das Schadenereignis nicht eingetreten. Die Höhe des Schadensersatzanspruchs wird in diesem Zusammenhang daher aus der Differenz der hypothetischen Vermögenslage ohne das schädigende Ereignis und der tatsächlichen Vermögenslage nach Eintritt des schädigenden Ereignisses bemessen.

Maßgeblich für die Bestimmung des Schadensumfangs und des letztlich hieraus abzuleitenden Schadensersatzes ist in Anlehnung an die Vorgaben nach §§ 249 ff. BGB die aus dem schädigenden Ereignis eingetretene Vermögensminderung des Geschädigten. Dem entgegen wirkt die Pflicht des Geschädigten zur Schadensminderung nach § 254 BGB.

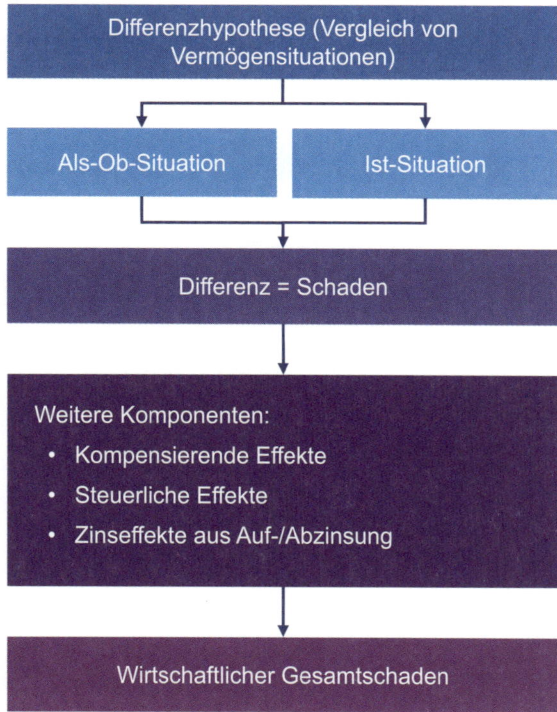

Abb. F-6: Grundlegende Methodik bei Schadensbewertungen

Die methodische Ableitung der Schadenshöhe erfordert demnach zwei vergleichende Bewertungen, welche die genannten Vermögenslagen adäquat abbilden. Die Ist-Situation gibt die tatsächliche Entwicklung wieder und stützt sich entsprechend auf belegbare Zahlen. Die Als-ob-Situation reflektiert die hypothetische Entwicklung, die sich ohne Schädigung voraussichtlich eingestellt hätte. Die Schätzung des sich aus der Differenz der tatsächlichen und der ohne Schädigung möglichen Vermögenslage ergebenden Schadens bedarf belastbarer Grundlagen, um prozessual nutzbar zu sein.

Vielfach ist die tatsächliche Preisentwicklung, die das beklagte, schädigende Verhalten reflektiert, detailliert nachzuweisen und zu dokumentieren. Oft ist die Menge der Dokumente (unter anderem Rechnungsbelege, Lieferbescheinigungen) enorm groß und unübersichtlich, die gesuchte Information ist aber häufig die gleiche (Preis, Adressat, Produktspezifikation, Rechnungsbetrag, Datum und ähnliches). Die manuelle Erfassung der Belege ist zeit- und kostenintensiv und fehleranfällig. Sofern ausreichend gleichartige Datenquellen beziehungsweise Dokumente vorliegen und die gewünschten Informationen klar zu benennen sind, ist es möglich, die Datenerfassung und Überführung der relevanten Informationen in auswertbare Datenbankformate zu automatisieren. Hierbei können Methoden der künstlichen Intelligenz zur Anwendung kommen. Selbst wenn die gesuchte Information in verschiedenen Tabellenformaten oder auch in Fließtexten zu finden ist, sind speziell trainierte Algorithmen in der Lage, die entsprechende Passage zu identifizieren und die Daten zu extrahieren.

Bei der Prognose der hypothetischen Situation bieten sich vergleichbare Herangehensweisen wie bei der Erstellung von Planungsrechnungen an. Die besondere Herausforderung bei der Quantifizierung von Kartellschäden, die Prognose hypothetischer Preisentwicklungen, wird im nachfolgenden Abschnitt aufgegriffen.

Für die Bewertung der Situationen sind grundsätzlich die gängigen Verfahren der Unternehmensbewertung (DCF-Verfahren) anwendbar. Die diesen Verfahren üblicherweise zugrunde gelegten Finanzinformationen (zum Beispiel Jahresabschlüsse, Planungsrechnungen) sind im Einzelfall auf ihre Angemessenheit für Zwecke einer Schadensermittlung zu prüfen.

Die Besonderheiten bei der Quantifizierung von Kartellschäden

In Folge von kartellrechtswidrigen Absprachen sind verschiedene Schadenskategorien denkbar. Naheliegend ergeben sich aus überhöhten Preisen (unabhängig davon, ob diese unmittelbar aus Preisabsprachen oder aus Gebiets-, Quoten- oder sonstigen Absprachen resultieren) entsprechende Kostennachteile für Kunden nachgelagerter Wertschöpfungsstufen. Diese Preiseffekte können aber mittelbar auch Mengeneffekte nach sich ziehen, wenn beispielsweise für das eigene Produkt Preiserhöhungen in Folge des überteuert bezogenen Vorproduktes notwendig wurden oder Preissenkungen nicht möglich waren. Diese Mengeneffekte können zudem auch zu einer Schädigung der Lieferanten vorgelagerter Marktstufen führen.

Auch nicht am Kartell beteiligte Wettbewerber der Kartellanten (sogenannte „Kartellaußenseiter") können wissentlich oder unwissentlich ihre Preise unter dem „Schirm" des Kartells höher festgesetzt haben, als dies unter Wettbewerbsbedingungen möglich gewesen wäre. Auch die Kunden dieser Kartellaußenseiter erleiden dann einen Kartellschaden (sogenannter „Umbrella-Effekt"), den sie grundsätzlich gegen die Kartellanten geltend machen können, ohne jemals in direkten Geschäftsbeziehungen mit den Kartellanten gestanden zu haben.

Handelt es sich bei dem Kartellvergehen beispielsweise um Preisabsprachen, so ist zu bestimmen, wie sich Preise auf dem relevanten Markt ohne Absprachen entwickelt hätten und die Höhe des entstandenen Schadens ist aus der Differenz der hypothetischen (in der Literatur zu Kartellschäden wird auch von der kontrafaktischen Situation gesprochen) und tatsächlichen (faktischen) Preisentwicklung abzuleiten.

Von zentraler Bedeutung ist hierbei die Prognose der kontrafaktischen Preisentwicklung, also die Abschätzung von Marktpreisen, die sich ohne Kartellbildung in einem abgegrenzten Markt über den relevanten Zeitraum voraussichtlich gebildet hätte.

Dafür ist es zunächst von zentraler Bedeutung, den relevanten Markt klar abzugrenzen und die kontrafaktische Marktsituation mittels nachvollziehbar abgeleiteter Prämissen zu modellieren. Hierbei können sachliche, räumliche oder zeitliche Vergleichsmärkte analysiert werden.

Vereinfacht gesprochen kann die Preisentwicklung im abgegrenzten Markt ohne Kartellbildung prognostiziert werden, indem die tatsächliche Preisentwicklung

- desselben Marktes in Zeiten ohne Kartellbildung oder
- räumlich abgegrenzter Märkte desselben Produktes (beispielsweise nicht-kartellbeeinträchtigter Markt im Nachbarland) im relevanten Zeitraum oder
- eines vergleichbaren Produktes in demselben Absatzgebiet im relevanten Zeitraum

analysiert wird und die Erkenntnisse hieraus auf die kontrafaktische Preisentwicklung im kartellierten Markt übertragen wird. Von entscheidender Bedeutung hierbei ist, dass die im Vergleichsmarkt unmittelbar beobachtbare Preisentwicklung natürlich nicht unreflektiert auf den kartellierten Markt übertragen werden darf.

Um die Effekte, die aufgrund der Kartellbildung auf die Preisentwicklung wirken, zu isolieren, sind alle wesentlichen anderen preisbeeinflussenden Faktoren und deren Wirkungszusammenhänge zu analysieren. Wie haben sich im Vergleichsmarkt beispielsweise Wechselkursveränderungen, Rohstoffpreise oder Lohnentwicklungen auf die Preisbildung ausgewirkt? Wie haben sich diese Faktoren im kartellierten Markt entwickelt und in welcher Höhe hätten diese Faktoren auch in der kontrafaktischen Situation zu Preisänderungen geführt?

Diese Analysen können auf Basis unterschiedlicher statistischer Verfahren erfolgen wie in nachfolgend abgebildeter Übersicht dargestellt.

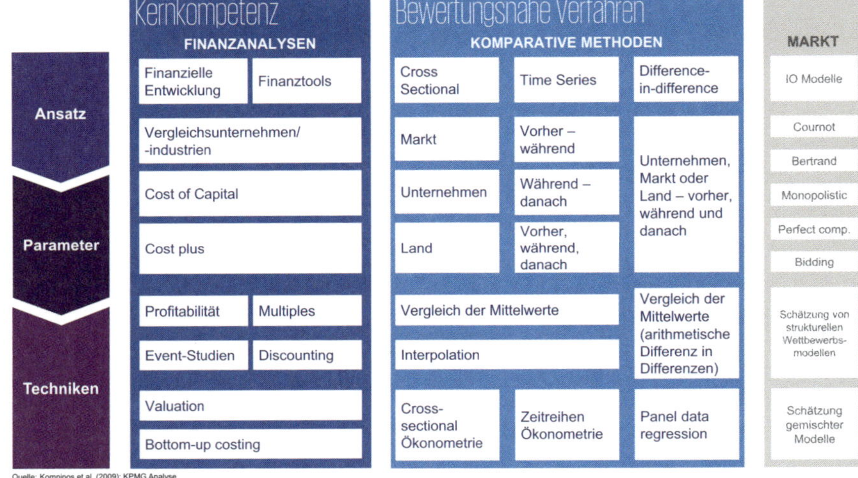

Abb. F-7: Verfahren zur Prognose kontrafaktischer Preisentwicklungen

Da diese Modellierung zwingend auf Basis von Annahmen durchgeführt wird, hat die Festlegung der für die Höhe des Schadens relevanten Prämissen begründet und transparent zu erfolgen.

Vorhandenen Ermessenspielräumen ist bei der Festlegung wertrelevanter Annahmen besondere Aufmerksamkeit zu schenken. Mithilfe von Werttreiberanalysen sowie Szenario- und Simulationsrechnungen kann die Wertrelevanz einzelner Annahmen isoliert betrachtet und im Gesamtkontext analysiert werden.

Je nach Perspektive kann oder sollte der Analyse der schadensmindernden Effekte eine besondere Aufmerksamkeit gewidmet werden. Aus ökonomischer Sicht ist die Schadensweiterwälzung grundsätzlich integraler Bestandteil der Schadensquantifizierung.

Gibt der Kartellgeschädigte die Mehrkosten aus kartellrechtswidrig erhöhten Preisen an seine Endkunden weiter, dann sinkt tendenziell sein eigener Schaden. In welchem Umfang das erfolgt ist und welche negativen Mengeneffekte gegebenenfalls hieraus für ihn resultierten, gilt es zu analysieren. Diese Argumentationslinie steht nach geltendem Recht auch den Kartellanten offen (sogenannte „Passing-on-Defence").

Zusammenfassend lässt sich festhalten, dass bei der Bewertung von Kartellschäden grundsätzlich die bekannten Verfahren der Unternehmensbewertung angewendet werden sollten. Ebenso sind die grundlegenden Prinzipien der klassischen Schadensbewertung (Differenzhypothese) anwendbar. Bei Kartellschäden sind die Prognose der kontrafaktischen Situation und hier die fundierte und transparente Abschätzung der relevanten Preisentwicklung unter der Prämisse, dass es keine Kartellbildung gegeben hätte, besonders wichtig.

Eine belastbare und nachvollziehbare Bewertung des Schadensersatzanspruches, zum Beispiel durch einen in Bewertungsfragen versierten externen Gutachter, stellt eine wichtige Voraussetzung für die Entscheidung über die Geltendmachung und für die Durchsetzung von Schadensersatzansprüchen dar – ebenso natürlich auch für die Abwehr überzogener Forderungen.

10 ICOs und Tokens – erfordern Unternehmensfinanzierungen auf Basis von Blockchain-Technologien neue Bewertungslösungen?

Für ICOs als Form der Start-up-Finanzierung ist trotz der aktuellen Unsicherheiten an den Kapital- und Transaktionsmärkten wieder ein Investitionsvolumen zu verzeichnen, welches vor dem Rekordjahr 2018 beobachtbar war. Was zeichnet diese Form der Unternehmensfinanzierung aus? Im Kern sind es digitale Währungen, die eine alternative Form der Unternehmensfinanzierung durch Risikokapital darstellen. Sie stehen in engem Zusammenhang mit sogenannten Blockchain-Projekten, in deren Rahmen Investoren Einheiten (sogenannte Tokens) eines neuen Blockchain-Projekts kaufen können, um im Vorfeld die Entwicklung eben dieses Projekts zu finanzieren. Der Einsatz von Blockchain-Technologien führt für verschiedene Branchen technologisch zu einer Veränderung ihrer Wertschöpfungsketten. Aus diesem Grund wächst auch die ökonomische Relevanz von Investments in Tokens für strategische Investoren, um über diese Form der Finanzierung Zugriff auf neue Blockchain-Lösungen zu erlangen. Daher sollen im Folgenden aus Sicht dieser Investoren wertorientierte Fragestellungen für diese Form von Risikokapital beleuchtet werden, ohne auf regulatorische, aufsichtsrechtliche, rechtliche und steuerliche Besonderheiten einzugehen.

Die Technologieperspektive: Blockchain, Token und Smart Contracts

Token stellen die dezentrale Anwendung einer Blockchain-Technologie dar. Ein Token ist einem Smart Contract, also einem programmierbaren Vertrag, gleichzusetzen. Blockchains sind fälschungssichere, verteilte Datenstrukturen, in denen Transaktionen in der Zeitfolge protokolliert, nachvollziehbar, unveränderlich und ohne zentrale Instanz abgebildet sind. Mit der Blockchain-Technologie lassen sich Eigentumsverhältnisse direkter und effizienter als bislang sichern und regeln, da eine lückenlose und unveränderliche Datenaufzeichnung hierfür die Grundlage schafft. Mit der Blockchain erfolgt die Schaffung von Öko-Systemen, die die Abwicklung von Transaktionen ermöglichen, ohne dass auf herkömmliche Währungen zurückgegriffen wird. Als Folge sinken mit Blockchain-Lösungen die Transaktionskosten.

Voraussetzung für die Realisierung von Transaktionskostenvorteilen ist der Einsatz von Blockchain-Plattformen. Für die Entwicklung einer Blockchain-Lösung können Unternehmen auf Open Source Plattformen der Blockchain-Technologie wie Bitcoin oder Ethereum zurückgreifen. Alternativ können Unternehmen auch eigene Blockchain-Plattformen für ihr Geschäftsmodell entwickeln. Die Plattformen Bitcoin oder Ethereum stellen einen möglichen Anwendungsfall der Blockchain-Technologie dar. Gleichzeitig bezeichnet Bitcoin die Transaktionswährung der Plattform; gleiches gilt für Ether als Währung der Ethereum-Plattform. Diese Währungen werden häufig auch als Kryptowährungen bezeichnet.

Die Investmentperspektive: Security-, Utility-, und Currency Tokens

Mit dem Erwerb von Einheiten (Tokens) eines neuen Blockchain-Projekts finanzieren strategische Investoren das neue Projekt und erlangen über diesen Weg Zugang zu dieser innovativen Blockchain-Lösung. Dabei werden grundsätzlich drei Formen von Tokens unterschieden, deren Eigenschaften in nachfolgender Grafik dargestellt werden.

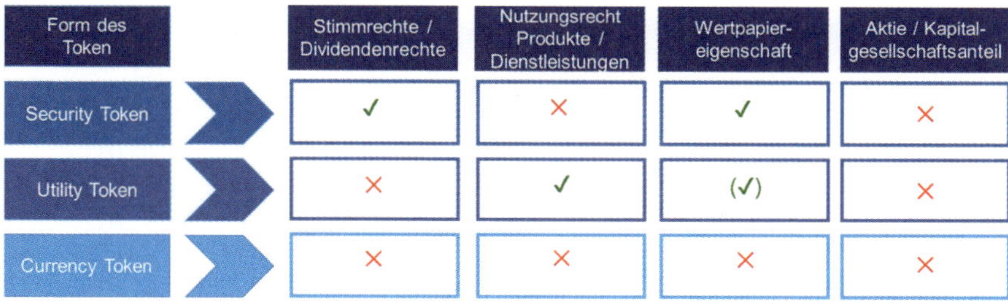

Form des Token	Stimmrechte / Dividendenrechte	Nutzungsrecht Produkte / Dienstleistungen	Wertpapier-eigenschaft	Aktie / Kapital-gesellschaftsanteil
Security Token	✓	×	✓	×
Utility Token	×	✓	(✓)	×
Currency Token	×	×	×	×

Abb. F-8: Tokenarten

Mit Security Tokens werden gegen Zahlung von nationalstaatlichen Währungen (Euro, USD) oder Kryptowährungen (Bitcoin, Ether) Ansprüche auf zukünftige Dividenden des emittierenden Unternehmens seitens der Investoren erworben. Auch Stimmrechte können mit Security Tokens verbunden sein. Aufgrund dieser Rechte sind Security Tokens als Form der Unternehmensfinanzierung der Ausgabe von Aktien oder neuen Geschäftsanteilen ähnlich, jedoch nicht gleichzusetzen, da sie rechtlich keine Mitgliedschaft darstellen. Sie erfüllen grundsätzlich die Eigenschaften von Wertpapieren im Sinne des Kapitalmarktrechts.

Mit Utility Tokens erfolgt die Unternehmensfinanzierung durch Ausgabe von Ansprüchen auf zukünftige Produkte und Dienstleistungen. Der Investor kann mit dem Erwerb des Utility Tokens zukünftige Produkte und Dienstleistungen des emittierenden Unternehmens einlösen. Hinsichtlich der Eigenschaften handelt es sich um Coupons. Ein Anspruch auf zukünftige Dividendenansprüche des emittierenden Unternehmens besteht nicht. Je nach Ausgestaltung kann aber auch die Wertpapiereigenschaft gegeben sein, wenn es sich um Utility Tokens handelt, die eine Investmentfunktion erfüllen. Für den Erwerber von Utility Tokens bestehen ebenso wie bei Security Tokens keine Mitgliedschaftsrechte am Unternehmen.

Bei Currency Tokens handelt es sich vom Charakter her um Zahlungsinstrumente. Die Bezahlfunktion steht im Vordergrund. Grundsätzlich bestehen Ähnlichkeiten zum Utility Token; allerdings können Currency Tokens auch für die Bezahlung von Produkten und Dienstleistungen eingesetzt werden, die nicht vom Token-emittierenden Unternehmen selbst angeboten werden. Der Bitcoin erfüllt beispielsweise diese Funktion als Currency Token. Currency Tokens bilden ebenfalls keine Ansprüche auf zukünftige Dividenden oder Nutzungsrechte an Produkten und Dienstleistungen des emittierenden Unternehmens ab. Wertpapiereigenschaft kommt ihnen nicht zu.

Die Bewertungsperspektive: Grundsatz und Besonderheiten

Ein Blockchain-Projekt ist ökonomisch betrachtet ein Start-up-Unternehmen. Insofern gelten grundsätzlich die Besonderheiten für die Bewertung von Start-ups auch für Blockchain-Lösungen. Umgekehrt gelten für die Blockchain-Projekte, dass das Geschäftsmodell mit der Blockchain eine neuartige technologische Anwendung in den Fokus rückt. Insofern setzen hier die Besonderheiten der wertorientierten Betrachtung an: Relevanz der Blockchain für das Geschäftsmodell und Positionierung in der Wertschöpfungskette einer Branche, Erwartungen bezüglich des zukünftigen Marktvolumens und der Effizienzgewinne aus einer Blockchain-Lösung sowie Abbildung der zukünftigen Wertentwicklung der Coins beziehungsweise von (Krypto-) Währungsrisiken.

Für eine Analyse der spezifischen Besonderheiten ist zunächst von Relevanz, dass das innovative Geschäftsmodell einer Blockchain-Lösung bedarf und den Einsatz von Tokens darlegen kann, um die Vorteile aus der kommerziellen Anwendung zu realisieren. Im sogenannten White Paper wird das Geschäftsmodell für die spezifische Blockchain-Anwendung erfasst. Dieses Konzept bildet die Grundlage für die spätere Implementierung. Im White Paper kann möglicherweise der Nachweis, dass nur durch den Einsatz von Blockchain und Token das innovative Geschäftsmodell entstehen kann, unzureichend erbracht worden sein. Ein solcher Nachweis stellt für Blockchain-basierte Start-ups eine zentrale Besonderheit dar.

Ausgehend vom White Paper ist dann die geplante Implementierung der nächste Schritt. Start-ups oder Blockchain-Projekte, welche sich erfolgreich mit ihrer dezentralen Anwendung und Smart Contracts für spezifische Anwendungen etablieren können, werden je nach Branche zumindest zeitweise monopolartige Positionierungen in Wertschöpfungsketten realisieren können. Dies kann ein Erklärungsansatz für das Bewertungsniveau sein, welches im Rahmen von ICOs in der Vergangenheit realisiert wurde. Gleichwohl hat sich der Begriff des „fear of missing out" etabliert – Bewertungsniveaus, die sich weniger an fundamentalen Bewertungszusammenhängen orientieren.

Aus fundamentaler Sicht gibt es für die einzelnen Tokenformen (Security-, Utility- und Currency Token) unterschiedliche Wirkungszusammenhänge zur Beurteilung wertorientierter Fragestellungen. Mit Security Tokens sind zukünftige Dividendenansprüche verbunden. Daher folgt die Bewertung der Security Tokens den Erwartungen an zukünftige Nettoeinnahmen. Die Auszahlung der Dividenden kann in nationalstaatlichen Währungen, aber auch in Kryptowährung erfolgen. Insofern kann die Erwartung an die Entwicklung der zugrunde liegenden Währung ein zusätzlicher wertbildender Faktor sein.

Preisveränderungen von Utility-Tokens unterliegen den Gesetzen von Angebot und Nachfrage nach den zukünftigen Produkten und Dienstleistungen und haben – wie zuvor erläutert – den Charakter von Coupons. Dadurch entsteht eine Abhängigkeit von Geldmenge (Anzahl Coins) und Preisniveau (Wert eines Coins), sodass sich der Tauschwert, der mithilfe einer Blockchain transferiert wird, ermittelt werden kann. Diese Tokens haben zudem eine duale Struktur, was Bewertungsfragen komplexer werden lässt. Investoren erwarten eine steigende Preisentwicklung der Tokens, während aus Kundenperspektive rückläufige Kosten für die Dienstleistungen erwartet werden, die sich wiederum in einer höheren Nachfrage nach Tokens ausdrücken. Insofern besteht in Bezug auf den Wert eines Utility Tokens ein funktional inverser Zusammenhang mit den Kosten eines Produkts oder einer Dienstleistung. Je höher der Effizienzgewinn desto höher der Wert des Tokens aus fundamentaler Sicht.

Currency Tokens sind als Zahlungsinstrumente an die Wertentwicklung der Kryptowährung gebunden.

Mit Geschäftsmodellen auf Blockchain-Technologie fußt das Geschäftsmodell auf der Implementierung einer neuen Blockchain-Technologie für zukünftige Transaktionen (Produkte oder Dienstleistungen), die speziell im Fall der Utility Tokens durch die Ausgabe von Tokens gleichzeitig für die Unternehmensfinanzierung eingesetzt werden. Die Abbildung von (Krypto-)Währungsrisiken stellt die Bewertung von diesen Unternehmen vor zusätzliche Herausforderungen. Preisentwicklungen dieser Währungen (Bitcoin, Ether) sind ein zusätzlicher exogener Faktor in der Einschätzung eines Blockchain-Projekts. Währungsrisiken werden bei Unternehmen mit etablierten Geschäftsmodellen über den Einfluss auf Zahlungsströme oder durch Berücksichtigung von Inflationsdifferenzialen berücksichtigt. „Digitale Assets“ entziehen sich der bisherigen Abbildungslogik – Cashflows liegen aktuell noch nicht vor und Inflationsdifferenziale für neue Kryptowährungen sind nicht messbar.

Klassische Start-up-Valuation-Methoden arbeiten mit vergleichenden Bewertungsansätzen (zum Beispiel VC-Methode). Die Werteinschätzungen zum Token hingegen sind stark abhängig vom zukünftigen Marktvolumen des Blockchain-Projekts und vom Wettbewerbsumfeld für die Smart Contracts sowie den erwarteten Effizienzgewinnen in der spezifischen dezentralen Anwendung. Vergleichbare etablierte Geschäftsmodelle gibt es aktuell nicht. Dies erfordert die Abbildung individueller Risikoprofile in Einklang mit spezifischen Markt- und Wettwerbsanalysen für die Smart

Contracts. Zur Ableitung von solchen Risikoprofilen bieten sich zum Beispiel Simulationsanalysen an.

Insgesamt ist aus wertorientierter Sicht eine ganzheitliche Beurteilung von Blockchain-Technologie-Projekten, Smart Contracts und Token als Unternehmensfinanzierung und den damit verbundenen Währungsrisiken erforderlich, da Investitionen in das Geschäftsmodell abhängig von der erwarteten Entwicklung der Coins sind, die Gegenstand der Unternehmensfinanzierung und gleichzeitig Transaktionswährung für die spezifische Blockchain-Anwendung sind.

Kapitel G

ERMITTLUNG VON KAPITALKOSTEN

1 Die Entwicklung des Kapitalisierungszinssatzes in den Jahren 2013 bis 2020 – eine empirische Analyse

Die von deutschen Unternehmen angesetzten Kapitalkosten haben sich in den vergangenen acht Jahren deutlich verändert. Der stetig sinkende quasi-risikolose Basiszinssatz ist 2017 erstmals unter ein Prozent gesunken und liegt mittlerweile bei nur noch rund null Prozent. Dieser Rückgang wurde – wie bereits in den Vorjahren – durch die leicht steigende Marktrisikoprämie nur teilweise kompensiert. In den Jahren 2012/2013 bis 2017/2018 sanken die Eigenkapitalkosten der Unternehmen in Deutschland folglich und bewegten sich nach einem leichten Anstieg im Jahr 2017/2018 auf einem relativ konstanten Niveau. Gleichzeitig abnehmende Fremdkapitalkosten führten insgesamt zu einem Rückgang der gewichteten beobachtbaren Kapitalkosten (WACC). In den Bereichen Technology und Automotive wurden tendenziell die höchsten, in den Bereichen Health Care und Energy & Natural Resources die niedrigsten gewichteten Kapitalkosten angesetzt.

Den nachführenden Ausführungen liegt die jährlich erscheinende Kapitalkostenstudie der KPMG zugrunde. Die 15. Ausgabe wurde in der Studie im Oktober 2020 veröffentlicht. Die Studie stellt aktuelle Entwicklungen bei der Erstellung von Planungsrechnungen, der Ableitung von Kapitalkosten und der Relevanz von Unternehmenswerten und deren Entwicklung dar. An der aktuellen Studie haben sich insgesamt 242 Teilnehmer aus Deutschland, davon 77% der DAX-30-Unternehmen beteiligt.

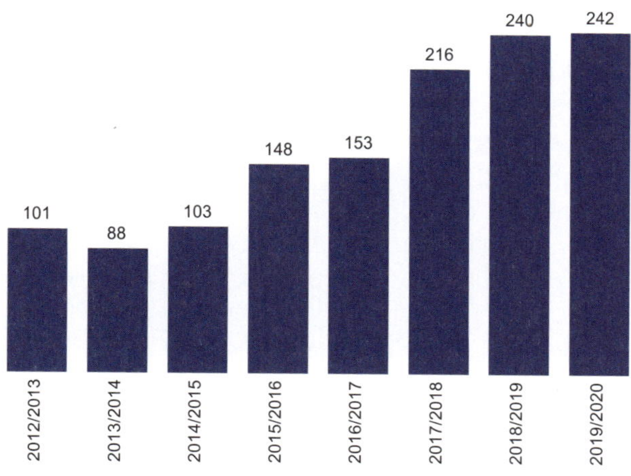

Abb. G-1: Studienteilnehmer Deutschland

Die Studie umfasst umfangreiche Analysen nach Branchen und Sektoren. Die wesentlichen Ergebnisse zur Entwicklung des Kapitalisierungszinssatzes und ausgewählten Parametern in den Jahren 2013 bis 2020 stellen wir im Folgenden kurz vor. (Weitergehende Ausführungen und Analysen zu Fragestellungen rund um Kapitalkosten, Planungsrechnung und Wertorientierung sowie ergänzende interaktive Auswertungsmöglichkeiten zur Studie sind unter www.kpmg.de/kapitalkostenstudie veröffentlicht.

Risikoloser Basiszinssatz und Marktrisikoprämie

Nach einem leichten Anstieg des durchschnittlich angesetzten langfristigen risikolosen Basiszinssatzes im Jahr 2013/2014, hat sich bis zum Jahr 2016/2017 ein Abwärtstrend manifestiert. Der von den Studienteilnehmern aus Deutschland durchschnittlich angesetzte Basiszinssatz verringerte sich im Jahr 2017 auf 0,9% und erreichte damit zum ersten Mal seit Veröffentlichung der Kapitalkostenstudie ein Niveau von unter einem Prozent. In den Jahren 2017/2018 und 2018/2019 konnte mit 1,2% wieder ein leicht höheres Niveau beobachtet werden. Im aktuellen Jahr fiel der durchschnittlich angesetzte Basiszinssatz auf 0,4% und stellt somit den historischen Tiefstwert dar.

Die Berechnung der kapitalmarktorientierten MRP kann durch Bildung der Differenz zwischen der Rendite einer Anlage in ein repräsentatives Marktportfolio – in der Praxis meist bestehend aus risikobehafteten Unternehmensanteilen (Aktien) – und der Rendite einer risikolosen Anlage erfolgen und sowohl auf historischen als auch zukunftsorientierten Daten basieren. Die MRP ist somit kein am Kapitalmarkt unmittelbar beobachtbarer Parameter.

In den Jahren 2012/2013 bis 2016/2017 kam es bei den Teilnehmern zu einem stetigen Anstieg der MRP von 6,0% auf rund 6,6%. Nachdem die MRP in den beiden Folgejahren auf ähnlichem Niveau blieb, war im Jahr 2019/2020 ein deutlicher Anstieg auf 7,2% zu beobachten. Dieser ist insbesondere auf die Erhöhung der FAUB des IDW empfohlenen Bandbreite der MRP im Oktober 2019 zurückzuführen. Dieser empfiehlt nunmehr eine Bandbreite (nach persönlichen Steuern) von 6,0% bis 8,0%. Die Entwicklung hin zu steigenden MRP kompensierte dabei gleichzeitig den in der Tendenz rückläufigen Basiszinssatz teilweise. Mit Blick auf die Gesamtrendite (Eigenkapitalkosten) reduzierten sich diese von 8,7% im Jahr 2012/2013 auf 7,9% im Jahr 2016/2017. Die Folgeperioden zeigen mit Renditen zwischen 8,0% und 8,1% wieder einen leichten Anstieg.

Diese Entwicklung deckt sich auch mit den am Markt beobachtbaren impliziten Renditen börsennotierter Unternehmen in Deutschland. Während das Zinsniveau in Europa nunmehr im achten Jahr auf einem historisch niedrigen Niveau verharrt, liegt die MRP als Differenz aus Aktienrenditen und Basiszinssatz weiterhin auf hohem Niveau oberhalb langfristiger historischer Durchschnitte und die Gesamtrendite in einem tendenziell stabilen Korridor.

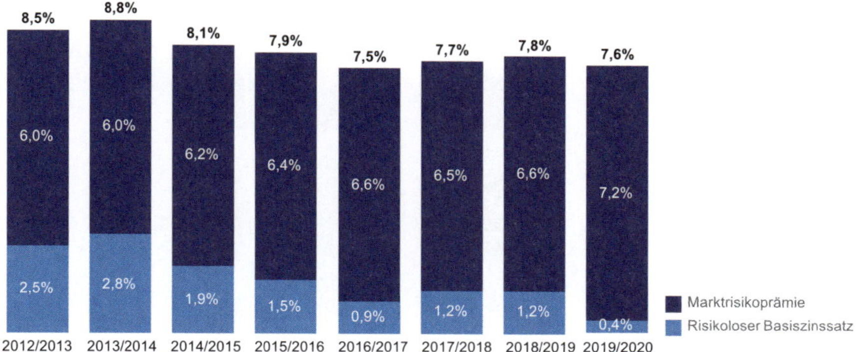

Abb. G-2: Durchschnittlich verwendeter Basiszinssatz, Marktrisikoprämie und Gesamtrendite in Deutschland

Betafaktoren

Die Schwierigkeit bei der Ermittlung des künftigen Betafaktors lässt sich auf folgende Aspekte zurückführen: In der Praxis stellen historische Renditen regelmäßig den Ausgangspunkt zur Ermittlung des zukunftsorientierten Betafaktors für Bewertungszwecke dar. Des Weiteren gibt es bereits bei der Erhebung der historischen Betafaktoren verschiedene Hürden, zum Beispiel dadurch, dass CGUs als zu bewertende Einheiten im Rahmen des Impairment Tests in der Regel nicht börsennotiert sind. Demnach können für die CGU auch keine Betafaktoren direkt aus dem Kapitalmarkt abgeleitet werden. Deshalb bedient man sich in der Praxis einer Gruppe vergleichbarer, an der Börse notierter Unternehmen – einer sogenannten Peer Group –, um das unternehmensspezifische Risiko der CGU mithilfe von Kapitalmarktdaten zum jeweiligen Stichtag bestmöglich abzubilden. Dabei erschweren jedoch zunehmend verschmelzende Branchen die Ableitung einer geeigneten Peer Group, die das gesuchte operative Risiko der Bewertungseinheit reflektiert. Neben der Verwendung einer Peer Group zur Bestimmung des Betafaktors können Alternativansätze herangezogen werden, welche geeignet sind, das operative Risiko von CGUs unmittelbar aus Markt- und Unternehmensdaten abzuleiten. Solche Ansätze finden in der Bewertungspraxis zunehmend Berücksichtigung.

	2012/2013	2013/2014	2014/2015	2015/2016	2016/2017	2017/2018	2018/2019	2019/2020
Automotive	1,02	1,13	1,05	0,99	1,00	0,99	0,99	1,00
Chemicals & Pharmaceuticals	0,90	0,92	0,80	0,84	0,86	0,90	0,91	0,84
Consumer Markets	0,68	0,72	0,70	0,82	0,85	0,76	0,87	0,84
Energy & Natural Resources	0,72	0,81	0,96	0,75	0,78	0,74	0,72	0,72
Financial Services	n/m	n/m	n/m	n/m	n/m	n/m	n/m	n/m
Health Care	0,74	0,72	0,71	0,78	0,85	0,87	0,80	0,78
Industrial Manufactoring	0,87	0,95	0,93	0,88	0,89	0,92	0,87	0,91
Media & Telecommunications	0,87	0,79	0,82	0,87	0,89	0,83	0,73	0,82
Real Estate	0,74	n/a	n/a	0,42	n/a	n/a	n/a	0,59
Technology	n/a	0,97	0,89	0,97	1,06	1,04	0,98	1,09
Transport & Leisure	0,78	n/a	0,70	0,83	0,80	0,68	0,73	0,74
Gesamt	0,83	0,83	0,84	0,85	0,86	0,84	0,83	0,84

Abb. G-3: Durchschnittlich verwendeter unverschuldeter Betafaktor in Deutschland nach Branchen

Der durchschnittlich verwendete unverschuldete Betafaktor hat sich in den vergangenen acht Jahren nur unwesentlich verändert und bewegte sich in einem engen Korridor von 0,83 (2012/2013) bis 0,86 (2016/2017). Trotz der insgesamt nahezu konstanten Entwicklung zeigten sich innerhalb der einzelnen Branchen einige wesentliche Veränderungen im Zeitverlauf. Die größte Änderung war mit einem Anstieg von 0,68 in 2012/2013 auf 0,84 in 2019/2020 im Bereich Consumer Markets zu verzeichnen, was insbesondere auf dem Wandel vom Stationär- zum Onlinehandel zurückzuführen ist. Die größte Volatilität war bei Unternehmen innerhalb des Bereichs Energy & Natural Resources zu beobachten, mit besonders großen Änderungen im Geschäftsjahr 2014/2015 (+0,15) beziehungsweise 2015/2016 (–0,21). Im vergangenen Jahr 2019/2020 ist der durchschnittliche Betafaktor in diesem Bereich wieder auf das Niveau des Jahres 2012/2013 zurückgekehrt. Dies könnte ein Zeichen dafür sein, dass die Studienteilnehmer die Unsicherheiten und herausfordernden Marktbedingungen in dieser Branche wieder geringer als in früheren Jahren einschätzen.

Während bis 2015/2016 der durchschnittlich höchste unverschuldete Betafaktor stets im Bereich Automotive zu finden war, lag der höchste Wert in den Folgejahren (mit Ausnahme des Jahres 2018/2019) mit 1,04 bis 1,06 im Bereich Technology. Im Jahr 2018/2019 wies der Bereich Automotive erneut den höchsten Betafaktor auf.

Fremdkapitalkosten

Die Fremdkapitalkosten bilden den zweiten wesentlichen Parameter neben den verschuldeten Eigenkapitalkosten bei der Herleitung des WACCs.

Die von den Unternehmen angesetzten Fremdkapitalkosten sind im Zeitverlauf um 2,1 Prozentpunkte von 4,4% in 2012/2013 auf 2,3% in 2019/2020 gesunken. Dabei ist diese Entwicklung insbesondere in den Jahren 2015/2016 und 2016/2017 sowie den Jahren 2017/2018 und 2018/2019 geringer ausgefallen als der Rückgang im Basiszinssatz und kann somit nur durch ein Ansteigen der Risikoprämien für Fremdkapital (sogenannte Credit Spreads) erklärt werden.

Ausgehend vom Jahr 2012/2013 war über den gesamten Betrachtungszeitraum insgesamt eine rückläufige Entwicklung der Fremdkapitalkosten über alle Branchen hinweg sichtbar. Die stärkste durchschnittliche jährliche Reduzierung der Fremdkapitalkosten war bei Teilnehmern im Bereich Technology zu beobachten (seit 2012/2013: –2,6 Prozentpunkte). Die größte Volatilität war bei Unternehmen innerhalb des Bereichs Industrial Manufacturing zu beobachten, mit besonders großen Änderungen im Geschäftsjahr 2013/2014 (+1,6 Prozentpunkte) beziehungsweise 2014/2015 (–2,2 Prozentpunkte).

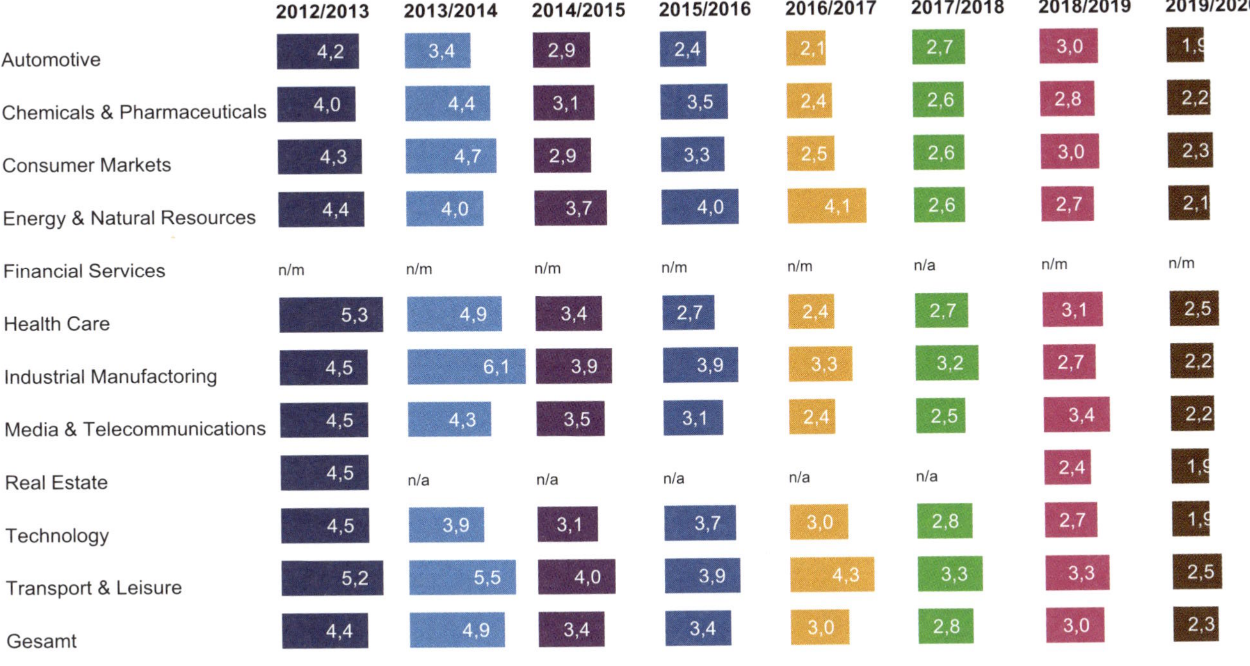

Abb. G-4: Durchschnittlich verwendete Fremdkapitalkosten in Deutschland nach Branchen in %

WACC nach Branchen

Im gesamten Betrachtungszeitraum konnte ein stetiger Abwärtstrend des WACCs beobachtet werden. Ausnahmen stellen die Jahre 2013/2014 und 2017/2018 dar, in welchen jeweils ein leichter Anstieg gegenüber dem Vorjahres-WACC auf Basis der Angaben der Studienteilnehmer ermittelt wurde. Der durchschnittlich angesetzte WACC erreichte im Jahr 2019/2020 mit 6,6% den niedrigsten Wert seit Veröffentlichung der Studie. Ursächlich für die rückläufige Entwicklung des WACC in der Vergangenheit war insbesondere der Rückgang des risikolosen Basiszinssatzes, der durch den korrespondierenden Anstieg der Marktrisikoprämie nicht vollständig kompensiert wurde, so dass daraus insgesamt ein Rückgang der Eigen- und Gesamtkapitalkosten resultierte.

Bezogen auf den gesamten Betrachtungszeitraum reduzierten sich die gewichteten Kapitalkosten über alle Branchen hinweg. Eine besonders deutliche durchschnittliche jährliche Reduzierung des WACCs war im Bereich Media & Telecommunications erkennbar (-1,5 Prozentpunkte). Gleichzeitig war in diesem Bereich im Gegensatz zu anderen Branchen nur wenig Volatilität von Jahr zu Jahr zu verzeichnen. Eine vergleichsweise geringe Reduzierung zeigte sich mit -0,2 Prozentpunkten im Bereich Technology. Zwischen den einzelnen Branchen war eine sehr unterschiedliche Entwicklung im Zeitablauf zu beobachten. Insbesondere im Jahr 2013/2014 zeigte sich eine vergleichsweise starke Reduzierung der gewichteten Kapitalkosten über die Mehrheit der betrachteten Branchen hinweg. Darüber hinaus war die größte Reduzierung des WACCs im Bereich Transport & Leisure im Jahr 2017/2018 um 1,7 Prozentpunkte gegenüber dem Vorjahreswert zu beobachten.

	2012/2013	2013/2014	2014/2015	2015/2016	2016/2017	2017/2018	2018/2019	2019/2020
Automotive	8,4	8,5	8,3	7,5	7,3	8,0	7,9	7,5
Chemicals & Pharmaceuticals	7,2	7,7	6,5	7,1	6,5	7,0	7,2	6,5
Consumer Markets	7,6	7,4	6,6	7,3	7,2	6,3	7,0	7,0
Energy & Natural Resources	6,8	7,8	6,2	6,4	6,0	5,6	5,4	5,6
Financial Services	n/m	n/m	n/m	n/m	n/m	n/m	n/m	n/m
Health Care	7,6	7,3	5,6	6,4	7,1	6,9	6,6	6,2
Industrial Manufactoring	8,1	8,4	7,4	7,4	7,1	7,3	7,2	7,0
Media & Telecommunications	7,8	7,6	7,7	7,2	7,3	6,8	6,5	6,1
Real Estate	7,3	n/a	n/a	n/a	n/a	n/a	4,9	5,0
Technology	8,2	7,8	6,5	8,0	8,8	8,4	7,9	8,0
Transport & Leisure	7,7	8,2	7,1	7,1	7,5	5,8	6,0	6,3
Gesamt	7,7	7,8	7,1	7,1	6,8	6,9	6,8	6,6

Abb. G-5: Durchschnittlich verwendeter WACC (nach Unternehmenssteuern) in Deutschland nach Branchen in %

2 Unternehmensbewertung 4.0 – Kapitalmarktparameter in Echtzeit

Immer mehr Daten, immer komplexere Strukturen, immer weniger Zeit: Die Digitalisierung stellt neue Anforderungen an die Arbeit von Unternehmensbewertern. Gleichzeitig müssen sie Kapitalmarktparameter aus diversen Quellen – zum Beispiel hinsichtlich des Basiszinssatzes aus Daten von Zentralbanken – extrahieren und mit der Svensson-Methode valide aufbereiten. Auch andere Kapitalmarktparameter, wie Markt- oder Länderrisikoprämien sollen, wenn möglich tagaktuell „auf Knopfdruck" zur Verfügung stehen.

Herausforderung und Chance zugleich – so stellt sich die Digitalisierung für Unternehmensbewerter dar. Eine Herausforderung ist der digitale Wandel, da nun mit jeder Transaktion und mittels zunehmender Vernetzung unzählige Daten generiert werden. Dieses Phänomen ist unter dem Begriff Big Data bekannt. In der Folge steigen auch die Datenvolumina exponentiell an, die ein Bewerter extrahieren, aufbereiten und würdigen muss.

Bei einer Unternehmensbewertung werden neben unternehmensspezifischen Daten auch Marktdaten benötigt. Zieht man die Herleitung der Inputparameter für die Kapitalkostenableitung als Beispiel heran, wird deutlich: Unternehmen müssen mit einer Vielzahl von Quellen (beispielsweise Zentralbanken, externe Kapitalmarkt-Informationsdienstleister, Wirtschaftsinstitute) umgehen. Daten liegen in unterschiedlichsten Formen, Strukturen und Detaillierungsgraden vor.

Neben der Ermittlung des risikolosen Zinssatzes müssen zudem die MRP, gegebenenfalls die Länderrisikoprämie, der Steuersatz, das Inflationsdifferenzial und der Betafaktor für die Bestimmung der Kapitalkosten sachgerecht ausgewählt und berechnet werden.

Die Folge ist ein hoher Zeitaufwand für die Recherche, die Extrahierung der Daten, deren Aufbereitung nach unterschiedlichsten Methoden, Qualitätssicherung und abschließende Würdigung. Kapitalmarkt-Informationsdienstleister wie Bloomberg oder Capital IQ bieten zwar auf kostenpflichtiger Basis an, einzelne Kapitalkostenparameter einzusehen. Dabei handelt es sich jedoch um Rohdaten, die noch aufgearbeitet werden müssen.

Gleichzeitig wird von Unternehmensbewertern eine immer schnellere Arbeitsweise gefordert. Kurz gesagt: Bewerter müssen im Zeitalter der Digitalisierung immer mehr Daten in immer weniger Zeit analysieren.

Chancen der Digitalisierung für die Unternehmensbewertung

Der digitale Wandel bietet aber auch große Chancen. So eröffnet er neue Möglichkeiten, Daten mit innovativen Lösungen zu verarbeiten und zu nutzen. Mit Data Analytics ist es möglich geworden, vorhandene große Datenmengen in Echtzeit zu analysieren und die Erkenntnisse gewinnbringend für Unternehmen beziehungsweise deren Bewertung zu nutzen. Daten verschiedenster Quellen können verknüpft und analysiert werden.

Vor diesem Hintergrund stellt sich die Frage: Wie kann die Digitalisierung helfen, die Unternehmensbewertung effizienter zu gestalten? Operativ gesehen kann das Wissen dazu benutzt werden, Daten zu synthetisieren und den Bewertern bedarfsgerecht zur Verfügung zu stellen. Mithilfe von Data & Analytics können die Analysetiefe und -breite, zum Beispiel in Bezug auf Umsatz- und Margenentwicklung oder operative Steuerungsgrößen, bei der Planungsplausibilisierung gesteigert und eine fundiertere Würdigung getroffen werden.

Die Herausforderung besteht darin, unterstützende Prozesse so zu gestalten, dass Bewerter einfacher und schneller, aber trotzdem sachgerecht, zu ihren Ergebnissen gelangen. Zudem müssen Daten so synthetisiert werden können, dass sämtliche Anwender nicht erst langwierig nach den richtigen Zahlen im Internet recherchieren und diese dann auch noch zusammenführen müssen. Ziel eines jeden Bewerters muss es daher sein, ausschließlich auf Daten aufzusetzen, auf die er sich verlassen kann.

Kapitalkostenparameter effizient finden

Für den Bereich Kapitalmarktparameter bietet zum Beispiel die KPMG Valuation Data Source eine Lösung. Das digitale Produkt zeigt, wie die Digitalisierung im Umfeld der Unternehmensbewertung erfolgreich genutzt werden kann, um auf die veränderten Kundenwünsche adäquat zu reagieren. Es vereint das Know-how von Fachexperten und die Verfügbarkeit von hochkomplexen Daten, die in einer Anwendung einsehbar sind. Die Daten werden als Dashboard-Lösung zur Verfügung gestellt, was zu einer hohen Effizienz im Bewerteralltag führt.

Dank des Dashboards sehen Bewerter alle relevanten Daten auf einen Blick. Die Daten sind einfach zugänglich, können visualisiert abgerufen und heruntergeladen werden. Die Datenabfrage ist schnell und effizient. Im Sinne des Konzepts der „Usability & Convenience“ können Daten handhabbarer als in der Vergangenheit vom Unternehmen eingesehen und weiterverarbeitet werden.

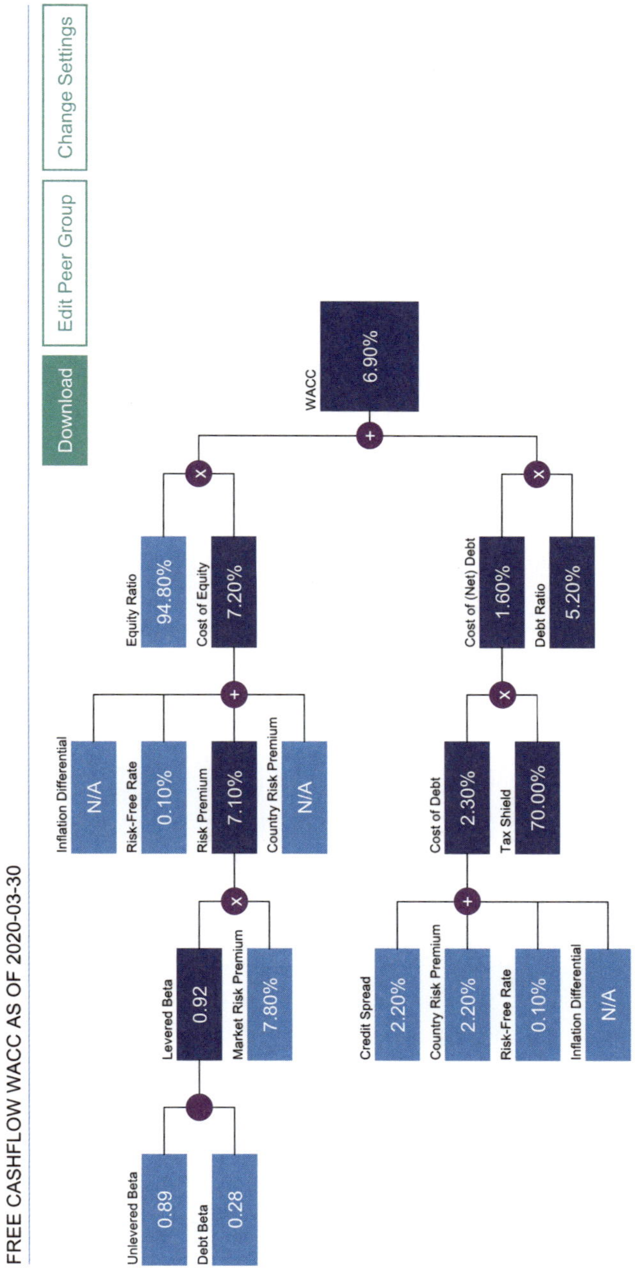

Abb. G-6: Beispielhafte Dashboard-Ansicht

Relevante Kapitalmarktdaten von unter anderem Capital IQ, der FED oder der Deutschen Bundesbank werden in dem Dashboard aggregiert, sodass der WACC basierend auf Peer Group-spezifischen Daten aus über 11.000 Unternehmen weltweit automatisiert berechnet werden kann. Verfügbar sind hierfür sämtliche Parameter, wie beispielsweise Betafaktoren, Credit Spreads, der Basiszinssatz, MRP, LRP, Inflationsdeltas, durchschnittliche Steuersätze sowie ausgewählte Wechselkurse.

Abgerufen werden können Kapitalkostenparameter aus mehr als 150 Ländern über einen Zeitraum von 2012 bis heute. Auf diese Weise können auch historische Stichtage aufgerufen werden. Die Aktualisierung der Daten erfolgt auf monatlicher Basis.

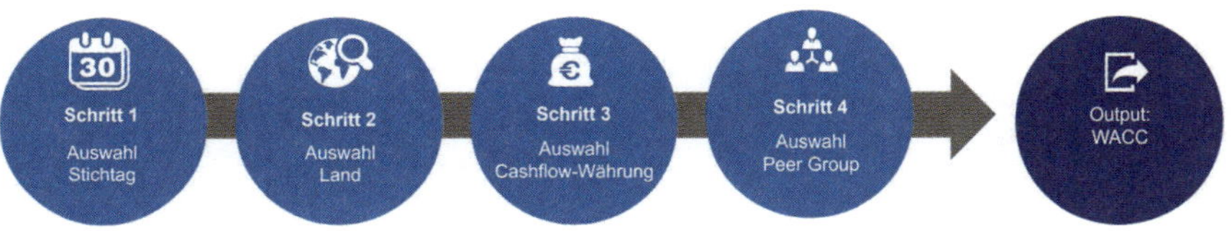

Abb. G-7: Abruf der Kapitalkostenparameter

Die KPMG Valuation Data Source erlaubt es Bewertern also, den neuen Ansprüchen gerecht zu werden – und erleichtert ihnen die Arbeit. Wesentliches Element professioneller Bewertungsleistungen ist die Abgabe eines qualifizierten Urteils durch den Bewerter. Dies kann und soll nicht durch ein digitales Tool ersetzt werden. Auch in Zukunft werden daher weiterhin qualifizierte Bewerter benötigt, die – unter Nutzung digitaler Tools – auf Basis ihrer Erfahrung und ihres Fachwissens eine fundierte gutachtliche Einschätzung hinsichtlich der Unternehmensbewertung abgeben.

3 Ableitung der Marktrisikoprämie – Erkenntnisse aus den Krisenjahren

Im Zuge der Finanzmarkt- und Schuldenkrise sowie der Politik des billigen Geldes der Notenbanken, insbesondere der EZB, sind die Renditen deutscher Bundesanleihen beginnend im Jahr 2011 kontinuierlich auf ein historisch niedriges Niveau gesunken und sind seit einiger Zeit sogar negativ geworden. Die Frage der Auswirkungen auf die Marktrisikoprämie ist seitdem Gegenstand intensiver Diskussion. Ein Paradigmenwechsel bei der Ableitung der Marktrisikoprämie hat die Abschätzung dieses Parameters auf eine breitere und damit belastbarere Schätzbasis gestellt. Durch die Synthese historisch- wie auch zukunftsorientierter Ansätze können die Stärken beider Ansätze kombiniert und deren individuelle Schwächen abgemildert werden. Damit einher ging auch eine Rückbesinnung auf die Bedeutung von empirisch beobachtbaren (realen) Marktrenditen als Ausgangspunkt der Bestimmung der Marktrisikoprämie und Maßstab für Kapitalkosten. Eine somit konsistente Ableitung der Kapitalkosten macht plausible Unternehmensbewertungen möglich und hilft, Fehlentscheidungen aufgrund von Fehlbewertungen zu vermeiden.

Seit dem Sommer 2011 ist die Rendite von deutschen Bundesanleihen kontinuierlich gesunken und erreichte im Frühjahr 2020 im Zuge der COVID-19-Krise ein historisches Rekordtief im negativen Bereich. Auf der Suche nach „sicheren Häfen" der Vermögensanlage sind Käufer deutscher Bundesanleihen nun schon seit Jahren bereit, nicht nur negative Realrenditen zu akzeptieren, was bedeutet, dass die Rendite von deutschen Bundesanleihen unterhalb der Inflationserwartung für Deutschland liegt, sondern sogar negative Nominalrenditen über alle Laufzeiten. Im Jahr 2016 wurde schließlich erstmals eine zehnjährige Bundesanleihe mit einem Kupon von null Prozent begeben (nicht zu verwechseln mit einem zero-coupon bond). Im Jahr 2019 folgte dann sogar eine unverzinste Bundesanleihe mit dreißigjähriger Laufzeit. Da selbst diese Bundesanleihen über pari notieren, sind auch hier die Renditen derzeit negativ.

Renditen von Bundesanleihen werden regelmäßig als Ausgangsgröße zur Ermittlung von Kapitalkosten für Zwecke der Unternehmensbewertung verwendet, da sie als guter Schätzer für den risikolosen Zinssatz angesehen werden, der dann in einem zweiten Schritt um die geforderte Risikoprämie erhöht wird. Eine unreflektierte Verwendung von Risikoprämien aus der Zeit vor 2011 in Verbindung mit der Übernahme des niedrigen Zinsniveaus führt folglich ohne Berücksichtigung der beobachtbaren krisenbedingten Veränderungen anderer Parameter der Kapitalkosten insgesamt zu sinkenden Kapitalkosten. Diese würden wiederum im Rahmen der für Bewertungen in Deutschland und international regelmäßig angewandten Ertragswert- und DCF-Verfahren zu steigenden Unternehmenswerten führen. Ein solcher Effekt stand aber im Zeitablauf zumeist im Widerspruch zur beobachtbaren Entwicklung von Marktpreisen für Unternehmen, die nicht in diesem Maße gestiegen sind oder sogar zeitweise gar nicht gestiegen sind. Zwar müssen sich (beobachtbare) Preise und (gerechnete) Werte nicht entsprechen, gleichzeitig erscheint es jedoch betriebswirtschaftlich fragwürdig, wenn theoretische Modelle steigende Werte erzeugen während sich beobachtbare Marktpreise mittel- und langfristig anders verhalten.

Für den sorgfältigen und verantwortungsbewussten Bewerter sollte dies Anlass sein, die „übliche" Vorgehensweise kritisch zu hinterfragen und zu überprüfen, ob und inwieweit die verwendeten empirischen Daten krisenbedingt verzerrt sind und gegebenenfalls im Widerspruch zu den angewandten theoretischen Kapitalmarktmodellen stehen. Eine unreflektierte Bewertung kann im Ergebnis zu lediglich gerechneten Größen ohne ökonomischen Gehalt und ohne Entscheidungsrelevanz führen, wenn sich Bewertungsergebnis und Realität extrem widersprechen. Folgen wären Fehlinformationen, zum Beispiel bei der Bilanzierung (nicht erkannte Impairments) oder Fehlentscheidungen, wie etwa bei einem beabsichtigten Erwerb eines Unternehmens. Im Rahmen seiner am 19.09.2012 veröffentlichten *Hinweise des FAUB zur Berücksichtigung der Finanzmarktkrise bei der Ermittlung des Kapitalisierungszinssatzes in der Unternehmensbewertung* hat der FAUB daher seine empfohlene Bandbreite zur Bemessung der MRP erhöht. Am 22.10.2019 folgte eine neue Kapitalkostenempfehlung des FAUB nachdem Bundesanleihen über alle Laufzeiten eine negative Rendite aufwiesen. Die Bandbreite zur Bemessung der MRP beträgt seitdem 6% bis 8% (vor persönlichen Steuern) beziehungsweise 5% bis 6,5% (nach persönlichen Steuern). Dem zugrunde liegt eine Einschätzung des FAUB zur Gesamtrendite im Sinne einer Marktrendite von 7% bis 9%.

Die Höhe der MRP selbst, aber auch die Art und Weise ihrer Ableitung sind nicht erst seit den Erhöhungen der empfohlenen Bandbreiten durch den FAUB vermehrt Gegenstand anhaltender und intensiver Diskussionen. Häufig geriet in diesen Diskussionen in Vergessenheit, dass die MRP selbst kein empirisch direkt beobachtbarer Parameter ist, sondern – gemäß dem in der Praxis vorherrschenden Kapitalmarktpreisbildungsmodell CAPM – lediglich die rechnerische Differenz zwischen den beiden empirisch beobachtbaren Parametern Marktrendite und Basiszinssatz darstellt. Das CAPM zerlegt als Erklärungsmodell die empirisch beobachtbare Marktrendite in ihre Bestandteile, indem es von ihr den risikolosen Zins abzieht. Da die Differenz offensichtlich das „Mehr" ist, welches Anleger für die Übernahme von Risiko verlangen, wird es ‚Risikoprämie' beziehungsweise über alle Anlageformen ‚Marktrisikoprämie' genannt. Das CAPM ist daher kein Modell, um aus einem Basiszinssatz und einer „frei gegriffenen" MRP eine Rendite zusammenzusetzen, die mit den an den Kapitalmärkten beobachtbaren Renditen nichts mehr gemein hat. Folglich sollte die Marktrendite insgesamt als beobachtbare Größe im Fokus der Analyse stehen. Die Frage ist somit nicht, was die

„richtige" MRP, sondern was die „richtige" Marktrendite ist. Hieraus resultiert nach Abzug des „richtigen" Basiszinssatzes im Ergebnis automatisch die „richtige" MRP. Der FAUB hat dem in seiner aktuellen Empfehlung mit Verweis auf die Gesamtrendite Rechnung getragen. Der Fachsenat für Betriebswirtschaft – das österreichische Pendant zum FAUB – geht in seiner aktuellen Empfehlung zu Basiszins und MRP aus dem Jahr 2017 noch einen Schritt weiter und empfiehlt keine Bandbreite mehr für die MRP sondern für die Marktrendite mit 7,5% bis 9%.

Basis für die Bestimmung von Marktrenditen und anschließend MRP waren in der Vergangenheit häufig Analysen zu historischen Renditen. Zieht man von einer solchen durchschnittlichen historischen Marktrendite einen durchschnittlichen historischen Basiszinssatz, so wird mit dieser Vorgehensweise implizit eine im Zeitablauf konstante Risikoprämie unterstellt. Berechnet man dagegen für verschiedene Zeitpunkte der Vergangenheit jeweils die Risikoprämie als Differenz aus Marktrendite und risikolosen Zins, ergäbe sich eine im Zeitablauf schwankende Risikoprämie. Daneben haben sich in der Wissenschaft bereits seit Längerem und in der Bewertungspraxis in jüngerer Zeit Modelle zur Ableitung impliziter Renditen etabliert und mittlerweile auch Eingang in die Empfehlungen der entsprechenden Gremien gefunden. Sie ermöglichen eine zukunftsorientierte Ableitung von Renditen anhand von aktuellen Kapitalmarktinformationen. Hierbei werden ebenfalls Risikoprämien berücksichtigt, die sich im Zeitablauf ändern können, was die tatsächlichen Begebenheiten an den Kapitalmärkten realistischer abbildet.

Hierfür wird im Kern die bekannte Bewertungsgleichung

$$\text{Unternehmenswert} = \text{Cashflow}/\text{Kapitalkosten}$$

umgestellt zu

$$\text{Kapitalkosten} = \text{Cashflow}/\text{Unternehmenswert}.$$

Für die Prognose der Cashflows finden Analystenschätzungen Anwendung, die mit zunehmender Kapitalmarkttransparenz in immer breiterem Umfang für eine Vielzahl von Unternehmen verfügbar sind und somit in Kombination mit der heute verfügbaren Rechenleistung die standardisierte Anwendung von Modellen zur Ableitung impliziter Renditen auf breiter Basis ermöglichen. Die Analystenschätzungen finden zudem häufig bei der Plausibilisierung von Planungsrechnungen Anwendung, so dass eine im Sinne des Äquivalenzprinzips konsistente Verwendung erfolgt. Für den Unternehmenswert werden die beobachtbaren Börsenpreise zugrunde gelegt. So lassen sich sowohl für einzelne Unternehmen als auch insbesondere für ganze Indizes implizite Renditen und damit implizite Kapitalkosten für spezifische Märkte ableiten.

Sowohl die Verwendung von historischen Renditen als auch die von impliziten Renditen weist sowohl Stärken als auch Schwächen sowie Spielräume bei der Festlegung einzelner Parameter auf, weswegen beide Ansätze wiederkehrend berechtigter Kritik ausgesetzt sind. Bei der Ermittlung von MRP auf Basis von historischen Renditen wird neben den geschilderten grundsätzlichen Annahmen häufig auch die Abhängigkeit des Ergebnisses von der Auswahl einzelner Parameter wie zum Beispiel Zeitraum und Durchschnittsbildung kritisiert. Bei der Ermittlung von MRP mit Hilfe impliziter Kapitalkosten bestehen jedoch ebenfalls Spielräume, so insbesondere bei der Auswahl des Modells, der modellhaften Fortschreibung der Analystenprognosen sowie der nachhaltigen Wachstumsannahmen. Auch die Verfügbarkeit und Aussagekraft von Analystenprognosen sowie die Annahme einer Identität von Wert (Barwert der Zuflüsse) und Preis (Börsenkurs) ist nicht unproblematisch.

Ein Ansatz, welcher diesen beiden Ansätzen überlegen ist, konnte bisher nicht identifiziert werden. Gerade das macht es unseres Erachtens nach notwendig, sich nicht nur auf einen der beiden Ansätze zu fokussieren, sondern beide Ansätze für die Ableitung der MRP in der Bewertungspraxis zugrunde zu legen, um sich ihre jeweiligen Vorteile zunutze zu machen. Diese Vorteile liegen bei den historischen Renditen in der verlässlichen Schätzung eines stabilen Korridors von Renditen und Risikoprämien. Bei den impliziten Renditen liegt ein Vorteil in der Möglichkeit der stichtagsbezogenen Schätzung und der Feststellung von kurzfristigen Veränderungen der erwarteten Renditen im Zeitablauf. Auch die Deutsche Bundesbank hat zuletzt die Eignung von Modellen zu impliziten Renditen als Gradmesser für die Aktienbewertung und die Risikoeinstellung von Anlegern bestätigt. Ein weiterer Vorteil der zunehmenden Bedeutung impliziter und damit zukunftsorientierter Renditen liegt darin, dass die Kapitalkostenparameter Basiszinssatz und MRP nicht beziehungslos nebeneinander, sondern wieder schlüssig zueinander abgeleitet werden, denn der Basiszinssatz wird bereits seit einigen Jahren stichtagsbezogen und zukunftsorientiert anhand von aktuellen Renditen sowie Zinsstrukturdaten abgeleitet.

Die geschilderte Kombination von historischen und impliziten Renditen ermöglicht es, zukunftsorientierte Renditen und ihre Veränderung im Zeitablauf zu schätzen und dabei Einflüsse eventueller Über- beziehungsweise Untertreibungsphasen an den Kapitalmärkten auf die Renditen durch die gleichzeitige Betrachtung langfristig historischer (Real-)Renditekorridore wirksam auszuschließen.

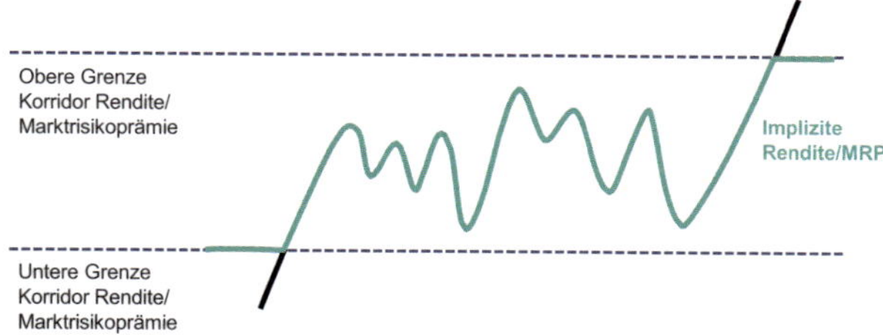

Abb. G-8: Renditekorridor

Wie stellt sich nun die Entwicklung impliziter Renditen dar? Nach dem krisenbedingten Anstieg der erwarteten Renditen in den Jahren 2011 und 2012 trat ab dem Jahr 2013 eine Normalisierung in Richtung des langfristigen Durchschnitts von nominal circa 9% pro Jahr ein. Dieses Niveau zeigte sich dann im gesamten Jahresverlauf 2014 als recht stabil. Mit Beginn des Jahres 2015 begann jedoch ein merklicher Rückgang der Renditen. Erst die im zweiten Halbjahr 2015 einsetzenden Turbulenzen auf den Kapitalmärkten in China und die Erwartung einer baldigen Zinserhöhung der amerikanischen Notenbank führten wieder zu einer Stabilisierung der Renditen auf einem Niveau von circa 8% bis 8,5%. Auf diesem Niveau verharrt die Rendite weitgehend bis heute. Ausreißer nach oben bestanden Richtung 9% Ende des Jahres 2018 insbesondere im Zuge des Handelsstreits zwischen den USA und China und der anhaltenden Brexit-Diskussionen mit Normalisierung im Jahr 2019 und zu Beginn des Jahres 2020 nach Anzeichen der Lösung dieser Konflikte und anhaltender lockerer Geldpolitik wesentlicher Notenbanken. Die einsetzende COVID-19-Krise führte dann zu einer Rückkehr in Richtung des langfristigen Durchschnitts. Die MRP bewegt sich daher entsprechend weitgehend mit umgekehrten Vorzeichen zur Veränderung des Basiszinssatzes, wie die nachstehende Abbildung der impliziten Renditen des DAX zeigt:

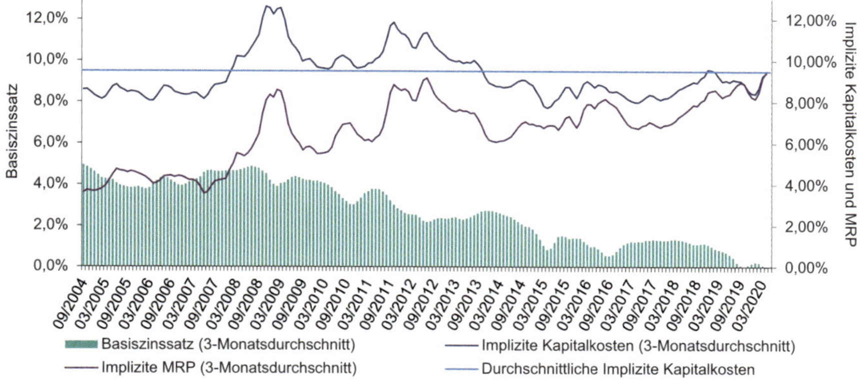

Abb. G-9: Implizite Kapitalkosten und MRP für den DAX30

4 Ermittlung von Betafaktoren – Hinweise für die Praxis

In der Unternehmensbewertungspraxis wird für die Ermittlung von Kapitalkosten regelmäßig auf das CAPM zurückgegriffen. Ein wesentlicher Parameter innerhalb dieses Modells ist der sogenannte Betafaktor. Er ist das Maß für das unternehmensindividuelle Risiko und gibt die Schwankungsbreite (Volatilität) der Renditen eines Unternehmens oder einer Branche im Verhältnis zu denen des Gesamtmarkts an. Obwohl auch der Betafaktor – ebenso wie andere Kapitalkostenparameter auch – zukunftsbezogen zu schätzen ist, wird in der Praxis mangels Alternativen bei seiner Ermittlung nahezu ausschließlich auf Vergangenheitswerte als Ausgangsgröße für die Prognose zurückgegriffen. Dies setzt eine hinreichende Stabilität dieses Betafaktors im Zeitablauf voraus. Bei der Datenanalyse sind eine Vielzahl von Entscheidungen zu treffen, die einen erheblichen Einfluss auf das Ergebnis der Betafaktorenanalyse und damit auf den Wert des Unternehmens haben können.

Die Bestimmung des Betafaktors erfolgt ausgehend von einer linearen Regression der Renditen eines Unternehmens gegen die des Marktes. Da am Kapitalmarkt nur Renditen von Unternehmen mit ihrer jeweiligen individuellen Verschuldung beobachtbar sind, kann im ersten Schritt nur ein sogenannter verschuldeter Betafaktor, der neben operativen Risiken auch Finanzierungsrisiken beinhaltet, abgeleitet werden. Bereits bei der linearen Regression der Renditen von Unternehmen und Markt hat der Bewerter unter anderem zu folgenden Fragestellungen eine Entscheidung zu treffen:

- Betafaktor des Unternehmens oder der vergleichbaren Unternehmen (Peer Group)
- Datenquelle
- Index
- Zeitraum
- Renditeintervall
- Wochentag, an dem das Renditeintervall endet
- Verwendung von Anpassungsverfahren

Anschließend hat der Bewerter bei der Bereinigung des Finanzierungsrisikos aus dem verschuldeten Betafaktor noch eine Entscheidung zur Verwendung eines passenden

- Finanztheoretischen Modells zur Eliminierung des Finanzierungsrisikos

zur Ermittlung des sogenannten unverschuldeten Betafaktors zu treffen (sogenanntes „Unlevern"). Dieser spiegelt dann allein die operativen Risiken wider. Anschließend wird dieser unverschuldete Betafaktor in der eigentlichen Unternehmensbewertung wieder um das Finanzierungsrisiko des Bewertungsobjekts angepasst (sogenanntes „Relevern").

Zu guter Letzt hat der Bewerter eine Entscheidung bei der

- Verdichtung der Ergebnisse zu einem Betafaktor für das Bewertungsobjekt

zu treffen.

Nachfolgend wird kurz auf die zuvor skizzierten Entscheidungsfelder eingegangen.

Betafaktor des Unternehmens oder der vergleichbaren Unternehmen (Peer Group)

Ist ein börsennotiertes Unternehmen zu bewerten, so kann grundsätzlich der Betafaktor dieses Unternehmens direkt Verwendung finden. Voraussetzung hierfür ist eine hinreichende Belastbarkeit und Aussagekraft des Betafaktors des Unternehmens. Diese ist in der Regel bei einer ausreichenden Liquidität des Handels der Aktien des Unternehmens gegeben und kann mittels statistischer Testverfahren weiter fundiert werden. Für die Beurteilung der Liquidität des Aktienhandels stellen Geld-Brief-Spannen, Handelstage, Handelsvolumina und der Free Float geeignete Kennzahlen dar.

Ist ein nicht börsennotiertes Unternehmen zu bewerten oder ist der Betafaktor eines börsennotierten Unternehmens nicht aussagekräftig, so sollte auf die Betafaktoren vergleichbarer börsennotierter Unternehmen (Peer Group) zurückgegriffen werden. Die Ermittlung einer Peer Group stellt auch regelmäßig eine sinnvolle Analyse zur Plausibilisierung unternehmenseigener Betafaktoren dar. Größere Abweichungen zwischen einem unternehmenseigenen Betafaktor und dem der Peer Group sollten Anlass für vertiefende Analysen zu der Belastbarkeit des unternehmenseigenen Betafaktors, der von Peer Group Unternehmen oder der Vergleichbarkeit der Peer Group sein.

Für die Beurteilung der Vergleichbarkeit der Peer Group Unternehmen und für deren Auswahl sind zunächst die Charakteristika des jeweiligen Geschäftsmodells zu identifizieren (beispielhaft und im Einzelfall festzulegen: Unternehmensgröße, Absatzmärkte, Wertschöpfungskette, Regulierung) und dann für diese zum eigentlichen Bewertungsobjekt vergleichbare Unternehmen zu identifizieren. Der Einsatz von Scoring-Modellen kann dabei helfen, die Vergleichskriterien einzuwerten und den Grad der Vergleichbarkeit messbar zu machen.

Vor dem Hintergrund des Strebens von Unternehmen nach Marktnischen und der fortschreitenden Differenzierung von Geschäftsmodellen ist davon auszugehen, dass das Finden vergleichbarer Unternehmen künftig eher schwieriger wird. In diesem

Fall sollte die Analyse auch um andere Branchen mit ähnlichen Wertschöpfungsketten erweitert werden.

Datenquelle

Einige Datenanbieter stellen bereits ermittelte Betafaktoren zur Verfügung, bei einer Vielzahl weiterer Anbieter sind Aktienrenditen von Unternehmen und Indizes verfügbar, anhand derer sich Betafaktoren mittels einer Regressionsanalyse anhand eigener Modelle ableiten lassen. In der Regel lassen sich anhand eigenberechneter Betafaktoren die von Datenanbietern bereits angebotenen Betafaktoren nachvollziehen. Aufgrund der Transparenz der Vorgehensweise bei eigenen Modellen zur Regressionsanalyse erscheint dieser Weg vorzugswürdig, wenn auch den direkt verfügbaren Betafaktoren von Datenanbietern eine höhere Belegwirkung zugestanden werden kann. Der Rückgriff auf mehr als eine Datenquelle und somit mögliche Vergleiche der Ergebnisse ist vor dem Hintergrund einer Kosten-Nutzen-Analyse abzuwägen.

Index

Für das in der Theorie notwendige, aber in der Praxis nicht vorhandene Marktportfolio, welches alle Anlagemöglichkeiten enthält, wird regelmäßig vereinfachend auf einen breiten Aktienindex zurückgegriffen. Bei der Auswahl dieses Referenzindex für die Regressionsanalyse sind grundsätzlich sowohl internationale (zum Beispiel MSCI World, Stoxx Europe 600) als auch breite nationale Aktienindizes denkbar. Bei der Auswahl des Referenzindex sind verschiedene Aspekte zu beachten und abzuwägen, beinhalten sie doch die (implizite) Entscheidung für das zugrundeliegende Kapitalmarktmodell (sogenanntes Global CAPM versus Local CAPM). Bei der Verwendung internationaler Aktienindizes als Referenzindex für die Bestimmung von Betafaktoren sind mögliche Rückwirkungen auf den für die Ableitung der Marktrisikoprämie verwendeten Aktienindex und die weiteren Parameter des zugrundeliegenden Kapitalmarktmodells zu untersuchen (beispielsweise Ableitung eines internationalen Basiszinssatzes) sowie Währungseffekte zu beachten. Ferner ist die statistische Belastbarkeit der gegen internationale Indizes ermittelten Betafaktoren zu prüfen, die häufig nur bei großen Unternehmen gegeben ist.

Wird – wie beispielsweise bei einer objektivierten Unternehmensbewertung gemäß IDW S 1 – bei der Alternativanlage auf inländische Investoren abgestellt und haben diese einen vor allem inländischen Anlagefokus, erscheint die Verwendung eines breiten nationalen Index als Referenzindex sinnvoll. Da in der Regel auch nationale Kapitalmärkte für die Ableitung von Basiszinssatz und MRP verwendet werden, erscheint die Analyse auf Basis von jeweils breiten lokalen Aktienindizes vorzugswürdig. Wird eine Peer Group mit Unternehmen aus unterschiedlichen Ländern verwendet, ist die Frage einer konsistenten Indexwahl leider nicht trivial. Die Verwendung eines jeweils lokalen breiten Aktienindex erscheint dabei als bester Kompromiss.

Grundsätzlich sollte auf sogenannte Performanceindizes zurückgegriffen werden, da diese alle Renditebestandteile eines Aktionärs – neben Kursgewinnen eben auch die Dividenden – berücksichtigen. Es ist zu beachten, dass bei der Betaableitung „Äpfel mit Äpfeln" verglichen werden, sodass dementsprechend für die zu analysierenden Unternehmen auch entsprechend um Dividende angepasste Aktienkurse verwendet werden.

Zeitraum

Bei der Frage des für die Ableitung des Betafaktors zugrunde zu legenden Zeitraums liegt das Spannungsfeld zwischen Aktualität und statistischer Belastbarkeit. Je größer die Datenmenge, was gleichbedeutend ist mit möglichst langen Zeiträumen, desto höher die statistische Belastbarkeit. Dafür gehen im selben Maße umso mehr nicht mehr aktuelle Daten vergangener Zeiträume ein. Grundsätzlich empfiehlt sich ein Zeitraum von zwei bis fünf Jahren. Dabei sind Sachverhalte wie Sondereffekte (zum Beispiel Übernahmen), Änderungen des Geschäftsmodells oder Änderung der Regulierung bei der Festlegung des Analysezeitraums einzubeziehen. So sollten zum Beispiel bei der Ableitung eines unternehmensindividuellen Betafaktors nur die vergangenen Jahre einbezogen werden, in denen das Geschäftsmodell dieses Unternehmens mit dem aktuellen beziehungsweise zukünftigen Geschäftsmodell des Bewertungsobjekts vergleichbar ist.

Renditeintervall

Mit der Frage des Analysezeitraums eng verbunden ist die Frage des Renditeintervalls, welches bei der Ableitung des Betafaktors genutzt wird. Grundsätzlich gilt, je kleiner das Renditeintervall, desto mehr Daten sind für die lineare Regression vorhanden, was in der Regel einen positiven Effekt auf die statistischen Eigenschaften der Regression hat. Jedoch ist jenseits der großen Unternehmen zu beobachten, dass die Aktienkurse sich bei neuen Marktinformationen erst mit einer gewissen Verzögerung anpassen, sodass ein zu kurzes Renditeintervall zu Verzerrungen führen kann. Es werden daher vor allem wöchentliche und monatliche Renditeintervalle verwendet.

In der Praxis sind folgende drei Kombinationen von Zeitraum und Renditeintervall am weitesten verbreitet:

- (mehrere, überschneidungsfreie) Einjahreszeiträume bei wöchentlichen Renditen, teils auch bei täglichen Renditen bei großen beziehungsweise sehr liquide gehandelten Unternehmen
- Zweijahreszeitraum bei wöchentlichen Renditen
- Fünfjahreszeitraum bei monatlichen Renditen

Uns erscheint es sinnvoll, der Betaanalyse alle drei Kombinationen zugrunde zu legen, um wertvolle Informationen über die Stabilität des Ergebnisses zu erlangen. Wir empfehlen daher, Einjahres-Betafaktoren mit wöchentlichen Renditen über einen Gesamtzeitraum von fünf Jahren zu erheben, um insbesondere auch die zeitliche Stabilität und eventuelle Strukturbrüche analysieren zu können sowie ebenso Zweijahres-Betafaktoren mit wöchentlichen Renditen und Fünfjahres-Betafaktoren mit monatlichen Renditen zu analysieren. Auch die Analyse sogenannter Rolling-Betafaktoren, das heißt um jeweils ein Renditeintervall verschobene Analysezeiträume über einen längeren Zeitraum, können wertvolle Hinweise zur Stabilität des Betafaktors im Zeitablauf geben.

Wochentag

Als nächstes ist zu entscheiden, an welchem Wochentag das jeweilige Renditeintervall enden soll. Viele Datenanbieter haben als Standardeinstellung den Freitag. Auch wenn theoretisch die Wahl des Wochentages keinen Einfluss auf das Ergebnis haben sollte, sind in der Realität wiederkehrend abweichende Ergebnisse bei anderen Wochentagen zu beobachten. Bestehen Indizien, dass diese wesentlich sind, sollte die Analyse unter Abwägen von Kosten und Nutzen auf die verschiedenen Wochentage erweitert werden. Abhängig von der Art gegebenenfalls bestehender Auffälligkeiten zwischen den Wochentagen kommt die Verwendung eines Durchschnitts der Wochentage in Betracht.

Verwendung von Anpassungsverfahren

Neben den direkt aus den historischen Renditen abgeleiteten Betafaktoren (sogenannte „raw beta“) haben sich verschiedene Anpassungsverfahren etabliert, die die Prognoseeignung der Betafaktoren verbessern sollen. Die beiden bekanntesten Anpassungsverfahren gehen dabei auf Blume und Vasicek zurück. Gerade im internationalen Umfeld ist der Rückgriff auf angepasste Betafaktoren (sogenannte „adjusted beta“) weit verbreitet. Da deren Überlegenheit jedoch nur für ausgewählte Zeiträume und Kapitalmärkte empirisch nachgewiesen wurde und sich nicht durchgehend ein Anpassungsverfahren als überlegen gezeigt hat, sondern im Zeitablauf das jeweils überlegene Anpassungsverfahren variiert, stehen Anpassungsverfahren insbesondere in Deutschland in der Kritik.

Nichtsdestotrotz können Anpassungsverfahren unseres Erachtens einen wertvollen Beitrag bei der Betaschätzung leisten und dabei insbesondere das zukunftsbezogene Element der Betaschätzung unterstreichen.

Finanztheoretisches Modell zur Eliminierung des Finanzierungsrisikos

Bei der Anpassung des indirekt empirisch beobachtbaren verschuldeten Betafaktors um das Finanzierungsrisiko und somit Ableitung des unverschuldeten Betafaktors sind für die Festlegung der zutreffenden Anpassungsformeln insbesondere die Frage des Sicherheitsgrads des Tax Shields wie auch der Risikobehaftung des Fremdkapitals von entscheidender Bedeutung. Unseres Erachtens ist die Annahme unsicherer Steuervorteile und risikobehafteten Fremdkapitals konsistent zu den zumeist getroffenen übrigen Annahmen im Bewertungskalkül. Die Risikobehaftung des Fremdkapitals findet Ausdruck in dem sogenannten „debt beta"; für nähere Erläuterungen hierzu verweisen wir auf den Beitrag „Debt Beta – Risikoteilung zwischen Kapitalgebern". Die Akzeptanz der Verwendung von Debt Betas hat sich zuletzt in Deutschland – auch dank des IDW Praxishinweises 2/2018 zur Berücksichtigung des Verschuldungsgrads bei der Bewertung von Unternehmen – weiter erhöht. Der unverschuldete Betafaktor ergibt sich dann dementsprechend wie folgt:

$$ß_{EK}^{U} = \frac{ß_{EK}^{V} * EK^{V} + ß_{FK} * FK}{EK^{V} + FK}$$

mit:

$ß_{EK}^{U}$ = Unverschuldeter Betafaktor

$ß_{EK}^{V}$ = Verschuldeter Betafaktor

$ß_{FK}$ = Debt Beta

FK = Marktwert des Fremdkapitals

EK^{V} = Marktwert des Eigenkapitals bei Verschuldung

beziehungsweise dann beim Relevern der verschuldete Betafaktor wie folgt:

$$ß_{EK}^{V} = ß_{EK}^{U} + \left(ß_{EK}^{U} - ß_{FK}\right)\frac{FK}{EK^{V}}$$

Verdichtung der Ergebnisse zu einem Betafaktor für das Bewertungsobjekt

Am Ende sind die Vielzahl der Analysen und Ergebnisse zu einem Ergebnis zu verdichten. Dabei finden in der Praxis häufig Mittelwerte Anwendung. Diese sollten unseres Erachtens jedoch nicht unreflektiert Anwendung finden. Vielmehr sollten insbesondere Strukturbrüche, Trends in den Ergebnissen, Änderungen des Geschäftsmodells oder der unterschiedliche Grad der Vergleichbarkeit von Unternehmen bei der Verdichtung der Analyseergebnisse beachtet werden. Die Verdichtung stellt folglich – genauso wie die Handhabung der vorgenannten Einzelaspekte – eine nachvollziehbar zu begründende Entscheidung des Bewerters dar. Die Verwendung eines Mittelwerts sollte somit eher die Ausnahme als die Regel darstellen.

Zusammenfassung

Aufgrund der Vielzahl der Ermessensentscheidungen ist es ratsam, eine möglichst breite Analyse vorzunehmen, in der eine Vielzahl der oben geschilderten Variationsmöglichkeiten – sofern sinnvoll – berücksichtigt wird, um so eine Aussage zur Stabilität des Ergebnisses zu erlangen. Der Bewerter sollte untersuchen, wie sich die Wahl der Parameter auf die Höhe des Betafaktors auswirkt und wie stabil der Betafaktor im Zeitablauf ist, um zu entscheiden, welche Parameterwahl den Umständen des Einzelfalls am ehesten gerecht wird oder ob gegebenenfalls weiterführende Analysen notwendig sind.

Darüber hinaus sollten jedoch auch Modelle zur Ableitung des unternehmensindividuellen Risikos entwickelt werden, die stärker auf die Messung der dem Unternehmen innewohnenden Risiken abstellen. Die Bewertungspraxis hat hierfür einen Ansatz entwickelt, der eine Bestimmung von unternehmensindividuellen Risiken unabhängig und als Ergänzung zu Kapitalmarktdaten erlaubt und so das Analyseergebnis weiter fundiert. Wie dieser Ansatz umfassender für die Entscheidungsfindung bei einer Vielzahl von unternehmerischen Entscheidungen genutzt werden kann, finden Sie im Beitrag „Corporate Economic Decision Assessment – ein entscheidungsorientierter Ansatz als Antwort auf aktuelle Marktherausforderungen“ erläutert.

5 Direkte Ableitung von Kapitalkosten – Alternativen zum Peer Group-Ansatz

Die zunehmenden dynamischen Veränderungen auf weltpolitischer und makroökonomischer Seite sowie durch Digitalisierung in den Geschäftsmodellen von Unternehmen auf mikroökomischer Ebene führen zu wachsenden Herausforderungen bei der Bewertung von Unternehmen und Handlungsoptionen. Auf Vergleichsbasis beruhende Methoden wie der Peer Group-Ansatz verlieren bei der Kapitalkostenbestimmung in einer zunehmend unvergleichbaren Welt kontinuierlich an Schärfe. Wenn der Bewerter jedoch den unmittelbar beobachtbaren Vergleichsmaßstab nicht mehr zugrunde legen kann, muss er auf weiterentwickelte Ansätze und Methoden zurückgreifen. Derartige Ansätze müssen konsequent dem gebotenen Risikoäquivalenzprinzip der Bewertung folgen, eine tatsächliche Quantifizierung und Vergleichbarkeit der Unternehmensrisiken zulassen und konsistent unternehmensspezifische Kapitalkosten ableiten.

Notwendigkeit der Risikoquantifizierung

„Bewerten heißt vergleichen" (Moxter, Grundsätze ordnungsmäßiger Unternehmensbewertung, 2. Auflage 1983, S. 123). Dieses grundlegende Prinzip der (Unternehmens-)Bewertung gilt einmal mehr, gerade auch im aktuellen Wirtschaftsumfeld, das durch hohe Dynamiken und Volatilitäten sowie einen starken Trend zur Disruption gekennzeichnet ist. Um den bekannten Preis eines Unternehmens auf ein anderes Unternehmen mit unbekanntem Preis zu übertragen, müssen beide Unternehmen unter anderem äquivalenten Risiken unterliegen (Risikoäquivalenzprinzip). Das Risikoäquivalenzprinzip ist eines der zentralen, wenn nicht das zentrale Äquivalenzprinzip der Bewertung und kann in Theorie und Praxis als generell akzeptiert gelten. Für seine sachgerechte Berücksichtigung ist es notwendig, die operativen Risiken von Unternehmen und Geschäftsmodellen miteinander vergleichen zu können, denn nur so kann die notwendige Risikoäquivalenz tatsächlich überprüft werden. Für die Bewertung etablierter Geschäftsmodelle wird in der Bewertungspraxis auf die Kapitalmarktdaten börsennotierter Vergleichsunternehmen (Peer Group) zurückgegriffen. Die Auswahl der Vergleichsunternehmen erfolgt hierbei oft anhand rein qualitativer Merkmale (zum Beispiel Branche, Region, Absatz- und Kundenbasis) und ist daher oft Gegenstand kontroverser Diskussionen zwischen den beteiligten Transaktionsparteien, Bewertern und Gerichten. Da es bislang an einem einheitlichen Ansatz zur Quantifizierung operativer Unternehmensrisiken fehlte, war der Ausgang solcher Diskussionen regelmäßig ungewiss.

Zunehmende Schwächen bisheriger Ansätze

Für die Beurteilung etablierter Geschäftsmodelle mit einer existierenden kapitalmarktorientierten Vergleichsbasis kann der Peer Group-Ansatz grundsätzlich als angemessen betrachtet werden. Nachstehende Grafik zeigt jedoch, dass ungeachtet dessen auch im Rahmen dieses Ansatzes bereits Unschärfen resultieren können.

So ist es übliche Praxis, im Rahmen der Cashflow-Prognose eine Plausibilisierung der erwarteten Unternehmensperformance anhand von Benchmarkdaten der Peer Group vorzunehmen und mittels unternehmensspezifischer Merkmale innerhalb der Peer Group-Bandbreite zu positionieren. Im Hinblick auf die hierzu korrespondierenden Unternehmensrisiken gelingt eine solche Positionierung innerhalb einer Peer Group-Bandbreite in Ermangelung praktikabler Ansätze zur unternehmensindividuellen Risikoquantifizierung bislang jedoch nicht. Hier überwiegen oft eine pauschale Mittelwertbildung oder stark vereinfachende Gewichtungen. Einerseits liegt hierin die Ursache der beschriebenen kontroversen Diskussionen der beteiligten Parteien, da sowohl die Peer Group-Auswahl als auch die Verdichtung der Peer Group-Bandbreite wenig objektivierbar sind. Andererseits liegt hierin die tatsächliche Gefahr, dass die Risiken der bewertungsrelevanten Cashflows nicht äquivalent zu den in den Kapitalkosten implizit berücksichtigten Risiken sind, was zu Fehlbewertungen und folglich Fehlinvestitionen führen kann. Fehlt es an Ansätzen, die Cashflows und Kapitalkosten konsistent – im Sinne der Risikoäquivalenz – miteinander zu verbinden, können die hieraus möglicherweise resultierenden Verletzungen des Risikoäquivalenzprinzips auch nicht quantifiziert werden. Für etablierte Geschäftsmodelle und Unternehmen wurde diesen Gefahren in der Bewertungspraxis durch die Anwendung unterschiedlicher Bewertungsmethoden basierend auf langjährigen Erfahrungswerten Rechnung getragen.

Letzteres scheidet bei der Beurteilung neuer innovativer Geschäftsmodelle und Start-ups jedoch aus. Wird berücksichtigt, dass auch Unternehmen mit etablierten Geschäftsmodellen sich den rasch wandelnden politischen und wirtschaftlichen Rahmenbedingungen stellen und entsprechend dynamisch anpassen müssen, ist der „Start-up-Charakter“ nicht länger nur eine Eigenschaft neuer innovativer Unternehmen. Vielmehr ist zu erwarten, dass die Mehrzahl aller Unternehmen künftig „Start-ups“ sind. Somit verlieren auch für etablierte Unternehmen bisherige Ansätze mittels Peer Group aufgrund rückläufiger Vergleichbarkeit zwischen Peer Group und Unternehmen zusehends an Legitimation. Hinzu tritt das Problem, dass auch die bislang herangezogenen Kapitalmarktdaten aufgrund von fundamentalen Krisen in der jüngeren Vergangenheit, politisch motivierten Ereignissen wie zum Beispiel dem Brexit oder einer neuen Art von Protektionismus sowie ökonomischer Veränderungen wie Digitalisierung oder Industrie 4.0 als Erfahrungsbasis und Ausgangspunkt für zukünftige Erwartungen nur noch sehr eingeschränkt verwertbar scheinen.

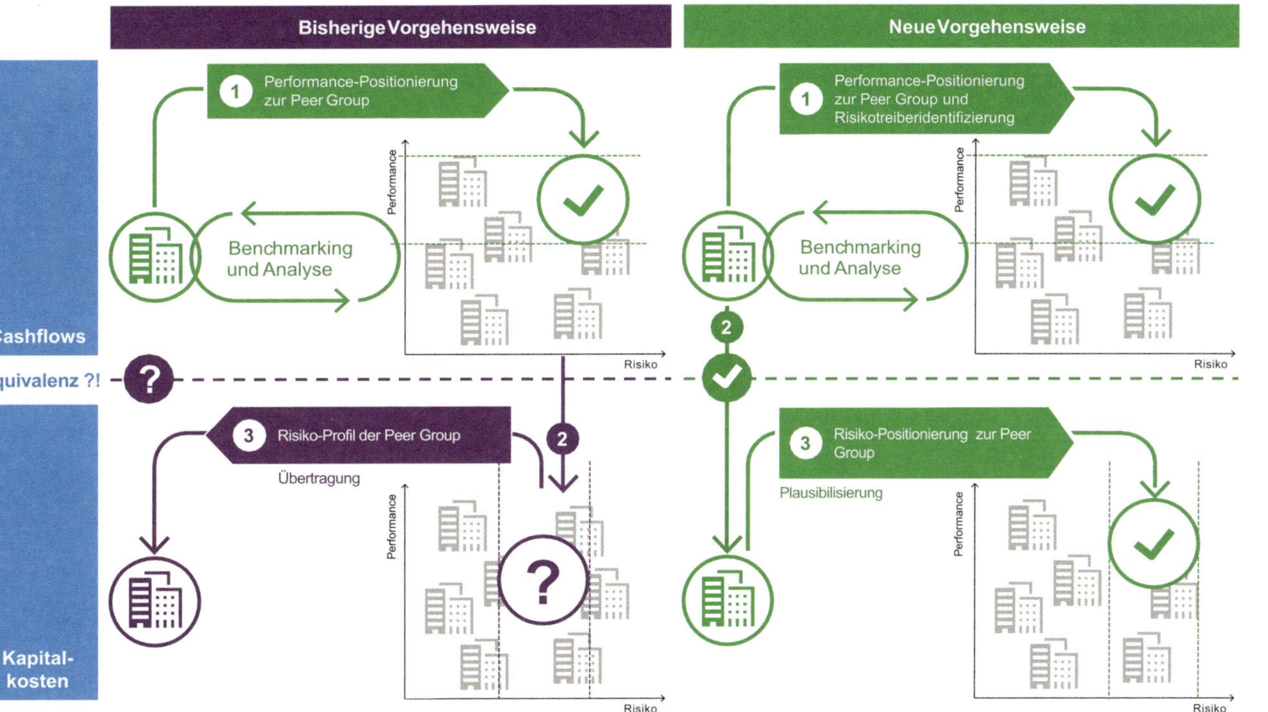

Abb. G-10: Risikoäquivalenz im Vergleich

Erweiterte Ansätze zur Ableitung von unternehmensspezifischen Kapitalkosten

Neue praktikable Ansätze, die das unternehmensspezifische Risiko eines Bewertungsobjektes direkt ableiten und äquivalent in seinen Kapitalkosten reflektieren, werden folglich benötigt. Mit CEDA hat KPMG einen praktikablen Ansatz entwickelt, der das operative Risiko eines zu bewertenden Unternehmens äquivalent in den Cashflows und den Kapitalkosten gleichermaßen berücksichtigt (vergleiche vorstehende Abbildung).

Ableitung und Plausibilisierung der zukünftigen Cashflows erfolgen wie bisher auf der Basis der unternehmensindividuellen Planungsrechnungen und unter Berücksichtigung der jeweiligen Markt- und Wettbewerbssituation. Etablierte Unternehmen sind mit dieser Vorgehensweise grundsätzlich vertraut, sie müssen lediglich die sich zukünftig verändernden Rahmenbedingungen, Geschäftsmodelle und operativen Treiber konsistent in das bestehende Instrumentarium integrieren. Mangelnde Vergleichbarkeit zu bestehenden Geschäftsmodellen bedingt eine Fokussierung auf die operativen Treiber und eine tiefere Auseinandersetzung mit den operativen Geschäftsmodellen als bisher. Grundsätzlich sollte jede Bewertung auf dem operativen Geschäftsmodell und nicht lediglich auf den daraus resultierenden finanziellen Kennzahlen aufsetzen. Dies blieb in der Vergangenheit bei der Bewertung etablierter Geschäftsmodelle oftmals unberücksichtigt oder wurde mit der Annahme gerechtfertigt, dass etablierte Unternehmen sich durch vergleichbare Finanzkennzahlen hinreichend erfassen lassen. Die Prognose zukünftiger Cashflows bedingt bei einer fehlenden Unternehmenshistorie eine dezidierte Beschäftigung mit dem operativen Geschäftsmodell. Hieran anschließend erfolgt die Transformation in ein integriertes simulationsfähiges Financial Model.

Durch Big Data und die zunehmende Verfügbarkeit operativer Kennzahlen gelingt so eine direkte Verbindung zwischen der Entwicklung der operativen Treiber eines Geschäftsmodells und seiner finanziellen Performance. Da es sich um zukunftsbezogene Daten handelt, sind die in die Beurteilung einzubeziehenden operativen Treiber regelmäßig keine einwertigen Größen. Ihr Einbezug in erwartbare Bandbreiten lässt in Kombination mit dem zu bewertenden Geschäftsmodell in einem ersten Schritt die Ableitung der für Bewertungszwecke notwendigen Erwartungswerte der zukünftigen Cashflows zu. Technische Basis hierfür sind simulative Planungsansätze (Monte Carlo-Simulationen). Bereits diese Erweiterung verbessert Ergebnis und Transparenz bisheriger Vorgehensweisen signifikant, die bislang oft lediglich von der Annahme geprägt waren, dass die Planungsrechnungen bereits Erwartungswerte reflektieren. Offensichtlich ambitionierte Planungsrechnungen wurden einfach durch den pauschalen Ansatz sogenannter Alpha-Faktoren als Zuschlag zu den Kapitalkosten versucht anzupassen.

Dieselben Informationen über die zukünftigen operativen Treiber des Geschäftsmodells werden dann zur direkten Ableitung der Kapitalkosten herangezogen. Hierbei spielen in einem zweiten Schritt simulativ abgeleitete zukünftig erwartete Volatilitäten der prognostizierten Cashflows ebenso eine Rolle wie das Verhältnis dieser zum Kapitalmarkt. Beide Merkmale kennzeichnen das unternehmensspezifische operative Risiko, das sich in den bewertungsrelevanten Kapitalkosten niederschlagen muss. Nur wenn es gelingt, die Unternehmensrisiken bereits bei der Cashflow-Prognose richtig zu erfassen und zu messen, können diese Risiken angemessen in dem Vergleichsmaßstab – den Kapitalkosten – abgebildet werden. Zusätzlich sind innerhalb des Unternehmens bestehende risikodiversifizierende Effekte zum Beispiel zwischen Geschäftsbereichen oder Regionen explizit zu berücksichtigen. Im Ergebnis resultieren direkt abgeleitete unternehmensspezifische Kapitalkosten, die dann – analog zur Vorgehensweise bei den Cashflows – anhand von Markt- und Vergleichsdaten plausibilisiert und in die Bandbreite einer Peer Group konkret eingeordnet werden können.

Vorteile neuer Ansätze

Die in der Vergangenheit unter „stabilen Unsicherheiten" oft angenommene Risikoäquivalenz zwischen Bewertungsobjekt und Vergleichsinvestition wird zukünftig immer weniger aufrecht zu erhalten sein. Rein vergleichsbasierte Methoden wie Peer Group-Ansätze können insbesondere bei der Beurteilung neuer Geschäftsmodelle zu Fehlentscheidungen führen. Die parallele und zueinander konsistente Ableitung von Cashflows und Kapitalkosten hilft, die Nachteile bisheriger Ansätze zu vermeiden. Die auf der technischen Basis flexibler und dynamischer Simulations- und Planungsmodelle gleichzeitige Ermittlung der Erwartungswerte zukünftiger Cashflows (Performance) und ihrer Kapitalkosten (Risiko) ermöglicht – basierend auf denselben Informationen und einem konzeptionell geschlossenen Ansatz wie zum Beispiel CEDA – die richtige Wertableitung vor dem Hintergrund gebotener Risikoäquivalenz. Das hohe Maß an Transparenz über die Entwicklung dieser wesentlichen Parameter einer Bewertung wirkt objektivierend und reduziert durch eine nachvollziehbare Quantifizierbarkeit von Risiken den Graubereich rein qualitativ unterlegter Abschätzungen als Ursache unterschiedlicher Einschätzungen der beteiligten Parteien.

6 Debt Beta – Risikoteilung zwischen Kapitalgebern?

In der Bewertungspraxis herrscht ein uneinheitliches Verständnis hinsichtlich der Notwendigkeit der Berücksichtigung eines sogenannten Debt Betas bei der Ableitung verschuldeter Eigenkapitalkosten vor. Die Berücksichtigung des Debt Beta ist jedoch bei näherer Betrachtung tatsächlich keine freie Wahlentscheidung des Bewerters. Soweit die Fremdkapitalkosten nicht der sicheren Basisverzinsung entsprechen – was in der Praxis regelmäßig zutreffend ist –, ist ein Debt Beta bei der Umrechnung von verschuldeten und unverschuldeten Betafaktoren zwingend zu berücksichtigen. Ein Weglassen des Debt Beta kann in der Praxis somit zwangsläufig zu Bewertungsfehlern führen.

Unabhängigkeit des operativen Risikos von der Finanzierung eines Unternehmens

Bei einer Investition in Unternehmen tragen alle Kapitalgeber zusammen zunächst ausschließlich sogenannte operative Risiken, wenn die Hierarchie der verschiedenen Kapitalgeber (Eigen- und Fremdkapitalgeber) für die Finanzierung der Investition untereinander vorerst unberücksichtigt bleibt. Unter diese operativen Risiken fällt grundsätzlich auch die Möglichkeit eines (vollständigen) Zahlungsausfalls.

Die operativen Risiken der bewertungsrelevanten Cashflows müssen angemessen in den Kapitalkosten berücksichtigt werden. Zur Abbildung des rein operativen Risikos in den Kapitalkosten ist die Finanzierung der Investition grundsätzlich irrelevant; die Kapitalkosten der Kapitalgeber eines vollkommen unverschuldeten Unternehmens entsprechen den gewichteten Kapitalkosten aller Kapitalgeber eines verschuldeten Unternehmens, wenn man steuerliche Effekte außen vor lässt. Sowohl die Kapitalgeber eines vollkommen unverschuldeten Unternehmens (Eigenkapitalgeber als auch die Gruppe von Kapitalgebern eines verschuldeten Unternehmens insgesamt (Eigen- und Fremdkapitalgeber) lassen sich das operative Risiko des operativen Cashflows gleichermaßen vergüten (anteilig, entsprechend ihrer jeweiligen Kapitalquote sowie der Rangfolge der Bedienung der Ansprüche). Folglich teilen sich Eigen- und Fremdkapitalgeber die Vergütung für das von der Finanzierung grundsätzlich unabhängige operative Risiko.

Operatives Risiko und Risikoprämien

Da sowohl die Rückflüsse für die Eigen- als auch für die Fremdkapitalgeber aus den operativen Cashflows gespeist werden, fordern beide Kapitalgebergruppen eine Risikoprämie für die Übernahme des operativen Risikos. Dabei können aus der Rangfolge der Kapitalgeber bei der Auszahlung ihrer Cashflow-Ansprüche Unterschiede in der Höhe der geforderten Risikoprämien resultieren. So lässt sich beobachten, dass Fremdkapitalgeber, deren Anteil am Gesamtunternehmenswert und somit am operativen Cashflow sehr klein ist, regelmäßig eine relativ kleine Risikoprämie verlangen. Demgegenüber werden Fremdkapitalgeber, deren Anteil am Gesamtunternehmenswert und somit am operativen Cashflow sehr hoch ist, eine signifikant höhere Risikoprämie verlangen. Für den Fall, dass die Fremdkapitalgeber aufgrund ihres Anteils am Gesamtunternehmenswert faktisch wirtschaftliche Eigentümer des Unternehmens sind, wird sich ihre Renditeforderung und somit auch die geforderte Risikoprämie der eines Eigenkapitalgebers am unverschuldeten Unternehmen angleichen.

Gemäß dem CAPM setzt sich die Risikoprämie aus einem unternehmensspezifischen Risikomaß (Betafaktor) und der MRP zusammen. Dies gilt gleichermaßen für unsichere Eigenkapital- wie unsichere Fremdkapitaltitel. Analog zur Risikoprämie der Eigenkapitaltitel setzt sich die von den Fremdkapitalgebern geforderte Risikoprämie (Spread) für die Übernahme von operativem Risiko aus einem Betafaktor, hier dem sogenannten Debt Beta, und der Marktrisikoprämie zusammen. Hieraus resultiert unmittelbar, dass eine Vernachlässigung des Debt Beta implizit von der Annahme risikolosen Fremdkapitals ausgeht, da der Fremdkapital-Spread in diesem Fall null ist und die Fremdkapitalkosten dann dem risikolosen Basiszinssatz entsprechen. Diese Annahme ist in der Realität jedoch nahezu niemals erfüllt.

Teilung des operativen Risikos zwischen den Kapitalgebern

Welcher Fehler bei der Vernachlässigung des Debt Beta entsteht, zeigt sich anhand der allgemeinen Formel für verschuldete Kapitalkosten:

$$k_{EK}^{v} = k_{EK}^{u} + \left(k_{EK}^{u} - k_{FK}\right)\frac{FK}{EK},$$

k_{EK}^{v} = Eigenkapitalrendite eines verschuldeten Unternehmens

k_{EK}^{u} = Eigenkapitalrendite eines unverschuldeten Unternehmens

k_{FK} = Fremdkapitalzinssatz

$\frac{FK}{EK}$ = Verschuldungsgrad

Wird ein Unternehmen fremdfinanziert, tritt für die Eigenkapitalgeber neben das operative Risiko, abgebildet in den unverschuldeten Eigenkapitalkosten, zusätzlich das finanzielle Risiko durch die Verschuldung. Denn die Eigenkapitalgeber partizipieren jetzt erst nach den Auszahlungen an die Fremdkapitalgeber an den verbleibenden operativen Cashflows. Infolge der zusätzlich übernommenen finanziellen Risiken erhöht sich die Renditeforderung der Eigenkapitalgeber durch den bekannten Leverage-Effekt.

Doch wie wirkt sich die Vernachlässigung des Debt Beta auf die verschuldeten Eigenkapitalkosten aus? Wird das Debt Beta nicht berücksichtigt, müsste für die Fremdkapitalkosten der risikolose Basiszinssatz verwendet werden, da der Fremdkapital-Spread implizit null ist. Hieraus folgt dann aber unmittelbar, dass die verschuldeten Eigenkapitalkosten im Vergleich zur Verwendung eines Debt Betas ansteigen, da sich der Leverage-Zuschlag zu den unverschuldeten Eigenkapitalkosten erhöht.

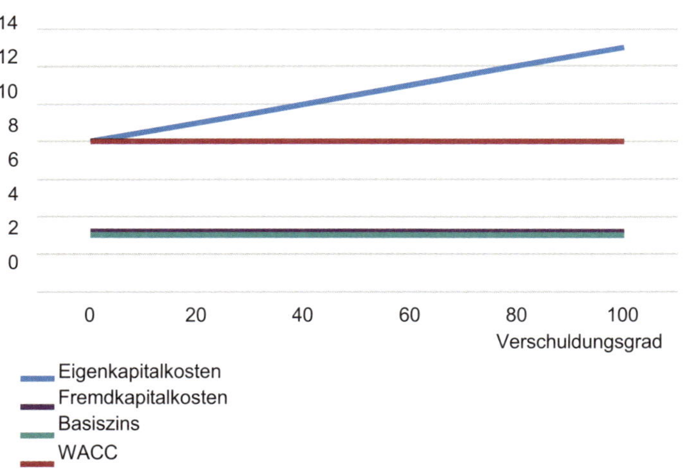

Abb. G-11: Fremdkapitalkosten gleich Basiszinssatz (Angaben in Prozent)

Wie ist dieser Effekt ökonomisch zu interpretieren? Genau genommen spiegelt der Leverage-Zuschlag auf die unverschuldeten Eigenkapitalkosten den Risikozuschlag für die zusätzliche Übernahme des finanziellen Risikos durch die Eigenkapitalgeber wider. Die obenstehende Abbildung zeigt (unter der Annahme, dass die Fremdkapitalkosten dem risikolosen Basiszinssatz entsprechen) den Leverage-Effekt auf die verschuldeten Eigenkapitalkosten bei zunehmender Verschuldung.

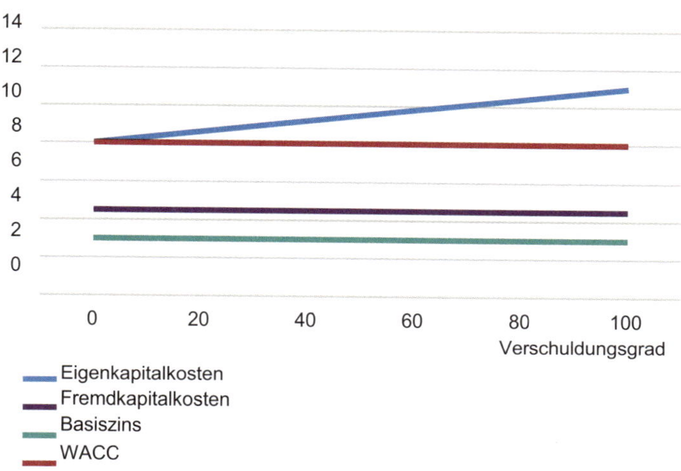

Abb. G-12: Fremdkapitalkosten inklusive Spread (Angaben in Prozent)

Soweit auch die Fremdkapitalgeber für die Übernahme von operativem Risiko durch einen Aufschlag auf die risikolose Verzinsung vergütet werden (Fremdkapitalkosten ergeben sich nunmehr aus Basiszinssatz plus Spread), reduziert sich der dargestellte Leverage-Effekt, wie in der zweiten Abbildung dargestellt.

Ursächlich hierfür ist, dass am Markt die Übernahme von operativen Risiken nicht mehrfach vergütet wird. Übernehmen die Fremdkapitalgeber einen Teil des operativen Risikos und lassen sich diese Übernahme mittels Spread vergüten, reduziert sich das operative Risiko für die Eigenkapitalgeber und ihr Leverage-Zuschlag vermindert sich entsprechend. Dieser wird insgesamt größer, wenn die Renditeforderung der Fremdkapitalgeber nahe dem risikolosen Basiszinssatz ist, und umgekehrt kleiner, je größer der Spread der Fremdkapitalgeber ist.

Zu betonen ist, dass für die Ableitung der Kapitalkosten immer die zum Bewertungsstichtag bestehende erwartete Fremdkapitalrendite relevant ist und nicht gegebenenfalls in der Vergangenheit vereinbarte vertragliche Fremdkapitalkonditionen. Unterschiede zwischen diesen beiden sind separat im Cashflow des Bewertungskalküls und dem Marktwert des Fremdkapitals zu berücksichtigen. Dies ist gegebenenfalls auch bei am Markt beobachtbaren Renditen zu beachten, die aus vertraglich vereinbarten Zinszahlungen abgeleitet werden. Diese können sich von erwarteten Fremdkapitalrenditen unterscheiden, wenn Ausfallrisiken bestehen. Während bei gering und normal verschuldeten Unternehmen Ausfallrisiken in der Regel vernachlässigbar sind und somit am Markt beobachtbare Renditen auch im Einklang mit dem IDW Praxishinweis 2/2018 zur Berücksichtigung des Verschuldungsgrads bei der Bewertung von Unternehmen vereinfachend als erwartete Fremdkapitalrenditen verwandt werden können (Tz. 36), sind bei hoch verschuldeten Unternehmen Ausfallrisiken relevant und dementsprechend die Unterschiede zwischen am Markt beobachtbaren Renditen und erwarteten Renditen zu beachten (Tz. 35).

Debt Beta als notwendiger Bestandteil sachgerechter Kapitalkostenableitung

Grundsätzlich wäre die Bewertung eines Unternehmens auf der Basis der oben gezeigten Gleichung und somit allein durch Kenntnis der unverschuldeten Eigen- und Fremdkapitalkosten sowie des Verschuldungsgrades möglich. In der Bewertungspraxis hat sich durch die weitverbreitete Anwendung des CAPM zur Ableitung risikoäquivalenter Kapitalkosten sowie die hiermit verbundene empirische Ableitung von Kapitalmarktparametern jedoch eine alternative Vorgehensweise durchgesetzt. So werden die verschuldeten Eigenkapitalkosten unter Anwendung eines verschuldeten Betafaktors wie folgt bestimmt:

$$k_{EK}^{v} = r_f + ß^{v} \cdot MRP$$

k_{EK}^{v} = Eigenkapitalrendite eines verschuldeten Unternehmens

r_f = risikoloser Zinssatz

$ß^{v}$ = verschuldeter Betafaktor

MRP = Marktrisikoprämie

Zur Ableitung des verschuldeten Betafaktors bedient sich die Bewertungspraxis oft sogenannter Textbook-Formeln. Obwohl die Bewertungstheorie in Abhängigkeit von Bewertungsannahmen hinsichtlich der Übernahme operativer Risiken durch die Fremdkapitalgeber oder auch des Risikogehaltes der Steuervorteile aus der Abzugsfähigkeit von Fremdkapitalzinsen unterschiedliche Umrechnungsformeln abgeleitet hat, werden in der Praxis oft zu den gesetzten Bewertungsannahmen inkonsistente Umrechnungsformeln verwendet. Bewertungsfehler durch nicht sachgerecht abgeleitete Kapitalkosten können die Folge sein. Es lässt sich nämlich für den Fall einer von der risikolosen Verzinsung abweichenden Fremdkapitalrenditeforderung (sowie unter der Annahme unsicherer Steuervorteile) auch unmittelbar analytisch zeigen, dass die oben beschriebenen wirtschaftlichen Sachverhalte nur dann vollständig bei der Ableitung des verschuldeten Betafaktors erfasst werden, wenn das Debt Beta unmittelbar berücksichtigt ist.

$$ß^{v} = ß^{u} + \left(ß^{u} - ß^{Debt}\right)\frac{FK}{EK},$$

$ß^{v}$ = verschuldeter Betafaktor

$ß^{u}$ = unverschuldeter Betafaktor

$ß^{Debt}$ = Betafaktor des Fremdkapitals

$\frac{FK}{EK}$ = Verschuldungsgrad

Auch bei der Ableitung der verschuldeten Eigenkapitalkosten mittels eines verschuldeten Betafaktors resultieren zu hohe Eigenkapitalkosten und somit ceteris paribus zu geringe Marktwerte des Eigenkapitals, soweit das Debt Beta (bewusst oder unbewusst) einfach weggelassen wird. Auch der IDW Praxishinweis 2/2018 verweist daher auf die Verwendung eines Debt Betas (Tz. 40).

Das Debt Beta leitet sich unter Verwendung der bekannten CAPM Formeln wie folgt ab:

$$ß^{Debt} = \frac{k_{FK} - r_f}{MRP} = \frac{Credit\ Spread}{MRP}$$

Für die Ableitung des Debt Betas gilt dasselbe wie zuvor für die Fremdkapitalkosten. Entscheidend ist die erwartete Fremdkapitalrendite für die Ableitung des relevanten Credit Spreads. Bei gering und normal verschuldeten Unternehmen kann anstelle dieser erwarteten Rendite vereinfachend auf die am Markt beobachtbare Rendite zurückgegriffen werden.

7 Länderrisiken – Berücksichtigung in Bewertungskalkülen

In der Vergangenheit fanden Länderrisiken in der Bewertungspraxis und bei Investitionsentscheidungen von Unternehmen hauptsächlich bei Schwellen- und Entwicklungsländern Beachtung. Verschiedene Krisen in den vergangenen Jahren wie beispielsweise die Finanz- oder die Staatsschuldenkrise sowie jüngst die COVID-19-Krise haben immer wieder zu einem teils temporären Anstieg der Länderrisiken auch in Ländern des Euroraums geführt. Länderrisiken sind daher zunehmend in Bewertungskalkülen zu beachten. In der Praxis existieren Modelle, die für nahezu jedes Land auf Basis empirischer Daten Länderrisikoprämien ermitteln.

Ein Grundprinzip der zukunftsgerichteten Unternehmensbewertung ist die Risikoäquivalenz zwischen den zukünftig erwarteten Zahlungsströmen eines Unternehmens und den im Rahmen der Barwertermittlung angewandten Kapitalisierungszinssätzen. Diese umfassen üblicherweise die Anpassung einer risikolosen Basisverzinsung um vom Investor zu tragende operative Risiken und Finanzierungsrisiken (Risikozuschlagsmethode). Bei Unternehmensbewertungen im internationalen Kontext umfassen die operativen Risiken zudem häufig zusätzliche Länderrisiken sowie den Zahlungsströmen zugrunde liegende Wechselkursrisiken, die im Bewertungskalkül zu berücksichtigen sind.

Der Begriff Länderrisiken beschreibt in diesem Zusammenhang allgemeine politische, regulatorische, makroökonomische, juristische oder steuerliche Risiken, denen Investoren in den entsprechenden Ländern ausgesetzt sein können, und die aufgrund der Verflechtung der internationalen Kapitalmärkte in der Regel nur einer unzureichenden Risikodiversifikation unterliegen. Zudem weichen beobachtbare Renditen und Preise für Unternehmensanteile aus Emerging Markets regelmäßig von denen vergleichbarer Unternehmen aus entwickelten Kapitalmärkten ab. Daher können diese Risiken im Bewertungskalkül nicht vernachlässigt werden. Über die Art und Weise einer Berücksichtigung herrscht vor dem Hintergrund der Anwendbarkeit theoretischer Modelle und Verfügbarkeit aussagekräftiger empirischer Daten zwischen Bewertungstheorie und -praxis nicht immer Einigkeit.

Ein Extrembeispiel für Länderrisiken sind die in der Vergangenheit zu beobachtenden Fälle von Enteignungen ausländischer Investoren oder die Verhängung von Transfermoratorien für im jeweiligen Land erwirtschaftete Unternehmensgewinne oder Dividenden. Während Länderrisiken in der Vergangenheit häufig nur bei Bewertungen in Schwellen- und Entwicklungsländern zu berücksichtigen waren, hat beginnend mit der Finanz- und Schuldenkrise ihre Bedeutung in der Bewertungspraxis auch für Länder im Euroraum deutlich zugenommen. So liegen Länderrisikoprämien für die

Länder des Euroraums in den letzten Jahren zwischen 0% für Länder wie Deutschland oder Finnland und über 20% für beispielsweise Griechenland in der Hochphase der Schuldenkrise. Für Länder außerhalb des Euroraums wie zum Beispiel Brasilien oder China lagen die Prämien in dem Zeitraum im Bereich von 3% und 1%. Unternehmen sollten zudem auch bei Investitionsentscheidungen die Berücksichtigung von Länderrisiken verstärkt beachten. Auch das IDW weist im Rahmen seiner Fragen und Antworten zur praktischen Anwendung des Bewertungsstandards IDW S 1 explizit auf die Berücksichtigung von Länderrisiken bei der Unternehmensbewertung hin.

Folgende Grafik zeigt aktuelle Länderrisikoprämien per 31.03.2020 in Europa:

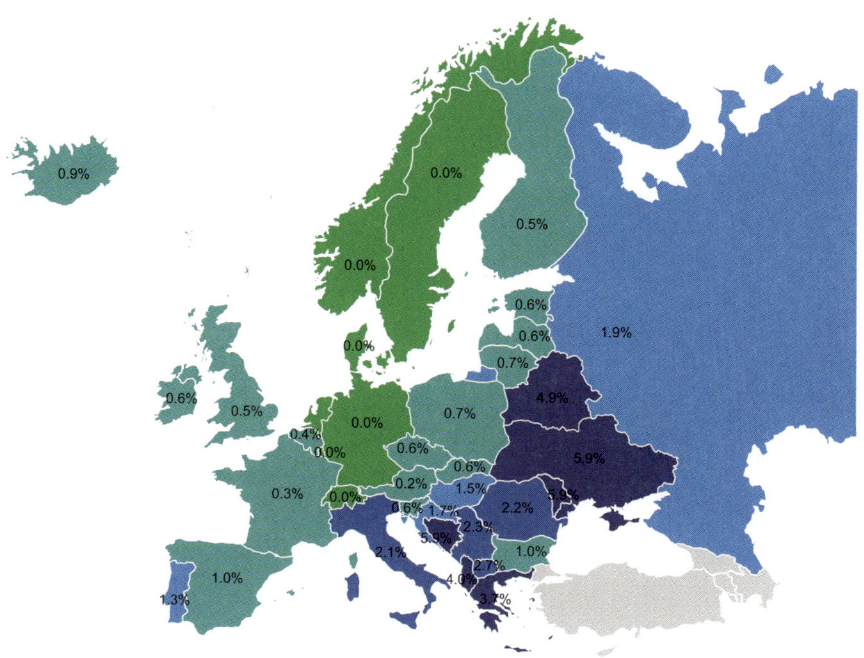

Länderrisikoprämie | 2-Jahresdurchschnitt (zum 31. März 2020)

Abb. G-13

Vor allem im Euroraum lässt sich seit der Finanz- und Schuldenkrise eine Neubewertung der Risikoprofile von Krisenländern wie zum Beispiel Griechenland, Italien, Spanien und auch Portugal an den Kapitalmärkten beobachten. Hieraus resultieren für die betroffenen Länder teilweise enorme Refinanzierungsschwierigkeiten, die auf der politischen Ebene durch Spar- und Konjunkturprogramme eingedämmt werden sollten. Die Glaubwürdigkeit und Durchführbarkeit solcher Maßnahmen entscheiden dabei am Kapitalmarkt über die den entsprechenden Ländern zur Verfügung gestellte Liquidität und damit mittelbar über die zukünftige Be- oder Entlastung nationaler Haushalte.

Aus diesem Zusammenhang ergeben sich direkte Rückwirkungen auf die Bewertung von in diesen Ländern aktiven Unternehmen beziehungsweise von Investitionen in diesen Ländern. Dabei wird in der Regel zwischen originären Länderrisiken, die aus direkten ausfallgefährdeten Vertrags- oder Handelsbeziehungen eines Unternehmens mit dem entsprechenden öffentlichen Haushalt resultieren, sowie derivativen Länderrisiken, die über die generelle konjunkturelle Entwicklung sowie fiskalpolitische Maßnahmen auf die zukünftigen Ertragsaussichten eines Unternehmens wirken, unterschieden.

Im Rahmen der Unternehmensbewertung finden Länderrisiken grundsätzlich bei der Planung und Analyse der zukünftigen Zahlungsströme sowie bei der Bemessung der Kapitalkosten Berücksichtigung. Bei der Ermittlung der Kapitalkosten mit Hilfe des CAPM sind Länderrisiken Bestandteil der durch das CAPM erklärten Risikoprämie. Für die alleinige Berücksichtigung von Länderrisiken bei der Ableitung der Erwartungswerte der Cashflows fehlt hingegen sowohl eine breit akzeptierte Methode als auch die empirische Datenlage. In Schwellen- und Entwicklungsländern aber auch in Ländern, die einen erheblichen strukturellen Wandel vollziehen, wie zum Beispiel die von den Krisen besonders betroffenen Staaten im Euroraum, lässt sich die MRP häufig nicht belastbar empirisch messen. In diesem Fall werden in der Bewertungspraxis häufig Länderrisiken vereinfachend in einer separaten Länderrisikoprämie zusätzlich zu einer allgemeinen MRP für etablierte Kapitalmärkte berücksichtigt. Eine transparente Möglichkeit zur Ableitung von Länderrisikoprämien bildet die Analyse von Renditeunterschieden (sogenannte Spreads) zwischen währungs- und laufzeitgleichen Staatsanleihen des entsprechenden Landes und einer als vergleichsweise sicher eingestuften Vergleichsgröße (zum Beispiel deutschen oder US-amerikanischen Staatsanleihen). Nicht unberücksichtigt bleiben können dabei jedoch Eingriffe in den Kapitalmarkt durch zum Beispiel Stützungskäufe der EZB.

Bei der Berücksichtigung in den Kapitalkosten muss der Bewerter jedoch immer auf das Zusammenspiel aller Kapitalkostenparameter achten, um eine Doppelberücksichtigung von Risiken zu vermeiden. So kann zum Beispiel ein verwendeter lokaler Basiszinssatz bereits Länderrisiken enthalten und insofern streng genommen aus der Sicht entwickelter Kapitalmärkte keinen risikolosen Zins darstellen (beispielsweise italienische oder spanische Staatsanleihen). Eine zusätzliche Berücksichtigung einer erhöhten (Markt-)Risikoprämie würde dann zu einer fehlerhaften Doppelberücksichtigung von Risiken führen.

Wechselkursrisiken hingegen sind von den sonstigen Länderrisiken getrennt bei der Bestimmung der Zahlungsströme oder im Kapitalisierungszinssatz zu beachten. Bei der Bestimmung der Zahlungsströme finden sie Eingang durch den Ansatz angemessener Wechselkurse. Hierbei können aktuelle Wechselkurse sowie bei hinreichend liquiden Märkten künftige Wechselkurse (sogenannte Forwards) zumindest für einen kurz- bis mittelfristigen Zeitraum eine geeignete Ausgangsbasis sein. Daneben kommen insbesondere für mittel- bis langfristige Schätzungen von Wechselkursen auch die volkswirtschaftlichen Zusammenhänge der Wechselkurstheorie in Form von Kaufkraft- und Zinsparitäten in Betracht. Diese spielen auch eine wesentliche Rolle bei der Berücksichtigung von Wechselkursrisiken in den Kapitalkosten, wo ausgehend von diesen in der Bewertungspraxis häufig der Unterschied in der erwarteten Inflation als Zuschlag Berücksichtigung findet.

Die Bewertungspraxis hat in den letzten Jahren Länderrisikomodelle entwickelt, die sämtliche vorstehenden Aspekte aufgreift und Länderrisikoprämien nahezu alle Länder ermittelt. Diese Modelle sind insbesondere geeignet, auf Basis einer einheitlichen transparenten Vorgehensweise für eine Vielzahl von Ländern Risikoprämien zu bestimmen, zum Beispiel im Rahmen von Beteiligungsbewertungen für Zwecke der Jahresabschlussprüfung.

8 Länderrisikoprämien – Interdependenzen zu anderen Bewertungsparametern

Über die Notwendigkeit zur Berücksichtigung von Länderrisiken bei der Bewertung von Unternehmen oder Unternehmenssegmenten herrscht in der Bewertungspraxis grundsätzlich Konsens. Kontrovers diskutiert wird die sachgerechte Vorgehensweise hierfür. Neben konzeptionell unterschiedlichen Ansätzen sind insbesondere die Interdependenzen zwischen den einzelnen Bewertungsparametern zu beachten, um Bewertungsfehler zu vermeiden. Zusätzlich sind bei der Bewertung verschiedener Unternehmenseinheiten eines gesamten Unternehmens – beispielsweise bei der Überprüfung der Werthaltigkeit von Beteiligungen nach HGB oder von zahlungsmittelgenerierenden Einheiten nach IFRS – Effekte aus dem Zusammenwirken der Länderrisiken der Unternehmenseinheiten zu beachten, um Risiken nicht doppelt oder gar nicht zu berücksichtigen.

Unter Länderrisiken sind die allgemeinen Marktrisiken eines spezifischen Landes zu verstehen. Sie beinhalten vor allem allgemeine politische, regulatorische, makroökonomische, juristische und steuerliche Sachverhalte, denen Investoren ausgesetzt sein können. Diese Sachverhalte finden – wie andere auch – bei der Unternehmensbewertung einerseits ihren Niederschlag in der Planung der Cashflows und andererseits hierzu äquivalent ihre Berücksichtigung im Kapitalisierungszinssatz (dort im Basiszinssatz, im Betafaktor oder in der MRP). Dies entspricht dem bekannten und in der Bewertung maßgeblichen Risikoäquivalenzprinzip. Sind die spezifischen Länderrisiken für ein Bewertungsobjekt in den empirisch beobachtbaren Bestandteilen des Kapitalisierungszinssatzes nicht hinreichend reflektiert, weil zum Beispiel in Ermangelung einer MRP für ein spezifisches Land die Marktrisikoprämie entwickelter Märkte angesetzt wird, können sie isoliert und vereinfachend mittels separater Berücksichtigung in Form einer (positiven oder negativen) Länderrisikoprämie berücksichtigt werden. Dies ist in der Bewertungspraxis häufig der Fall, da die notwendigen empirischen Daten zur Berücksichtigung von beispielsweise Ausfallwahrscheinlichkeiten von Cashflows aufgrund von Länderrisiken in der Planung der Cashflows oder für Marktrenditen für nicht etablierte Kapitalmärkte zur Berücksichtigung in der MRP nicht belastbar vorliegen.

Land	Länderrisikoprämie (Ø 0,5 Jahre)	Länderrisikoprämie (Ø 1 Jahr)	Länderrisikoprämie (Ø 2 Jahre)
Brasilien	3,6%	3,1%	3,0%
China	0,9%	0,7%	0,6%
Indien	2,4%	2,0%	2,0%
Russland	2,0%	1,9%	1,9%

Abb. G-14: Beispielhafte Daten aus dem KPMG-Länderrisikomodell zum 30.06.2020

Bei der Berücksichtigung einer separaten Länderrisikoprämie ist jedoch – wie bei der Berücksichtigung von Risiko generell – das Zusammenspiel der Kapitalkostenparameter untereinander sowie von Cashflow und Kapitalkosten zu beachten, um am Ende Risiken nicht doppelt oder gar nicht ins Kalkül einzubeziehen. Während dies für das Zusammenspiel von Basiszinssatz und MRP in der Regel noch leicht zu beachten ist, sind die Zusammenhänge zwischen Betafaktor und Länderrisikoprämie deutlich komplexer. Hierbei spielt eine wesentliche Rolle, auf welcher Basis der Betafaktor abgeleitet wurde. So ist zum Beispiel denkbar, dass durch die Berücksichtigung einer international tätigen Peer Group gegebenenfalls bereits Länderrisiken im empirisch erhobenen Betafaktor reflektiert sind, und es dann fraglich ist, ob diese auch den für das Bewertungsobjekt relevanten Länderrisiken entsprechen. Gegebenenfalls sind Anpassungen vorzunehmen.

Praktische Bedeutung entfaltet diese Frage unter anderem bei Bewertungen einzelner Einheiten eines Konzerns mit regionalem Bezug. Dies können beispielsweise Landesgesellschaften etwa im Rahmen von Werthaltigkeitsüberprüfungen nach HGB oder zahlungsmittelgenerierende Einheiten im Rahmen des Impairment Tests nach IFRS sein. Grundsätzlich gilt dabei, dass unter gleichen Prämissen die einzeln bewerteten regionalen Einheiten eines Konzerns in Summe wieder den Konzernwert ergeben sollten. Dieses Ergebnis stünde im Einklang mit dem Wertadditivitätstheorem.

In Abhängigkeit vom Bewertungszweck und den damit verbundenen Normen sind gegebenenfalls bestehende Erfolgsverbundeffekte bei einer Bewertung der einzelnen Einheiten unter einer Portfoliosicht entweder den einzelnen Einheiten zuzuordnen oder als separater Wertbeitrag zu berücksichtigen. Bei einer Bewertung der einzelnen Einheiten unter einer stand-alone Perspektive hingegen sind sie nicht zu berücksichtigen, sodass das Wertadditivitätstheorem in diesem Fall nicht gilt.

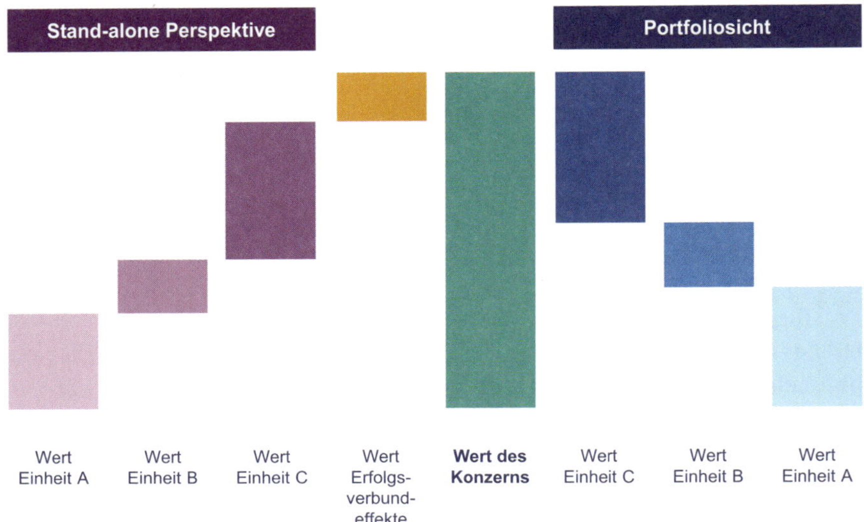

Abb. G-15: Wertadditivitätstheorem aus Stand-alone- und aus Portfoliosicht

Wenn bei einer Perspektive aus Portfoliosicht Kapitalkosten für regionale Einheiten ausgehend von Konzernkapitalkosten ermittelt werden, ist zu überprüfen, inwieweit diese Konzernkapitalkosten bereits Länderrisiken enthalten (zum Beispiel bei der Verwendung des eigenen Betafaktors eines börsennotierten Konzerns oder der Verwendung einer international tätigen Peer Group zur Ableitung des Betafaktors). Letztlich muss unter gleichen Prämissen gelten, dass die wertgewichtete Summe der Kapitalkosten der einzelnen Einheiten den Konzernkapitalkosten entspricht. Sind in den Konzernkapitalkosten bereits Länderrisiken enthalten, sind Konzernkapitalkosten gegebenenfalls zunächst um diese zu bereinigen, bevor die spezifischen Länderrisiken der einzelnen Einheit zur Ableitung der Kapitalkosten dieser Einheit berücksichtigt werden. Anderenfalls würden die Kapitalkosten der einzelnen Einheiten durch eine Doppelberücksichtigung von Länderrisiken überschätzt. Zusätzlich sind gegebenenfalls auch (Länder-) Diversifikationseffekte zwischen den regionalen Einheiten zu beachten, um eine sachgerechte Umverteilung und Bereinigung zwischen den Einheiten vorzunehmen. Im Ergebnis sind Kapitalkosten für einzelne regionale Einheiten sowohl über als auch unter den Konzernkapitalkosten zu erwarten.

KPMG verfügt über Modelle, um die geschilderten Sachverhalte sachgerecht bei Bewertungen auch unter Beachtung des Bewertungszwecks und damit gegebenenfalls verbundener Normen zu berücksichtigen. Dabei werden zunächst die hierfür notwendigen Informationen aus Kapitalmarktdaten abgeleitet und anschließend die zuvor geschilderten Anpassungen konsistent und transparent vorgenommen und so Interdependenzen zu anderen Kapitalkostenparametern berücksichtigt.

9 IFRS 16 – Auswirkungen des neuen Leasingstandards auf die Unternehmensbewertung

Die Einführung des IFRS 16 „Leasingverhältnisse“ hat das Bilanzbild im Konzernabschluss vieler Unternehmen deutlich verändert. Der Barwert künftiger Leasing- und Mietauszahlungen wird mit Anwendung von IFRS 16 als Verbindlichkeit passiviert und das Nutzungsrecht am geleasten oder gemieteten Vermögenswert in der Bilanz aktiviert (so genannte „Right-of-use-asset“). Dies war bisher für als sogenannte „operating leases“ klassifizierte Leasinggeschäfte nicht der Fall. Statt der Leasingaufwendungen als Bestandteil des operativen Ergebnisses werden in der Gewinn- und Verlustrechnung nunmehr Aufwendungen für Abschreibungen auf das Nutzungsrecht und Zinsaufwand aus der Verbindlichkeit erfasst. Unabhängig vom konkreten Bewertungsanlass stellt sich die Frage, ob eine solche Änderung eines Rechnungslegungsstandards Einfluss auf Unternehmenswerte und die Unternehmensbewertung haben kann?

Neue Informationen?

Die intuitive Antwort jedes Bewerters wird „nein“ sein. Doch diese Antwort darf nicht vorschnell gegeben werden. Entscheidend hierfür ist die Beantwortung der Frage, ob mit der Anwendung des neuen Standards wesentliche neue Informationen für die Kapitalmarktteilnehmer zur Verfügung stehen.

Wenn die Anwendung des IFRS 16 den Kapitalmarktteilnehmern wesentliche neue Erkenntnisse zu den Verpflichtungen und Verbindlichkeiten eines Unternehmens ermöglicht, so ist davon auszugehen, dass sich bei Erkennen neuer (zusätzlicher) Verbindlichkeiten durch Kapitalmarktteilnehmer der Aktienkurs reduzieren würde. Entsprechende Auswirkungen sind dann auch für einen fundamental abgeleiteten Unternehmenswert zu erwarten. Wenn durch die Anwendung von IFRS 16 jedoch keine wesentlichen neuen Informationen bekannt werden, sind keine materiellen Veränderungen des Aktienkurses und des Unternehmenswerts zu erwarten.

Vor dem Hintergrund der notwendigen Anhangsangaben im Rahmen des bisherigen Leasingstandards IAS 17 – unter anderem zu künftigen Leasingzahlungen in einzelnen Laufzeitbändern – gehen wir davon aus, dass in der Mehrzahl der Fälle aus der Anwendung von IFRS 16 keine wesentlichen neuen Informationen resultieren und so keine Auswirkungen auf Aktienkurse und Unternehmenswerte im Ergebnis zu erwarten sind. Diese These wird gestützt durch erste empirische Daten auf Basis der Reaktionen des Kapitalmarkts auf die Veröffentlichung von Quartals- und Geschäftsberichten von Unternehmen, die den IFRS 16 bereits anwenden (sogenannte „early adopter“) sowie der Tatsache, dass Ratingunternehmen den Umfang und die

Auswirkungen von operating leases bereits in der Vergangenheit bei ihrer Ratingeinschätzung berücksichtigt haben.

Auswirkungen auf die Cashflows

Auf Basis dieser These sich im Ergebnis nicht verändernder Unternehmenswerte sind die einzelnen Auswirkungen des IFRS 16 auf das Bewertungskalkül zu untersuchen. Da sich die Nettoverschuldung durch die zusätzlich passivierten verzinslichen Leasingverbindlichkeiten erhöht, bedeutet ein unveränderter Unternehmenswert (Equity Value), dass sich bei den Brutto-DCF-Verfahren der Unternehmensgesamtwert (Entity Value oder Enterprise Value) um den gleichen Betrag wie die Nettoverschuldung erhöht.

Der Unternehmens(gesamt)wert wird von Cashflows und Kapitalkosten des Bewertungsobjekts bestimmt. Auf Ebene der Cashflows ergibt sich für die Summe aller Ein- und Auszahlungen des Unternehmens keine Veränderung durch Anwendung von IFRS 16, da Zahlungsströme unabhängig von Bilanzierungsstandards sind. Aber die Ableitung der bewertungsrelevanten Cashflows ist durch die Anwendung von IFRS 16 beeinflusst, da eine Verschiebung von operativer Sphäre in die finanzielle Sphäre der Cashflows erfolgt. So werden sich Cashflows der Brutto-DCF-Verfahren wie Free Cashflow und Total Cashflow, die die operative Sphäre des Unternehmens abbilden sollen, durch die Anwendung von IFRS 16 verändern. Die Leasing- und Mietaufwendungen entfallen, sodass diese Cashflows steigen. Im Zeitpunkt der Verlängerung eines Leasinggeschäfts wirkt die Bilanzierung des Nutzungsrechts bewertungstechnisch wie eine Investition, die die genannten Cashflows reduziert. In dem vereinfachten Kalkül einer ewigen Rente, in der der Leasingzyklus annuitätisch verdichtet ist, beziehungsweise über die gesamte Leasinglaufzeit betrachtet, steigen Free Cashflow und Total Cashflow um den Zinsanteil der Leasing- und Mietaufwendungen. Der übrige Teil der bisherigen Leasing- und Mietaufwendungen wird durch die rechnerischen Investitionen kompensiert.

Der Cashflow der Netto-DCF-Verfahren, der Flow to Equity, hingegen bleibt unverändert, da er operative und finanzielle Sphäre umfasst.

Auswirkungen auf die Kapitalkosten

Bei den Kapitalkosten hat zunächst eine Beurteilung entlang der beobachtbaren Parameter unter der Berücksichtigung der geschilderten These zu erfolgen. Die verschuldeten Eigenkapitalkosten werden sich nicht verändern. Basiszinssatz und Marktrisikoprämie sind unbeeinflusst von der Einführung von IFRS 16 und der verschuldete Betafaktor ändert sich auch nicht, wenn sich der Aktienkurs durch die Anwendung von IFRS 16 gemäß der vorgenannten These nicht ändert. Die Fremdkapitalkosten sind gemäß der These ebenfalls unverändert, da sich auch Ratings durch die Anwendung von IFRS 16 nicht ändern.

Der WACC hingegen geht zurück, da ein Kapitalblock – Verbindlichkeiten aus Leasingverhältnissen – mit Kapitalkosten hinzutritt, die vergleichbar zu den Fremdkapitalkosten sind und damit unterhalb des bisherigen WACC liegen.

Betrachtet man die Auswirkungen auf die weiteren Parameter der Kapitalkosten, ist festzustellen, dass die unverschuldeten Betafaktoren bedingt durch die unveränderten verschuldeten Betafaktoren und den gestiegenen Verschuldungsgrad zurückgehen. Der rückläufige unverschuldete Betafaktor steht im Einklang mit der angepassten Abgrenzung der operativen Cashflows, die durch den Entfall der eher fixen Leasing- und Mietaufwendungen eine geringere Schwankung aufweisen.

Zusammenfassung

Das folgende Schaubild fasst die Auswirkungen nochmal zusammen.

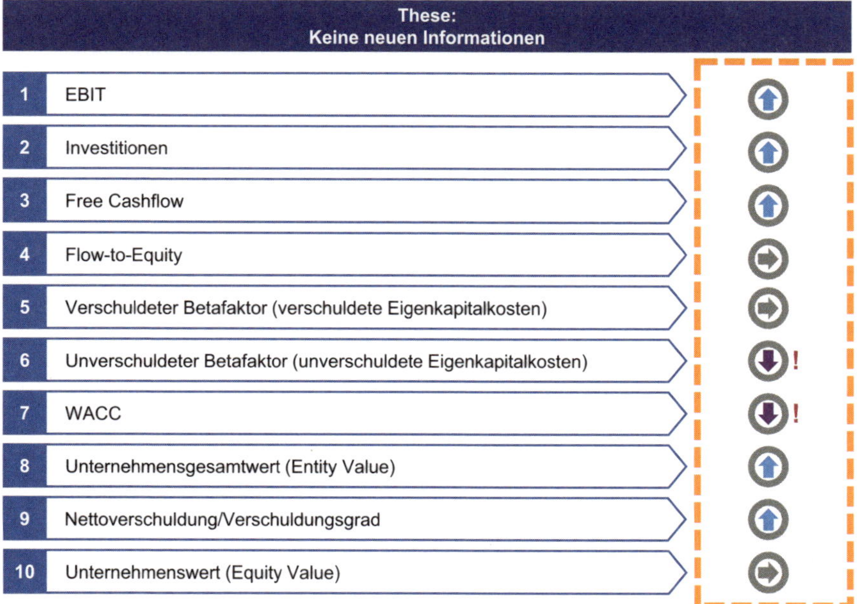

Abb. G-16: Auswirkungen des IFRS 16 auf wesentliche Planungs- und Bewertungsparameter

Umsetzung in der Bewertungspraxis

Bei der praktischen Umsetzung dieser konzeptionellen Überlegungen sind verschiedene Sachverhalte zu beachten. Auf Ebene der Cashflows ist sicherzustellen, dass die integrierte Planungsrechnung alle Elemente der Anwendung von IFRS 16 beinhaltet. Neben dem Entfall der Leasing- und Mietaufwendungen und der stattdessen zu berücksichtigenden Zinsaufwendungen und Abschreibungen sind dies auch eine unveränderte Steuerbelastung, da IFRS 16 die Steuerbemessungsgrundlage in aller Regel nicht ändert, die Ergänzung der Bilanz um Nutzungsrecht und Leasingverbindlichkeit und die Berücksichtigung einer in aller Regel notwendigen Verlängerung oder Neuabschluss des Leasinggeschäfts, was bewertungstechnisch, wie vorstehend erläutert, einer Investition gleichkommt. Dabei sind auch die Folgen des sogenannten Frontloading-Effekts zu berücksichtigen, der dazu führt, dass die Summe von Zinsaufwand und Abschreibungen zu Beginn der Leasinglaufzeit höher ist als der frühere Leasing- beziehungsweise Mietaufwand und zum Ende niedriger als dieser. In Summe über die Leasinglaufzeit entsprechen sich die Aufwendungen.

Bei der Ableitung der Betafaktoren ist zu beachten, dass diese bisher regelmäßig aus am Kapitalmarkt erhobenen Vergangenheitsdaten abgeleitet werden. Während dies für die verschuldeten Betafaktoren aufgrund der erläuterten These unkritisch ist, ist bei der Bereinigung des Finanzierungsrisikos, dem sogenannten „Unlevern", darauf zu achten, dass die hierfür angewandte Verschuldung auch die Leasingverbindlichkeiten aus dem IFRS 16 berücksichtigt. Da diese für vergangene Perioden zumeist nicht vorliegen, muss eine Abschätzung der Höhe der Leasingverbindlichkeiten für die untersuchten Unternehmen auf Basis der zugänglichen Informationen getroffen werden. KPMG verfügt hierfür über entsprechende Modelle. Die Anpassung an das Finanzierungsrisiko des spezifischen Bewertungsobjekts, das sogenannte „Relevern", erfolgt dann wiederum auch anhand der Verschuldung inklusive IFRS 16-Verbindlichkeiten. Ohne eine entsprechende Abschätzung wäre der unverschuldete Betafaktor „zu hoch" und damit der Unternehmenswert „zu niedrig", was zu Fehlentscheidungen im Rahmen von Unternehmenstransaktionen oder zu nicht begründeten Wertberichtigungen im Rahmen von Werthaltigkeitsprüfungen führen kann.

Die geschilderte Problematik wird jedoch im Zeitablauf durch die sukzessive vorliegenden Daten für IFRS 16-Verbindlichkeiten in den Konzernabschlüssen der betroffenen Gesellschaften an Bedeutung verlieren.

Das intuitiv erwartete Ergebnis unveränderter Unternehmenswerte aus der Anwendung von IFRS 16 lässt sich somit konzeptionell ableiten und auch praktisch umsetzen.

Neben den DCF-Verfahren sind auch die Multiplikatorverfahren von der Anwendung von IFRS 16 beeinflusst. Während dies bei den Equity-Multiplikatoren wie dem KGV keinen wesentlichen Einfluss hat, sind die Entity-Multiplikatoren wie Entity Value/EBITDA oder Entity Value/EBIT stärker betroffen. Wenn der Unternehmensgesamtwert (Entity Value) unter der oben geschilderten These um die Leasingverbindlichkeit nach IFRS 16 steigt und sich das EBITDA um die Leasing- und Mietaufwendungen erhöht, ist die Auswirkung auf den Entity Value/EBITDA-Multiplikator abhängig vom Verhältnis der Leasingverbindlichkeit zu den Leasing- und Mietaufwendungen, welches wiederum wesentlich von der Laufzeit bestimmt ist. In den meisten Fällen dürfte das Verhältnis höher sein als der bisherige Entity Value/EBITDA-Multiplikator, sodass der Entity Value/EBITDA-Multiplikator nach Anwendung von IFRS 16 steigt. Dies korrespondiert zu den oben erwähnten rückläufigen WACC, da Multiplikatoren letztlich nur Kehrwerte der Kapitalkosten sind.

Auch bei der Anwendung von Multiplikatorverfahren ist somit ein konsistentes Vorgehen von entscheidender Bedeutung. Kennzahlen aus einer Welt nach Anwendung von IFRS 16 sollten nur mit Multiplikatoren aus einer Welt nach Anwendung von IFRS 16 kombiniert werden und umgekehrt. Auch ist bei allen Peer Group basierten Analysen auf eine Konsistenz der Peer Group Unternehmen bei der Leasingbilanzierung zueinander und des Bewertungsobjekts zu den Peer Group Unternehmen zu achten. Dabei sind auch Unterschiede in der Leasingbilanzierung zwischen IFRS und US-GAAP und gegebenenfalls anderen Rechnungslegungsstandards im Auge zu behalten.

10 Währungsumrechnung in der Unternehmensbewertung – auf die Konsistenz kommt es an

Unternehmensplanungen werden in einer einzigen Berichtswährung abgebildet. Tatsächlich wird das operative Geschäft aber in einer Vielzahl von Währungen abgewickelt, sodass im Rahmen der Planungserstellung Währungsumrechnungen erforderlich werden. Die Festlegung der hierfür erforderlichen Wechselkurse hat im Einzelfall eine erhebliche Bedeutung für den resultierenden Unternehmenswert. Die Frage, ob eine einzige zutreffende Methode der Währungsumrechnung existiert oder mehrere vertretbar sind beziehungsweise, wenn mehrere Methoden zulässig sind, welche konkret gerade nicht vertretbar sind, beschäftigt Theorie und Praxis seit längerer Zeit. Nachfolgend sollen die aktuellen Erkenntnisse kurz zusammengefasst werden.

Problemstellung

Grundlage der Unternehmensbewertung bildet die Diskontierung erwarteter zukünftiger Cashflows des Bewertungsobjekts. Diese Cashflows fallen für eine Vielzahl von Unternehmen – unabhängig von ihrem Unternehmenssitz – in verschiedenen ausländischen Währungen (Fremdwährung) an. Bereits im Fall der Bewertung einer ausländischen Tochtergesellschaft, die sämtliche Cashflows in einer einzigen Fremdwährung erzielt, stellt sich die Frage, wie diese Cashflows in ausländischer Währung aus der Perspektive eines inländischen Investors zu bewerten sind. Dazu bedarf es der Währungsumrechnung, wofür grundsätzlich zwei Methoden in Betracht kommen.

Nach der direkten Methode werden die in der Fremdwährung denominierten Cashflows mit Kapitalkosten diskontiert, die auf Parametern desselben Fremdwährungsraums basieren, also beispielsweise eine Planung in US-Dollar mit Kapitalkosten des US-Dollarraums (Währungsäquivalenzprinzip). Anschließend wird der Barwert der Cashflows in Fremdwährung mit dem Kassakurs zum Bewertungsstichtag in Euro umgerechnet. Ein typischer Anwendungsfall dieser Methode ist der IFRS-Werthaltigkeitstest nach IAS 36, welcher genau diese Vorgehensweise verlangt (vergleiche IAS 36.54).

Nach der indirekten Methode werden dagegen die in Fremdwährung denominierten Cashflows im ersten Schritt mit erwarteten Wechselkursen in die inländische Währung umgerechnet. Anschließend wird der Barwert der Cashflows in Inlandswährung mit Kapitalkosten basierend auf dem inländischen Währungsraum diskontiert, sodass sich der gesuchte Unternehmenswert bereits in Inlandswährung ergibt. Für die Umrechnung der einzelnen zukünftigen Cashflows der jeweiligen Planjahre sowie des Terminal Values (ewige Rente) müssen entsprechend erwartete Wechselkurse festgelegt werden. Ein typischer Anwendungsfall ist die Bewertung von Unternehmen, welche ihre Cashflows in unterschiedlichen Währungsräumen erzielen, da bei strenger Anwendung der direkten Methode eine Zerlegung des Unternehmens nach Währungsräumen erforderlich wäre.

Wechselkurskonzepte

Theoretisch führen in einer idealisierten Welt die indirekte Methode und direkte Methode zum selben Ergebnis. Diese Wertidentität würde unter anderem dann vorliegen, wenn die Cashflows sicher wären, das heißt keine Volatilitäten aufgrund von Preis- oder Mengenelastizitäten durch veränderte Wechselkurse bestünden. Ebenso müssten die erwarteten realen Aktienrenditen in den Währungsräumen gleich sein, was einer vollständigen finanziellen Integration der Kapitalmärkte und somit gleicher realer Kapitalkosten entspräche. Damit würden Unterschiede in den nominellen Kapitalkosten nur aus abweichenden Inflationserwartungen resultieren, die aber wiederum vollständig in den künftigen Wechselkursen reflektiert wären. Nur in dieser theoretischen Welt wären zukünftige Wechselkurse auch eindeutig prognostizierbar und alle Probleme der Festlegung entfielen. Da diese Bedingungen in der realen Welt nicht erfüllt sind, kann die praktische Anwendung der beiden Methoden jedoch zu abweichenden Ergebnissen führen.

Entsprechend kann bei der Bewertung nicht auf die explizite Ableitung eines zukünftigen Wechselkurses verzichtet werden. Dies ergibt sich bei der indirekten Methode dadurch, dass Wechselkurse unmittelbar für die Umrechnung der zukünftigen Cashflows von der Fremdwährung in die inländische Währung benötigt werden. Aber auch für die direkte Methode muss dies implizit erfolgen, da bei unreflektierter Anwendung vereinfachend unterstellt wird, dass sich die künftigen Wechselkurse gemäß den Differenzen aus den Inflationserwartungen (relative Kaufkraftparität nach den sogenannten Fisher-Paritäten) entwickeln, was tatsächlich empirisch betrachtet jedoch nicht der Fall ist. Die direkte Methode trägt also gewissermaßen ihre (triviale) Wechselkursannahme bereits in sich.

Bestimmung von Wechselkursen

Wie lassen sich also Wechselkursprognosen ableiten? Ausgangspunkt von Prognoseüberlegungen sind häufig theoretische Modelle und deren Übertragung in die Bewertungspraxis, hier die (internationalen Fisher-)Paritätentheorien, einmal bezogen auf die unterschiedlichen Zinsen (Zinsparitätentheorie) sowie auf die unterschiedliche Kaufkraft (Kaufkraftparitätentheorie) zwischen Währungsräumen.

Die Zinsparitätentheorie unterstellt die Existenz einheitlicher Preise von Finanztiteln am Kapitalmarkt, da anderenfalls Arbitragemöglichkeiten bestünden. In ihrer Ausprägung als gedeckte Zinsparität sollte die Anlage in einen inländischen Finanztitel keine andere Rendite erzielen als die Anlage in einen ausländischen Finanztitel mit gleicher Ausstattung zum aktuellen Kassakurs und gleichzeitigem Verkauf des in ausländischer Währung zufließenden Verkaufserlöses zum Terminkurs. Zur Vermeidung von Arbitragegeschäften muss der Terminkurs (Forward Rate) genau dem Zinsdifferential zwischen in- und ausländischer Währung entsprechen. Dieser Zusammenhang wird auch grundsätzlich empirisch bestätigt. Tatsächlich verhandelte Forward Rates sind jedoch leider meist nur für kurzfristige Laufzeiten von ein bis drei Jahren am Markt beobachtbar. Sie lassen sich als implizite Hedginggeschäfte interpretieren und könnten für diesen kurzfristigen Zeitraum als Wechselkursprognose angewendet werden. Über diesen Zeitraum hinaus abgeleitete Forward Rates werden mangels handelbarer Finanzinstrumente und somit beobachtbarer Preise hingegen meist synthetisch aus den Zinsstrukturkurven unterschiedlicher Währungsräume abgeleitet. Sie stellen keine geeignete Wechselkursprognose dar (so weist der Finanzdienstleister Bloomberg explizit darauf hin, dass die ermittelten Forwards nicht als Wechselkursprognose heranzuziehen sind), da Zinsstrukturkurvenunterschiede insbesondere auf lange Sicht in der Realität nicht nur auf Inflationsunterschiede zurückzuführen sind.

In der ungedeckten Form der Zinsparitätentheorie wird losgelöst von Sicherungsgeschäften unterstellt, dass allein die Zinsunterschiede zwischen Währungsräumen die künftige Wechselkursentwicklung bestimmen. Danach könnte der ausländische Finanztitel mit gleicher Ausstattung zu einer inländischen Anlage in der Zukunft einfach ungesichert verkauft und der Verkaufserlös zum künftigen Kassakurs in die Inlandswährung transferiert werden, ohne dass sich ein Renditeunterschied ergäbe. Umgekehrt könnten zukünftige Wechselkurse damit entsprechend über das Zinsdifferential vorhergesagt werden. Empirische Untersuchungen zu diesem unterstellten Zusammenhang zeigen jedoch kein einheitliches Bild.

Die Kaufkraftparitätentheorie überträgt diese Gedanken analog auf den Gütermarkt. Nach der absoluten Kaufkraftparitätentheorie gilt entsprechend das Gesetz des einheitlichen Preises auf allen Märkten, sodass beobachtbare Preisunterschiede nur durch Inflationsunterschiede zwischen den Währungen zu erklären sind. Mit anderen Worten müssten die Wechselkurse den Inflationsunterschieden zwischen In- und Ausland folgen. Die Kaufkraftparität kann empirisch bislang zumindest nicht in der kurzen bis mittleren Frist bestätigt werden. Allerdings deuten einige Studien über längere Zeiträume auf einen empirischen Zusammenhang hin.

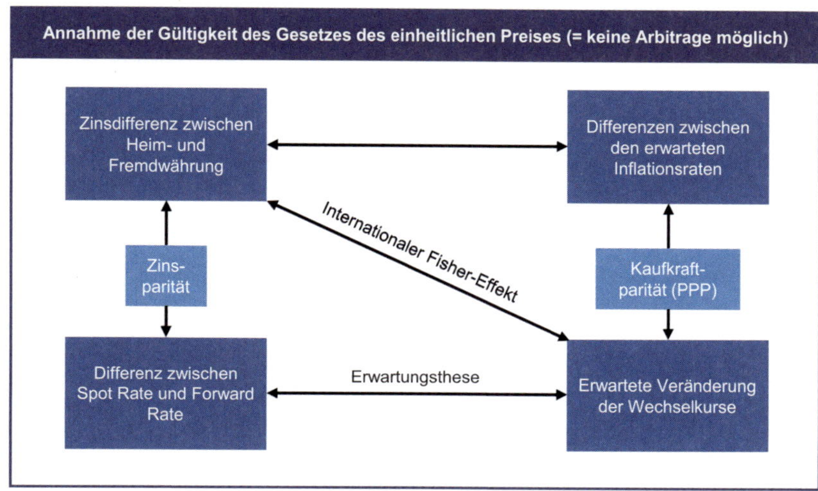

Quelle: in Anlehnung an: Spremann/Gantenbein (2007), S. 102; Solnik/McLeavey (2006), S. 8; Shapiro (2010), S. 144

Abb. G-17: Zusammenhang zwischen Wechselkursen und Paritätentheorien

Im Rahmen empirieorientierter Überlegungen zu Wechselkursprognosemethoden wird als „Benchmark" die sogenannte Random-Walk-Prognosemethode herangezogen, die im Grundsatz eine naive Fortschreibung des Kassakurses zum Bewertungsstichtag darstellt. Der Kassakurs ist ein am Devisenmarkt beobachtbarer „Preis", in dem sämtliche verfügbaren Informationen zum Bewertungsstichtag verarbeitet sind. Insbesondere in der kurzen und mittleren Frist gibt es keine allgemeingültige Prognosemethode, die gemäß empirischen Studien eine höhere Prognosegüte vorweisen kann.

Insgesamt kann festgehalten werden, dass kein Modell der Wechselkursprognose existiert, welches allen anderen Modellen eindeutig überlegen wäre. Umgekehrt sind damit mehrere Methoden denkbar, welche dann aber konsistent anzuwenden sind.

Plausibilisierung von Wechselkursannahmen

Ohne Wechselkursannahmen geht es in der Unternehmensbewertung nicht, jedoch können diese offenbar nicht eindeutig getroffen sondern lediglich plausibilisiert werden. Ausgangspunkt sollte dabei immer der aktuelle Kassakurs sein, da in ihm zumindest theoretisch alle zum Bewertungsstichtag verfügbaren Informationen verarbeitet sein sollten. Zumindest im kurzfristigen Bereich von ein bis drei Jahren können alternativ für hinreichend liquide Währungen beobachtbare Forward Rates verwendet werden. Synthetisch aus Zinsstrukturkurven ableitbare Forward Rates für längere Laufzeiten sind aus vorstehenden Überlegungen nicht zu empfehlen und können bestenfalls und lediglich eingeschränkt für Plausibilisierungen verwendet werden.

Im langfristigen Bereich können entweder die Wechselkursannahmen des kurzfristigen Bereichs fortgeschrieben oder erweiterte Prognosen abgeleitet werden. Insbesondere die Kaufkraftparitätentheorie kann eine Möglichkeit zur Bestimmung langfristiger Wechselkurse bieten. Hierzu existieren auch öffentlich verfügbare Daten zum Beispiel der OECD, EZB, des Internationalen Währungsfonds sowie qualifizierte und nachvollziehbare Analystenschätzungen. Sämtliche Daten können sinnhaft sein, zumindest wenn dabei nicht offensichtliche Ausreißerwerte verwendet werden.

Unabhängig von den verwendeten Wechselkursannahmen ist stets sicherzustellen, dass die Wechselwirkung mit der Produktprogrammplanung, der Umsatz- und Kostenplanung sowie der Investitionsplanung konsistent berücksichtigt wird (ökonomisches Währungsexposure). Der Wechselkurs ist zwar für sich ein exogener Faktor, allerdings stellt sich das Unternehmen in der Abhängigkeit von Wechselkursen in der Regel operativ darauf ein. Eine unter einer konkreten Wechselkursannahme erstellte Unternehmensplanung muss daher nicht für eine abweichende Wechselkursannahme weiterhin sinnvoll sein.

ABKÜRZUNGS- UND AKRONYMEVERZEICHNIS

Abb.	Abbildung
Abs.	Absatz
AG	Aktiengesellschaft
AIFM	Alternative Investments Fund Manager (Verwalter alternativer Investmentfonds)
AktG	Aktiengesetz
APV	Adjusted Present Value (angepasster Barwert)
Art.	Artikel
ASA	American Society of Appraiser
AStG	Außensteuergesetz
ATADUmsG	Gesetz zur Umsetzung der Anti-Steuervermeidungsrichtlinie
B2B	Business-to-Business (Geschäftsbeziehungen zwischen zwei Unternehmen)
B2C	Business-to-Consumer (Geschäftsbeziehungen zwischen einem Unternehmen und einer Privatperson)
BaFin	Bundesanstalt für Finanzdienstleistungsaufsicht
BauGB	Baugesetzbuch
BEPS	Base Erosion and Profit Shifting (Gewinnkürzung und Gewinnverlagerung)
BewG	Bewertungsgesetz
BGB	Bürgerliches Gesetzbuch
BGBl	Bundesgesetzblatt
BGH	Bundesgerichtshof
BMF	Bundesministerium für Finanzen
BVerfG	Bundesverfassungsgericht
CAPM	Capital Asset Pricing Model (Kapitalgutpreismodell)
CDAX	Composite Deutscher Aktien Index
CEDA	Corporate Economic Decision Assessment (Wertorientierter Ansatz zur Entscheidungsfindung)
CGU	Cash Generating Unit (Zahlungsmittelgenerierende Einheit)

CoC	Cost of Capital (Kapitalkosten)
Corp.	Corporation (Unternehmen)
COVID-19	SARS-Cov-2 Virus (Coronavirus)
CRM	Customer-Relationship-Management
CVC	Corporate Venture Capital
DAX	Deutscher Aktien Index
DBA	Doppelbesteuerungsabkommen
DCF	Discounted Cashflow (Abgezinster Zahlungsstrom)
DEMPE-Konzept	Development, Enhancement, Maintenance, Protection, Exploitation - Konzept
DINK	Double income, no kids (doppeltes Einkommen, keine Kinder)
DNA	Desoxyribonukleinsäure
DPR	Deutsche Prüfstelle für Rechnungslegung
DRSC	Deutsches Rechnungslegungs Standards Committee
DRS	Deutschen Rechnungslegungs Standards
E(X)	Erwartungswert der Variable X
e.V.	Eingetragener Verein
EBIT	Earnings Before Interests and Taxes (Ergebnis vor Zinsen und Steuern)
EBITDA	Earnings Before Interests, Taxes, Depreciation and Amortisation (Ergebnis vor Zinsen, Steuern und Abschreibungen auf Sachanlagen und auf immaterielle Vermögensgegenstände)
EKv	Marktwert des Fremdkapitals bei Verschuldung
EPRA	European Public Estate Association
ErbStG	Erbschaftsteuer- und Schenkungsteuergesetz
EStG	Einkommensteuergesetz
ESUG	Gesetz zur weiteren Erleichterung der Sanierung von Unternehmen
EU	Europäische Union
EuGH	Europäischer Gerichtshof
EWG	Europäische Wirtschaftsgemeinschaft
EWR	Europäischer Wirtschaftsraum
EZB	Europäische Zentralbank

f.	folgend
ff.	folgende
F&A	Fragen & Antworten
F&E	Forschung & Entwicklung
FAUB	Fachausschuss für Unternehmensbewertung und Betriebswirtschaft des IDW
FED	Federal Reserve System (US-Notenbank)
FFO	Funds from Operations (Zahlungsströme aus dem operativen Geschäft)
FK	Marktwert des Fremdkapitals
FK/EK	Verschuldungsgrad ermittelt als Fremdkapital durch Eigenkapital
FVerlV	Funktionsverlagerungsverordnung
FVOCI	Fair Value through other comprehensive income (Erfolgsneutrale Bewertung zum beizulegenden Zeitwert)
FVPL	Fair Value through profit or loss (Erfolgswirksame Bewertung zum beizulegenden Zeitwert)
BIP	Bruttoinlandsprodukt
GG	Grundgesetz
GmbH	Gesellschaft mit beschränkter Haftung
GmbHG	Gesetz betreffend die Gesellschaften mit beschränkter Haftung
GWB	Gesetz gegen Wettbewerbsbeschränkungen
HFA	Hauptfachausschuss
HGB	Handelsgesetzbuch
HTVI	Hard to value intangibles (schwierig zu bewertende immaterielle Werte)
IAS	International Accounting Standard
IBR	Incremental Borrowing Rate
ICO	Initial Coin Offering (Emission von virtuellen Währungseinheiten)
IDW	Institut der Wirtschaftsprüfer in Deutschland e.V.
IDW S 1	Grundsätze zur Durchführung von Unternehmensbewertungen
IDW S 5	Grundsätze zur Bewertung immaterieller Vermögenswerte

IDW S 6	Anforderungen an Sanierungskonzepte
IDW S 8	Grundsätze für die Erstellung von Fairness Opinions
IDW S 10	Grundsätze zur Bewertung von Immobilien
IDW S 13	Besonderheiten bei der Unternehmensbewertung zur Bestimmung von Ansprüchen im Familien- und Erbrecht
IDW RS HFA 10	Anwendung der Grundsätze des IDW S 1 bei der Bewertung von Beteiligungen und sonstigen Unternehmensanteilen für die Zwecke eines handelsrechtlichen Jahresabschlusses
IDW RS HFA 47	Einzelfragen zur Ermittlung des Fair Value nach IFRS 13
IDW Praxishinweis 1/2014	Besonderheiten bei der Ermittlung eines objektivierten Unternehmenswerts kleiner und mittelgroßer Unternehmen
IDW Praxishinweis 2/2017	Beurteilung einer Unternehmensplanung bei Bewertung, Restrukturierungen, Due Diligence und Fairness Opinion
IDW Praxishinweis 2/2018	Berücksichtigung des Verschuldungsgrads bei der Bewertung von Unternehmen
IFRIC	International Financial Reporting Interpretations Committee
IFRS	International Financial Reporting Standards
IfS	Institut für Sachverständigenwesen
ImmoWertV	Immobilienwertermittlungsverordnung
Inc.	Incorporated (amtlich eingetragen)
InsO	Insolvenzordnung
InvG	Investmentgesetz
IP	Intellectual Property (geistiges Eigentum)
IPEV	International Private Equity and Venture Capital Valuation Guidelines
IPO	Initial Public Offering (Börsengang)
IRR	Internal Rate of Return (interner Zinsfuß)
ISO	International Organization for Standardization
IT	Informationstechnik
IVSC	International Valuation Standards Committee
KAGB	Kapitalanlagegesetzbuch
k_{EKu}	Eigenkapitalrendite eines unverschuldeten Unternehmens

k_{EKv}	Eigenkapitalrendite eines verschuldeten Unternehmens
KfW	Kreditanstalt für Wiederaufbau
k_{FK}	Fremdkapitalzinssatz
KapG	Kapitalgesellschaften
KG	Kommanditgesellschaft
KGV	Kurs-Gewinn-Verhältnis
KGaA	Kommanditgesellschaft auf Aktien
KMU	Kleine und mittelgroße Unternehmen
KPI	Key Performance Indicator (Leistungskennzahl)
KStG	Körperschaftsteuergesetz
LG	Landgericht
LOHA	Live of health and sustainability (gesunde und nachhaltige Lebensführung)
LRP	Länderrisikoprämie
LTAV	Long Term Asset Value (Schiffsbewertungsverfahren)
M&A	Mergers & Acquisitions (Fusionen und Übernahmen)
MaaS	Mobility-as-a-Service
MRP	Marktrisikoprämie
NAV	Net Asset Value (Nettovermögenswert)
NextGen	NextGeneration
NPV	Net Present Value (Netto-Kapitalwert)
OECD	Organisation für wirtschaftliche Zusammenarbeit und Entwicklung
OEM	Original Equipment Manufacturer (Automobilhersteller)
OLG	Oberlandesgericht
OTC	Over-the-counter (außerbörslicher Handel)
PersG	Personengesellschaften
PERT	Program Evaluation and Review Technique (Ereignis-Knoten-Darstellung)
PPA	Purchase Price Allocation (Kaufpreisallokation)
Prio	Priorität
r_f	Risikoloser Zinssatz
RICS	Royal Institution of Chartered Surveyors
ROI	Return on Investment (Kapitalrentabilität)

RS	Rechnungslegungsstandard
S	Standard
S.	Seite
S.A.	Société Anonyme (Aktiengesellschaft)
S&P	Standard & Poor
SE	Societas Europaea (Europäische Gesellschaft)
SE-VO	Societas Europaea-Verordnung
St/HFA	Stellungnahme des HFA
$ß_{DEBT}$	Betafaktor des Fremdkapitals
$ß_{EKu}$	unverschuldeter Betafaktor
$ß_{EKv}$	verschuldeter Betafaktor
$ß_{FK}$	Debt Beta
$ß_{u}$	unverschuldeter Betafaktor
$ß_{v}$	verschuldeter Betafaktor
TEGoVA	The European Group of Valuers' Associations
TelCo	Telekommunication
TEU	Twenty-foot Equivalent Unit (Zwanzig-Fuß-Standardcontainer)
TNMM	transaktionsbezogenen Nettomargenmethode
Tz.	Textziffer
UCITS	Undertakings for Collective Investment in Transferable Securities (internationale Bezeichnung für Organismus für gemeinsame Anlagen in Wertpapieren)
UmwG	Umwandlungsgesetz
USD	US Dollar
US-GAAP	US-Generally Accepted Accounting Principles (in den USA allgemein anerkannte Rechnungslegungsgrundsätze)
VC	Venture Capital
WACC	Weighted Average Cost of Capital (Gewichtete durchschnittliche Kapitalkosten)
WpHG	Wertpapierhandelsgesetz
WpÜG	Wertpapiererwerbs- und Übernahmegesetz
WpÜG-AV	WpÜG-Angebotsverordnung
XaaS	Everything-as-a-service
Yollies	Young old leisure living people

Stichwortverzeichnis

N

O

P

R

S

Z